"十三五"国家重点出版物出版规划项目

材料科学研究与工程技术系列

材料腐蚀学

Corrosion of Materials

● 迟培云　李　静　编著

哈尔滨工业大学出版社

内 容 简 介

本书分为 4 篇共 19 章,第 1 篇(第 1~6 章)内容包括金属材料的高温腐蚀、金属腐蚀电化学理论基础、金属材料的形态腐蚀、自然环境中的腐蚀、金属材料的耐蚀性能、金属的保护方法;第 2 篇(第 7~14 章)内容包括环境介质的性质、混凝土结构及组成材料的抗蚀性、混凝土的气相腐蚀、混凝土的腐蚀、混凝土中钢筋的锈蚀、混凝土结构在海水中的腐蚀、混凝土结构的耐久性、玻陶类材料的腐蚀;第 3 篇(第 15、16 章)内容包括有机高分子材料的腐蚀、木材的腐蚀;第 4 篇(第 17~19 章)内容包括金属基复合材料的腐蚀、陶瓷基复合材料的腐蚀、高聚物基复合材料的腐蚀。各章后均附有思考题。

本书可作为高等学校材料科学与工程及相关专业的本科生或研究生教材。

图书在版编目(CIP)数据

材料腐蚀学/迟培云,李静编著. —哈尔滨:哈尔滨工业
大学出版社,2020.10
ISBN 978－7－5603－9004－8

Ⅰ.①材…　Ⅱ.①迟…　②李…　Ⅲ.①材料－腐蚀－高等学校－
教材　Ⅳ.①TB304

中国版本图书馆 CIP 数据核字(2020)第 157722 号

**材料科学与工程
图书工作室**

策划编辑	许雅莹　杨　桦　张秀华
责任编辑	张　颖　李青晏
封面设计	高永利
出版发行	哈尔滨工业大学出版社
社　　址	哈尔滨市南岗区复华四道街 10 号　邮编 150006
传　　真	0451－86414749
网　　址	http://hitpress.hit.edu.cn
印　　刷	哈尔滨市颉升高印刷有限公司
开　　本	787mm×1092mm　1/16　印张 20.75　字数 464 千字
版　　次	2020 年 10 月第 1 版　2020 年 10 月第 1 次印刷
书　　号	ISBN 978－7－5603－9004－8
定　　价	44.00 元

前　言

　　材料、信息、能源被公认为现代科学技术的三大支柱,其中,材料是人类和国民经济赖以生存和发展的物质基础。所以,材料科学是现今世界科学技术领域的带头学科之一。材料在尖端技术、国防工业和国民经济等领域得到了全面的应用,已成为与现代社会物质生活等领域密切相关的组成部分。

　　材料科学是研究材料的组成成分、结构、制备工艺、性能与应用之间的相关关系的科学,其主要任务是研究材料的性能、拓展材料的应用领域、探索和发明新材料、促进相关技术领域的发展。人类已从认识材料的物理力学性能等宏观特性,进而研究组成材料的分子、原子等微观性质,以期按指定性能设计和制造材料。

　　在自然界中,任何材料都有一定的使用寿命。材料在使用过程中将遭受不同形式的直接或间接的腐蚀而破坏。材料的腐蚀是一个渐变的损坏过程。在 20 世纪初人们对材料腐蚀的认识基本上只局限于金属。随着科学技术的不断进步和经济发展的需要,非金属材料在工农业、国防、航空航天以及许多高技术领域中,得到日益广泛的应用。由于材料所处的使用和工作环境往往比较恶劣,经常发现材料被腐蚀或损坏的现象,有的甚至相当严重,从广义上看,腐蚀遍布整个材料科学领域。因此,材料腐蚀学是一门包含多学科、多领域的综合性学科。但是,到目前为止,国内尚无一本全面讲述金属材料、无机非金属材料、有机高分子材料和复合材料等腐蚀科学方面的高校教材。基于此,作者在多年教学经验的基础上,总结了相关研究成果,打破了过去只从单方面考虑材料的腐蚀过程和使用条件而忽略各因素的相互作用的状态,撰写了《材料腐蚀学》这本教材,以供高等学校材料科学与工程及相关专业的本科生或研究生选用。

　　本书由青岛理工大学迟培云教授和中国石油大学李静教授撰写。其中,迟培云撰写第 1～15 章;李静撰写第 16～19 章。

　　在本书撰写过程中,参考、引用了兄弟院校和科研机构的同行们公开发表的许多优秀论文和文献,得到了编著人员所在单位的领导、同事的大力支持和关怀,在此表示衷心感谢。

　　由于时间紧迫和作者水平所限,书中不当之处在所难免,敬请读者批评指正。

作　者

2019 年 10 月

目　　录

第 1 篇　金属材料的腐蚀

第3篇　有机材料的腐蚀

第4篇　复合材料的腐蚀

绪　　论

材料是人类文明的物质基础,是社会进步的先导,材料科学与技术的发展支撑和带动着现代科学技术的发展。从 20 世纪 70 年代起,材料、能源和信息被公认为现代文明的三大支柱,而材料则始终是发展各种技术、提高人民生活水平的物质基础,是人类可持续发展的主要决定因素之一。材料科学是研究材料的成分、组成结构、制备工艺、材料性能和材料应用之间的相互关系的科学。材料科学的主要任务是研究各种材料的性能,寻求已有材料的新用途,发现和发明新材料,为新材料开辟更广阔的应用前景。

在自然界中,任何材料都有一定的使用寿命。材料在使用过程中将遭受不同形式的直接或间接的损坏。材料的损坏形式是多种多样的,但最重要、最常见的损坏形式是断裂、磨损和腐蚀。

断裂是由于构件所受应力超过其弹性极限、塑性极限而导致的破坏。磨损是构件与其他部件相互作用,由于机械摩擦而引起的破坏。可以通过合理设计避免材料在使用期内发生断裂和磨损这两种破坏。

材料的腐蚀是一个渐变的损坏过程。在 20 世纪初,人们对材料腐蚀的认识基本上只局限于金属。例如,钢铁的锈蚀就是最常见的腐蚀现象。随着科学技术的不断进步,非金属材料在工农业、国防、航空航天以及许多高新技术领域中,得到日益广泛的应用。由于材料所处使用和工作环境往往比较恶劣,经常发现材料被腐蚀或损坏的现象,有的甚至相当严重,因此广义的腐蚀遍及整个材料科学领域。材料腐蚀缩短了材料的使用寿命,造成了巨大的经济损失。据统计,全球每年因腐蚀损失占各国国民生产总值(GDP)的 2% ~ 4%,腐蚀损失为综合自然灾害损失即地震、台风、水灾等损失总和的6 倍。

材料腐蚀增加了材料用量,材料发生腐蚀后,其中一部分是不可再生的,即发生不可逆的资源消耗;也增加了材料制造所需能源的消耗;增加了材料制造中排放 CO_2 和 SO_2 气体量;加重了全球温室效应和酸雨、酸雾的形成,对环境造成严重危害。

在材料的各种形式的损坏中,腐蚀引起人们特别的关注。因为在现代工程结构中,特别是在高温、高压、多相流作用下,以及在磨损、断裂等的协同作用下,腐蚀损坏格外严重。只有在清楚材料腐蚀机理的基础上,才能研制或制造出适宜的耐蚀材料、涂层及采取合理的保护措施,以达到防止或控制腐蚀的目的。所以,材料腐蚀学已经成为材料科学的重要内容。

0.1 综 述

0.1.1 材料腐蚀的定义

腐蚀是材料受环境或介质的物理、化学、电化学以及其他作用产生的损坏或变质现象。材料腐蚀学是一门研究材料在各种外部因素作用下内部组成、结构与性能变化规律的科学。材料腐蚀是一种自发现象。从热力学的观点来看,金属材料的腐蚀过程是体系自由能降低的过程,例如,金属的锈蚀等。非金属材料腐蚀情况各不相同,例如,混凝土的腐蚀,建筑用砖、石的风化,油漆、塑料、橡胶等高分子材料的老化,以及木材的腐烂等。

根据组成物质的化学成分,材料可分为金属材料(metal materials)、无机非金属材料(inorganic non-metallic materials)、有机高分子材料(polymeric materials)和复合材料(composite materials)。常用金属材料特别容易遭受腐蚀,因此金属腐蚀的研究受到广泛的重视。在大多数的金属腐蚀过程中,在金属表面或界面上进行着化学或电化学的多相反应,其结果使金属转变为氧化(离子)状态。金属腐蚀涉及金属学、金属物理学、物理化学、电化学、力学与生物学等学科。深入研究多相反应的化学动力学和电化学动力学对于金属腐蚀具有特殊的重要意义。

对于非金属材料的腐蚀,包括无机材料和有机材料的腐蚀,研究的重点则在腐蚀过程中化学、物理、生物等因素的交互作用。

材料腐蚀学的研究目的是通过综合研究材料在环境介质中表面或界面上发生的各种物理化学、电化学反应,探求它们对材料组织结构损坏的普遍及特殊规律,提出材料或其构件在各种条件下控制或防止腐蚀的措施。

0.1.2 材料腐蚀学在国民经济发展中的意义

材料腐蚀问题遍及国民经济的各个领域,从日常生活到工农业生产,从尖端科学技术到国防工业的发展,凡是使用材料的地方,都不同程度地存在着腐蚀问题。腐蚀带来巨大的经济损失,造成许多灾难性事故,不但消耗大量宝贵的资源与能源,还对环境产生污染,其危害触目惊心。

材料腐蚀使设备和管道破裂,会使物质向外泄漏,造成对大气、土壤、江河、湖泊等的严重污染。

材料腐蚀往往使生产中断,发生停电、停水、停气,严重地影响人们的正常生产和生活;设备腐蚀破坏,有时还危及人身安全。

然而,材料腐蚀并非完全无法控制,相反,随着防腐蚀理论研究的不断深入,新的耐蚀材料和防腐蚀技术不断出现及推广,通过严格的科学管理,其中一部分腐蚀可以防止或减轻。以美国为例,由于大量新材料、新技术的推广应用,腐蚀造成的损失从 1995 年占 GDP4.2% 降到 1998 年的 3.0%,比预期降低 28.6%,估计其中仍有相当大数额的损失可避免。

实践证明,提高材料的耐蚀性是一条根本性的防腐蚀途径。在协调新世纪材料与环境关系中,耐蚀材料扮演着重要角色,耐蚀材料亦是所谓"环境材料"中的最重要的成员。

在实际中,常需要根据具体介质环境,合理选用耐蚀材料;或者寻找适当的热处理和表面改性等方法,挖掘材料的耐蚀性潜力;在现有材料不能满足耐蚀要求时,还要研究开发新的耐蚀材料;有时还要运用和发展材料表面技术以改善和提高其耐蚀性能,这都要求人们具有材料学和材料腐蚀学知识,需要弄清所用材料的腐蚀特征、规律、机理和影响因素,需要了解材料耐蚀性原理,如合金化作用、杂质的影响等。本书各章即是围绕这些内容进行安排的并对近几年来的最新研究成果给予了关注。

0.1.3 材料腐蚀学的发展简史

从人类有目的地利用金属时起,人们就开始了对金属腐蚀及防护技术的研究。在历史上,我们的祖先曾对腐蚀与防护技术的发展做出了卓越的贡献。我国出土的春秋战国时期的武器、秦始皇时代的青铜剑和箭镞,许多表面毫无锈蚀,光彩依旧。经鉴定,在这些箭镞的表面上有一层含铬的氧化物层,而基体金属中并不含铬。这是采用铬的化合物经过人工处理获得的表面防护涂层。由此可见,早在 2 000 多年以前,中华民族就创造了与现代铬酸盐钝化处理相似的防护技术,这是我国文明史上的一大奇迹。还有,在我国古代,许多金属甲胄和装饰品就已使用抛光、磨光技术,然后镀上贵金属。这不仅仅是为了改善外观,更重要的是为了防止腐蚀。

对金属腐蚀现象的研究首先是从金属的高温氧化开始的。16 世纪 50 年代,俄国科学家罗蒙诺索夫(Ломоносов)曾指出,金属的氧化乃是金属与空气中最活泼的氧化合所致。之后他又研究了金属的溶解及钝化问题。1830～1840 年间法拉第(Faraday)确定了金属阳极溶解的质量与电极上通过电量之间的关系,还提出了在铁上形成钝化膜的历程及金属溶解过程的电化学本质。1830 年德·拉·李夫(De La Rive)对锌在硫酸中溶解的研究中,第一次明确地提出了腐蚀的微电池特征。1881 年卡扬捷尔(H. Каяндер)研究了金属在酸中溶解的动力学。

到 20 世纪初,金属腐蚀逐渐发展成为一门独立的学科。在 20 世纪初,由于化学工业的需要以及科学技术的蓬勃发展,经过电化学、金属学等科学家的辛勤努力和深入研究,确立了腐蚀历程的基本电化学规律。特别值得提出的是英国科学家、现代腐蚀学的奠基人伊文思(U. R. Evans)及其同事们的卓越贡献,他们提出了金属腐蚀过程的电化学基本规律,发表了许多经典性的著作。苏联科学家弗鲁姆金(А. Н. Фрумкин)及阿基莫夫(Г. В. Акимов)分别从金属溶解的电化学历程与金属组织结构和腐蚀的关系方面提出了许多新的见解,进一步发展与充实了腐蚀学的基本理论。比利时科学家布拜(M. Pourbaix)、美国科学家尤立格(H. H. Uhlig)和方坦纳(M. G. Fantana)、德国科学家瓦格纳(C. Wagner)、英国科学家霍尔(T. P. Hoar)、苏联科学家柯罗泰尔金(Я. М. Колтыркин)和托马晓夫(Н. Д. Томащов)等均为现代腐蚀学的发展做出了卓越的贡献。

工业发达国家都十分重视材料腐蚀科学的研究工作,并且都建立了几个甚至几十个从事腐蚀研究的机构,组织和建立了庞大的腐蚀研究队伍,譬如美国腐蚀工程师协会(NACE),会员达1万人以上,每年用于防腐蚀方面的投资在几十亿美元以上。

我国的腐蚀与防护科技工作在新中国成立之后获得了很大的发展。早在建国初期,国家科学技术委员会在机械科学学科组内成立了腐蚀与防护组。在制订国家科技发展规划时,材料腐蚀学也被列入发展规划之中。1961年,为了加强腐蚀与防护学科的工作,国家科学技术委员会决定单独成立国家腐蚀科学学科组。与此同时,召开了多次全国性的腐蚀与防护学科的学术会议,制订了全国的腐蚀科学发展规划,使中国的腐蚀科学技术工作获得了很大的发展。1978年12月国家科学技术委员会重新恢复了腐蚀科学学科组的工作。1979年12月成立了中国腐蚀与防护学会。从此,我国的腐蚀与防护科学工作走上了发展的新历程。在我国广大腐蚀与防护科学工作者的辛勤努力下,解决了石油天然气开发、石油化工、化学工业、船舶制造、航空航天、核能等现代工业中大量的腐蚀问题,研制出许多耐腐蚀金属及非金属材料和防护技术,在一定程度上满足了工业发展的需要,为国民经济的发展做出了贡献。

0.2　材料腐蚀的类型

材料腐蚀是一个十分复杂的过程。由于服役中的材料构件存在化学成分、组织结构、表面状态等差异,所处的环境介质的组成、浓度、压力、温度、pH等千差万别,还处于不同的受力状态,因此材料腐蚀的类型很多,存在各种不同的腐蚀分类方法。

0.2.1　非金属材料的腐蚀类型

非金属材料一般分为无机和有机两类,前者如水泥砂浆、混凝土、天然岩石、铸石、陶瓷、玻璃等;后者如木材、沥青、树脂、塑料、橡胶等。非金属材料的腐蚀因无电流产生,所以一般不是电化学腐蚀,而是属于化学或物理的腐蚀作用。

1.化学溶蚀

材料与介质相互作用,生成可溶性化合物或无机胶结物,称为化学溶蚀。在腐蚀过程中,化学介质与材料中的一些矿物成分或组成产生化学作用,使材料产生溶解或分解。这类腐蚀较为普遍,以酸对碱性材料(如石灰石、水泥砂浆、混凝土)的腐蚀最具代表性。

2.膨胀腐蚀

由于新生产物体积的膨胀,对材料产生较大的辐射压力而导致材料结构破坏,称为膨胀腐蚀。引起体积膨胀的原因,是由于介质与材料反应生成新生产物的体积比参与反应物质的体积更大,或由于盐类溶液渗入多孔材料内部,所生成的固相物或结晶水化物的体积增大。

3. 老化

有机高分子材料暴露于自然或人工环境下,受紫外线、热、水、化学介质等的作用,性能随时间的延续而破坏的现象,称为老化。

有机高分子材料的老化分为化学和物理两种因素,化学老化是受氧、臭氧、水(湿气)的作用,使其结构变化(分子链的断裂或交联)的结果。物理老化是受光、热、高能辐射、机械力引起的。老化后材料的强度、塑性和耐蚀性都会下降,如涂料的龟裂,沥青、塑料的变脆等。

4. 溶胀

材料在液体或蒸气中,由于单纯的吸收作用而使其尺寸增大,称为溶胀。

这类腐蚀多出现于有机高分子材料中。有机溶剂对塑料的溶胀作用,首先是介质向材料表面渗透和扩散,而后是使材料膨胀、起泡、分层和破坏。一般有机高分子材料都能为某些溶剂所溶胀。硬聚氯乙烯在苯、丙酮、乙酸乙酯、三氯乙醛中浸渍会出现分层,在乙醛中会失去光泽、发白、起泡。

0.2.2　金属材料的腐蚀类型

金属材料的腐蚀类型一般可分为化学腐蚀和电化学腐蚀两大类。

1. 化学腐蚀

化学腐蚀是因为金属与腐蚀性介质发生化学作用所引起的腐蚀,在腐蚀过程中没有电流产生。化学腐蚀又可分为下列两类。

(1)气体腐蚀:金属在干燥气体中的腐蚀,一般是指气体在高温状况时的腐蚀。

(2)在非电解质溶液中的腐蚀:是指金属在不导电的溶液中发生的腐蚀,例如金属在乙醇、石油中的腐蚀。

2. 电化学腐蚀

它与化学腐蚀的不同点在于腐蚀过程中有电流产生。建筑工程的金属,通常都是遭受电化学腐蚀的。电化学腐蚀一般可分为下列三种情况。

(1)大气腐蚀:金属在潮湿大气中的腐蚀。

(2)在电解质溶液中的腐蚀:是一种极其广泛的腐蚀,如金属在水和酸、碱、盐溶液中所产生的腐蚀。

(3)土壤腐蚀:埋设于地下的金属的腐蚀。

0.3　介质对材料的腐蚀性

0.3.1　介质的腐蚀性

1.介质的性质

酸碱类介质的腐蚀性,首先取决于它们的强度。强酸(如硫酸、硝酸、盐酸)、强碱(如氢氧化钠)对材料有较大的腐蚀性,其中含氧酸对有机材料的破坏性最大。浓硫酸、硝酸对木材、沥青的腐蚀,在短时间内就能使材料失去强度。强度相同的含氧酸和无氧酸对无机材料的腐蚀性大致相等。氢氟酸对许多有机和无机材料的腐蚀性不大,但对 SiO_2 和含 SiO_2 成分的材料(如玻璃、陶瓷等)具有强烈的腐蚀性。中等强度的磷酸和弱酸对有机材料腐蚀性很小,甚至没有腐蚀,例如磷酸对沥青、醋酸对木材等。

在碱类介质中,苛性碱的腐蚀性最大,碱性碳酸盐(如碳酸钠)次之。氨的水溶液的腐蚀性相对比较小,因为它在水溶液中离解度较低,而且挥发性大。

盐类介质的腐蚀性比较复杂。盐溶液的腐蚀有化学和物理两个方面。在干湿交替和温度变化条件下,多数盐溶液都会出现结晶膨胀,因此它对混凝土、砖砌体、木材等材料均有物理破坏作用。由钠、钾、铵、镁、铜、铁与 SO_4^{2-} 所构成的硫酸盐对混凝土、黏土砖的腐蚀性最大,但是硫酸盐对木材的腐蚀性较小。含氯盐对钢和钢筋混凝土内的钢筋均有较大的腐蚀性,但相比之下对混凝土的腐蚀性较小。

2.介质的含量或浓度

介质的腐蚀性与其含量或浓度有密切的关系。在多数情况下,介质的含量或浓度越高,腐蚀性越强。但也有少数例外,例如,浓硫酸作用于钢或浓硝酸作用于铝,都能在材料表面生成保护性的钝化膜;对某些树脂类材料,稀碱比浓碱的腐蚀性大;水玻璃类材料耐浓酸的性能比耐稀酸的性能好。

3.介质的形态

腐蚀介质的形态分为气态、液态和固态三种。一般来说,液态介质的腐蚀性最大,气态介质次之,固态介质最小。气态介质是通过溶解于空气中的水分,形成溶液后才对材料产生腐蚀。固态介质只有吸湿潮解成为溶液后才有腐蚀作用。完全干燥的气体或固体不具有腐蚀性。但是,自然环境中不存在完全干燥的条件,因此,凡是有腐蚀性介质的地方,就会不同程度地产生腐蚀,其中重要条件之一便是环境湿度、水分和介质的溶解度。气态介质的作用部位主要是建筑物或构筑物的上部结构。由于气体溶解于水中的浓度都很低(体积分数一般小于1%),因此气体腐蚀的强度一般不会达到类似溶液腐蚀的强度。固态介质可以堆放在地面,其粉尘可能积聚在上部结构的各个部位。正常情况下,固态介质只有局部或少量会产生吸湿潮解,但潮解成为液体后的浓度比较高,达到饱和状态。因此,溶解度小、吸湿性差的固态介质,其腐蚀性一般较小。

4.介质的温度

温度对介质的腐蚀性是有直接影响的。一般来说,温度升高,腐蚀性加大。例如,耐酸砖可耐常温下碱液的作用,但是当碱液温度升高到 40 ℃ 以上时,耐酸砖会逐渐出现腐蚀;而当碱达到熔融状态时,耐酸砖就完全不耐蚀了。不同介质对不同材料的腐蚀,其温度的影响也不一样,有的影响小些,有的影响很大。作用于建筑物的腐蚀性介质,属于常温的比较多。温度较高的介质,通常出现在储槽、水池、排液沟和烟囱中。

5. 其他

介质的腐蚀性除了与上述条件有关外,还与环境的湿度、作用条件等有关。

湿度是决定气态和固态介质腐蚀速度的重要因素。对金属材料而言,当空气中的水分不足以在其表面形成液膜时,电化学腐蚀过程就无法进行。对钢筋混凝土也是如此,水分加速混凝土的碳化,也为混凝土内钢筋的腐蚀提高了条件。各种金属都有一个使腐蚀速度急剧加快的湿度范围,称临界湿度。钢铁的临界湿度为 $60\% \sim 70\%$。对混凝土内的钢筋,在相对湿度 $50\% \sim 75\%$,且处于干湿交替条件下,腐蚀最容易发生。当环境相对湿度小于 60% 时,对各种材料的腐蚀大大减缓。干湿交替环境容易使材料产生腐蚀。它可以促使盐类溶液再结晶,使金属材料具备电化学腐蚀所需的水分和氧,使固态、液态介质相互转化而产生渗透和结晶膨胀。环境中的水对腐蚀影响也很大,不但提高环境湿度,而且可直接溶解介质,例如易溶固体在有水作用的环境下(常见的雨水),可以形成浓度很高的盐溶液,大大加剧了腐蚀性。

介质的作用条件包括介质作用的频繁程度、作用量多少、持续作用时间的长短等。例如,容器中的介质对容器的内壁是长期持续作用;偶尔泄漏的介质对地面是短期的作用;排水沟内的污水对沟底则是经常、大量作用。经常、大量、长期作用的介质的腐蚀性较大。

0.3.2 影响材料耐蚀性的因素

1. 材料的化学成分

材料的化学成分对材料的耐蚀性起决定作用。但是在多数情况下,单凭化学成分还不足以判定某种材料的耐蚀性。对于无机材料,还需要知道材料的矿物成分及其含量;对于有机材料,还需要知道其分子结构。

在无机材料中,多数遵循的规律是:材料的矿物成分中含酸性氧化物多的耐酸性好,而含碱性氧化物为主的耐碱性好。花岗岩、石英岩等岩浆岩,都是 SiO_2 含量较高的天然岩石,其耐酸性能很好;而石灰岩、大理岩、白云岩等以碳酸盐成分为主的沉积岩,耐碱性好,但完全不耐酸。耐酸砖和玻璃是 SiO_2 含量很高的材料,因此耐酸性好。耐酸砖的结构致密,在常温时虽然也耐碱性介质,但是对浓度高的热碱液仍然不耐。水泥中的矿物组分基本上是弱酸的钙盐,为碱性氧化物,因此,水泥类材料耐碱性较好,耐酸性差。黏土砖的主要成分是氧化硅和氧化铝,有一定的耐酸能力(可耐酸性气体),但不耐碱。

有机材料对不同介质的耐蚀性也是与其化学成分有关,但判断起来要复杂得多。一般来说,分子质量高的材料的耐蚀性较好。

2. 材料的构造

材料的构造对其耐蚀性有重要的影响。

在有机材料中,分子的聚合度越高,则材料的耐蚀性越强。防腐蚀工程中常用的聚氯乙烯、聚乙烯塑料和环氧、酚醛、不饱和聚酯等合成树脂,都是分子聚合度较高的高分子材料,其耐蚀性能都比较高。

在无机材料中,具有晶体构造的材料比相同成分的非晶体构造的材料的耐蚀性好。这与晶体材料的元素质点排列规则、致密性高、介质难以渗入等有关。石英是结晶的 SiO_2;花岗岩的 SiO_2 含量也较高,但它具有粒状的晶体结构,因此密实性大、硬度高、耐蚀性好,不但耐酸,而且在常温下也耐碱。硅藻土、硅藻石主要是由非晶体的 SiO_2 构成,虽然有较高的耐酸性,但是耐碱性差。

3. 材料的密实性

材料的密实性与其耐蚀性有密切关系。在同一种材料中,密实性不同,其耐蚀性也不同。较密实的材料具有较少的孔隙率和吸水率,介质渗入量较少,介质与材料接触的表面积小,所以其耐蚀性较好。不论对气态、液态和固态介质,尤其是对盐溶液或与材料作用后能生成盐类的酸、碱溶液,同一材料的密实性越高,其耐蚀性越好。当盐溶液在空隙中结晶膨胀时,会对孔壁产生不同压力,促使材料开裂。孔隙越多、越大,渗入溶液越多,破坏力也越大。例如,黏土砖,碱、盐溶液渗入砖的孔隙并结晶后,会引起砖的层层剥落。但是对于烧结较好的过火砖,由于结构比较致密,孔隙少,溶液难以渗入而可能不被腐蚀。抗渗等级较低的普通混凝土只耐 8% 以下的苛性碱,而混凝土抗渗等级大于或等于 P8 且强度等级大于或等于 C20 时,可以耐 15% 的苛性碱。

4. 材料颗粒的大小

材料颗粒的大小意味着其与腐蚀性介质接触表面积的大小。材料的粉碎度越大,与腐蚀性介质接触面越大,则腐蚀速度越快。粉碎度越小的材料,越容易把材料中不耐腐蚀的杂质或成分暴露出来而遭到腐蚀。因此,同样的材料,有可能由于其颗粒大小的不同而导致耐蚀性的较大差别。这对于依靠材料的致密性而取得耐蚀性的材料尤为明显。例如,石英石,由于其致密性好,不但耐酸,而且在常温下也可耐苛性碱;但是石英砂的耐碱能力与石英石相比显著降低;而石英粉则被认为是不耐碱的。

0.3.3 腐蚀性分级

为了确定建筑物不同部位的防护措施,将腐蚀性介质按其形态并结合不同的作用部位分为五种,即气态介质、腐蚀性水、酸碱盐溶液、固态介质和污染土。各种介质再按其腐蚀性和含量划分类别。

各种介质对不同材料的腐蚀程度,可按介质类别、环境相对湿度和作用条件等因素分为强腐蚀性、中等腐蚀性、弱腐蚀性和无腐蚀性共四个等级。不同腐蚀性等级的破坏程度及特征见表 0-1。

表 0-1 不同腐蚀性等级的破坏程度及特征

腐蚀性等级	非金属材料使用一年以后		金属表面均匀腐蚀 /(mm·a^{-1})
	强度降低率 /%	腐蚀的外部特征	
强腐蚀性	>20	严重开裂、疏松或破坏	>0.5
中等腐蚀性	5~20	表面有剥落、裂缝或掉角	0.1~0.5
弱腐蚀性	<5	表面略有破坏	<0.1
无腐蚀性	0	无明显腐蚀现象	—

0.4 材料腐蚀学的主要内容

材料腐蚀学的主要内容包括：

(1) 研究并确定材料与环境介质作用的普遍规律,既要从热力学方面研究材料腐蚀进行的可能性,更重要的是从动力学上研究腐蚀进行的过程及机理。

(2) 研究在各种条件下控制或防止腐蚀的途径,把腐蚀控制在合理的程度上。

(3) 研究材料腐蚀速率的测试技术和方法,确定评定材料腐蚀的试验方法与标准;研究材料腐蚀的现场测试技术与监控方法。

通过本书的学习,期望能使读者掌握材料腐蚀的基本原理和防护技术,初步学会正确分析常见材料的腐蚀问题和提出经济、有效的防止腐蚀的技术措施。

由于受到篇幅的限制,本书将侧重介绍在国民经济中用量大、用途广的人造材料,对于其他材料,考虑到知识的完整性,则只是有选择性地做了解性的概述。

思 考 题

1. 材料腐蚀的定义是什么？材料腐蚀学包括哪些主要内容？

2. 材料腐蚀与防护和国民经济发展有什么关系？

3. 材料腐蚀与防护学科是怎样发展起来的？我国材料腐蚀与防护科学技术发展状况如何？

4. 材料腐蚀学研究的基本内容有哪些？

5. 加强和完善材料腐蚀学的研究对国民经济的可持续发展有何意义？

第 1 篇　　金属材料的腐蚀

第 1 章　　金属材料的高温腐蚀

　　金属的高温腐蚀是金属在高温下与环境中的氧、硫、氮、碳等发生反应导致金属的变质或破坏的过程。由于金属的腐蚀是一个金属失去电子的氧化过程,因此金属的高温腐蚀也广义地被称为高温氧化。但人们在习惯上,将金属的高温氧化仅指为金属与环境中的氧反应形成氧化物的过程。

　　金属的高温腐蚀是高温金属材料面临的关键问题之一,在现代科学技术和工程的发展中占有重要的地位,特别是对航空、航天、能源、动力、石油化工等高科技和工业领域的发展尤为重要。例如,在汽轮机发展的初期,其工作温度只有 300 ℃ 左右,然而今天的工作温度已达 630 ~ 650 ℃;现代超音速飞机发动机的工作温度已达 1 150 ℃,这些工作参数的升高都要求必须解决材料高温腐蚀问题和高温力学性能问题。代表当代尖端科学技术的航天、核能等工程技术的发展,也都离不开耐高温腐蚀材料的发展。现代石油天然气、石油化工、冶金等基础工业的发展更离不开耐高温、高压、高质流的工程材料。由此可见,无论现代高科技还是基础工业的发展,都与耐高温腐蚀的材料息息相关。金属的高温腐蚀由于其特殊性已成为腐蚀领域相对独立的重要组成部分。

1.1　高温腐蚀热力学

　　金属在高温环境中是否腐蚀以及可能生成何种腐蚀产物,是研究高温腐蚀必须首先解决的问题。由于金属高温腐蚀的动力学过程往往是比较缓慢的,体系多近似处于热力学平衡状态,因此热力学是研究金属高温腐蚀的重要工具。近代科学技术和工业的发展使金属在高温下工作的环境日趋复杂化,除单一气体的氧化以外,还受到多元气体的作用(如 $O_2 - S_2$、$H_2 - H_2O$、$CO - CO_2$ 等二元气体的腐蚀)以及多相环境的腐蚀(如发生热腐蚀时金属表面存在固相腐蚀产物和液相熔盐,以及熔盐外面的气相)。腐蚀环境的复杂化以及新型高温材料的不断发展为高温腐蚀热力学带来了许多新的问题。

本节主要论述金属高温腐蚀的热力学基础和金属高温腐蚀中常用的热力学相图。

1.1.1　金属在单一气体中高温腐蚀的热力学

以金属在氧气中的氧化为例进行热力学分析。当金属 M 置于氧气中,其反应为

$$M + O_2 = MO_2 \tag{1-1}$$

根据范特霍夫(Van't Hoff)等温方程式

$$\Delta G = -RT \ln K_P + RT \ln Q_P \tag{1-2}$$

和标准吉布斯(Gibbs)自由能变化的定义

$$\Delta G^0 = -RT \ln K_P \tag{1-3}$$

由金属的氧化反应式(1-1)可得

$$\Delta G = -RT \ln \frac{\alpha_{MO_2}}{\alpha_M p_{O_2}} + RT \ln \frac{\alpha'_{MO_2}}{\alpha'_M p'_{O_2}} \tag{1-4}$$

由于 MO_2 和 M 均为固态物质,活度均为 1,故

$$\Delta G = -RT \ln \frac{1}{p_{O_2}} + RT \ln \frac{1}{p'_{O_2}} \tag{1-5}$$

式中　p_{O_2}——给定温度下 MO_2 的分解压;

p'_{O_2}——气相中的氧分压。

显然,根据给定温度下金属氧化物的分解压和环境中氧分压的相对大小,即可判定金属氧化的可能性。给定环境氧分压时,求解金属氧化物的分解压,或者求解平衡常数,就可以看出金属氧化物的稳定性。由式(1-2)、式(1-3)和式(1-5)可有

$$\Delta G^0 = -RT \ln \frac{1}{p_{O_2}} \tag{1-6}$$

由此式可见,只要已知温度 T 时的标准吉布斯自由能变化值,就可以得到该温度下金属氧化物的分解压,将其与环境中的氧分压进行比较,即可判断反应式(1-1)的方向。

反应式(1-1)的 ΔG^0 又称为金属氧化物的标准生成自由能,即金属与 1 mol O_2 反应生成氧化物的自由能的变化。1944 年 Ellingham 编制了一些氧化物的 $\Delta G^0 - T$ 图。1948 年 Richardson 和 Jeffes 在 Ellingham 图上添加了 p_{O_2}、p_{CO}/p_{CO_2} 和 p_{H_2}/p_{H_2O} 三个辅助坐标,组成所谓的 Ellingham-Richardson 图(图1-1),由该图可以直接读出在任何给定温度下,金属氧化反应的 ΔG^0 值。ΔG^0 值越负,则该金属的氧化物越稳定,从而可以判断金属氧化物在标准状态下的稳定性。也可以预示一种金属还原另一种金属氧化物的可能性,其规律是位于图1-1中下方的金属(或元素)均可以还原上方金属(或元素)的氧化物。如碳可以还原铁的氧化物但不能还原铝的氧化物,这是钢铁冶金的基础。这种规律会影响合金表面氧化物的组成,从而影响合金的抗氧化性能。合金的氧化膜将主要由位于图1-1下方的合金元素的氧化物所组成,此即所谓的"选择性氧化"。

从 p_{O_2} 坐标可以直接读出给定温度下金属氧化物的分解压。具体做法是从最左边

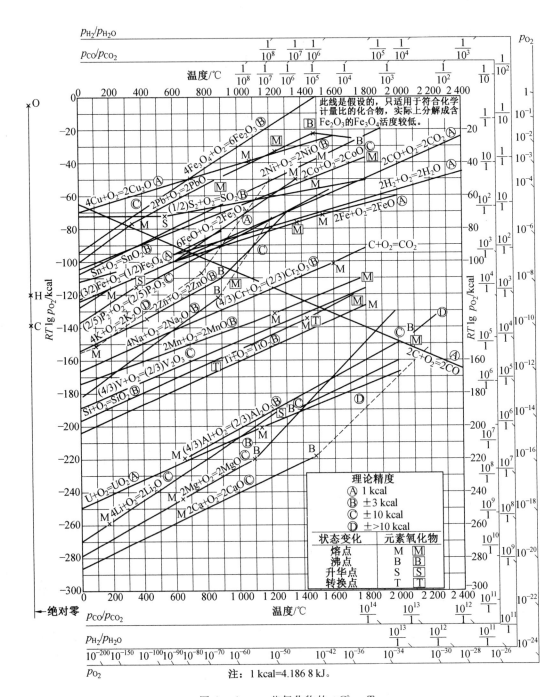

图 1-1 一些氧化物的 $\Delta G^0 - T$

竖线上的基点"0"出发,与所讨论的反应线在给定温度的交点做一直线,由该直线与 p_{O_2} 坐标上的交点,即可直接读出所求的分解压。

当环境为 CO 和 CO_2,或者 H_2 和 H_2O 时,环境的氧分压由如下反应平衡决定:

$$2CO + O_2 = 2CO_2 \tag{1-7}$$

$$2H_2 + O_2 \Longrightarrow 2H_2O \tag{1-8}$$

分别由图 1-1 中的"C"或"H"点出发,与所讨论的反应线在给定温度的交点作直线,由直线分别与 p_{CO}/p_{CO_2} 坐标和 p_{H_2}/p_{H_2O} 坐标的交点,可读出与氧化物平衡的 p_{CO}/p_{CO_2} 和 p_{H_2}/p_{H_2O}。

CO_2 和 H_2O 气体都是常见的氧化性介质,与氧一样都可使金属生成同样的金属氧化物,其反应为

$$M + CO_2 \longrightarrow MO + CO \tag{1-9}$$
$$M + H_2O \longrightarrow MO + H_2 \tag{1-10}$$

CO 或 H_2 的生成,意味着金属被氧化了。因此,p_{CO}/p_{CO_2} 或 p_{H_2}/p_{H_2O} 值很重要,它们在一定程度上决定了腐蚀气体的"氧化性"的强弱。在煤的液化、气化工程中和火力发电的高温高压水蒸气管路中,金属材料的高温氧化就是按式(1-9)和式(1-10)进行的。

按照同样的原理,已经绘制出了金属的硫化物、碳化物、氮化物、氯化物的标准生成自由能 $\Delta G^0 - T$ 图,可用于金属硫化、碳化、氮化、氯化的热力学分析。

1.1.2 氧化物固相的稳定性

金属氧化物的高温化学稳定性可以通过 ΔG^0 来判断,还可以根据氧化物的熔点、挥发性估计其固相的高温稳定性。低熔点易挥发氧化物的产生往往是造成灾难性高温腐蚀的重要原因之一。

1. 氧化物的熔点

利用熔点来估计氧化物相的高温稳定性是很重要的。金属表面一旦生成液态氧化物,金属将失去氧化物保护的可能性,如硼、钨、钼、钒等的氧化物就属于这种情况。不仅纯金属如此,合金氧化时更易产生液态氧化物。两种以上氧化物共存时会形成复杂的低熔点共晶氧化物。金属氧化物的熔点从图 1-1 中可以查出。表 1-1 列出了一些元素及其氧化物的熔点。

表 1-1　某些元素及其氧化物的熔点

元素	熔点 / ℃	氧化物	熔点 / ℃
B	2 200	B_2O_3	294
V	1 750	V_2O_3	1 970
		V_2O_5	658
		V_2O_4	1 637
Fe	1 528	Fe_2O_3	1 565
		Fe_3O_4	1 527
		FeO	1 377

续表1—1

元素	熔点 / ℃	氧化物	熔点 / ℃
Mo	1 553	MoO_2	777
		MoO_3	795
W	3 370	WO_2	1 473
		WO_3	1 277
Cu	1 083	Cu_2O	1 230
		CuO	1 277

2. 氧化物的挥发性

在一定的温度下,物质均具有一定的蒸气分压。氧化物蒸气分压的大小能够衡量氧化物在该温度下固相的稳定性。氧化物挥发时的自由能变化为

$$\Delta G^0 = -RT\ln p_{蒸气} \tag{1—11}$$

蒸气压与温度的关系,可由 Claperlon 关系式得出

$$\frac{\mathrm{d}p}{\mathrm{d}T} = \frac{\Delta S^0}{\Delta V} = \frac{\Delta H^0}{T(V_气 - V_固)} \tag{1—12}$$

式中　S^0 —— 标准摩尔熵;

　　　H^0 —— 标准摩尔焓;

　　　V —— 氧化物的摩尔体积。

若固体的体积可以忽略不计,并将蒸气看成理想气体,则有

$$\ln p = -\frac{\Delta H^0}{RT} + C \tag{1—13}$$

可以看出,氧化物的蒸发热越大则蒸气压越小,氧化物越稳定;还可以看到,蒸气压随温度升高而增大,即氧化物固相的稳定性随温度升高而下降。

在高温腐蚀中形成的挥发性物质会加速腐蚀过程。大量的研究结果表明,挥发性氧化物对铬、硅、钼和钨等的高温氧化动力学有重要影响。

现以 Cr—O 体系在 1 250 K 的挥发性物质的热力学平衡图(图1—2)为例,分析其构成原理。在这一体系中,高温氧化时只生成 Cr_2O_3 一种致密氧化物,还涉及 Cr(气)、CrO(气)、CrO_2(气) 和 CrO_3(气) 四种挥发物质。

在 Cr—O 体系中,凝聚相—气相平衡有两种类型:

(1) 在 Cr(固) 上的平衡,其反应有

$$Cr(固) = Cr(气) \tag{1—14}$$

$$Cr(固) + 1/2O_2(气) = CrO(气) \tag{1—15}$$

$$Cr(固) + O_2(气) = CrO_2(气) \tag{1—16}$$

$$Cr(固) + 3/2O_2(气) = CrO_3(气) \tag{1—17}$$

$$2Cr(固) + 3/2O_2(气) = Cr_2O_3(气) \tag{1—18}$$

(2) 在 Cr_2O_3(固) 上的平衡,其反应有

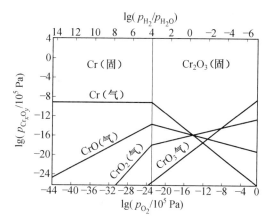

图 1－2 Cr－O 体系在 1 250 K 时挥发性物质的热力学平衡图

$$2Cr(气) + 3/2O_2(气) = Cr_2O_3(固) \tag{1-19}$$

$$2CrO(气) + 1/2O_2(气) = Cr_2O_3(固) \tag{1-20}$$

$$2CrO_2(气) = Cr_2O_3(固) + 1/2O_2(气) \tag{1-21}$$

$$2CrO_3(气) = Cr_2O_3(固) + 3/2O_2(气) \tag{1-22}$$

根据式(1－3)和各种物质的标准生成自由能 ΔG^0，可以得到在 1 250 K 时各物质的 $\lg K_p$：

物质	$\lg K_p$
Cr_2O_3(固)	33.95
Cr(气)	－8.96
CrO(气)	－2.26
CrO_2(气)	4.96
CrO_3(气)	8.64

由这些数据可以确定 Cr－O 体系的平衡关系式。与 Cr(固)相平衡的反应处于低氧分压条件下，而与 Cr_2O_3(固)相平衡的反应则处于高氧分压条件下，其分界线是 Cr(固)与 Cr_2O_3(固)的平衡氧分压，即

$$2Cr(固) + 3/2O_2(气) = Cr_2O_3(固) \tag{1-23}$$

则有

$$\lg p_{O_2} = -\frac{2}{3}\lg K_p^{Cr_2O_3} = -22.6 \tag{1-24}$$

此平衡氧分压由图 1－2 中的垂线表示。该垂线将图分为低氧分压和高氧分压区。在低氧分压区，Cr(气)的分压与 p_{O_2} 无关，由式(1－14)的平衡关系，则有

$$\lg p_{Cr} = \lg K_p^{Cr(气)} = -8.96 \tag{1-25}$$

在高氧分压区，Cr(气)的分压由反应式(1－19)决定，则有

$$\lg K = -\lg K_p^{\mathrm{Cr_2O_3}} + 2\lg K_p^{\mathrm{Cr(气)}} = 51.9 \tag{1-26}$$

所以

$$2\lg p_{\mathrm{Cr}} + \frac{3}{2}\lg p_{\mathrm{O_2}} = -51.9 \tag{1-27}$$

或

$$\lg p_{\mathrm{Cr}} = -\frac{3}{4}\lg p_{\mathrm{O_2}} - 25.95 \tag{1-28}$$

即在高氧压区 Cr(气) 的蒸气压随 $p_{\mathrm{O_2}}$ 的上升而下降。由高氧压区的平衡反应式(1－22)，可以求出

$$\lg p_{\mathrm{CrO_3(气)}} = -\frac{3}{4}\lg p_{\mathrm{O_2}} - 8.64 \tag{1-29}$$

即 CrO_3(气) 的蒸气压随 $p_{\mathrm{O_2}}$ 的增大而上升。对于 Cr(固) 或 Cr_2O_3(固) 上的其他平衡反应，采用上述算法均可以得出相应的平衡关系式。

图 1－2 表明，当 $p_{\mathrm{O_2}}$ 较低时，产生 Cr(气) 的蒸气压最大；而在高 $p_{\mathrm{O_2}}$ 下，CrO_3(气) 的蒸气压最大。Cr－O 体系的这种固有的性质对铬及含铬合金的氧化产生极大的影响。在 Cr_2O_3 膜与基体之间将产生很大的 Cr(气) 的蒸气压，使 Cr_2O_3 膜与基体分离；在 Cr_2O_3 膜与气相界面形成很大的 CrO_3(气) 蒸气压，特别是在高气体流速下，Cr_2O_3 膜将蒸发减薄，加速 Cr 的氧化。因此，形成 Cr_2O_3 膜的合金一般不宜在高于 900 ℃ 的环境下长期工作。

同样的原理可以计算出各种体系的挥发性物质平衡图。图 1－3 和图 1－4 分别为 Si－O 和 Mo－O 体系在 1 250 K 时挥发性物质的热力学平衡图。可以看到，当氧分压接近于 SiO_2 的平衡分解压时，SiO 蒸气压最大。这一特性对硅在低氧压下的抗氧化行为产生很大的影响，导致 SiO 从 Si 表面离开，而后氧化成 SiO_2 烟雾，失去保护性。因此，在低氧分压下硅或高硅合金不可能具有良好的抗氧化性能。Mo－O 体系可形成多种挥发性的氧化物，其蒸气压在高氧分压下都非常高，所以钼的高温氧化过程中，氧化物的蒸发控制氧化过程。W－O 体系与 Mo－O 体系类似，W 与 Mo 在高温的氧化都是灾难性的。

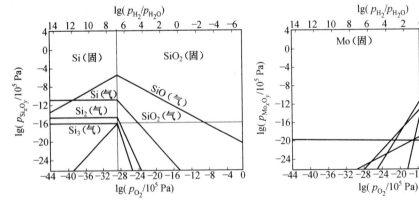

图 1－3　Si－O 体系在 1 250 K 时挥发性物质的热力学平衡图

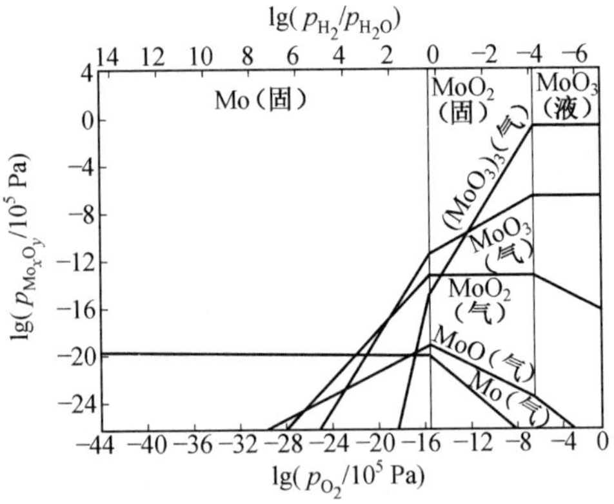

图 1－4　Mo－O 体系在 1 250 K 时挥发性物质的热力学平衡图

1.1.3 金属在混合气氛中的优势区相图

工程中,金属和合金往往处在复杂的多元混合气体环境中,例如煤的气化、液化转化工程,石油化工,燃气轮机等,其高温腐蚀机理与在纯氧中大不相同。因此,研究金属在混合气体中的氧化行为具有实际意义。本节仅讨论两种氧化性气体与金属相互作用产生的相平衡。

当一种纯金属 M 在高温下与 O_2 和另一种氧化性气体 X_2 同时作用时,金属表面可能发生下列反应:

$$M + 1/2O_2 = MO \tag{1-30}$$

$$M + 1/2X_2 = MX \tag{1-31}$$

达到平衡时

$$(p_{O_2}^{1/2})_{平衡} = \exp\left(\frac{\Delta G_{MO}^0}{RT}\right) \tag{1-32}$$

$$(p_{X_2}^{1/2})_{平衡} = \exp\left(\frac{\Delta G_{MX}^0}{RT}\right) \tag{1-33}$$

式中　　ΔG_{MO}^0——MO 的标准生成吉布斯自由能;

　　　　ΔG_{MO}^0——MX 的标准生成吉布斯自由能。

由式(1-32)和式(1-33),当 $p_{O_2} > (p_{O_2})_{平衡}$、$p_{X_2} > (p_{X_2})_{平衡}$ 时,MO 和 MX 可能在金属表面形成。然而,这只是形成这些相的必要条件而不是充分条件。MO 和 MX相的稳定性由以下反应决定:

$$MX + 1/2O_2 = MO + 1/2X_2 \tag{1-34}$$

若 MO 和 MX 的活度均为 1,则其平衡条件为

$$\left(\frac{p_{X_2}^{1/2}}{p_{O_2}^{1/2}}\right)_{平衡} = \exp\left(\frac{\Delta G_{MX}^0 - \Delta G_{MO}^0}{RT}\right) \tag{1-35}$$

由式(1-32)、式(1-33)、式(1-35)和相关的热力学数据,可以得到金属在二元气体 $O_2 - S_2$ 中的基本优势区相图,如图 1-5 所示。

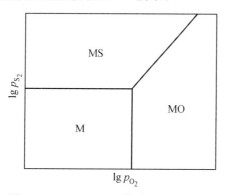

图 1-5　M-O-S 体系的基本相平衡

以上讨论了金属在二元气体中的式(1-30)、式(1-31)和式(1-34)三个反应平衡。实际上金属在二元气体中是一个复杂的化学体系,会发生许多不同类型的反应。

以 Ni—O—S 体系在 1 250 K 为例(图 1—6),它涉及如下反应平衡:

$$Ni(固) + 1/2O_2(气) = NiO(固) \tag{1-36}$$

$$Ni(固) + y/2S_2(气) = NiS_y(液) \tag{1-37}$$

$$NiO(固) + 1/2S_2(气) + 3/2O_2(气) = NiSO_4 \tag{1-38}$$

$$NiS_y(液) + 1/2O_2(气) = NiO(固) + y/2S_2(气) \tag{1-39}$$

由这些反应平衡和相关热力学数据,可以得到 Ni—O—S 体系的相平衡图。如图 1—6 所示,SO_2 的等压线由 S_2 和 O_2 分压决定,它们之间存在平衡关系:

$$1/2S_2(气) + O_2(气) = SO_2(气) \tag{1-40}$$

由 1 250 K 的热力学数据,可以得到:

$$\lg p_{S_2} = -22.626 + 2\lg p_{SO_2} - 2\lg p_{O_2} \tag{1-41}$$

SO_2 等压线的斜率为 -2。图 1—6 中顶部的水平线代表发生液态硫凝聚的硫分压。

在不同的应用条件下,优势区相图采用不同的坐标轴则更为方便。例如,图 1—6 中的 Ni—O—S 体系的相平衡可以等价地表示为 $\lg p_{O_2} - \lg p_{SO_2}$ 坐标的相平衡图。这是由于存在平衡反应式(1—40)。使用这种坐标系,图 1—6 中的相平衡可以重绘在图 1—7 中。选择这种坐标系对于分析金属的热腐蚀机理特别有用。热腐蚀发生时,金属或合金上沉积一层液态硫酸钠,而硫酸钠可以看成由 Na_2O 和 SO_3 组成。因此,用这种坐标分析热腐蚀,其好处是显而易见的。

涉及金属热腐蚀的 Na—M—O—S 四元体系的相平衡图,不是 Na—O—S 与 M—O—S 体系两个相图的简单叠加,必须将 Na—M—O—S 体系中新的化学反应考虑进去。此类相平衡图的典型例子如图 1—8 所示。Na—M—O—S 相平衡图对于热腐蚀的研究有着重要的理论指导作用。

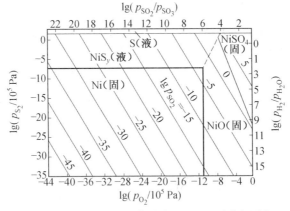

图 1—6　Ni—O—S 体系在 1 250 K 时的相平衡

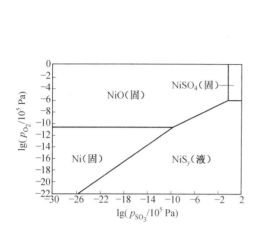
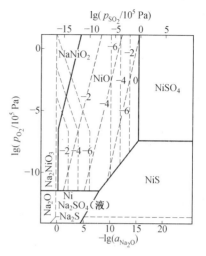

图 1—7 Ni—O—S体系在1 250 K时的相 平衡(以 lg p_{O_2}—lg p_{SO_3} 为坐标)

图 1—8 Na—Ni—O—S体系在1 200 K时 的相平衡

1.2 金属氧化物的结构及性质

金属及合金在高温腐蚀环境中能否使用,很大程度上取决于腐蚀产物的性质。一方面,腐蚀产物的多少及形成速度是高温腐蚀程度的标志;另一方面,腐蚀产物的性质将决定腐蚀进行的历程及有无可能防止金属的继续腐蚀。腐蚀产物的性质,如扩散、电导率、烧结和蠕变等都是由其物质结构所决定的。本节以金属氧化物为例,分析其结构与性质之间的关系。

1.2.1 金属氧化物的晶体结构

大多数的金属氧化物(包括硫化物、卤化物等)的晶体结构都是由氧离子的密排六方晶格或立方晶格组成。金属离子在这些密排结构中所处的位置可分为两类:一类是由 4 个氧离子包围的间隙,即四面体间隙;另一类是由 6 个氧离子包围的间隙,即八面体间隙。在密排结构中,每 1 个密排的阴离子对应于 2 个四面体和 1 个八面体。在不同的简单金属氧化物的晶体结构中,阳离子往往有规律地占据四面体间隙或八面体间隙或同时占据两种间隙。金属氧化物的晶体结构主要有如下几种:

(1)NaCl 型结构。

NaCl 型结构如图 1—9(a) 所示。氧化物 MgO、CaO、SrO、CdO、CoO、NiO、FeO、MnO、TiO、NbO 和 VO 都具有这种结构。

(2) 纤锌矿型结构。

氧化物 BeO 和 ZnO 具有这种结构(图 1—9(b))。

(3)CaF$_2$ 型结构。

CaF$_2$ 型结构如图 1—9(c) 所示,在晶胞的中心有较大的空隙,有利于阴离子迁移。

氧化物 ZrO_2、HfO_2、UO_2、CeO_2、ThO_2、PuO_2 等具有 CaF_2 型结构。

（4）金红石结构。

金红石结构如图 1—9(d) 所示，在平行于 c 轴的方向构成有利于原子和离子扩散的通道。TiO_2、MnO_2、VO_2、MoO_2、WO_2、SnO_2 和 GeO_2 等具有金红石结构。

（5）ReO_3 结构。

ReO_3 结构如图 1—9(e) 所示，属于最疏松的结构，具有易压扁的倾向。这种结构的重要氧化物还有 WO_3 和 MoO_3。

（6）$\alpha-Al_2O_3$ 结构（刚玉结构）。

在此结构中，氧离子构成密排六方晶格，其中铝离子仅占据所有八面体的间隙的 2/3。在此情况下，每个阳离子周围有 6 个氧离子，每个阴离子周围有 4 个阳离子。因此，阳离子的配位数是 6，阴离子的配位数是 4。$\alpha-Al_2O_3$ 的晶格如图 1—9(f) 所示。其他三价金属的氧化物及硫化物也具有这种结构，如 $\alpha-Fe_2O_3$、Cr_2O_3、Ti_2O_3 和 V_2O_3 等。许多 $M_{(1)}M_{(2)}O_3$ 型氧化物，当金属 $M_{(1)}$ 和 $M_{(2)}$ 的平均价数等于 3，且它们的离子半径相当时，也具有这种结构，如 $FeTiO_3$。

（7）尖晶石结构（AB_2O_4）。

在此结构中，氧离子形成密排立方晶格，其中金属离子 A 和 B 分别占据八面体和四面体的间隙位置。尖晶石晶胞有 32 个氧离子，因而含有 32 个八面体位置和 64 个四面体位置。这些间隙位置可以以不同方式填充二价和三价阳离子，产生两种尖晶石结构，即正尖晶石结构和反尖晶石结构。在正尖晶石结构中，如 $MgAl_2O_4$，一半的八面体间隙为 Al^{3+} 填充，八分之一的四面体间隙为 Mg^{2+} 填充。在反尖晶石结构中，八分之一的四面体间隙为三价阳离子填充，其余的三价阳离子和二价阳离子分布在 16 个八面体间隙中，其结构式为 $B(AB)O_4$，Fe_2O_3 就是这种反尖晶石结构，其正确的化学式应为 $Fe^{3+}(Fe^{2+},Fe^{3+})O_4$。两种尖晶石结构如图 1—9(g) 和图 1—9(h) 所示。

具有尖晶石结构，其分子式为 AB_2O_4 的化合物，两种金属的价不一定非要二价和三价，只要它们的价数之和等于 8 即可。因此，尖晶石也可以是 $A^{4+}B_2^{2+}O_4$ 和 $A^{6+}B_2^{1+}O_4$。

M_2O_3 化合物中还有类尖晶石结构，$\gamma-Fe_2O_3$、$\gamma-Al_2O_3$ 和 $\gamma-Cr_2O_3$ 就属于这类结构。所谓类尖晶石结构是指尖晶石结构中 M^{3+} 不足。正常尖晶石结构的每个晶胞中应有 32 个 O^{2-} 和 24 个 M^{3+}，而类尖晶石结构中则仅有 $21\frac{1}{3}$ 个 M^{3+} 随机地占据尖晶石结构中 24 个阳离子的位置。

（8）SiO_2 结构。

在大气压下，晶态的 SiO_2 有三种主要形式，它们的稳定温度范围是

$$石英 \xrightarrow{870\ ℃} 鳞石英 \xrightarrow{1\ 470\ ℃} 白硅石 \xrightarrow{1\ 710\ ℃} 硅石熔体$$

石英又称为水晶，非晶态的 SiO_2 称为石英玻璃。

三种结晶 SiO_2 均由 Si—O 四面体构成。三种结构中氧均连接两个四面体，但每种结构中四面体互相连接的方式是各不相同的。非晶 SiO_2 的结构单元仍然是 Si—O 四

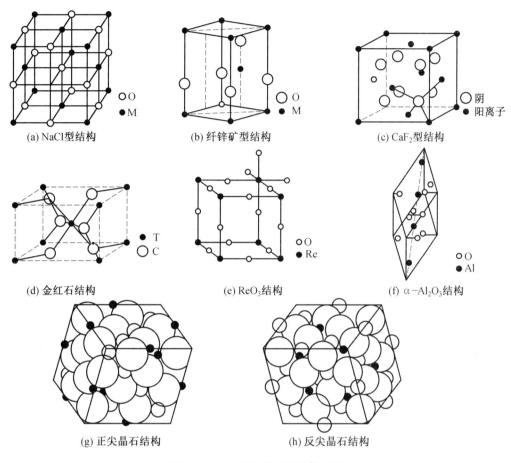

图 1-9 金属氧化物的晶体结构

面体,但四面体的有序连接只能持续一个不大的距离,而不像晶体 SiO_2 那样可以无限地持续下去。

1.2.2 氧化物中的缺陷

氧化物中的缺陷包括从原子、电子尺度的微观缺陷到显微缺陷。缺陷可以分为以下几类:① 点缺陷(零维缺陷),是一种晶格缺陷,包括空位、间隙原子(离子)、原子错排等;② 线缺陷(一维缺陷),是指晶体中沿某一条线附近的原子排列偏离了理想的晶体点阵结构,如刃位错和螺位错;③ 面缺陷(二维缺陷),包括小角度晶界、孪晶界面、堆垛层错和表面;④ 体缺陷(三维缺陷),包括空洞、异相沉淀等;⑤ 电子缺陷,包括电子和电子空穴。

在热力学上缺陷又分为不可逆缺陷和可逆缺陷。不可逆缺陷的数量与环境的温度和气体分压无关,线缺陷、面缺陷及体缺陷均为不可逆缺陷。可逆缺陷的数量与环境温度及气体分压有关,点缺陷为可逆缺陷。本节重点讨论点缺陷。

点缺陷可以在氧化物内部形成,也可以通过与环境的反应而形成。正确地描述缺陷反应必须遵守一些规则,包括晶格格位的变化、质量守恒、电中性和质量作用定律。点缺陷的热力学理论基于以下假设:实际晶体可以看成是一种溶液,晶格为溶剂而点缺陷为溶质。点缺陷的热力学的定量描述只有在缺陷浓度不超过千分之几时才是正确的。

描述固体的点缺陷有几种符号系统,最常用的是 Kröger—Vink 符号系统。符号的形式如下:

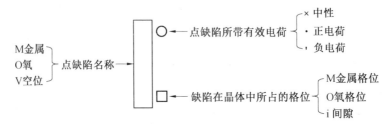

1.3 金属氧化过程的动力学

金属的高温氧化是高温腐蚀领域最重要而且最基本的一种腐蚀形式,又是一个极其复杂的过程。金属与氧反应在金属表面形成一层连续的致密的氧化膜时,氧化膜将金属和氧隔开,氧化过程的继续进行取决于在金属/氧化物界面、氧化膜内以及氧化物/气相界面的物质反应和传输。这还是比较简单的情况,实际的金属氧化过程涉及很多问题,如氧化初期氧在金属表面的吸附、氧化物的生核与长大、氧化膜结构对氧化的影响、晶界引起的短路扩散、氧在金属内的溶解、氧化膜的蒸发与熔化、氧化膜中的应力与氧化膜的开裂和剥落等。显而易见,控制步骤不同时,金属的氧化将呈现不同的动力学规律。

金属的氧化程度通常用单位面积上的质量变化(Δm)表示;有时也用氧化膜的厚度、系统内氧分压的变化,或者单位面积上氧的吸收量表示。测定氧化过程的恒温动力学曲线($\Delta m - t$ 曲线)是研究氧化动力学最基本的方法,它不仅可以提供许多关于氧化机理的信息,如氧化过程的速度限制性环节、氧化膜的保护性、反应的速度常数以及过程的能量变化等,而且还可以作为工程设计的依据。典型的金属氧化动力学曲线有线性规律、抛物线规律、立方、对数及反对数规律,如图 1 - 10 所示。

1. 氧化动力学的直线规律

金属氧化时,若不能生成保护性的氧化膜,或在反应期间形成气相或液相产物,则氧化速度直接由形成氧化物的反应速度决定,因而其氧化速度恒定不变,符合直线规律。可用如下方程式表示:

$$\frac{dy}{dt} = k_1 \quad \text{或} \quad y = k_1 t + C \tag{1-42}$$

式中　　y——氧化膜厚度;

　　　　t——时间;

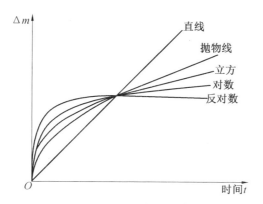

图 1—10　金属氧化 $\Delta m - t$ 曲线

k_1—— 氧化的线性速度常数；

C—— 积分常数。

碱金属和碱土金属，以及钼钢、钒、钨等金属在高温下的氧化遵循这一线性规律。如图 1—11 所示为镁在不同温度下的线性氧化规律。

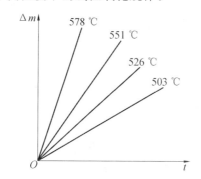

图 1—11　镁在不同温度下的线性氧化规律

2. 氧化动力学的抛物线规律

多数金属和合金的氧化动力学为抛物线规律。金属或合金在较宽的温度范围内氧化时，在其表面上可以形成致密的较厚的氧化膜，氧化速度与膜的厚度成反比，氧化速度可由下列方程表示：

$$\frac{dy}{dt} = \frac{k_p}{y} \ \text{或} \ y^2 = 2k_p t + C \tag{1-43}$$

式中　y—— 在 t 时间内生成氧化膜的厚度；

k_p—— 抛物线速度常数；

C—— 积分常数，它反映了氧化初始阶段对抛物线规律的偏离。

3. 氧化动力学的对数与反对数规律

有一些金属在低温或室温氧化时，服从对数和反对数规律，其微分方程为

$$\frac{dy}{dt} = A e^{-By} \tag{1-44}$$

$$\frac{\mathrm{d}y}{\mathrm{d}t} = A\mathrm{e}^{By} \tag{1-45}$$

积分后可得

$$y = k_1 \lg(k_2 t + k_3) \tag{1-46}$$

$$\frac{1}{y} = k_4 - k_5 \lg t \tag{1-47}$$

　　这两种氧化规律均在氧化膜相当薄时才出现,它意味着氧化过程受到的阻滞远较抛物线规律中的大。例如,室温下铜、铝、银等金属的氧化符合式(1-46)的规律;铜、铁、锌、镍、铅、铝、钛和钽等的初始氧化符合式(1-47)的规律。但是,有时要区分上述两者往往是很困难的。因为对于短时间氧化所获得的薄膜数据,无论用哪个方程处理,常常都能获得较好的结果。

1.4　合金的氧化

　　合金的氧化与纯金属的氧化存在相似的一面,许多在纯金属氧化中发生的现象也会在合金氧化中发生。但是,合金氧化与纯金属氧化又存在差别。合金至少含有两个组元和两个以上可能被氧化的成分,所以合金氧化必须考虑更多的影响因素和参数。合金氧化的机理将比纯金属氧化更复杂。

　　以 Ni−Cr 合金的高温氧化为例,如图1−12所示为 Ni−Cr 合金在 1 000 ℃ 氧化时抛物线速度常数与 Cr 含量的关系曲线。可以分成三个区:Ⅰ区,合金中含 Cr 量较低,随着 Cr 含量增加,抛物线速度常数增大,生成的氧化膜以 NiO 为主,次层为 NiO 和弥散的 $NiCr_2O_4$ 尖晶石相,合金表层为 Ni 和岛状内氧化物 Cr_2O_3(图1−13(a));Ⅱ区,Cr 含量增加,抛物线速度常数迅速下降,逐渐形成连续的 $NiCr_2O_4$ 层,内氧化物消失(图1−13(b));Ⅲ区,Cr 含量增加,抛物线速度常数几乎不变,这时形成了选择性 Cr_2O_3 保护膜(图1−13(c))。其他二元合金的氧化也有类似的规律。

　　上述例子说明,只有合金表面形成保护性的选择氧化膜,合金才能具有最佳的保护

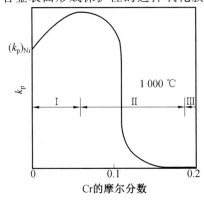

图 1−12　Cr 含量对 Ni−Cr 合金氧化动力学的影响

性能。

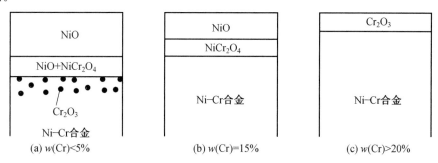

图 1－13　Cr 含量对 Ni－Cr 合金氧化产物结构的影响

1.5　其他类型的金属高温腐蚀

现代工业技术的发展导致金属材料的高温工作环境日趋复杂化。例如,炼制高硫原油装置的金属构件将产生高温硫腐蚀和含硫混合气体腐蚀;煤和有机燃料的燃烧将产生 CO_2、CO 和 H_2O(气) 使金属材料发生碳化;燃气涡轮在海上或沿海工作,高温部件上会沉积 Na_2SO_4 熔盐导致热腐蚀。本节简要介绍一些主要的其他类型的金属高温腐蚀的基本情况。

1.5.1　金属的高温硫化

金属的高温硫化是金属材料与含硫气体(如 S_2、SO_2、H_2S 等)反应形成硫化物的过程。常用金属材料的硫化速度比其氧化速度要高几个数量级,只有难熔金属 W、Mo、Nb 具有优良的耐硫化性能。这种情况是由金属硫化物的特性所决定的。

研究发现,除纯难熔金属外,含难熔金属和铝的合金,如 MoAl、FeMoAl、FeWAl 等,也具有优异的抗硫化性能,这可能与在极低氧分压和高硫压下这些合金仍然可以生成铝的氧化物,从而起到阻碍硫化的作用有关。

1.5.2　金属在 O－S 体系中的高温腐蚀

这类高温腐蚀的典型环境为 SO_2－O_2 的混合气体,常产生于各类燃料油和煤的燃烧气体中。根据 M－O－S 体系的相平衡图(图 1－14),在特定环境条件下,在热力学上只能生成一种稳定的金属化合物,如氧化物、硫化物或硫酸盐。但是在高温腐蚀过程中,由于动力学的原因,可能导致各种化合物的产生。

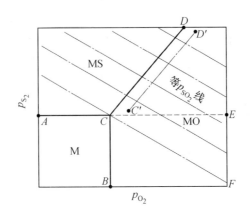

图 1－14　M－O－S 体系的相平衡示意图及
动力学上发生不同腐蚀机理的范围

1.5.3　金属的热腐蚀

热腐蚀是指金属材料在高温工作时,基体金属与沉积在表面的熔盐(主要为 Na_2SO_4)及周围气体发生的综合作用而产生的腐蚀现象。金属发生热腐蚀的特征是:腐蚀产物的外层为疏松的氧化物和熔盐;次内层为氧化膜;氧化膜下为硫化物。

金属表面沉积的熔盐来源于燃料中的硫、钠、钾、钒等和空气中的盐雾,特别是在海洋环境下,在金属表面发生下列反应:

$$2NaCl + SO_2 + 1/2O_2 + H_2O \longrightarrow Na_2SO_4 + 2HCl \qquad (1-48)$$

$$2NaCl + SO_3 + H_2O \longrightarrow Na_2SO_4 + 2HCl \qquad (1-49)$$

根据发生热腐蚀温度的高低,可将热腐蚀分为低温热腐蚀和高温热腐蚀。低温热腐蚀发生的温度在 700 ℃ 左右,对应于 $Na_2SO_4 - NiSO_4$(共晶温度为 671 ℃)、$Na_2SO_4 - CoSO_4$(共晶温度为 565 ℃)低温共晶盐的产生。高温热腐蚀发生的温度在 850 ~ 900 ℃,对应于 Na_2SO_4(熔点为 884 ℃)熔盐的产生。

热腐蚀的机理是错综复杂的。由于热腐蚀过程中存在熔盐,所以人们普遍认为热腐蚀既有化学腐蚀又有电化学腐蚀;既包括界面化学反应又包括液态熔盐对氧化膜的溶解作用。

目前,被许多人所接受的热腐蚀机理是热腐蚀的酸－碱熔融机理。该机理强调,在热腐蚀时,由于表面生成的氧化膜不断被表面沉积的熔盐溶解而造成加速腐蚀。

由于熔盐是强电解质,熔盐膜的存在又是发生热腐蚀的必要条件,因此在热腐蚀过程中必然存在电化学过程。电化学过程在热腐蚀中的作用仍然是人们不断研究的课题。

1.5.4　金属的碳化

金属材料处于含碳的气体环境中,氧活度低而碳活度较高,就会发生碳化。金属碳化的基本原理与金属的氧化过程相同。

当金属或合金置于同时含碳和氧的气体中时,由于反应机理不同,可导致氧化、碳化或既有氧化又有碳化。以 $CO+CO_2$ 混合气体为例,其氧和碳的活度由下列反应确定:

$$CO_2 = CO + 1/2O_2 \qquad\qquad (1-50)$$

$$2CO = C + CO_2 \qquad\qquad (1-51)$$

所以,氧和碳的活度与 p_{CO_2} 及 p_{CO} 的比值有关。

1.6　高温防护涂层

1.6.1　发展高温合金防护涂层的必要性

高温下使用的金属材料主要有两个基本要求:一是具有足够优异的高温力学性能;二是具有足够好的抗高温腐蚀性能。但是,这两方面的性能往往是互相制约的,甚至是矛盾的。

为了弥补高温合金抗高温腐蚀性能的不足,解决高温力学性能与耐蚀性之间的矛盾,有效的途径是发展高温涂层。高温合金基体与涂层构成一个复合的材料,使其内部保持足够的高温强度,而表面又具有优异的耐高温腐蚀性能。因此,在研制新型高温合金的同时,必须把高温耐蚀涂层作为一个整体一起加以考虑。作为设计者在选用合金的同时,必须选择相应的耐蚀涂层。

1.6.2　高温涂层的基本类型

高温合金的防护涂层按涂层材料可分为如下几种。

(1)铝化物涂层。

铝化物涂层主要通过热扩散的方式获得,在镍基、钴基、铁基合金表面分别形成以 NiAl、CoAl、FeAl 为主的金属间化合物渗层。铝化物涂层在高温下可以形成保护性 Al_2O_3 氧化膜,因而具有优良的抗高温氧化、硫化和热腐蚀等性能。由于铝化物涂层存在脆性大、易开裂剥落、涂层与基体易发生互扩散、涂层寿命较短等缺点,因此发展了多元共渗涂层来弥补其不足,如 Al-Pt、Al-Pd、Al-Cr、Al-Si、Al-Mn、铝稀土共渗涂层等。

(2)覆盖型合金涂层。

为了克服扩散型铝化物涂层存在的涂层与基体的相互制约,涂层组织受扩散反应限制等弱点,提高涂层的综合性能,发展了覆盖型合金涂层。20 世纪 60 年代中期发展起来的 MCrAlY 涂层,是覆盖型合金涂层的典型代表。涂覆这种涂层的燃气涡轮机叶片可在恶劣的腐蚀环境中工作四万小时以上。

MCrAlY 涂层的成分和结构完全与基体合金无关。这类涂层可以采用多弧镀、磁控溅射、电子束物理气相沉积和等离子喷涂等先进的技术进行涂覆。

　　（3）表面结构改性涂层。

　　不改变合金表面的成分,仅仅改变合金表面的组织结构,就可以使合金的抗高温腐蚀性能得到大幅度的提高。例如,采用激光表面重熔、高能脉冲表面处理、表面喷丸、热处理等技术使合金表面形成微晶层或纳米晶层,以及采用磁控溅射等方法在合金表面沉积相同成分的微晶或纳米晶合金涂层,都可以加速被氧化元素沿晶界向外短路扩散,促进合金形成选择性的保护性膜。据报道,通过表面微晶化或纳米晶化,镍基高温合金中 Al 的质量分数为 2％ 时 Al 就可以形成保护性 Al_2O_3 氧化膜,而且由于形成的氧化膜晶粒极为细小,容易发生应力松弛,与基体的结合力极好。

　　（4）陶瓷涂层。

　　上述涂层是通过改变合金表面的成分、组织和结构,使合金在高温环境中表面形成保护性氧化膜来实现抗高温腐蚀的。显而易见,在合金表面直接沉积陶瓷涂层是保护合金的有效途径。高温合金的陶瓷涂层可以分为两类:① 以提高抗高温腐蚀为目的的陶瓷涂层;② 以隔热为目的的热障涂层。

　　以提高抗高温腐蚀为目的的陶瓷涂层一般较薄,厚度在几十纳米到几微米。例如,在含 Cr 合金表面沉积几十纳米厚的稀土氧化物薄膜,以及在合金表面沉积数微米的氧化铝都可以显著提高合金的抗氧化能力。由于一般陶瓷与合金的热膨胀系数的差异较大,因此,在热应力作用下,陶瓷涂层的开裂与剥落是这类涂层的关键问题。这类陶瓷涂层可采用溶胶－凝胶法、喷雾热解法、化学气相沉积、物理气相沉积等技术制备,其中溶胶－凝胶法是一种简单、经济、可以获得各种高质量陶瓷薄膜的方法。

　　热障涂层通常是先在合金基体上沉积一层 MCrAlY 涂层,然后再沉积一层厚度为 $300\ \mu m \sim 2\ mm$ 的 $ZrO_2 - Y_2O_3$ 陶瓷层。热障涂层是发展先进航空发动机的关键技术。在燃气涡轮上施加热障陶瓷涂层具有多重优越性:较高的进气温度,金属构件中冷却气流速度较低,降低金属表面的温度。由于这些优点,燃气涡轮加热障涂层后可以提高效率、延长寿命和简化设计。1986 年,美国已将热障涂层用于 PW4000 燃气涡轮的导向叶片。如图 1－15 所示为热障涂层的典型截面结构。大多数情况下,热障涂层的陶瓷层是以氧化锆为基体的,添加 6％ ～ 8％（质量分数）的 Y_2O_3 获取部分稳定的或完全稳定的氧化锆结构。ZrO_2 兼具低的热传导性能和高的热膨胀系数,因而是理想的热

障涂层材料。先进的热障涂层采用电子束物理气相沉积(EB－PVD),获得柱状晶结构的 $ZrO_2 - Y_2O_3$ 陶瓷层。一个柱状晶粒发生开裂时,裂纹扩展到晶界就停止,因此柱状晶结构的 $ZrO_2 - Y_2O_3$ 陶瓷层可以防止裂纹的扩展,避免涂层大面积剥落。

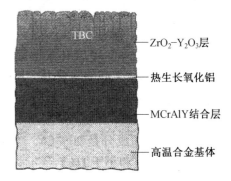

图 1－15　热障涂层的典型截面结构

　　热障涂层的外氧化物涂层与合金基体之间需要一层 MCrAlY 涂层作为结合层,此结合层可以提供足够的抗环境腐蚀能力和使氧化物层与合金基体的力学性能相匹

配。MCrAlY 结合层与基体合金在高温下可以相互反应,在 $ZrO_2 - Y_2O_3$/MCrAlY 界面形成一薄层氧化铝。此氧化铝层由 MCrAlY 层中扩散出的铝同氧化锆中存在的氧相互反应而生成,可以提高抗氧化能力。更为重要的是,$ZrO_2 - Al_2O_3 - MCrAlY$ 之间的附着力是提高热障涂层抗热震性能的关键。

目前,热障涂层发展的新动态是研制纳米结构 $ZrO_2 - Y_2O_3$/ZrSiO 微叠层。这种微叠层热障涂层的导热系数低,抗热震性能好,可将现有的热障涂层的隔热温度提高 100 ℃ 以上。因此,纳米技术为热障涂层的发展提供了广阔的前景。

1.6.3 涂层性能的限制因素

涂层是一种特殊的材料,其性能受到多种因素的限制。作为高温防护涂层,首要的限制因素就是高温腐蚀动力学。需要强调的是,对于不同的环境会产生不同的高温腐蚀动力学规律,因此应根据环境选择涂层体系。涂层的限制因素主要有以下几个方面:

(1) 涂层与基体的互反应。

合金表面涂层在热力学上是一个不稳定的体系。涂层中的元素损失有两个途径:一是向外扩散,生成腐蚀产物;二是向合金内扩散。在氧化膜性能完好前提下(致密、无缺陷、不剥落等),由于涂层与基体的互扩散速度比氧化膜中的扩散速度快得多,涂层的蜕化主要由互扩散控制。互扩散造成涂层中形成氧化膜的元素浓度下降,以致这种氧化物不能继续生长,涂层失去保护性。

(2) 涂层中的缺陷。

考虑到涂层与基体的互扩散因素后,涂层仍然达不到预计的寿命。其重要原因之一是所有涂层中都存在各种随机缺陷。涂层缺陷可以分为两大类:制备涂层时产生的缺陷和在使用期间产生的缺陷。典型缺陷有厚度不均、局部夹杂物、裂纹,界面局部分离等。研究无缺陷或微量缺陷涂层可以使涂层寿命显著提高,是涂层的发展方向之一。

(3) 合金与涂层体系的力学性能。

合金与涂层体系的力学性能呈现如下基本规律:沿合金基体 — 涂层 — 氧化膜顺序,塑性下降,脆性增大,热膨胀系数减小,强度下降。镍基合金 ＋ NiAl 涂层 ＋ Al_2O_3 氧化膜就是典型的例子。这种力学性能的差异往往是导致氧化膜剥落、涂层寿命缩短的主要原因。少量的稀土元素可以提高氧化膜的附着力,阻止氧化膜剥落,因此用稀土元素改善涂层是非常重要的发展方向。涂层力学性能的特点是在一定的温度(T)范围内发生脆塑转变,如图 1 — 16 所示。涂层要

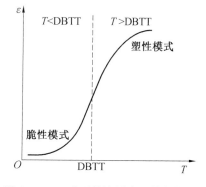

图 1 — 16　典型的涂层脆塑转变曲线

免于机械破坏必须满足两个条件:① 涂层应当能承受一定的拉应力;② 涂层应具有一定的塑性以抵抗瞬时的冲击载荷。如果涂层在一定温度下不发生脆塑转变,则难免被

破坏。脆塑转变温度(DBTT)已成为衡量涂层力学性能的重要指标。脆塑转变温度与晶体结构及熔点有关。对于六方晶体和体心立方晶体金属间化合物,脆塑转变温度 DBTT $\approx$ $(0.6 \sim 0.7)T_{熔}$;对于面心立方金属,脆塑转变温度 DBTT $\approx$ $(0.1 \sim 0.2)T_{熔}$。

铝化物涂层的脆塑性转变温度一般较高,贫铝的 NiAl 相的 DBTT 为 760 ℃;而富铝的 NiAl 相的 DBTT 为 980 ℃。在低温,铝化物涂层非常脆,非常小的应变足以使其开裂并贯穿到基体中;而在 DBTT 以上,铝化物涂层对基体的力学性能几乎没有影响。MCrAlY 合金涂层的 DBTT 可以降低到 200 ℃,其力学性能显著优于铝化物涂层。因此,改善涂层的力学性能,使涂层的脆塑转变温度尽可能低些,这也是涂层发展的重要方向。

思 考 题

1. 举例说明高温腐蚀在科学技术发展中的重要性。
2. 研究高温腐蚀时,热力学有什么作用? 如何应用各种热力学图?
3. 氧化物的晶体结构缺陷、金属的抗高温腐蚀性能有什么关系?
4. 简述各种金属氧化机理。
5. 合金氧化有什么特点? 如何提高合金的抗氧化性能? 指出其理论依据。
6. 金属的高温硫化与氧化相比较有什么特点?
7. 在 O－S 混合系中如何提高合金的抗高温腐蚀性能?
8. 按照热腐蚀酸碱熔融机理,如何提高合金的抗热腐蚀性能?
9. 如何防止和阻碍金属与合金的碳化?
10. 高温合金有哪些基本类型? 其抗高温腐蚀性能如何?
11. 抗高温腐蚀涂层有哪些基本类型? 分析限制其性能的因素。

第2章　金属腐蚀电化学理论基础

2.1　腐蚀电池

2.1.1　金属腐蚀的电化学现象

金属在电解质中的腐蚀是一个电化学腐蚀过程。为了便于理解,首先分析由锌片和铜片浸入到稀硫酸溶液中,用导线通过电流表把它们连接起来所构成的电池,如图 2-1 所示。可发现电流表立即显示有电流通过,电流的方向是由铜(正极)流向锌(负极),这就是一个腐蚀原电池。此电池所产生的电流是由于它的两个电极即锌板与铜板在硫酸溶液中的电位不同产生的电位差引起的,该电位差是电池反应的推动力。由于锌的电位较铜的低,驱动电子由锌板流向铜板,故在锌表面上失去电子发生阳极氧化反应:

$$Zn \longrightarrow Zn^{2+} + 2e^- \tag{2-1}$$

阳极放出的电子经过导线流向铜阴极表面,被酸中的 H^+ 接受,发生阴极还原反应:

$$2H^+ + 2e^- \longrightarrow 2H, 2H \longrightarrow H_2 \tag{2-2}$$

整个电池的总反应:

$$Zn + 2H^+ \longrightarrow Zn^{2+} + H_2 \tag{2-3}$$

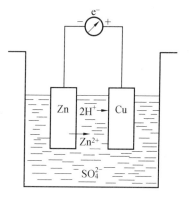

图 2-1　锌与铜在稀硫酸溶液中构成的原电池

若把锌片与铜片直接连接后浸入稀硫酸中(图 2-2),则可见到锌的加速溶解,同时在铜片上逸出了大量的氢气泡。这种情况与图 2-1 中所构成的电池过程是等效的,其差别仅是电子通过锌与铜内部直接传递,没有经过导线,是一个短路的腐蚀电池。

将一块工业纯锌浸入稀硫酸溶液中,工业纯锌中含有少量的杂质(如 Fe),因为杂质 Fe(以 $FeZn_7$ 的形式存在)的电位较纯锌高,此时锌为阳极,杂质为阴极,构成电池,于是锌被腐蚀,其反应与上述两种情况一样。此时构成的腐蚀电池位于局部微小的区域内,故称为腐蚀微电池。在锌中加入少量锡、铅、铁等元素,可观察到稀硫酸显著地加速了锌的腐蚀(图 2-3)。这正是由于少量锡、铅、铁等元素的存在增强了腐蚀微电池作用的结果。

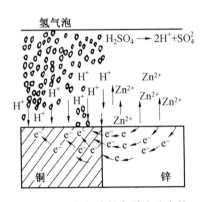

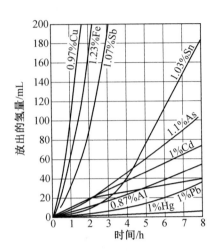

图 2－2　锌与铜接触在稀硫酸中的溶解示意图

图 2－3　少量元素对锌在 $0.5NH_2SO_4$ 中腐蚀速度的影响

2.1.2　金属腐蚀原电池

上述例子表明,金属电化学腐蚀的实质就是在浸入电解质溶液中的金属表面上,形成了腐蚀原电池。影响腐蚀原电池的因素众多,如电解质的化学性质、环境因素(温度、压力、流速等)、金属的特性、表面状态及其组织结构和成分的不均匀性、腐蚀产物的物理化学性质等。因此,金属的电化学腐蚀是相当复杂的。

如图 2－4 所示为金属腐蚀的电化学过程的示意图。电化学腐蚀过程可分成阳极和阴极两个分别进行的过程:

阳极过程:金属溶解并以离子形式进入溶液,同时把等当量的电子留在金属中

$$[ne^- \cdot M^{n+}] \longrightarrow [M^{n+}] + [ne^-] \tag{2-4}$$

阴极过程:从阳极迁移过来的电子被电解质溶液中能够吸收电子的物质 D 所接受

$$[D] + [ne^-] \longrightarrow [D \cdot ne^-] \tag{2-5}$$

电化学腐蚀的总反应之所以能分成两个过程,是因为在电化学腐蚀体系中存在金

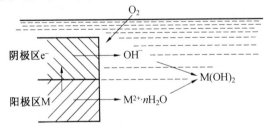

在阳极上　$M \longrightarrow M^{2+} \cdot nH_2O + 2e^-$

在阴极上　$2e^- + \frac{1}{2}O_2 \xrightarrow{H_2O} 2OH^-$

在溶液中　$M^{2+} + 2OH^- \longrightarrow M(OH)_2 \longrightarrow MO \cdot H_2O$

图 2－4　金属电化学腐蚀过程的示意图

属和水溶液电解质两类导体,同时金属表面的微观区域存在差异,使阳极过程和阴极过程可以在不同区域内分别进行,即两个过程可以分别在金属和溶液的界面上不同的部位进行,构成了微电池。在某些腐蚀情况下,阴极和阳极过程也可以在同一表面上随时间相互交替进行。在多数情况下,电化学腐蚀是以阳极和阴极过程在不同区域局部进行为特征的。

根据构成腐蚀电池的电极尺寸大小可将腐蚀电池分为以下两大类。

(1)宏观腐蚀电池。

其电极用肉眼可以观察到,有以下几种:

① 异种金属浸于不同的电解质溶液中,例如图 2—5(a)所示的丹聂尔电池,其中锌为阳极发生溶解,铜为阴极,溶液中的 Cu^{2+} 接受电子还原为铜而析出。

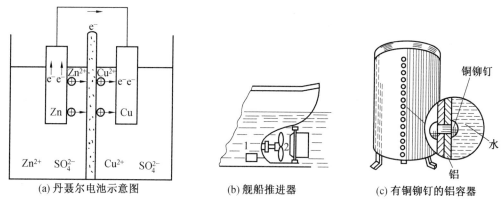

(a)丹聂尔电池示意图　　　　(b)舰船推进器　　　　(c)有铜铆钉的铝容器

图 2—5　异种金属构成的腐蚀电池

1— 舰壳(钢板);2— 青铜推进器

② 异种金属在同一腐蚀介质中相接触,构成腐蚀电偶电池。例如,在图 2—5(b)中,由于在海水中,青铜的电位较钢的电位更正,钢质船壳与青铜推进器构成电偶电池,钢制船壳成为阳极而遭受加速腐蚀。对于铜铆钉铆接的铝制容器构件,当铆接部位接触腐蚀性介质时,由于铝的电位比铜负,因此,铜铆钉与铝制容器构成电偶电池,铝作为阳极而遭受加速腐蚀,铜铆钉则受到保护,如图 2—5(c)所示。

③ 浓差电池。由能斯特公式:

$$E = E^0 + \frac{RT}{nF} \ln C \tag{2-6}$$

可知,金属材料的电位与介质中金属离子的浓度 C 有关。当金属与含不同浓度的该金属离子的溶液接触时,浓度稀处,金属的电位较负;浓度高处,金属的电位较正,从而形成金属离子浓差腐蚀电池。显然,浓度稀处的金属作为阳极而受到腐蚀。

在工程实际中,最常见的一种危害极大的浓差腐蚀电池是氧浓差电池,是由金属与含氧量不同的腐蚀介质接触形成的腐蚀电池。例如,在发生水线腐蚀、缝隙腐蚀、孔腐蚀、沉积物腐蚀、盐滴腐蚀和丝状腐蚀等情况下,在氧不易到达的地方,氧含量低,造成该处金属的电位低于高含氧处金属的电位,成为阳极而遭受腐蚀。

④ 温差电池。由能斯特公式可知,金属材料的电位与介质温度有关。浸入腐蚀介质中金属各部分,常由于所处环境温度不同,可形成温差腐蚀电池。如碳钢制造的热交换器,由于低温部位碳钢电位低,使得低温部位比高温部位腐蚀严重。

（2）微观腐蚀电池。

由于金属材料表面性质的不均匀性,使金属材料表面存在许多微小的、电位高低不等的区域,可构成各种各样的微观腐蚀电池,如图 2－6 所示。主要类型有:

① 金属表面化学成分不均匀性而引起的微观电池。例如,工业纯锌中的铁杂质 $FeZn_7$（图 2－6(a)）、碳钢中的渗碳体 Fe_3C、铸铁中的石墨等,在腐蚀介质中,金属表面就形成了许多微阴极和微阳极,因此导致腐蚀。

② 金属组织不均匀性构成的微观电池。传统的金属材料大多是晶态,存在晶界和位错、空位、点阵畸变等晶体缺陷。晶界处由于晶体缺陷密度大,电位较晶粒内部要低,因此构成晶粒－晶界腐蚀微电池,晶界作为腐蚀微电池的阳极而优先发生腐蚀,如图 2－6(b) 所示。不锈钢的晶间腐蚀就是一个典型的例子。此外,金属及合金组织的不均匀性也能形成腐蚀微电池。

③ 金属表面物理状态的不均匀性构成的微观电池。金属材料在机械加工、构件装配过程中,由于各部分应力分布不均匀,或形变不均匀,都将产生腐蚀微电池。变形大或受力较大的部位成为阳极而腐蚀,如图 2－6(c) 所示。

④ 金属表面膜不完整构成的微观电池。无论是金属表面形成的钝化膜,还是镀覆的阴极性金属镀层,由于存在孔隙或发生破损,该处裸露的金属基体的电位较负,构成腐蚀微电池,孔隙或破损处作为阳极而受到腐蚀,如图 2－6(d) 所示。

综上所述,在研究电化学腐蚀时,腐蚀电池是非常重要的,是研究各种腐蚀类型和腐蚀破坏形态的基础。

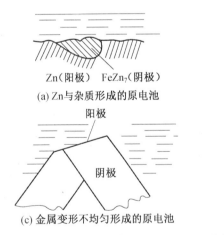

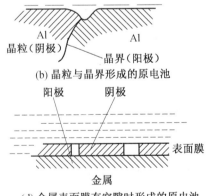

(a) Zn与杂质形成的原电池　Zn(阳极)　FeZn₇(阴极)

(b) 晶粒与晶界形成的原电池　Al 晶粒(阴极)　Al 晶界(阳极)

(c) 金属变形不均匀形成的原电池　阳极　阴极

(d) 金属表面膜有空隙时形成的原电池　阳极　阴极　表面膜　金属

图 2－6　金属组织、表面状态等不均匀所导致的微观腐蚀原电池

2.2 电化学腐蚀热力学

金属腐蚀过程一般都是在恒温恒压的敞开体系条件下进行的。根据热力学原理，可用吉布斯(Gibbs)自由能 ΔG 判据来判断腐蚀反应发生的方向和限度。

对于电化学腐蚀，金属发生腐蚀的倾向也可以用腐蚀电池的电动势 ε 来判别。在恒温恒压条件下，反应的自由能与电动势或电位之间可依据下式转换：

$$\Delta G = -nF\varepsilon \tag{2-7}$$

电池反应的 ε 越大，则其自发反应的倾向也越大。电池的电动势 ε 与阴极电位 Ec 和阳极电位 Ea 的关系为

$$\varepsilon = Ec - Ea \tag{2-8}$$

因此，金属发生腐蚀的热力学条件也可以描述为：金属氧化还原的平衡电极电位低于氧化剂反应的平衡电极电位。

2.2.1 电位 $E-\mathrm{pH}$ 图

在电化学中，可以根据氧化还原反应的平衡电极电位来判断电化学反应进行的可能性。在水溶液中，电化学的氧化还原反应不仅与溶液中的离子浓度有关，而且还与溶液的 pH 有关。电位 $E-\mathrm{pH}$ 图就是以电位 E（相对于标准氢电极的电位）为纵坐标，以 pH 为横坐标的电化学平衡图。它是比利时科学家布拜(M. Pourbaix)首先提出的，故也称为布拜图。根据电位 $E-\mathrm{pH}$ 图可以直接判断在给定条件下反应进行的可能性。电位 $E-\mathrm{pH}$ 图明确地示出在某一电位 E 和 pH 条件下，体系的稳定物态或平衡物态。因此，根据电位 $E-\mathrm{pH}$ 图，可从热力学上很方便地判定在一定的电位 E 和 pH 条件下金属材料发生腐蚀的可能性。本节简述电位 $E-\mathrm{pH}$ 图的构成原理。

根据反应与平衡电极电位和溶液 pH 的相关性，电位 $E-\mathrm{pH}$ 图上的曲线可分为三类。现以铁在水溶液中的反应为例，计算其电位 $E-\mathrm{pH}$ 图。

(1) 只与电极电位 E 有关，而与溶液的 pH 无关。例如

$$\mathrm{Fe} = \mathrm{Fe}^{2+} + 2\mathrm{e}^- \tag{2-9}$$

$$\mathrm{Fe}^{2+} = \mathrm{Fe}^{3+} + \mathrm{e}^- \tag{2-10}$$

这类反应的特点是只有电子交换，不产生氢离子(或氢氧根离子)。其平衡电位分别为

$$E_{\mathrm{Fe/Fe}^{2+}} = E^0_{\mathrm{Fe/Fe}^{2+}} + \frac{RT}{2F} \ln a_{\mathrm{Fe}^{2+}} \tag{2-11}$$

$$E_{\mathrm{Fe}^{2+}/\mathrm{Fe}^{3+}} = E^0_{\mathrm{Fe}^{2+}/\mathrm{Fe}^{3+}} + \frac{RT}{F} \ln \frac{a_{\mathrm{Fe}^{3+}}}{a_{\mathrm{Fe}^{2+}}} \tag{2-12}$$

当温度为 25 ℃ 时，则得

$$E_{\mathrm{Fe/Fe}^{2+}} = -0.441 + 0.029\ 5 \lg a_{\mathrm{Fe}^{2+}} \tag{2-13}$$

$$E_{\mathrm{Fe}^{2+}/\mathrm{Fe}^{3+}} = 0.746 + 0.059\ 1 \lg \frac{a_{\mathrm{Fe}^{3+}}}{a_{\mathrm{Fe}^{2+}}} \tag{2-14}$$

此类反应的电极电位 E 与 pH 无关，在电位 $E-\mathrm{pH}$ 图上应是一水平线，如图

2－7(a) 所示。根据已知反应物和生成物离子活度,便可计算出反应的电位。

（2）只与 pH 有关,与电极电位 E 无关。例如

$$Fe^{2+} + 2H_2O = Fe(OH)_2 + 2H^+ （沉淀反应） \tag{2-15}$$

$$Fe^{3+} + H_2O = Fe(OH)^{2+} + H^+ （水解反应） \tag{2-16}$$

上述反应是化学反应,不涉及电子的得失,因而与电位 E 无关;由于反应生成 H^+,因而与 pH 相关。在一定温度下,上述反应的平衡常数分别为

$$K = \frac{a_{H^+}^2}{a_{Fe^{2+}}} \tag{2-17}$$

$$K = \frac{a_{H^+} a_{Fe(OH)^{2+}}}{a_{Fe^{3+}}} \tag{2-18}$$

可分别求出:

$$pH = 6.69 - \frac{1}{2} \lg a_{Fe^{2+}} \tag{2-19}$$

$$pH = 2.22 + \lg \frac{a_{Fe(OH)^{2+}}}{a_{Fe^{3+}}} \tag{2-20}$$

因此,此类反应在电位 E－pH 图上的平衡线是平行于纵轴的垂直线,如图 2－7(c) 所示。

（3）既与电极电位 E 有关,又与溶液 pH 有关。例如

$$Fe^{2+} + 2H_2O = Fe(OH)^{2+} + H^+ + e^- \tag{2-21}$$

$$Fe^{2+} + 3H_2O = Fe(OH)_3 + 3H^+ + e^- \tag{2-22}$$

此类反应的特点是氢离子(或氢氧根离子)和电子都参与反应,其平衡电位:

$$E_{Fe^{2+}/Fe(OH)^{2+}} = 0.877 - 0.059\,1pH + 0.059\,1\lg \frac{a_{Fe(OH)^{2+}}}{a_{Fe^{2+}}} \tag{2-23}$$

$$E_{Fe^{2+}/Fe(OH)_3} = 1.057 - 0.177\,3pH + 0.059\,1\lg a_{Fe^{2+}} \tag{2-24}$$

所以,在一定温度下,反应既与电位 E 有关,又与溶液 pH 有关时,它们在电位 E－pH 图上的平衡线是一组斜线,如图 2－7(b) 所示。

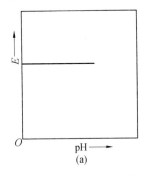 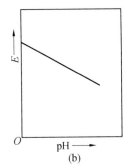 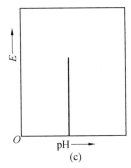

图 2－7　不同反应体系的电位 E－pH 图

1.氢电极和氧电极的电位 E－pH 图

在此将讨论氢电极和氧电极的平衡电位与 pH 的关系。

氢电极反应:

$$2H^+ + 2e^- = H_2 \tag{2-25}$$

氧电极反应：

$$O_2 + 4H^+ + 4e^- = 2H_2O \tag{2-26}$$

相应的平衡电位的能斯特方程式为

$$E_{H^+/H_2} = E^0_{H^+/H_2} + \frac{RT}{nF}\ln\frac{a^2_{H^+}}{p_{H_2}} \tag{2-27}$$

$$E_{O_2/H_2O} = E^0_{O_2/H_2O} + \frac{RT}{nF}\ln\frac{p_{O_2}a^4_{H^+}}{a^2_{H_2O}} \tag{2-28}$$

在不同的氢分压和氧分压下，上述关系可表示为图 2-8 中的两组斜率均为 -0.0591 的平行斜线。a 线为氢平衡线。a 线以下是氢的稳定区（还原态稳定区）；a 线上方为 H^+ 稳定区（氧化态稳定区）。b 线为氧平衡线。b 线上方为 O_2 稳定区（氧化态稳定区）；b 线下方为 H_2O 稳定区（还原态稳定区）。当温度为 25 ℃，氢和氧的分压为 1 大气压时，上述反应的电位 E－pH 关系为

$$E_{H^+/H_2} = -0.0591\text{pH} \tag{2-29}$$

$$E_{O_2/H_2O} = 1.23 - 0.0591\text{pH} \tag{2-30}$$

当氢电极和氧电极构成一个电池时，氢电极发生氧化反应，而氧电极发生还原反应，电池的总反应为

$$O_2 + 2H_2 \longrightarrow 2H_2O \tag{2-31}$$

因此，由氢、氧电极反应组成的电位 E－pH 图，也称为 H_2O 的电位 E－pH 图。

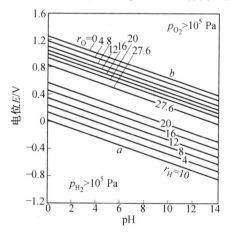

图 2-8　氢电极与氧电极的电位 E－pH 图

r_O—lg p_{O_2}；r_H—lg p_{H_2}

2. 电位 E－pH 图的绘制

综合上述铁的平衡电极电位 E 和溶液 pH 的关系，以及氢电极和氧电极的平衡电位 E 与 pH 的关系，可以绘制 Fe－H_2O 系的电位 E－pH 图。由于所考虑的稳定相的不同，Fe－H_2O 系的电位 E－pH 图有两种形式。图 2-9(a) 是将稳定平衡固相考虑为 Fe、Fe_3O_4 与 Fe_2O_3；图 2-9(b) 是基于稳定平衡固相为 Fe、$Fe(OH)_2$ 和 $Fe(OH)_3$。

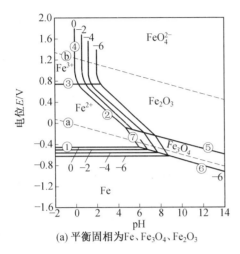 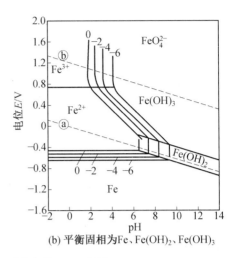

(a) 平衡固相为Fe、Fe_3O_4、Fe_2O_3　　　(b) 平衡固相为Fe、$Fe(OH)_2$、$Fe(OH)_3$

图 2－9　Fe－H_2O 系的电位 E－pH 图

通过 Fe－H_2O 系的电位 E－pH 图的绘制,可以概括绘制电位 E－pH 图的一般步骤为:① 列出有关物质的各种存在状态以及它们的标准生成自由能或标准化学位值;② 列出各有关物质之间可能发生的相互反应的方程式,写出平衡方程式;③ 把这些条件用图解法绘制在电位 E－pH 图上,最后加以汇总而得到综合的电位 E－pH 图。

2.2.2　电位 E－pH 图在腐蚀研究中的应用与其局限性

1.电位 E－pH 图在腐蚀研究中的应用

假定以平衡金属离子浓度 10^{-6} mol/L 作为金属腐蚀与否的界限,则可得到简化的电位 E－pH 图。如图 2－10 所示为简化的 Fe－H_2O 体系电位 E－pH 图,可见该图只有以下三种区域:

(1)非腐蚀区。

在该区域内,电位 E 和 pH 的变化不会引起金属的腐蚀,即在热力学上,金属处于稳定状态。

(2)腐蚀区。

在此区域内,金属是不稳定的,可随时被腐蚀。Fe^{2+}、Fe^{3+} 和 $HFeO_2^-$ 等离子是稳定的。

(3)钝化区。

在此电位 E 与 pH 区域内,生成稳定的固态氧化物或氢氧化物。在此区域内,金属是否遭受腐蚀,取决于所生成的固态膜是否具有保护性,即能否进一步阻碍金属溶解的能力。

根据金属的电位 E－pH 图,可以从理论上预测金属发生腐蚀的倾向和选择控制金属腐蚀的途径。

图 2－10 中所标各点的情况如下。A 点对应于 Fe 和 H_2 的稳定区,铁在热力学上是稳定的,不产生腐蚀。B 点处于 Fe^{2+} 和 H_2 的稳定区,铁将发生溶解,同时在铁表面会

有 H_2 放出,即发生析氢腐蚀。C 点处于 Fe^{2+} 和 H_2O 的稳定区,铁仍将发生腐蚀。但由于 C 点的电位在 a、b 线之间,将不会发生 H^+ 的还原,只能发生 O_2 的还原反应,即发生吸氧腐蚀。D 点为生成 $HFeO_2^-$ 的区域,也可以发生铁的腐蚀。

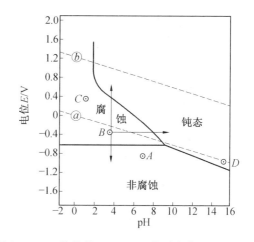

图 2—10　简化的 Fe—H_2O 体系电位 E—pH 图

从图 2—10 可以看出,对于处于 B 点发生腐蚀的铁,可以采取三种措施移出腐蚀区:① 将铁的电位降至非腐蚀区,这就是阴极保护技术;② 将铁的电位升高至钝化区,这就是阳极钝化保护技术;③ 将溶液的 pH 提高到 9～13,也可以使铁进入钝化区,这就是自钝化技术。

同样,可用其他金属的电位 E—pH 图来判断在某一条件下该金属是否可能被腐蚀。如图 2—11 所示为铝、铬、镍、铜的电位 E—pH 图。

综上所述,电位 E—pH 图中汇集了金属腐蚀体系的热力学数据,并且指出了金属在不同 pH 或不同电位 E 下可能出现的情况,提示人们可借助于控制电位 E 或改变 pH 达到防止金属腐蚀的目的。

2. 电位 E—pH 图在腐蚀研究中应用的局限性

理论上的电位 E—pH 图在应用时的局限性表现如下:

(1)绘制电位 E—pH 图时,是以金属与溶液中的离子之间,溶液中的离子与含有这些离子的腐蚀产物之间的平衡作为先决条件的,而忽略了溶液中其他离子对平衡的影响。而实际的腐蚀条件可能是远离平衡的,其他的离子对平衡的影响也可能是不容忽视的。

(2)理论电位 E—pH 图中的钝化区是指金属氧化物、氢氧化物或其他微溶的金属化合物的稳定区,并不表明它们一定具有保护性。

(3)理论电位 E—pH 图中所示的 pH 是处于平衡态的数值,即金属表面整体的 pH。而在实际腐蚀体系中,金属表面上各点的 pH 可能是不同的。通常,阳极反应区的 pH 比整体的低些,而阴极反应区则高些。

(4)因为电位 E—pH 图反映的是热力学平衡状态,所以它只能预示金属在该体系中被腐蚀的倾向性大小,而不可能预示腐蚀速度的大小。

鉴于理论电位 E—pH 图的局限性,已有研究者把钝化研究的成果充实到电位 E—pH 图中,得到经验电位 E—pH 图,使电位 E—pH 图在腐蚀研究中更具有实际意义。

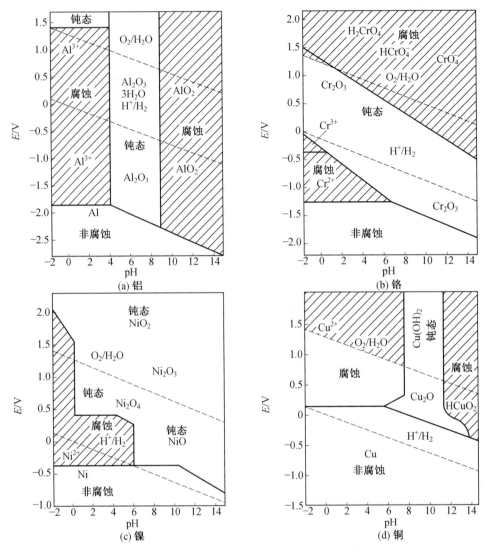

图 2－11　几种金属的电位 $E-pH$ 图

2.3　电化学腐蚀动力学

　　热力学上金属腐蚀倾向的大小并不能反映金属腐蚀速度的实际情况。例如,铝的标准电位相当负,意味着在热力学上它的腐蚀倾向很大,但它在某些环境中却很耐蚀。因此,需要在符合热力学条件的前提下,掌握腐蚀动力学的规律,才能解决实际工程问题。

2.3.1　腐蚀电池的电极过程

1.阳极过程

腐蚀电池中电位较负的金属为阳极,发生氧化反应。金属的阳极过程包括金属的阳极溶解和金属的阳极钝化。金属钝化将在后面讨论,这里只讨论金属的阳极溶解过程。

水溶液中金属的阳极溶解反应的通式为

$$M^{n+} \cdot ne^- + mH_2O \longrightarrow M^{n+} \cdot mH_2O + ne^- \tag{2-32}$$

即金属表面晶格中的金属阳离子在极性水分子作用下进入溶液,变成水化阳离子。而电子在阴、阳极间电位差的驱动下移向阴极,将进一步促进上述阳极反应的进行。如果溶液中存在络合剂 A,可与金属离子形成络合离子,通常可加速阳极溶解,反应式为

$$M^{n+} \cdot ne^- xA^- + yH_2O \longrightarrow (MA_x)^{n-x} \cdot yH_2O + ne^- \tag{2-33}$$

实际上,金属阳极溶解过程至少由以下几个连续步骤组成:

(1) 金属原子离开晶格转变为表面吸附原子:

$$M_{晶格} \longrightarrow M_{吸附} \tag{2-34}$$

(2) 表面吸附原子越过双电层进行放电转变为水化阳离子:

$$M_{吸附} + mH_2O \longrightarrow M^{n+} \cdot mH_2O + ne^- \tag{2-35}$$

(3) 水化金属阳离子 $M^{n+} \cdot mH_2O$ 从双电层溶液侧向溶液深处迁移。

在腐蚀电池中,阳极区的自由电子移向电位较正的阴极区,而阳极反应较慢使阳极区的电子得不到充分补充,即发生电子空穴的富集,因而阳极电位向正方向移动。这种由于电流通过,阳极电位偏离平衡电位向正方向移动的现象称为阳极极化。在阳极极化下,获得的电位与电流密度的关系曲线称为阳极极化曲线。一般情况下,阳极极化会加速金属的溶解速度,即发生金属的活化溶解。但在某些情况下,阳极极化可导致阳极钝化,使阳极溶解急剧下降。

2. 阴极过程

在腐蚀电池中,金属的阳极溶解过程始终伴随着阴极过程。在许多情况下,阴极过程对金属的腐蚀速度起决定性的作用。因此,研究腐蚀电池中可能出现的各类阴极反应,以及它们在腐蚀过程中的作用,对于了解金属腐蚀过程十分重要。

在阴极上吸收电子的过程(即阴极还原反应)都能起去极化作用。与金属腐蚀有关的阴极去极化剂和阴极还原反应有以下几类:

(1) 溶液中阳离子的还原反应,例如:

析氢反应: $\qquad 2H^+ + 2e^- \longrightarrow H_2 \uparrow$

金属离子的沉积反应: $\quad Cu^{2+} + 2e^- \longrightarrow Cu$

高价金属离子还原为低价金属离子:

$$Fe^{3+} + e^- \longrightarrow Fe^{2+}$$

(2) 溶液中阴离子的还原反应,例如:

氧化性酸根的还原反应:

$$NO_3^- + 2H^+ + 2e^- \longrightarrow NO_2^- + H_2O$$

$$Cr_2O_7^{2-} + 14H^+ + 6e^- \longrightarrow 2Cr^{3+} + 7H_2O$$

$$S_2O_8^{2-} + 2e^- \longrightarrow 2SO_4^{2-}$$

(3) 溶液中中性分子的还原反应,例如:

吸氧反应:在中性或碱性溶液中,发生氧的还原反应,生成 OH^-:

$$O_2 + 2H_2O + 4e^- \longrightarrow 4OH^-$$

在酸性溶液中发生氧的还原反应,生成水:

$$O_2 + 4H^+ + 4e^- \longrightarrow 2H_2O$$

氯的还原反应:

$$Cl_2 + 2e^- \longrightarrow 2Cl^-$$

(4)不溶性膜或沉积物的还原反应:

$$Fe(OH)_3 + e^- \longrightarrow Fe(OH)_2 + OH^-$$

$$Fe_3O_4 + H_2O + 2e^- \longrightarrow 3FeO + 2OH^-$$

(5)溶液中某些有机化合物的还原,如

$$RO + 4H^+ + 4e^- \longrightarrow RH_2 + H_2O$$

$$R + 2H^+ + 2e^- \longrightarrow RH_2$$

式中　R—— 有机化合物基团或分子。

总之,要发生电化学腐蚀,不但需要有作为阳极发生溶解的金属,而且必须有阴极去极化剂来维持阴极过程的不断进行。对于一个具体的腐蚀体系来说,哪种物质为阴极去极化剂,不仅要看介质中有哪些可发生阴极还原的物质,而且还要看它们在阴极的放电电位。还原反应的电位越正,越优先在阴极进行。

由于腐蚀过程中阳极区释放的电子进入邻近的阴极区,如果阴极还原反应不能及时把这些电子吸收,则电子在阴极积累,使阴极区的电位偏离了平衡电位,向负方向变化。这种由于电流通过电位偏离了平衡电位向负方向变化的现象称为阴极极化。在阴极极化下,获得的电位与电流密度的关系曲线,称为阴极极化曲线。

2.3.2　腐蚀极化图与混合电位理论

金属的腐蚀是一个电池过程,其动力学由腐蚀电池的各个步骤共同决定。本节讨论腐蚀电池的动力学原理。

1.腐蚀极化图

金属腐蚀时,腐蚀电池中的各种电极过程都在不同的程度上发生电极的极化,腐蚀电池的速度由这些极化过程共同控制。因此,研究金属腐蚀的动力学就是研究这些电极的极化过程,以及这些极化过程是如何决定金属腐蚀电池速度的。研究金属腐蚀时,常用图解法来分析电极的极化过程和计算腐蚀速度。通过图解还可以分析各种因素对腐蚀动力学的影响规律,这种特殊的腐蚀分析图即腐蚀极化图。下面介绍腐蚀极化图的构成及原理。

目前,人们尚不可能直接测出腐蚀微电池中各电极反应的动力学。但是对于宏观的腐蚀原电池,在一定的条件下,使其阳极仅可能发生金属的氧化还原反应,阴极仅可能发生氧化剂的氧化还原反应,则可以采用如图 2-12 所示的测试方法研究该腐蚀原电池的极化作用。测试时,使阳极和阴极的表面积均为 1 单位面积,在阳极与阴极之间连接一个可变电阻 R,分别安置测试阳极和阴极电极电位的参比电极。通过调节电阻的大小,同时测量阳极、阴极的电极电位和电池的电流,可以得到此腐蚀原电池的极化图。

腐蚀原电池的阳极与阴极发生极化时,其阳极电位与阴极电位分别为 $E_a^0 + \eta_a$ 和 $E_c^0 - \eta_c$,其中 η_a 为阳极过电位;η_c 为阴极过电位。

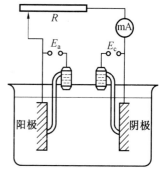

图 2-12 测试腐蚀原电池的
极化图的装置

在图 2-12 的电池体系中,原电池的电动势 ε 与阳极过电位 η_a、阴极过电位 η_c、电流 I、电子电阻 R_e 和离子电阻 R_{ion} 的关系为

$$\varepsilon = E_c^0 - E_a^0 = \eta_c + \eta_a + (R_e + R_{ion})I \qquad (2-36)$$

当阳极与阴极之间的电阻保持在极大值($R_e \to \infty$)时,相当于电池处于开路状态,此时测到的电极电位就是阳极与阴极反应的平衡电位,分别为 E_a^0 和 E_c^0。当电阻 R_e 减小时,腐蚀原电池的电流由零逐渐增大,阳极与阴极分别发生极化。当 $R_e \to 0$ 时,则电流趋于一个特定的最大值 I',式(2-36)可表示为

$$\varepsilon = E_c^0 - E_a^0 = \eta_c + \eta_a + R_{ion}I' \qquad (2-37)$$

阳极与阴极分别极化到一个几乎相等的电位,这时阳极与阴极的电位差等于电流 I' 通过溶液所引起的电位降($R_{ion}I'$)。如果溶液的电阻 R_{ion} 很小,则可以忽略,特别是在腐蚀微电池的情况下,这种忽略是非常合理的,则式(2-37)可表示为

$$\varepsilon = E_c^0 - E_a^0 = \eta_c + \eta_a \qquad (2-38)$$

则有

$$E_c^0 - \eta_c = E_a^0 + \eta_a = E_{mix} \qquad (2-39)$$

式中,E_{mix} 为混合电位,是当阳极与阴极短路时,腐蚀原电池的阳极电位 $E_a^0 + \eta_a$ 与阴极电位 $E_c^0 - \eta_c$ 相等的电位。这时腐蚀原电池中的电流为 I_{max},此值无法从电流表中读出,可由测出的阳极与阴极的极化曲线外推的交点获得。由此测到的腐蚀原电池的极化图如图 2-13 所示。由于宏观的腐蚀原电池与腐蚀微电池在动力学原理上的一致性,因此,由宏观的腐蚀原电池测得的腐蚀极化图的分析方法也可以用于分析腐蚀微电池的极化图。

腐蚀极化图是一种电位-电流密度图,它是把表征腐蚀电池特征的阴、阳极极化曲线画在同一张图上而构成的。为了方便起见,常常忽略电位随电流变化的细节,将极化曲线画成直线,这样可以得到如图 2-14 所示的简化腐蚀极化图,也称为 Evans 图。该图由英国腐蚀科学家 U.R. Evans 在 1929 年首先提出和应用。在腐蚀的情况下,混合电位就是自腐蚀电位,简称为腐蚀电位,用 E_{corr} 表示。腐蚀电位对应的单位面积金属上的腐蚀电流称为腐蚀电流密度,用 i_{corr} 表示。由 i_{corr} 和法拉第定律可以计算出金属的腐蚀速率。

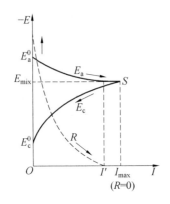
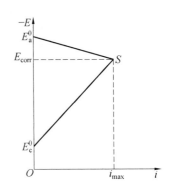

图 2—13 腐蚀原电池的腐蚀极化图   图 2—14 Evans 图

2. 混合电位理论

在宏观腐蚀电池中,可使每个电极表面只进行一个电极反应。在腐蚀微电池中,金属的阳极溶解和氧化剂的还原在金属表面同时发生。即使在最简单的情况下,在电化学腐蚀的金属表面上也至少发生两个不同的电极反应:一个金属的氧化反应和一个氧化剂的还原反应。

在一个孤立电极上同时以相等的速度进行着一个阳极反应和一个阴极反应的现象称为电极反应的耦合。在孤立电极上相互耦合的这两个电极反应有着各自的动力学规律,但它们的进行又必须同时发生并且互相牵制,这种性质上各自独立而又互相诱导的电化学反应称为共扼电化学反应。

当两个电极反应耦合成共扼电化学反应时,由于彼此相互极化,它们将偏离各自的平衡电位,极化到一个共同的电位 E_{mix},称之为混合电位。混合电位既是阳极反应的非平衡电位,又是阴极反应的非平衡电位,并且其值位于两个平衡电位之间。当电极体系达到稳态时,其混合电位保持基本不变,这种不随时间而变化的电位又称为稳定电位。

如果在两个耦合的电极反应中,阳极反应是金属的溶解,反应的结果导致金属的腐蚀,这对耦合反应的混合电位又称为腐蚀电位 E_{corr}。相应于腐蚀电位下的单位面积金属的阳极溶解的电流称为腐蚀电流密度 i_{corr}。

混合电位的概念可以推广到多个电极反应在同一个电极上耦合进行的情况。如果在一个孤立电极上,同时有 $n(n > 2)$ 个电极反应发生,则这些电极反应组成了多电极反应耦合系统。在此系统中,有一部分电极反应主要按阳极反应方向进行,而另一部分电极反应主要按阴极反应方向进行,其总的阳极反应电流等于总的阴极反应电流,系统外电流等于零,即

$$I = \sum_{i=1}^{n} I_i = 0 \qquad\qquad (2-40)$$

而这 n 个电极反应都是在同一个混合电位 E_{mix} 下进行的。在一个多电极反应耦合系统中,混合电位 E_{mix} 总是处于多电极反应中最高平衡电位和最低平衡电位之间,它是各电极反应共同的非平衡电位。平衡电位低于混合电位的各电极反应,则其电位向正方向极化至混合电位 E_{mix},因而一定发生阳极反应;平衡电位高于 E_{mix} 的各电极反

应,则电位向负方向极化至 E_{mix},因而一定发生阴极反应。

混合电位理论由 Wagner 和 Traud 在 1938 年首次正式提出。根据混合电位理论不仅可以分析只有一种氧化剂存在下的金属的腐蚀,也可以分析存在多种阴极去极化剂的金属的腐蚀,还可以分析不同金属的接触腐蚀以及多元或多相合金的腐蚀。混合电位理论具有普遍的意义。

3.腐蚀极化图的应用

腐蚀极化图具有广泛的用途,可以用于分析金属电化学腐蚀的控制步骤和机理;还可以用于分析腐蚀金属在极化条件下的行为,如可以用于解释电偶腐蚀、阳极钝化和阴极保护的原理等。本节着重对前者进行较详细的分析,后者将在后面的有关章节中进行详细的分析。

(1)在分析金属电化学腐蚀的控制步骤和机理中的应用。

① 金属的电极电位与腐蚀电流密度的关系。在其他条件完全相同的情况下,初始电位差越大,腐蚀电流密度也越大(图 2-15),如 $i''_{\text{max}} > i'_{\text{max}} > i'''_{\text{max}}$。如图 2-16 所示,如金属的阳极极化较小,当阴极反应及其极化曲线相同时,金属的腐蚀电流密度与其平衡电位有直接关系,即金属的平衡电位越负,腐蚀电流密度越大。

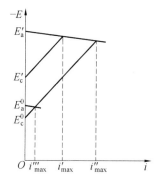

图 2-15 初始电位差对最大
腐蚀电流密度的影响

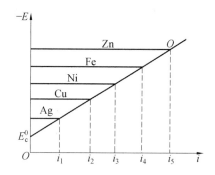

图 2-16 金属平衡电位与
腐蚀电流密度的关系

② 极化性能与腐蚀电流密度的关系。极化性能可用极化率来描述,阴极极化率 P_{c} 和阳极极化率 P_{a} 可分别表示为

$$\begin{cases} P_{\text{c}} = \dfrac{\Delta E_{\text{c}}}{I'} = \dfrac{-\eta_{\text{c}}}{I'} \\ P_{\text{a}} = \dfrac{\Delta E_{\text{a}}}{I'} = \dfrac{\eta_{\text{a}}}{I'} \end{cases} \quad (2-41)$$

阴极极化率 P_{c} 和阳极极化率 P_{a} 的量纲与电阻一样,因此它们分别是阴极和阳极发生极化的阻力。则式(2-37)可重新表示为

$$I' = \frac{E_{\text{c}}^0 - E_{\text{a}}^0}{P_{\text{a}} + P_{\text{c}} + R_{\text{e}} + R_{\text{ion}}} \quad (2-42)$$

当 $R_{\text{e}} + R_{\text{ion}} = 0$,$I' = I_{\text{max}}$ 时,则有

$$I_{\text{max}} = \frac{E_{\text{c}}^0 - E_{\text{a}}^0}{P_{\text{a}} + P_{\text{c}}} \quad (2-43)$$

因此,如果腐蚀电池中欧姆电阻很小,则极化性能对腐蚀电流密度必然有很大的影响,在其他条件相同的情况下,极化率越小,其腐蚀电流密度就越大(图 2-17)。

③ 氢过电位与腐蚀速度的关系。在氢去极化的腐蚀过程中,阴极反应是 H^+ 放电析出氢气,但该反应的极化曲线在不同金属的表面上是不同的,即在不同金属表面上的析氢过电位有很大的差异。如图 2-18 所示,虽然锌较铁的电位更负,但由于它们的氢过电位不同,锌在还原性酸

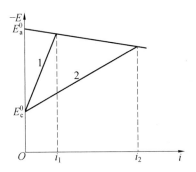

图 2-17 腐蚀电流密度与极化性能的关系

溶液中的腐蚀速度反而比铁小($i_1 < i_2$);如果在溶液中加入少量铂盐,由于氢在所析出的铂黑上的过电位更低,铁和锌的腐蚀速度均大为提高($i_3 > i_2$)。

④ 含氧量及络合离子与腐蚀速度的关系。铜不可能溶于还原性酸介质中,但可溶于含氧酸或氧化性酸。这是因为铜的平衡电位高于氢的平衡电位,不能与氢的还原反应构成腐蚀电池;然而铜的平衡电位低于氧的平衡电位,可与吸氧过程组成腐蚀电池。介质中含氧多,氧去极化容易,铜的腐蚀电流密度 i_2 大;含氧量少,氧去极化受阻(极化率大),铜的腐蚀电流密度 i_1 小,如图 2-19 下半部所示。氧化性酸的氧化还原电位远高于铜的平衡电位,因此可与铜构成腐蚀电池。当溶液中含有络合离子 $[Cu(CN)_2]^-$,使铜的电极电位向负移,其结果使铜可能溶解在还原性酸中,其腐蚀电流密度为 i_3、i_4,如图 2-19 上半部所示。

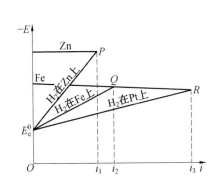

图 2-18 氢过电位与腐蚀电流密度的关系

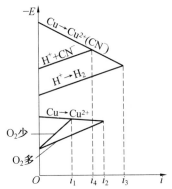

图 2-19 含氧酸及络合剂对铜腐蚀的影响

⑤ 腐蚀的控制因素。在腐蚀过程中,可根据式(2-42)来分析控制腐蚀速度的主要因素。由于腐蚀电流在很大程度上受 R、P_c、P_a 等的控制,因此这些参数都可能成为腐蚀的控制因素。利用腐蚀极化图解,可定性地说明腐蚀电流密度主要受哪一个因素所控制。例如,当 R 非常小时,如果 $P_c \geqslant P_a$,则 I_{max} 基本上取决于 P_c 的大小,即取决于阴极极化性能,称为阴极控制(图 2-20(a));反之,$P_a \geqslant P_c$ 时,I_{max} 主要由阳极极化所决定,称为阳极控制(图 2-20(b));如果由于 P_c 和 P_a 同时对腐蚀电流产生影响,则称

为混合控制(图 2-20(c));如果系统中的电阻较大,则腐蚀电流密度主要由电阻所控制(图 2-20(d)),也称为欧姆控制。

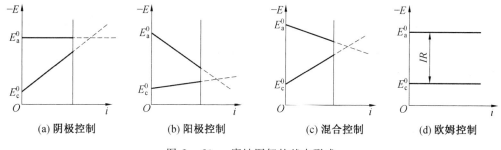

(a) 阴极控制　　　　(b) 阳极控制　　　　(c) 混合控制　　　　(d) 欧姆控制

图 2-20　腐蚀图解的基本形式

（2）腐蚀金属的理论极化曲线与表观极化曲线。

正在腐蚀的金属施加外电流后会发生极化,其表观极化曲线(外电流与金属的电极电位的关系曲线)与金属腐蚀原电池的阳极、阴极过程的理论极化曲线之间的关系如图 2-21 所示。$E_a^0 A$ 和 $E_c^0 C$ 分别是金属腐蚀原电池的阳极、阴极过程的理论极化曲线,其交点 B 所对应的电位和电流密度分别为腐蚀电位 E_{corr} 和腐蚀电流密度 i_{corr}。$E_{corr} A$ 和 $E_{corr} C$ 分别是腐蚀金属的表观阳极、阴极极化曲线。表观极化曲线上的电流密度等于理论阳极、阴极电流密度之差的绝对值。电位为 E_{corr} 时,表观阳极、

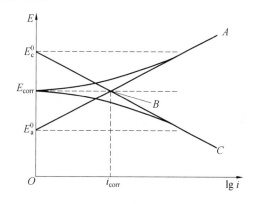

图 2-21　腐蚀金属的理论极化曲线与
表观极化曲线

阴极的极化曲线上的电流密度为 0;当腐蚀金属发生阳极极化时,其理论阳极电流密度增大,阴极电流密度减小;当阳极电位极化到理论阴极反应平衡 E_c^0 时,表观阳极极化曲线与金属腐蚀原电池的理论阳极极化曲线开始重合。腐蚀金属发生阴极极化时,情况则正好相反。

根据腐蚀金属的理论极化曲线与表观极化曲线之间的定量关系,可以通过测量表观极化曲线计算出金属的腐蚀电流密度。这种极化图还可用于电偶腐蚀、阳极钝化和阴极保护原理的分析,详见后面的有关章节。

2.3.3　电化学腐蚀的动力学方程

在上述腐蚀极化图的介绍中,只是对腐蚀极化图的构成原理进行了定性的分析。当深入研究金属的腐蚀动力学时,则需要定量地描述腐蚀极化图中每一个电极过程。用数学方程对腐蚀体系中的每一个电极过程进行描述,是研究金属电化学腐蚀过程动力学以及腐蚀电化学测试技术的重要理论基础。

最简单的金属腐蚀电极体系至少存在两个电极反应,一个是金属的氧化还原反应:

$$M = M^{n+} + ne^- \tag{2-44}$$

另一个是腐蚀介质中去极化剂的氧化还原反应：

$$O + ne^- = R \tag{2-45}$$

金属的氧化还原反应的电极过程一般受电化学极化控制；去极化剂的氧化还原反应在不同的条件下往往具有不同的控制步骤，极化方程式也有所不同。下面分别讨论去极化剂的氧化还原反应受电化学极化控制和浓差极化控制时的金属电化学腐蚀的动力学方程。

1. 电化学极化控制的金属电化学腐蚀的动力学

（1）单电极在电化学极化控制下的极化方程。

对于单电极的氧化还原反应：

$$O_x + ne^- = R_e \tag{2-46}$$

其正向阳极反应速度可用电流密度表示为

$$\overleftarrow{i_a} = nF \overleftarrow{k_a} C_{R_e} \tag{2-47}$$

而逆向阴极反应速度为

$$\overrightarrow{i_c} = nF \overrightarrow{k_c} C_{O_x} \tag{2-48}$$

式中　$\overleftarrow{k_a}$ 和 $\overrightarrow{k_c}$ ——氧化和还原电化学反应的速度常数，它们与电极电位密切相关。

速度常数与电极电位之间的关系可定义为

$$\overleftarrow{k_a} = k_a \exp\left(\frac{\beta nFE}{RT}\right) \tag{2-49}$$

$$\overrightarrow{k_c} = k_c \exp\left(\frac{-\alpha nFE}{RT}\right) \tag{2-50}$$

式中　k_a 和 k_c ——与电位无关的异相反应速度常数；

参数 α 和 β ——体系的动力学参数或传递系数，表示电极电位对反应活化能影响的大小，且有 $\alpha + \beta = 1$。

根据式（2-47）～（2-50），可得到阳、阴极反应电流密度的表达式：

$$\overleftarrow{i_a} = nFk_a C_{R_e} \exp\left(\frac{\beta nFE}{RT}\right) \tag{2-51}$$

$$\overrightarrow{k_c} = nFk_c C_{O_x} \exp\left(\frac{-\alpha nFE}{RT}\right) \tag{2-52}$$

阳极反应的净电流密度为

$$i_a = \overleftarrow{i_a} - \overrightarrow{i_c} = nFk_a C_{R_e} \exp\left(\frac{\beta nFE}{RT}\right) - nFk_c C_{O_x} \exp\left(\frac{-\alpha nFE}{RT}\right) \tag{2-53}$$

当体系处于平衡状态时，净电流密度 i_a 为零，$\overleftarrow{i_a} = \overrightarrow{i_c} = i_0$，称为交换电流密度，相应的电位为平衡电位 E^0，则有

$$k_a C_{R_e} \exp\left(\frac{\beta nFE^0}{RT}\right) = k_c C_{O_x} \exp\left(\frac{-\alpha nFE^0}{RT}\right) \tag{2-54}$$

$$E^0 = \frac{RT}{nF(\alpha+\beta)} \ln \frac{k_c C_{O_x}}{k_a C_{R_e}} \tag{2-55}$$

交换电流密度 i_0 可表示为

$$i_0 = nFk_a \left(\frac{k_c C_{O_x}}{k_a C_{R_e}} \right)^{\alpha/(\alpha+\beta)} \tag{2-56}$$

将式(2-55)和式(2-56)代入式(2-53),得到电极反应净电流密度与电极电位、平衡电极相互关系的表达式:

$$i_a = i_0 \left\{ \exp\left[\frac{\beta n F}{RT}(E - E^0) \right] - \exp\left[\frac{-\alpha n F}{RT}(E - E^0) \right] \right\} \tag{2-57}$$

采用阳极过电位和阴极过电位定义:$\eta_a = E - E^0$,$\eta_c = E^0 - E$,则式(2-57)可简化为

$$i_a = i_0 \left\{ \exp\left(\frac{\beta n F}{RT} \eta_a \right) - \exp\left(\frac{-\alpha n F}{RT} \eta_c \right) \right\} \tag{2-58}$$

这就是单电极在电化学极化控制下进行阳极反应的电流－电位极化方程式,也称为巴特勒－沃尔默(Butler－Volmer)方程。

同理,单电极在电化学极化控制下进行阴极反应,其阴极净电流密度为

$$i_c = i_0 \left\{ \exp\left(\frac{\alpha n F}{RT} \eta_c \right) - \exp\left(\frac{\beta n F}{RT} \eta_a \right) \right\} \tag{2-59}$$

在过电位比较大的情况下,式(2-58)和式(2-59)中的逆过程可以忽略不计,可分别简化为

$$i_a = i_0 \exp\left(\frac{\beta n F}{RT} \eta_a \right) \tag{2-60}$$

$$i_c = i_0 \exp\left(\frac{\alpha n F}{RT} \eta_c \right) \tag{2-61}$$

式(2-60)和式(2-61)两边取对数后可得

$$\eta_a = -\frac{2.303RT}{\beta F} \lg i_0 + \frac{2.303RT}{\beta F} \lg i_a \tag{2-62}$$

$$\eta_c = -\frac{2.303RT}{\alpha F} \lg i_0 + \frac{2.303RT}{\alpha F} \lg i_c \tag{2-63}$$

式(2-62)和式(2-63)具有半对数关系,即为电化学中广泛应用的塔菲尔(Tafel)公式,可以简洁表示为

$$\eta = a + b \lg i \tag{2-64}$$

(2)电化学极化控制的金属腐蚀速率。

当金属腐蚀过程的两个电化学反应式(2-44)和式(2-45)由电化学极化控制时,若两个电化学反应的平衡电位 $E_{e,M}$ 和 $E_{e,O}$ 与腐蚀电位 E_{corr} 相差较远,那么反应式(2-44)的还原过程和反应式(2-45)的氧化过程可忽略,遵从塔菲尔(Tafel)公式。由式(2-60)和式(2-61)可分别得出,金属的氧化反应的极化方程为

$$i_M = i_{M,0} \left[\exp\left(\frac{\beta_M n_M F}{RT}(E - E_{e,M}) \right) \right] \tag{2-65}$$

氧化剂的还原反应的极化方程为

$$i_O = i_{O,0} \left[\exp\left(\frac{\alpha_O n_O F}{RT}(E_{e,O} - E) \right) \right] \tag{2-66}$$

在腐蚀介质中,反应式(2—44)和式(2—45)均存在,遵循混合电位理论,两电位彼此相向极化:阳极电位向正方向移动,阴极电位向负方向移动,最后达到共同的稳定电位——腐蚀电位 E_{corr}。在此电位下,外电路电流为零,金属阳极溶解电流密度等于去极化剂的阴极还原电流密度,也即等于金属腐蚀电流密度 i_{corr}:

$$i_M = i_O = i_{corr} \tag{2-67}$$

将 $E = E_{corr}$ 和式(2—67)代入式(2—65)和式(2—66)则有

$$i_{corr} = i_{M,0}\left[\exp\left(\frac{\beta_M n_M F}{RT}(E_{corr} - E_{e,M})\right)\right] \tag{2-68}$$

$$i_{corr} = i_{O,0}\left[\exp\left(\frac{\alpha_O n_O F}{RT}(E_{e,O} - E_{corr})\right)\right] \tag{2-69}$$

这就是电化学极化控制下的金属腐蚀速率公式。金属在酸性溶液中的腐蚀就是典型的例子,其极化图如图 2—22 所示。

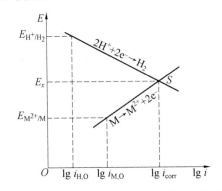

图 2—22　金属在酸性溶液中的腐蚀极化图

2. 浓差极化控制的金属电化学腐蚀的动力学

(1)浓差极化控制的阴极极化方程。

当电极过程为反应物或产物的扩散速度所控制时,就会引起电极的浓差极化。对于扩散控制的阴极反应:

$$O + e^{n-} \longrightarrow R \tag{2-70}$$

当电极上有电流流过时,氧化态物质 O 在电极表面的活度 a_O^s 与溶液本体中的活度 a_O^0 就会形成活度差。电极反应达到稳态,即达到稳态扩散,根据菲克(Fick)第一定律,得到电极反应的扩散电流密度:

$$i = nFD_O\frac{a_O^0 - a_O^s}{\delta} \tag{2-71}$$

式中　D_O——氧化态物质 O 在液相中的扩散系数;

　　　δ——电极表面扩散层的厚度。

若电极反应足够快,则 $a_O^s \to 0$,扩散电流密度 i 可达到极限值 i_d:

$$i_d = nFD_O\frac{a_O^0}{\delta} \tag{2-72}$$

i_d 也称稳态极限扩散电流密度。由式(2—71)和式(2—72)可得

$$\frac{a_O^s}{a_O^0} = 1 - \frac{i}{i_d} \tag{2-73}$$

根据能斯特公式：

$$E = E^0 + \frac{RT}{nF}\ln\frac{a_O^s}{a_R^s} \tag{2-74}$$

若反应产物是独立相，如气相或固相，则 $a_R^s = 1$，可得

$$E = E^0 + \frac{RT}{nF}\ln a_O^s \tag{2-75}$$

$$E = E^0 + \frac{RT}{nF}\ln\left[a_O^0\left(1 - \frac{i}{i_d}\right)\right] \tag{2-76}$$

由此，可得到扩散过电位 η_d 为

$$\eta_d = E - E^0 = \frac{RT}{nF}\ln\left(1 - \frac{i}{i_d}\right) = \frac{RT}{nF}\ln\left(\frac{i_d - i}{i_d}\right) \tag{2-77}$$

也可写为

$$i = i_d\left[1 - \exp\left(\frac{nF}{RT}\eta_d\right)\right] \tag{2-78}$$

以上两式均是扩散步骤作为控制步骤时的浓差极化方程式。由式(2-77)可绘制得到 $E-i$ 和 $E-\lg\frac{i_d-i}{i_d}$ 的关系极化曲线，如图2-23所示。由图2-23可见，具有浓差极化特征的极化曲线有两个重要特征：

① 当 $i = i_d$ 时，出现不随电极电位变化的极限扩散电流密度。

② 若以 $E-\lg\frac{i_d-i}{i_d}$ 作图，可得到斜率 $b = \frac{2.303RT}{nF}$ 的直线。

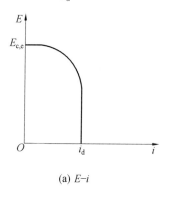 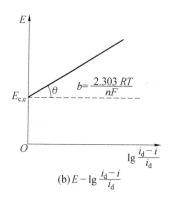

(a) $E-i$ (b) $E-\lg\frac{i_d-i}{i_d}$

图 2-23　扩散步骤控制时的极化曲线

（2）浓差极化控制下的金属腐蚀速率和腐蚀电位。

显然当金属腐蚀的阳极溶解过程受电化学极化控制，而去极化剂的阴极过程受浓差控制时，金属的腐蚀速率为 $i_{corr} = i_d$。将 $i_{corr} = i_d$ 和 $i_d = nFD_O\frac{a_O^0}{\delta}$ 代入式(2-68)可得到在此条件下金属的腐蚀电位表达式：

$$E_{corr} = E_{e,M} + \frac{RT}{\beta_M n_M F}\left[\ln\left(nFD_O \frac{a_O^0}{\delta}\right) - \ln i_{M,O}\right] \qquad (2-79)$$

将常数项合并,可简化表示为

$$E_{corr} = a' + b'\ln a_O^0 \qquad (2-80)$$

可见腐蚀电位与去极化剂的活度的对数呈线性关系,表明在其他条件不变的情况下,去极化剂的活度越高,腐蚀电位越高,如图 2-24 所示。

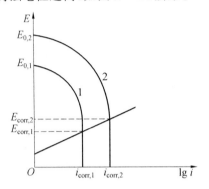

图 2-24　阴极去极化剂活度对腐蚀电位的影响
(2 的活度大于 1 的活度)

2.4　析氢腐蚀和吸氧腐蚀

2.4.1　析氢腐蚀

1.析氢腐蚀的必要条件

以氢离子还原反应为阴极过程的金属腐蚀称为析氢腐蚀。产生析氢腐蚀的必要条件是金属的电位低于氢离子还原反应的电位,即 $E_M < E_H$。

氢电极的平衡电位可由能斯特公式求出:

$$E_{0,H} = E_H^0 + \frac{RT}{F}\ln a_{H^+}$$

因为 $E_{0,H}^0 = 0$,$pH = -\lg a_{H^+}$,所以

$$E_{0,H} = -\frac{2.3RT}{F}pH$$

2.析氢电位

析氢电位等于氢的平衡电位与析氢过电位之差:

$$E_H = E_{0,H} - \eta_H$$

析氢过电位 η_H 与氢离子的阴极去极化的过程、电极的材料和溶液组成等因素有关。

氢离子的阴极去极化的反应是由下述几个连续步骤组成:

(1)水化氢离子迁移到阴极表面,接受电子发生还原反应,同时脱去水分子,在电

极表面形成吸附氢原子：

$$H^+ \cdot H_2O + e^- \longrightarrow H_{ad} + H_2O \qquad (2-81)$$

（2）吸附氢原子除了进入金属内部外，大部分在电极表面扩散并复合形成氢分子：

$$2H_{ad} \longrightarrow H_2 \qquad (2-82)$$

（3）H_2 分子形成气泡离开电极表面。

塔菲尔根据大量试验，发现析氢过电位 η_H 与阴极电流密度 i_c 之间存在下列关系：

$$\eta_H = a_H + b_H \lg i_c \qquad (2-83)$$

式中 a_H 和 b_H—— 常数。

大量的研究结果表明，对于析氢反应，在电流密度为 $1 \times 10^{-9} \sim 100 \ A/cm^2$ 广阔的范围内，塔菲尔关系式都成立。从电极过程动力学理论可得到 a_H 和 b_H 值的理论表达式（式 2-63）：

$$a_H = \frac{-2.303RT}{\alpha F} \lg i_H^0 \qquad (2-84)$$

$$b_H = \frac{2.303RT}{\alpha F} \qquad (2-85)$$

塔菲尔方程式反映了电化学极化的基本特征，它是由析氢反应的电化学极化引起的。

影响析氢过电位的因素很多。对于给定电极，在一定的溶液组成和温度下，a_H 和 b_H 都是常数。a_H 与电极材料性质、表面状况、溶液组成和温度有关，其数值等于单位电流密度下的析氢过电位。a_H 越大，在给定电流密度下的析氢过电位越大。

常数 b_H 与电极材料无关，各种金属阴极上析氢反应的 b_H 值大致相同，在 $0.11 \sim 0.12 \ V$ 之间（表 2-1）。

表 2-1   不同金属上析氢反应的塔菲尔常数 a_H 和 b_H 值（25 ℃）

金属	酸性溶液		碱性溶液	
	a_H/V	b_H/V	a_H/V	b_H/V
Pt	0.10	0.03	0.31	0.10
Pd	0.24	0.03	0.53	0.13
Au	0.40	0.12	—	—
W	0.43	0.10	—	—
Co	0.62	0.14	0.60	0.14
Ni	0.63	0.11	0.65	0.10
Mo	0.66	0.08	0.67	0.14
Fe	0.70	0.12	0.76	0.11
Mn	0.80	0.10	0.90	0.12
Nb	0.80	0.10	—	—
Ti	0.82	0.14	0.83	0.14

续表2—1

金属	酸性溶液		碱性溶液	
	a_H/V	b_H/V	a_H/V	b_H/V
Bi	0.84	0.12	—	—
Cu	0.87	0.12	0.96	0.12
Ag	0.95	0.10	0.73	0.12
Ge	0.97	0.12	—	—
Al	1.00	0.10	0.64	0.14
Sb	1.00	0.11	—	—
Be	1.08	0.12	—	—
Sn	1.20	0.13	1.28	0.23
Zn	1.24	0.12	1.20	0.12
Cd	1.40	0.12	1.05	0.16
Hg	1.41	0.114	1.54	0.11
T	1.55	0.14	—	—
Pb	1.56	0.11	1.36	0.25

表2—1列出了不同金属上析氢反应的 Tafel 常数 a_H 和 b_H 值。根据 a_H 值的大小，可将金属大致分成三类，可看出金属材料对析氢过电位的影响：

① 高氢过电位的金属，如 Pb、Hg、Cd、Zn、Sn 等，a_H 在 $1.0 \sim 1.6$ V 之间。

② 中氢过电位的金属，如 Fe、Co、Ni、Cu、Ag 等，a_H 在 $0.5 \sim 1.0$ V 之间。

③ 低氢过电位的金属，如 Pt、Pd、Au 等，a_H 在 $0.1 \sim 0.5$ V 之间。

金属材料对 a_H 的影响，主要是因为不同金属上析氢反应的交换电流密度 i_H^0 不同，有的则是因析氢反应机理不同引起的。

3. 减小和防止析氢腐蚀的途径

析氢腐蚀速度主要决定于析氢过电位的大小。因此，为了减小或阻止析氢腐蚀，应设法减小阴极面积，提高析氢过电位。减小和防止析氢腐蚀的主要途径如下：

① 减少或消除金属中的有害杂质，特别是析氢过电位小的阴极性杂质。溶液中若存在贵金属离子，在金属上析出后提供了有效的阴极，其析氢过电位很小，则会加速腐蚀，应设法除去。

② 加入氢过电位大的成分，如 Hg、Zn、Pb 等。

③ 加入缓蚀剂，增大析氢过电位，如酸洗缓蚀剂若丁，有效成分为二邻甲苯硫脲。

④ 降低活性阴离子成分，如 Cl^-、S^{2-} 等。

2.4.2　吸氧腐蚀

1. 吸氧腐蚀的必要条件

以氧的还原反应为阴极过程的腐蚀，称为氧还原腐蚀或吸氧腐蚀。发生吸氧腐蚀的必要条件是金属的电位比氧的还原反应的电位负,即 $E_M < E_{O_2}$。

在中性和碱性溶液中氧的还原反应为

$$O_2 + 2H_2O + 4e^- \longrightarrow 4OH^-$$

其平衡电位为

$$E_{O_2} = E^0 + \frac{2.303RT}{4F} \lg \frac{p_{O_2}}{[OH^-]^4} \tag{2-86}$$

$E^0 = 0.401\ V(SHE)$,空气中 $p_{O_2} = 0.021\ MPa$,当 $pH = 7$ 时

$$E_{O_2} = 0.401 + \frac{0.0591}{4} \lg \frac{0.21}{(10^{-7})^4} = 0.805\ V(SHE) \tag{2-87}$$

在酸性溶液中氧的还原反应为

$$O^2 + 4H^+ + 4e^- \longrightarrow 2H_2O$$

其平衡电位为

$$E_{O_2} = E^0 + \frac{2.303RT}{4F} \lg(p_{O_2}[H^+]^4) \tag{2-88}$$

$E^0 = 1.229\ V(SHE)$,$p_{O_2} = 0.021\ MPa$,氧的还原反应的平衡电位与 pH 的关系为 $E_{O_2} = 1.219 - 0.0591pH$。

在自然界中,与大气相接触的溶液中溶解有氧。在中性溶液中氧的还原电位为 $0.805\ V$。可见,只要金属在溶液中的电位低于氧的平衡电位,就可能发生吸氧腐蚀。所以,许多金属在中性或碱性溶液中,在潮湿大气、淡水、海水、潮湿土壤中,都能发生吸氧腐蚀,甚至在酸性介质中也会有吸氧腐蚀。与析氢腐蚀相比,吸氧腐蚀具有更普遍更重要的意义。

2. 氧的阴极还原过程及其过电位

由于氧分子阴极还原总反应包含 4 个电子,反应机理十分复杂。通常有中间态粒子或氧化物形成。在不同的溶液中,其反应机理也不一样。

在中性或碱性溶液中,氧分子还原的反应为

$$O_2 + 2H_2O + 4e^- \longrightarrow 4OH^-$$

在酸性溶液中,氧分子还原的反应为

$$O^2 + 4H^+ + 4e^- \longrightarrow 2H_2O$$

整个吸氧的阴极过程可分为以下几个步骤:① 氧向电极表面扩散;② 氧吸附在电极表面上;③ 使氧离子化。

这三个步骤中的任何一个都会影响到阴极过程,也会在一定程度上影响腐蚀速度。吸氧的阴极过程可分为电化学极化和浓差极化(出现极限扩散电流)。图 2－25 是氧去极化反应的极化曲线图,极化曲线大致可分为三段:

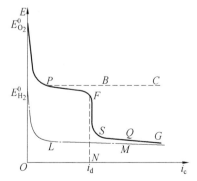

图 2－25 氧去极化过程的极化曲线图

（1）当阴极极化电流 i_c 不太大且供氧充分时，发生电化学极化，则极化曲线（图中 $E^0_{O_2}PBC$ 线）服从塔菲尔关系式：

$$\eta_{O_2} = a' + b' \lg i_c$$

（2）当阴极电流 i_c 增大时，由于供氧受阻，引起了明显的浓差极化，如图 2—25 上的 PFN 线。此时浓差极化过电位 η_{O_2} 与电流密度 i_c 间的关系为

$$\eta_{O_2} = \frac{RT}{nF} \ln\left(1 - \frac{i_c}{i_d}\right)$$

（3）由上所述，当 $i_c \to i_d$ 时，$\eta_{O_2} \to \infty$。但实际上不会发生这种情况，因为当阴极向负极化到一定的电位时，除了氧离子化之外，已可以开始进行某种新的电极反应。例如，当达到氢的平衡电位 $E^0_{H_2}$ 之后，氢的去极化过程（图中 $E^0_{H_2}LM$ 线）就开始与氧的去极化过程同时进行。两反应的极化曲线互相加合，总的阴极去极化过程如图中的 $E^0_{O_2}PFSOG$ 曲线。

3. 吸氧腐蚀的控制过程及特点

金属发生氧去极化腐蚀时，多数情况下阳极过程发生金属活性溶解，腐蚀过程处于阴极控制之下。氧去极化的速度主要取决于溶解氧向电极表面的传递速度和氧在电极表面上的放电速度。因此，可粗略地将氧去极化腐蚀分为三种情况：

（1）如果腐蚀金属在溶液中的电位较正，腐蚀过程中氧的传递速度又很大，则金属腐蚀速度主要由氧在电极上的放电速度决定。这时阳极极化曲线与阴极极化曲线相交于氧的还原反应的活化极化区（图 2—26 中的交点 1）。例如，铜在强烈搅拌的敞口溶液中的腐蚀。

（2）如果腐蚀金属在溶液中的电位非常负，如 Fe、Mn 等，阴极过程将由氧去极化和氢离子去极化两个反应共同组成。由图 2—26 中交点 3 可知，这时腐蚀电流大于氧的极限扩散电流。例如，锰在中性介质中的腐蚀。

（3）如果腐蚀金属在溶液中的电位较负，如碳钢，处于活性溶解状态而氧的传输速度又有限，则金属腐蚀速度将由氧的极限扩散电流密度决定。在图 2—26 中，阳极极化曲线和阴极极化曲线相交于氧的扩散控制区的交点 2。

实践证明，在大多数情况下，氧向电极表面的扩散决定了整个吸氧腐蚀过程的速度。扩散控制的腐蚀过程中，腐蚀速度只决定于氧的扩散速度，因而在一定范围内，腐蚀电流将不受阳极极化曲线的斜率和起始电位的影响。如图 2—27 中 A、B、C 三种合金的阳极极化曲线不同，但腐蚀电流都一样。也就是说，这种情况下腐蚀速度与金属本身的性质无关。

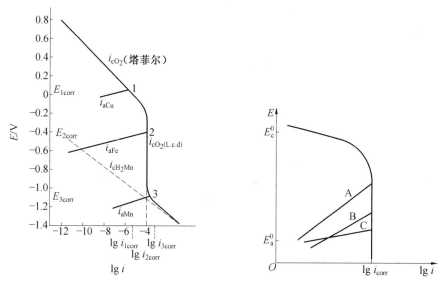

图 2-26　中性溶液中腐蚀的极化示意图　图 2-27　不同金属在吸氧腐蚀时在阴极
控制下的腐蚀速度

4. 析氢腐蚀与吸氧腐蚀的比较

表 2-2 中列出了析氢腐蚀与吸氧腐蚀的比较。

表 2-2　析氢腐蚀与吸氧腐蚀的比较

比较项目	析氢腐蚀	吸氧腐蚀
去极化剂性质	带电氢离子,迁移速度与扩散能力都大	中性氧分子,只能靠扩散和对流传输
去极化剂浓度	浓度大,酸性溶液中 H^+ 放电,中性或碱性溶液为 $H_2O + e^- \longrightarrow H + OH^-$	浓度不大,在一定条件下,溶解度受到限制
阴极控制	主要是活化极化 $\eta_{H_2} = -\dfrac{2.3RT}{\alpha nF}\lg i_0 + \dfrac{2.3RT}{\alpha nF}\lg i_c$	主要是浓差极化 $\eta_{O_2} = \dfrac{2.3RT}{nF}\lg\left(1 - \dfrac{i_c}{i_d}\right)$
阴极反应产物	以 H_2 泡逸出,电极表面溶液得到附加搅拌	产物只能靠扩散或迁移离开,无气泡逸出

2.5　金属的钝化

2.5.1　钝化现象

电化序中较活泼的金属,应较易于被腐蚀。但在实际情况中,一些较活泼的金属在某些特定的环境介质中都具有较好的耐蚀性。例如,把铁片浸入浓硝酸中,其腐蚀速度极小,铁变得如贵金属般稳定。这是因为金属表面形成了一层极薄的钝化膜,使金属由活化态变为钝态,这一现象称为钝化现象。金属通过与钝化剂相互作用在开路状态下发生钝化称为自钝化。

不仅是铁,其他一些金属如铝、铬、镍、钴、钼、铌、钨、钛等,在适当的条件下,都可发生钝化。在介质方面,除硝酸外,其他强氧化剂如 KNO_3、$K_2Cr_2O_7$、$KMnO_4$、$KClO_3$、$AgNO_3$ 等,都能使金属钝化。在适当的条件下,非氧化性介质也有可能使某些金属发生钝化,如 Mg 在 HF,Mo 和 Nb 在 HCl 溶液中都可发生钝化。另外,溶液和大气中的氧也可促使金属发生钝化。凡能使金属发生钝化的物质称为钝化剂。但是,钝化的发生不仅仅取决于钝化剂的氧化能力。例如,H_2O 和 $KMnO_4$ 的氧化 — 还原电位比 $K_2Cr_2O_7$ 更正,应是更强的氧化剂,但实际上它们对 Fe 的钝化作用比 $K_2Cr_2O_7$ 差。原因在于钝化剂中阴离子的特性对钝化过程有影响。

金属变为钝态时,其电极电位向正方向移动。例如,铁的电位为 $-0.5 \sim -0.2$ V,钝化之后,升高到 $0.5 \sim 1.0$ V;又如,铬的电极电位为 $-0.6 \sim -0.4$ V,钝化后上升为 $0.8 \sim 1.0$ V。金属钝化后,其电极电位几乎接近于贵金属(Au、Pt)的电位。由于电位的升高,钝化后的金属就会失去原有的某些特性,例如,钝化的铁在铜盐中不能将铜置换出来。

金属除依靠与钝化剂相互作用而致钝外,还可通过阳极极化发生钝化。金属在一定介质中进行阳极极化时,当外加电流或外加电位达到或超过一定值后,金属发生从活化状态到钝化状态的转变,金属的溶解速度降至一个很低的值,并且在一定电位范围内基本保持不变,这种钝化称为阳极钝化或电化学钝化。

在防腐蚀技术中,可以利用钝化现象来减低金属或合金的自腐蚀或阳极溶解速度。例如,不锈钢在许多强腐蚀性氧化性介质中极易钝化,人们就利用这类合金钢来制造与强氧化性介质相接触的化工设备。在某些情况下,钝化现象是有害的。例如在阴极保护工程中,用 Al 作为牺牲阳极时,就需要添加活性元素 In,否则 Al 会发生钝化发不出所需的电流。

影响金属自钝化的因素有金属材料的性质、氧化剂的强弱和浓度、溶液组分、温度等。不同的金属具有不同的自钝化趋势。按金属腐蚀阳极控制程度的强弱,金属自钝化趋势减小的顺序为:Ti、Al、Cr、Be、Mo、Mg、Ni、Co、Fe、Mn、Zn、Cd、Sn、Pb、Cu。但这并不代表金属在腐蚀介质中稳定性的高低。如将自钝化强的金属与钝性较弱的金属进行合金化,可提高合金的自钝化能力。

2.5.2　金属钝化的电极过程

如图 2-28 所示为典型的金属阳极钝化的实测极化曲线。整个曲线可分为四个区:

AB—— 电流随电位升高而增大,为活化溶解区。

BC—— 电流急剧下降,处于不稳定状态,为活化 — 钝化过渡区。

CD—— 随着电位的增加，电流几乎保持不变，为稳定钝化区或钝化区。

DE—— 电流再次随着电位升高而增大，为过钝化区。

相应于 B 点的电流密度称为致钝（或临界）电流密度 i_p，电位为致钝电位 E_p；相应于钝化区的电流密度称为维钝电流密度 i'_p；相应于 D 点的电位称为过钝电位 E_{tp}。在活化区，金属以低价形式溶解；在钝化区，金属表面上形成了钝化膜，阻碍了金属的溶解过程；过钝化区的电极过程主要是析氧反应和金属以高价离子溶解，使钝化膜被破坏。

由图 2—28 可见，对于发生阳极钝化的体系，金属的电位处于不同的区段，产生不同的电极反应，阳极腐蚀速度也不同。因此，将电位维持在钝化区，金属可得到保护，这就是电化学阳极保护的基本原理。

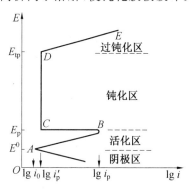

图 2—28　金属钝化过程的阳极极化曲线示意图

由于金属腐蚀是个多反应耦合的电极过程，因此图 2—28 中实测的阳极钝化极化曲线是由理论的金属阳极过程和阴极过程耦合的结果。实测的阳极钝化极化曲线是电位与真实的金属阳极氧化反应电流密度、氧化剂的阴极还原反应电流密度之和的关系曲线，其中金属阳极氧化反应的电流密度为正值，氧化剂的阴极还原反应的电流密度为负值。

2.5.3　钝化膜

金属之所以能够发生钝化，在于当金属处于一定条件时介质中的组分或是直接同金属表面的原子相结合或是与溶解生成的金属离子相结合，从而在金属表面形成具有阻止金属溶解能力并使金属保持在很低的溶解速度的钝化膜。

钝化膜可以是单分子层至几个分子层的吸附膜，也可以是三维的氧化物或盐类成相膜。

金属材料表面形成的钝化膜很薄，一般难以用肉眼观察得到。钝化膜的结构究竟是晶态还是非晶态，还没有统一的看法。X 射线衍射结果证明：Fe_3O_4、$FeOOH$、$\gamma-Fe_2O_3$ 膜和 TiO_2 膜具有晶态结构，而不锈钢上的钝化膜则是非晶态结构。

钝化膜的电学性质，即电子传导性质，是钝化膜的一项重要性质。据其导电性，大多数钝化膜是介于半导体和绝缘体之间的弱的电子导体，这是因为钝化膜很薄时，氧化还原反应可通过电子的隧道效应来完成，即电子可在隧道效应的作用下穿过钝化膜，使钝化膜具有电子导体的性质。曹楚南认为，只有电子导体膜才是钝化膜。

钝化金属的溶解是通过钝化膜来进行的。钝化膜的溶解过程可表示为：

$$M \longrightarrow M^{n+}（钝化膜）+ ne^-$$
$$M^{n+}（钝化膜）\longrightarrow M^{n+}（水溶液）$$

溶解过程又有稳态和非稳态之分。在稳态条件下，穿过膜中的离子电流等于在膜／溶液界面的膜溶解电流。膜的溶解速度是由膜／溶液界面 Helmholtz 层中的电位降所控制。膜的溶解电流的对数与 Helmholtz 层中的电位降存在着线性关系，说明钝化膜的溶解是发生在膜／溶液界面的电化学反应过程。而在非稳态条件下，钝化膜的溶解速度就不存在类似于稳态下的那种关系，而是与外加阳极电流的大小有关。在膜／溶液界面不仅发生离子 M^{n+} 穿过膜／溶液界面进入溶液的过程，同时还有氧离子 O^{2-} 进入膜中的过程。无论是在稳态或非稳态条件，可以肯定，钝化膜的溶解速度都与膜／溶液界面双电层电位差有关。

金属钝态的稳定性可用弗莱德（Flade）电位来评价。所谓弗莱德电位，是指当用阳极极化使金属处于钝化状态后，中断外加电流，这时金属的钝化状态就会消失，金属由钝化状态变回到活化状态。在钝化－活化转变过程的电位－时间曲线上，到达活化电位前有一个转折电位或特征电位，这个电位称为弗莱德电位（E_F），如图 2－29 所示。E_F 越正，金属丧失钝态的倾向越大；反之，E_F 越负，该金属越容易保持钝态，即钝化膜越稳定。金属的 E_F 与溶液的 pH 存在良好的线性关系。例如，Fe 在 25 ℃ 时，E_F 与 pH 有如下关系：

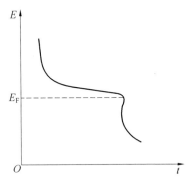

图 2－29　钝化金属的电位－时间曲线

$$E_F = 0.58 - 0.059 \text{pH}(\text{V}, \text{SCE})$$

对于 Cr、Ni 和 Fe－Cr 合金上的钝化膜也存在类似的线性关系。对于 Fe－Cr 合金来说，随着合金中 Cr 含量的增加，E_F 逐渐变负，充分说明 Cr 含量增加，提高了 Fe－Cr 合金的钝化性能。

2.5.4　钝化理论

长期以来，人们对金属的钝化做了大量的研究，提出了不少理论来阐述钝化的实质。自钝化现象研究伊始，就形成了成相膜理论和吸附膜理论两大理论。

1. 成相膜理论

成相膜理论认为，金属溶解时，可在其表面上生成一种致密的、覆盖性良好的固体产物薄膜。该膜形成的独立相（成相膜）的厚度为 1～10 nm，可用光学法测出。相成分可用电子衍射等手段进行分析。由于成相膜的存在，可把金属表面与介质隔离开来，增加了电极过程的困难，显著地降低了金属的溶解速度。

大多数成相膜是由金属氧化物组成的，在一定条件下，铬酸盐、磷酸盐、硅酸盐及难溶的硫酸盐和氯化物也可能构成成相膜。

显然，生成成相钝化膜的先决条件是在电极反应中有可能生成固态反应产物。电位 $E-\text{pH}$ 图可以用来估计简单溶液中生成固态产物的可能性。

卤素等阴离子对钝化现象的影响是双重的。金属处于活化时，可以与水分子及 OH^- 等在电极表面竞争吸附，延缓或阻止钝化过程；当金属表面上生成成相钝化膜时，又可以在膜／溶液界面上吸附,并由于扩散及电场的作用,进入氧化膜而成为膜内的杂质组分,这种掺杂作用能显著地改变膜的离子和电子导电性,使金属的氧化速度增大。这就解释 Cl^- 等对金属钝化的产生和保持具有的有害作用。

2. 吸附膜理论

该理论认为,金属钝化不需要生成成相的固态产物膜,而只需要在金属表面或部分表面上生成氧或含氧粒子的吸附层。当这些粒子在金属表面上吸附后,改变了(金属／溶液)界面上的结构,使阳极反应的激活能显著升高。与成相膜理论不同,吸附理论认为,金属钝化是由于金属表面本身的反应能力降低了,而不是由于膜的机械隔离作用。试验表明,金属表面所吸附的单分子层不一定需要完全覆盖表面,只要在最活泼、最先溶解的表面区,如在金属晶格的顶角及边缘(恰好是腐蚀阳极区),吸附单分子层,便能抑制阳极过程,使金属钝化。电极表面上出现的吸附现象,可显著地降低电极反应的能力。

两种钝化理论之间的差别也许并不是两者对钝化现象的实质有不同的看法,可能还涉及钝化现象的定义以及吸附膜和成相膜的定义等问题。可以肯定的是,当在金属表面形成第一层吸附氧层后,金属的溶解速度就已大幅度下降;在此吸附氧层的基础上继续生长所形成的成相氧化物层则进一步阻滞了金属的溶解过程,增加了金属钝态的不可逆性和稳定性。有关钝化的研究至今仍是金属腐蚀研究领域的热点问题,有待于深入探索,以求得对钝化过程、钝化膜有更清晰的了解。

思　考　题

1. 如何判断在一定条件下某种金属材料发生电化学腐蚀的可能性?
2. 什么是腐蚀电池? 腐蚀电池大致可分为几类? 各有什么特点?
3. 什么是极化? 极化的实质是什么? 何谓电化学极化? 何谓浓差极化?
4. 如何运用腐蚀极化图解释电化学腐蚀?
5. 什么是析氢腐蚀和吸氧腐蚀? 各有什么特点?
6. 何谓钝化、自钝化和阳极钝化? 钝化的本质是什么?
7. 发生自钝化的条件是什么?

第3章　金属材料的形态腐蚀

金属的腐蚀形态一般可分为两大类:全面腐蚀和局部腐蚀。而局部腐蚀又可分为点腐蚀、缝隙腐蚀、电偶腐蚀、晶间腐蚀、选择性腐蚀、应力腐蚀、腐蚀疲劳及磨损腐蚀等,即通常所说的八大局部腐蚀形态。局部腐蚀是相对于全面腐蚀而言的,其特点是腐蚀的发生仅局限或集中在金属的某一特定部位;发生局部腐蚀时,阳极区和阴极区可以截然分开,其位置可以用肉眼或微观观察加以区分;同时次生腐蚀产物又可在阴、阳极交界的第三地点形成。据统计,腐蚀事故中 80% 以上是由局部腐蚀造成的,由于很难检测其腐蚀速率,局部腐蚀的危害性非常大,因此本章将重点介绍几种常见的局部腐蚀类型。

3.1　全面腐蚀

全面腐蚀是最常见的腐蚀形态,其特征是腐蚀分布于金属的整个表面,使金属整体减薄。发生全面腐蚀的条件是:腐蚀介质能够均匀地抵达金属表面的各部位,而且金属的成分和组织比较均匀。例如,碳钢或锌板在稀硫酸中的溶解,以及某些材料在大气中的腐蚀都是典型的全面腐蚀。

全面腐蚀的电化学特点是腐蚀原电池的阴、阳极面积非常小,甚至用微观方法也无法辨认,而且微阳极和微阴极的位置随机变化。整个金属表面在溶液中处于活化状态,只是各点随时间(或地点)有能量起伏,能量高时(处)呈阳极,能量低时(处)呈阴极,从而使整个金属表面遭受腐蚀。表 3-1 对全面腐蚀和局部腐蚀在电化学行为和腐蚀产物等方面的差异进行了比较。

表 3-1　全面腐蚀与局部腐蚀比较

比较项目	全面腐蚀	局部腐蚀
腐蚀形貌	腐蚀分布在整个金属表面上	腐蚀主要集中在一定的区域,其他部分不腐蚀
腐蚀电池	阴阳极在表面上随机变化,且不可辨别	阴阳极在宏观上可分辨
电极面积	阳极面积 = 阴极面积	阳极面积 ≤ 阴极面积
电位	阳极电位 = 阴极电位 = 腐蚀(混合)电位	阳极电位 < 阴极电位

续表3—1

比较项目	全面腐蚀	局部腐蚀
极化图	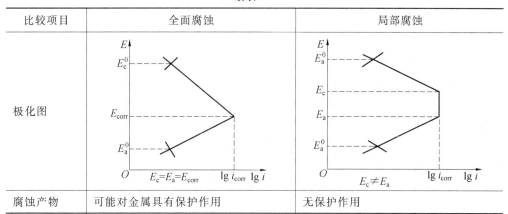	
腐蚀产物	可能对金属具有保护作用	无保护作用

　　虽然在全面腐蚀的定义中允许有一定程度的不均匀性,但全面腐蚀可视为均匀腐蚀。可采用均匀腐蚀速率、失重或失厚表示腐蚀进行的快慢。全面腐蚀往往造成金属的大量损失,但从技术角度来看,这类腐蚀并不可怕,一般不会造成突然事故。其腐蚀速率容易进行测定和预测,在工程设计时可预先考虑应有的腐蚀余量。

3.2　点　蚀

　　点蚀又称小孔腐蚀,是一种腐蚀集中在金属表面的很小范围内并深入到金属内部的小孔状腐蚀形态,蚀孔直径小、深度深。点蚀的程度用点蚀系数表示。

　　点蚀系数指蚀孔的最大深度和金属平均腐蚀深度的比值。

　　点蚀是破坏性和隐患性最大的腐蚀形态之一,仅次于应力腐蚀开裂。点蚀导致金属的失重非常小,但由于阳极面积很小,腐蚀很快,常使设备和管壁穿孔,从而导致突发事故。对点蚀的检查比较困难,因为蚀孔尺寸很小,而且经常被腐蚀产物遮盖,因而定量测量和比较点蚀的程度也很困难。

3.2.1　点蚀的产生条件

　　点蚀的发生一般要满足材料、介质和电化学三个方面的条件:

　　(1)点蚀多发生在表面容易钝化的金属材料(如不锈钢、Al及Al合金)或表面有阴极性镀层的金属(如镀Sn、Cu或Ni的碳钢表面)上。当钝化膜或阴极性镀层局部发生破坏时,破坏区的金属和未破坏区形成了大阴极、小阳极的"钝化－活化腐蚀电池",使腐蚀向基体纵深发展而形成蚀孔。

　　(2)点蚀发生于有特殊离子的腐蚀介质中。如不锈钢对卤素离子特别敏感,作用的顺序是$Cl^- > Br^- > I^-$,这些阴离子在金属表面不均匀吸附易导致钝化膜的不均匀破坏,诱发点蚀。

　　(3)点蚀发生在特定的临界电位以上,称为点蚀电位或破裂电位,用E_b表示。

3.2.2　点蚀机理

Hoar 等人提出，点蚀的过程可分为蚀孔成核（发生）和蚀孔生长（发展）两个阶段。关于蚀孔成核的原因通常有两种观点，即钝化膜破坏理论和吸附理论。

（1）钝化膜破坏理论。

钝化膜破坏理论认为，当电极阳极极化时，钝化膜中的电场强度增加，吸附在钝化膜表面上的腐蚀性阴离子（如 Cl^-）因其离子半径较小而在电场的作用下进入钝化膜，使钝化膜局部变成了强烈的感应离子导体，于是钝化膜在这点上出现了高的电流密度，并使阳离子杂乱移动而活跃起来。当钝化膜－溶液界面的电场强度达到某一临界值时，就发生了点蚀。

（2）吸附理论。

钝化的吸附理论认为，金属表面生成氧或含氧粒子的吸附层而引起钝化。与其对应，吸附理论认为，蚀孔的形成是由于上述阴离子与氧的竞争吸附的结果。根据这一理论，点蚀的破裂电位 E_b 是腐蚀性阴离子可以可逆地置换金属表面上吸附层的电位。当 $E > E_b$ 时，Cl^- 在某些点竞争吸附强烈，该处发生点蚀。点蚀过程有一定的孕育期，从金属与溶液接触到点蚀产生的这段时间称为点蚀的孕育期。孕育期随溶液中 Cl^- 浓度的增加和电极电位的升高而缩短。Engell 等发现，低碳钢发生点蚀的孕育期 τ 的倒数与 Cl^- 浓度呈线性关系，即

$$\frac{1}{\tau} = k[Cl^-]$$

式中　k——常数。$[Cl^-]$ 在一定临界值以下，不发生点蚀。

蚀孔一旦形成，发展十分迅速，原因是蚀孔内部的电化学条件发生了显著的改变，对蚀孔的生长有很大的影响。有关蚀孔发展的主要理论是以"闭塞电池"（Occluded Cell）的形成为基础，并进而形成"活化－钝化腐蚀电池"的自催化理论。

点蚀一旦发生，蚀孔内外就会发生一系列变化，如图 3－1 所示。

（1）首先是蚀孔内的金属发生溶解，即 $M \longrightarrow M^{n+} + ne^-$。如果是在含 Cl^- 水溶液中，则阴极反应为吸氧反应，蚀孔内氧浓度下降，而蚀孔外氧富集，形成"供氧差异电池"。

（2）孔内金属离子浓度不断增加。为了保持反应体系整体的电中性，蚀孔外部的 Cl^- 向孔内迁移，孔内 Cl^- 浓度可升高至整体溶液的 $3 \sim 10$ 倍。

（3）孔内形成的金属盐发生水解反应：$M^{n+} + n(H_2O) \longrightarrow M(OH)n + nH^+$，使孔内溶液的氢离子浓度升高，pH 下降，

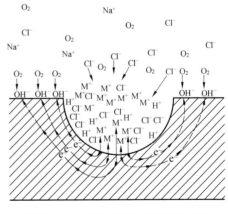

图 3－1　蚀孔内发生的自催化过程

有时可低达 $2 \sim 3$。孔内严重酸化的结果,使蚀孔内的金属实质上处于 HCl 介质中,即处于活化溶解状态;而蚀孔外溶液仍然富氧,介质维持原状,表面依然维持钝态,从而形成了"活化(孔内)一钝化(孔外)腐蚀电池",使点蚀以自催化的形式发展下去。

3.2.3 防止点蚀的措施

(1)改善介质条件。

降低溶液中的 Cl^- 含量,减少氧化剂(如除氧和 Fe^{3+}、Cu^{2+}),降低温度,提高 pH,使用缓蚀剂均可减少点蚀的发生等。

(2)选用耐点蚀的合金材料。

近年来发展了很多含有高含量 Cr、Mo,及含 N、低 C($w < 0.03\%$)的奥氏体不锈钢。

(3)钝化材料表面。

对材料表面进行钝化处理,提高其钝态稳定性。

(4)阴极保护。

使电位低于 E_b,最好低于 E_p,这称为钝化型阴极保护,应用时要特别注意严格控制电位,使金属处于稳定钝化区。

3.3 缝隙腐蚀

缝隙腐蚀是有电解质存在,在金属与金属及金属与非金属之间构成狭窄的缝隙内,介质的迁移受到阻滞时而产生的一种局部腐蚀形态。

在工程结构中,一般需要将不同的结构件相互连接,因而缝隙是不可避免的。缝隙腐蚀将减小部件的有效几何尺寸,降低吻合程度。缝内腐蚀产物的体积增大,形成局部应力,并使装配困难,因此应尽量避免。

3.3.1 缝隙的形成

形成缝隙的情况有如下几种:

(1)不同结构件之间的连接,如金属和金属之间的铆接、搭焊、螺纹连接,以及各种法兰盘之间的衬垫等金属和非金属之间的接触。

(2)在金属表面的沉积物、附着物、涂膜等,如灰尘、沙粒、沉积的腐蚀产物。

对应着产生缝隙的不同条件,相应存在着不同类型的缝隙腐蚀,如衬垫腐蚀、沉积物腐蚀及丝状腐蚀等。

3.3.2 缝隙腐蚀机理

一个缝隙要成为腐蚀的部位,必须宽到溶液能够流入缝隙内,又必须窄到能维持液体在缝内停滞。一般发生缝隙腐蚀较敏感的缝宽为 $0.025 \sim 0.15$ mm。

缝隙腐蚀的发生可分为初期阶段和后期阶段。

在初期阶段,缝内外的金属表面发生相同的阴、阳极反应过程。

阳极反应: $$M \longrightarrow M^{n+} + ne^-$$

阴极反应: $$\frac{1}{2}O_2 + H_2O + 2e^- \longrightarrow 2OH^-$$

经过一段时间后,缝内的氧消耗完后,氧的还原反应不再进行。由于缝内缺氧,缝外富氧,形成了"供氧差异电池"。缝内金属溶解,产生过多的 M^{n+} 将诱发 Cl^- 向缝内迁移。随后缝内形成的金属盐的水解导致缝内酸化,有些金属缝内的 pH 可下降到 $2 \sim 3$。其腐蚀的发展历程与点蚀过程类似。

3.3.3　防止缝隙腐蚀的措施

(1) 合理设计。

避免缝隙的形成最能有效地预防缝隙腐蚀的发生。如图 3－2 所示为防止钢板搭接处缝隙腐蚀设计方案的比较。

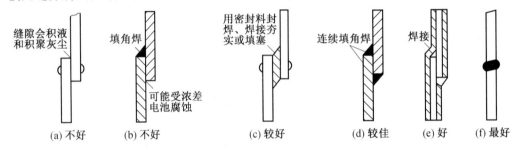

图 3－2　防止钢板搭接处缝隙腐蚀的几种设计方案比较

(2) 选材。

根据介质的不同选择适合的材料可以减轻缝隙腐蚀。在平静的海水中 Hastelloy C 和 Ti 不发生缝隙腐蚀,90Cu—10Ni(1.5Fe)、70Cu—30Ni(0.5Fe)、青铜和黄铜等 Cu 合金有优异的耐蚀性能,奥氏体高 Ni 铸铁、铸铁、碳钢表现良好,304、316、铁素体和马氏体不锈钢以及 Ni—Cr 合金易于发生缝隙腐蚀。对于带有垫片的连接件,注意选择的垫片尺寸要合适,不能用吸湿性的材料。

(3) 电化学保护。

阴极保护有助于减轻缝隙腐蚀,但并不能完全解决缝隙腐蚀问题,关键是能否有足够的电流达到缝内形成必需的保护电位。

(4) 应用缓蚀剂。

采用足量的磷酸盐、铬酸盐和亚硝酸盐的混合物对钢、黄铜和 Zn 结构是有效的,也可以在结合面上涂有加缓蚀剂的油漆。

3.4　电偶腐蚀

电偶腐蚀又称接触腐蚀或异(双)金属腐蚀。在电解质溶液中,当两种金属或合金相接触(电导通)时,电位较负的贱金属腐蚀被加速,而电位较正的贵金属受到保护,这种现象称为电偶腐蚀。

在工程技术中,不同金属的组合是不可避免的,几乎所有的机器、设备和金属结构件都是由不同的金属材料部件组合而成,所以电偶腐蚀非常普遍。此外,利用电偶腐蚀的原理可以采用贱金属的牺牲对有用的部件进行牺牲阳极阴极保护。

3.4.1 电偶序

电偶腐蚀与相互接触的金属在溶液中的电位有关。正是由于接触金属电位的不同,构成了腐蚀原电池。接触金属的电位差是电偶腐蚀的推动力。

在腐蚀电化学中曾提到过电动序(Electromotive Force,EMF)和标准电位序的概念,即按金属元素标准电极电位的高低排列的顺序表。它是将金属置于含有该金属盐(活度为1)的溶液中在标准条件下测定的热力学平衡电位。在实际的腐蚀体系中,金属常常并非纯金属,而是含有各种杂质或是合金,表面还常常存在膜,而且溶液也不可能是仅仅含有该金属离子,且活度为1。因此,电动序在实际中不适用。通常采用电偶序(Galvanic Series),即实际金属或合金在特定使用介质中的实际电位(非平衡电位)的排列次序表。不同的介质中具有不同的电偶序。

应该指出,与电动序的情况相同,材料在电偶序中的位置只能反映其腐蚀倾向,而不能显示实际腐蚀的速率。有时某些金属在特定的介质中电位还会发生逆转。例如,当Al和Mg在中性NaCl溶液中接触时,开始Al比Mg的电位正,Mg为阳极发生溶解,随后Mg的溶解使介质变成碱性,电位出现逆转,Al变为了阳极。

3.4.2 电偶电流和电偶腐蚀效应

1. 电偶电流

首先通过物理图像介绍电偶腐蚀的发生。假设有A、B两种不同的金属,在一定的腐蚀介质中A的电位高于B,那么A、B偶接前后的腐蚀电流就会出现如图3—3所示的变化。为了简化和直观,图中分别将A和B的阳极和阴极区分开绘制,并假设A和B有相同的面积。

A、B未偶接时,$i_{Aa} = |i_{Ac}|$,$i_{Ba} = |i_{Bc}|$。

A、B偶接后流经外导线的电流即电偶电流:$i_g = |i'_{Ac}| - i'_{Aa} = i'_{Ba} - |i'_{Bc}|$。

当A得到完全保护时,$i'_{Aa} = 0$,则 $i_g = |i'_{Ac}| = i'_{Ba} - |i'_{Bc}|$。

这意味着在A得到完全保护的情况下,在A和B构成的电偶电池中与B的阳极溶解(腐蚀)相匹配的阴极电流由A和B的阴极反应共同提供,即A金属自身的腐蚀停止,而其上的阴极反应被叠加到了对B腐蚀的贡献上了。

2. 电偶腐蚀效应

当A、B两种金属偶接后,阳极金属B的腐蚀电流i'_{Ba}与未偶接时该金属的自腐蚀电流i_{Ba}的比值即电偶腐蚀效应,一般用γ表示:

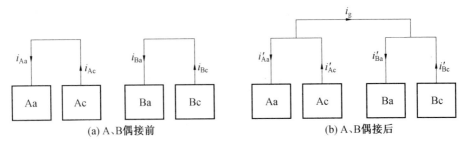

(a) A、B偶接前　　　　　　　　　(b) A、B偶接后

图 3－3　　电偶腐蚀过程物理模拟示意图

Aa、Ba—A、B金属阳极区；Ac、Bc—A、B金属阴极区；i_{Aa}、i'_{Aa}、i_{Ba}、i'_{Ba}—A、B偶接前后的阳极电流；i_{Ac}、i'_{Ac}、i_{Bc}、i'_{Bc}—A、B偶接前后的阴极电流；i_{Ag}—A、B偶接后产生的电偶电流

$$\gamma = \frac{i'_{Ba}}{i_{Ba}} = \frac{i_g + |\ i'_{Bc}\ |}{i_{Ba}}$$

　　该公式表示 A、B 两种金属偶接后，阳极金属 B 溶解腐蚀速度增加的程度。γ 越大，电偶腐蚀越严重。

　　对于相同的问题，也可由如图 3－4 所示的电偶腐蚀极化图来理解。由于 A、B 两种金属处于同一腐蚀介质中，因此可以假设两种金属上发生的阴极反应相同。

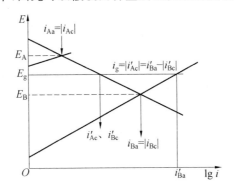

图 3－4　　电偶腐蚀极化图

E_A、E_B—A、B 未偶接时的自腐蚀电位；

i_{Aa}、i_{Ba}、i'_{Ba}—A、B 偶接前后的阳极电流；

i_{Ac}、i'_{Ac}、i_{Bc}、i'_{Bc}—A、B 偶接前后的阴极电流

　　由图 3－4 可见，在 A 的阳极反应停止的情况下，$i'_{Ba} = |\ i'_{Ac} + i'_{Bc}\ | = i_g + |\ i'_{Bc}\ |$，表明两种金属偶接后，与 B 的阳极腐蚀电流相耦合的阴极电流来自于 A 和 B 的阴极电流，相当于电偶电流由 A 的阴极反应提供。

3.4.3　　电偶腐蚀的影响因素

1. 电化学因素

（1）电位差。

两种金属在电偶序中的起始电位差越大，电偶腐蚀倾向就越大。

（2）极化。

极化是影响腐蚀速度的重要因素，无论是阳极极化还是阴极极化，当极化率减小时，电偶腐蚀都会加强。

2.介质条件

金属的稳定性因介质条件（成分、浓度、pH、温度等）的不同而异，因此当介质条件发生变化时，金属的电偶腐蚀行为有时会因出现电位逆转而发生变化。

通常阳极金属腐蚀电流的分布是不均匀的，距结合部越远，电流传导的电阻越大，腐蚀电流就越小，因此溶液电阻影响电偶腐蚀作用的"有效距离"。电阻越大，"有效距离"越小。例如，在蒸馏水中，腐蚀电流的有效距离只有几厘米，使阳极金属在结合部附近形成深的沟槽；而在海水中，电流的有效距离可达几十厘米，甚至更远，因而阳极电流的分布较宽，腐蚀也比较均匀。

3.面积效应

一般来说，电偶电池阳极面积减小，阴极面积增大，将导致阳极金属腐蚀加剧。原因是腐蚀电池中阳极和阴极的电流强度总是相等的，阳极面积越小，其电流密度就越大，因而腐蚀速率也就越高。在海水中，用钢制铆钉固定铜板和用铜铆钉连接钢板效果截然不同。前者是"小阳极 — 大阴极"，铆钉严重腐蚀，这种结构相当危险；而后者是"大阳极 — 小阴极"，这种结构相对安全。显然，在实际工作中，要避免出现"小阳极 — 大阴极"的不利组合。

3.4.4 防止电偶腐蚀的措施

（1）设计和组装。

首先应避免"小阳极 — 大阴极"的组合，其次是尽量选择在电偶序中位置靠近的金属进行组装。在不同的金属部件之间采取绝缘措施可有效防止电偶腐蚀。另外，也可以选择价廉的材料做成易于更换的阳极部件。

（2）涂层。

在金属上使用金属涂层和非金属涂层可以防止或减轻电偶腐蚀，但要注意的是不要仅把阳极性材料覆盖起来，应同时将阴极性材料一起覆盖。

（3）阴极保护。

可采用外加电源对整个设备施行阴极保护，也可以安装一块电位比两种金属更负的第三种金属使它们都变为阴极。

3.5 晶间腐蚀

晶间腐蚀是金属材料在特定的腐蚀介质中沿着材料的晶粒边界或晶界附近发生腐蚀，使晶粒之间丧失结合力的一种局部破坏的腐蚀现象。

晶间腐蚀是一种危害性很大的局部腐蚀，因为材料产生这种腐蚀后，宏观上可能没有任何明显的变化，但材料的强度几乎完全丧失，经常导致设备的突然破坏。再者，晶间腐蚀常常会转变为沿晶应力腐蚀开裂,成为应力腐蚀裂纹的起源。在极端的情况下,可以利用材料的晶间腐蚀过程制造合金粉末。

3.5.1　晶间腐蚀产生的原因

如同其他的腐蚀类型一样,晶间腐蚀的产生原因包括材料和介质两方面的因素。

多晶体的金属和合金本身的晶粒和晶界的结构和化学成分存在差异。晶界处的原子排列较为混乱,缺陷和应力集中。位错和空位等在晶界处积累,导致溶质、各类杂质(如 S、P、B、Si 和 C 等)容易在晶界处吸附和偏析,甚至析出沉淀相(碳化物、σ 相等),从而导致晶界与晶粒内部的化学成分出现差异,产生了形成腐蚀微电池的物质条件。

当这样的金属和合金处于特定的腐蚀介质中时,晶界和晶粒本体就会显现不同的电化学特性。一般地,晶界处的电位较低、钝性差,所以在晶界和晶粒构成的腐蚀原电池中,晶界为阳极,晶粒为阴极。由于晶界的面积很小,构成"小阳极 — 大阴极",使得晶界溶解的电流密度远远高于晶粒溶解的电流密度。

3.5.2　防止晶间腐蚀的措施

生产中常通过以下措施来控制合金晶界的沉淀和吸附,以提高合金耐晶间腐蚀能力。

(1)降低碳含量。

低碳不锈钢($w_C \leqslant 0.03\%$),甚至是超低碳不锈钢($w_C + w_N \leqslant 0.002\%$),可有效减少碳化物析出造成的晶间腐蚀。

(2)合金化。

在钢中加入 Ti 或 Nb,如在 Crl8 − Ni9(304)不锈钢基础上加 Ti 成为 Crl8 − Ni9 − Ti(321),加 Nb 成为 Cr18 − Ni9 − Nb(347),再经过 850 ～ 900 ℃ 保温 2 ～ 4 h 的"稳定化处理",就会使 $Cr_{23}C_6$ 全部溶解,析出 TiC 或 NbC,避免贫 Cr 区的形成。

(3)适当的热处理。

对碳含量较高 $w_C = (0.06\% ～ 0.08\%)$ 的奥氏体不锈钢,要在 1 050 ～ 1 100 ℃ 进行固溶处理;对铁素体不锈钢在 700 ～ 800 ℃ 进行退火处理;加 Ti 和 Nb 的不锈钢要经稳定化处理。

(4)适当的冷加工。

在敏化前进行 30% ～ 50% 的冷形变,可以改变碳化物的形核位置,促使沉淀相在晶内滑移带上析出,减少在晶界的析出。

3.6　选择性腐蚀

选择性腐蚀是指在多元合金中较活泼组分的优先溶解,这个过程是由于合金组分的电化学差异而引起的。在二元或多元合金中,较贵的金属为阴极,较贱的金属为阳极,构成成分差异腐蚀原电池,较贵的金属保持稳定或与较活泼的组分同时溶解后再沉积在合金表面,而较贱的金属发生溶解。选择性腐蚀一般会随着合金成分的提高或是温度的提高而加重。比较典型的选择性腐蚀是黄铜脱 Zn 和铸铁的石墨化腐蚀。

3.6.1 黄铜脱锌

1. 黄铜脱锌的特征

黄铜即 Cu-Zn 合金,加 Zn 可提高 Cu 的强度和耐冲蚀性能。但随 Zn 含量的增加,脱锌腐蚀和应力腐蚀将变得严重。黄铜脱锌即 Zn 被选择性溶解,留下了多孔的富 Cu 区,从而导致合金强度大大下降。

黄铜脱锌有两种形态:一种是均匀性或层状脱锌,多发生于 Zn 含量高的合金中,并且总是发生在酸性介质中;另一种是塞状脱锌,多发生于 Zn 含量较低的黄铜及中性、碱性或弱酸性介质中,用于海水热交换器的黄铜经常出现这类脱锌腐蚀。

Zn 的质量分数少于 15% 的黄铜称为红铜,多用于散热器,一般不出现脱锌腐蚀;Zn 的质量分数在 30%~33% 的黄铜多用于制作弹壳。这两类黄铜都是 Zn 在 Cu 中的固溶体合金,称为 α 黄铜。Zn 的质量分数在 38%~47% 的黄铜是 α+β 相组织,β 相是以 CuZn 金属间化合物为基体的固溶体,这类黄铜热加工性能好,多用于热交换器。Zn 含量高的 α 及 α+β 黄铜脱锌腐蚀都比较严重。

2. 黄铜脱锌的机理

黄铜脱锌是个复杂的电化学反应过程,而不是简单的活泼金属分离现象。多数人认为黄铜脱锌分三步:① 黄铜溶解;② Zn^{2+} 留在溶液中;③ Cu 镀回基体上。对应的反应为

$$阳极反应: \quad Zn \longrightarrow Zn^{2+} + 2e, \quad Cu \longrightarrow Cu^+ + e^-$$

$$阴极反应: \quad \frac{1}{2}O_2 + H_2O + 2e^- \longrightarrow 2OH^-$$

Zn^{2+} 留在溶液中,而 Cu^+ 迅速与溶液中氯化物作用,形成 Cu_2Cl_2,然后 Cu_2Cl_2 分解:

$$Cu_2Cl_2 \longrightarrow Cu + CuCl_2 \quad (歧化反应)$$

$$Cu^{2+} + 2e^- \longrightarrow Cu$$

Cu 又沉淀到基体上。因此,总的效果是 Zn 溶解,留下了多孔的 Cu。

3. 防止黄铜脱锌的措施

在 α 黄铜中加入少量的 As($w_{As}=0.04\%$)可有效防止脱锌腐蚀。加 Sb 或 P 也有同样的效果,但一般多用 As,因为 P 易引发晶间腐蚀。但这种方法对 α+β 黄铜无效,在 α+β 黄铜中可加入一定量的 Sn、Al、Fe、Mn,能减轻脱锌腐蚀,但不能完全避免。

As 的作用在于抑制 Cu_2Cl_2 的歧化反应,降低溶液中 Cu^{2+} 的浓度。α 黄铜在氯化物中的电位低于 Cu^{2+}/Cu,而高于 Cu_2^{2+}/Cu,所以只有前者能被还原,即 α 黄铜脱锌必须从 Cu_2Cl_2 形成 Cu^{2+} 中间产物,反应才能进行下去。As 抑制了 Cu^{2+} 的产生,也就能抑制 α 黄铜的脱锌。但 Cu^{2+}/Cu 及 Cu_2^{2+}/Cu 的电位都高于 α+β 黄铜的电位,即 Cu^{2+} 和 Cu^+ 都可能被还原,因而 As 对 α+β 黄铜的脱锌过程没有影响。

3.6.2 石墨化腐蚀

灰铸铁中的石墨以网络状分布在铁素体中,在介质为盐水、矿水、土壤(尤其是含有硫酸盐的土壤)或极稀的酸性溶液中,发生了铁基体的选择性腐蚀,而石墨沉积在铸铁的表面,从形貌上看,似乎铸铁被"石墨化"了,因此称为石墨化腐蚀(Graphitic Corrosion)。

在铸铁的石墨化腐蚀中,石墨对铁为阴极,形成了高效原电池,铁被溶解后,成为石墨、孔隙和铁锈构成的多孔体,使铸铁失去了强度和金属性。

石墨化腐蚀是一个缓慢的过程。如果铸铁处于能使金属迅速腐蚀的环境中,将发生整个表面的均匀腐蚀,而不是石墨化腐蚀。石墨化腐蚀常发生在长期埋在土壤中的灰铸铁管上。

3.7 应力作用下的腐蚀

金属材料在实际使用过程中,不仅会受到腐蚀介质的作用,同时还会受到各种应力的作用,并常常因此造成更为严重的腐蚀破坏。这些应力可以是外部施加的,如通过拉伸、压缩、弯曲、扭转等方式直接作用在金属上,或通过接触面的相对运动、高速流体(可能含有固体颗粒)的流动等施加在金属表面上;也可以来自金属内部,如氢原子侵入金属内部产生应力。因而,造成的腐蚀破坏包括应力腐蚀开裂、氢致开裂、腐蚀疲劳、冲刷腐蚀、腐蚀磨损等。由于材料的断裂是由环境因素引起的,因此也常统称环境断裂。

3.7.1 应力腐蚀开裂

应力腐蚀开裂(Stress Corrosion Cracking,SCC)是指受一定拉伸应力作用的金属材料在某些特定的介质中,由于腐蚀介质和应力的协同作用而发生的脆性断裂现象。通常在某种特定的腐蚀介质中,材料在不受应力时腐蚀甚微;而受到一定的拉伸应力时(可远低于材料的屈服强度),经过一段时间后,即使是延展性很好的金属也会发生脆性断裂。一般这种断裂事先没有明显的征兆,因而往往造成灾难性的后果。常见的SCC有黄铜的"氨脆"(也称"季裂")、锅炉钢的"碱脆"、低碳钢的"硝脆"和奥氏体不锈钢的"氯脆"等。

1. SCC 发生条件

一般认为发生SCC需要同时具备三个方面的条件:敏感材料、特定介质和拉伸应力。

(1)金属本身对SCC具有敏感性。

几乎所有的金属或合金在特定的介质中都有一定的SCC敏感性,合金和含有杂质的金属比纯金属更容易产生SCC。

(2)存在能引起该金属发生SCC的介质。

每种合金的SCC只对某些特定的介质敏感,并不是任何介质都能引起SCC。表3-2列出了一些合金发生SCC的常见环境。通常合金对引起SCC的环境中是惰性的,表面往往存在钝化膜。特定介质的量往往很少就足以产生应力腐蚀。材料与环境的交互作用反映在电位上就是 SCC 一般发生在活化－钝化或钝化－过钝化的过渡区电位范围,即钝化膜不完整的电位区间。

(3) 发生 SCC 必须有一定拉伸应力的作用。

这种拉伸应力可以是工作状态下材料承受外加载荷造成的工作应力;也可以是在生产、制造、加工和安装过程中在材料内部形成的热应力、形变应力等残余应力;还可以是由裂纹内腐蚀产物的体积效应造成的楔入作用或是阴极反应形成的氢产生的应力。

表 3－2　一些金属和合金产生 SCC 的特定介质

材料	介质
低碳钢	NaOH 溶液、硝酸盐溶液、含 H_2S 和 HCl 溶液、$CO－CO_2－H_2O$、碳酸盐、磷酸盐
高强钢	各种水介质、含痕量水的有机溶剂、HCN 溶液
奥氏体不锈钢	氯化物水溶液、高温高压含氧高纯水、连多硫酸、碱溶液
铝合金	熔融 NaCl、湿空气、海水、含卤素离子的水溶液、有机溶剂
铜和铜合金	含 NH_4^+ 的溶液、氨蒸气、汞盐溶液、SO_2 大气、水蒸气
钛和钛合金	发烟硝酸、甲醇(蒸气)、NaCl 溶液(大于 290 ℃)、HCl(10%,35 ℃)、H_2SO_4(6% ～ 7%)、湿 Cl_2(288 ℃,346 ℃,427 ℃)、N_2O_4(含 O_2,不含 NO,24 ～ 74 ℃)
镁和镁合金	湿空气、高纯水、氟化物、$KCl＋K_2CrO_4$ 溶液
镍和镍合金	熔融氢氧化物、热浓氢氧化物溶液、HF 蒸气和溶液
锆合金	含氯离子水溶液、有机溶剂

2.SCC 机理

人们提出了多种不同的机理来解释 SCC 现象,但迄今尚无公认的统一机理。由于 SCC 是一个与腐蚀有关的过程,其机理必然与腐蚀过程中发生的阳极反应和阴极反应有关,因此 SCC 机理可以分为两大类:阳极溶解型机理和氢致开裂型机理。

阳极溶解型机理认为,在发生 SCC 的环境中,金属表面通常被钝化膜覆盖,金属不与腐蚀介质直接接触。当钝化膜遭受局部破坏后,裂纹形核,并在应力作用下裂纹尖端沿某一择优路径定向活化溶解,导致裂纹扩展,最终发生断裂。因此,SCC 经历了膜破裂、溶解和断裂三个阶段:

(1) 膜局部破裂导致裂纹形核。

合金表面钝化膜可因电化学作用或机械作用发生局部破坏,导致裂纹形核。

电化学作用一般是通过点蚀或晶间腐蚀等局部腐蚀来诱发 SCC 裂纹的。当有点蚀坑形成时,在应力的作用下从点蚀坑底部可诱发 SCC 裂纹。机械作用是由于膜的延展性或强度较基体金属差,受力变形后局部膜破裂,诱发 SCC 裂纹。

金属表面所有可能的缺陷及保护膜内的亚微观裂纹均可能是 SCC 裂纹形核之处。

（2）裂尖定向溶解导致裂纹扩展。

裂纹形成后，其特殊的几何条件构成了一个闭塞区。与点蚀和缝隙腐蚀相似，裂纹内部形成了"闭塞电池"，并进而在裂纹尖端和裂纹壁之间形成了"活化－钝化腐蚀电池"，创造了裂尖快速溶解的电化学条件。

（3）断裂。

在 SCC 裂纹扩展到临界尺寸时，裂纹失稳而导致纯机械断裂。

3. 防止 SCC 的措施

为了防止 SCC，主要应从选材、消除应力和减轻腐蚀（涂层、改善介质环境、电化学保护）等方面采取相应措施。

（1）选材。

根据材料的具体使用环境，尽量避免使用对 SCC 敏感的材料。

（2）消除应力。

从以下几方面采取措施消除应力：① 改进结构设计，减小应力集中和避免腐蚀介质的积存；② 在部件的加工、制造和装配过程中尽量避免产生较大的残余应力；③ 可通过热处理、表面喷丸等方法消除残余应力。

（3）涂层。

使用有机涂层可将材料表面与环境分开，或使用对环境不敏感的金属作为敏感材料的镀层，都可减少材料 SCC 敏感性。

（4）改善介质环境。

改善介质环境包括：① 控制或降低有害的成分；② 在腐蚀介质中加入缓蚀剂，通过改变电位、促进成膜、阻止氢或有害物质的吸附等，影响电化学反应动力学而起到缓蚀作用，改变环境的敏感性质。

（5）电化学保护。

由于应力腐蚀开裂发生在活化－钝化和钝化－过钝化两个敏感电位区间，因此可以通过控制电位进行阴极保护或阳极保护防止 SCC 的发生。

3.7.2　氢致开裂

氢致开裂是原子氢在合金晶体结构内的渗入和扩散所导致的脆性断裂的现象，有时又称为氢脆或氢损伤。严格来说，氢脆主要涉及金属韧性的降低，而氢损伤除涉及韧性降低和开裂外，还包括金属材料其他物理性能或化学性能的下降，因此含义更为广泛。

1. 金属中氢的行为

氢致开裂过程涉及氢的来源、氢在金属中的溶解度与氢陷阱、氢的传输等一系列过程。

（1）氢的来源。

氢的来源可分为内氢和外氢两种。内氢是指材料在使用前内部就已经存在的氢，主要是在冶炼、热处理、酸洗、电镀、焊接等过程中吸收的氢。外氢或环境氢是指材料在使用过程中与含氢介质接触或进行阴极析氢反应吸收的氢。

（2）氢在金属中的溶解度与氢陷阱。

氢在金属中的溶解度取决于温度和压力。

对 Fe 而言，氢的溶解过程是吸热反应，故随温度升高，氢的溶解度增大。例如，在环境的氢压为 1×10^5 Pa 时，氢在液态 Fe 中的溶解度可达 2.4×10^{-5}，而在室温条件下，氢在 $\alpha -$ Fe 中的溶解度仅为 5×10^{-10}。

通常，固溶在金属中的氢原子占据晶体点阵的最大间隙位置，然而，某些金属在室温下实测的氢浓度往往比点阵中的溶解度高很多。原因是除了少量氢处于晶格间隙外，绝大部分氢处于各种缺陷位置，这些缺陷就是所谓的氢陷阱。

氢在陷阱中的富集将可能导致氢致开裂。过饱和的氢原子在孔隙中结合成分子氢，能产生非常大的压力。若钢中的氢的质量分数为 4×10^{-6}，根据氢在钢中的溶解度方程可计算出室温相应的氢压可高达 1×10^4 MPa 以上。

（3）氢的传输。

引起氢致开裂的平均氢含量一般都很低，如 $\alpha -$ Fe 中氢的质量分数为 4×10^{-6} 时即可能引起氢致开裂，这样的含量相当于 1×10^6 个铁原子中只有 223 个氢原子。

因此发生氢致开裂需要氢的局部富集，而富集是通过氢在金属中的传输来实现的。氢的传输有扩散和位错迁移两种方式。

① 扩散。金属中存在氢的浓度梯度或应力梯度时就会导致氢的扩散。当金属中存在氢的浓度梯度时，氢将从高浓度向低浓度扩散。在稳态条件下，扩散遵从菲克定律。在常温下，由于氢陷阱的存在，对氢在金属中的扩散行为影响较大；高温下，影响较小。

② 位错迁移。位错是一种特殊的氢陷阱。位错不仅能将氢原子捕获在其周围，形成科垂耳气团，而且由于氢在金属中扩散快，在位错运动时氢气团还能够跟上位错一起运动，即位错能够迁移氢。当运动的位错遇到与氢结合能更大的不可逆陷阱时，氢将被"倾倒"在这些陷阱处。

2. 氢致开裂的机理

（1）氢腐蚀。

氢腐蚀最早是在德国用 Haber 法合成氨的压力容器上发现的。发生氢腐蚀时，氢与钢中的碳及 Fe_3C 反应生成甲烷，造成表面严重脱碳和沿晶网状裂纹。

在高温高压下氢与碳反应形成甲烷气泡经历了如图 3－5 所示的过程。最先，氢分子扩散到钢的表面，产生物理吸附（$a \rightarrow b$），被吸附的部分氢分子分离为氢原子或氢离子，并经化学吸附（$b \rightarrow c \rightarrow d$），氢原子通过晶格和晶界向钢内扩散（$e \rightarrow f$）。钢中的氢与碳反应生成甲烷，甲烷在钢中的扩散能力很差，聚集在微孔隙中，如晶界、夹杂物等。不断反应的结果使孔隙周围的碳浓度降低，其他位置上的碳通过扩散不断补充（$g \rightarrow h$ 为渗碳体中碳原子的扩散补充；$g' \rightarrow h'$ 为固溶碳原子的扩散补充），造成局部高压。

冷加工变形将增加组织和应力的不均匀性，提高了晶界的扩散能力并增加了气泡形核位置，故加速了钢的氢腐蚀。

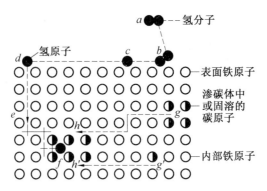

图 3－5　钢的氢腐蚀机理模型示意图

（2）氢鼓泡。

氢诱发开裂，发生于低强钢，不需要应力的存在，裂纹平行于轧制的板面，接近表面的形成鼓泡，称氢鼓泡；靠近内部的裂纹呈直线或阶梯状，称阶梯状开裂，危险性最大。

氢鼓泡主要发生在 H_2S 水溶液中，随 pH 降低，裂纹概率增大；随 H_2S 浓度增大，出现裂纹的倾向增大。Cl^- 的存在，影响电极反应过程，促进氢的渗透。

可采取以下措施抑制氢鼓泡的发生：

① 改变温度。氢鼓泡主要在室温下出现，提高或降低温度，可减少开裂倾向。

② 降低钢中的硫含量。降低钢中的硫含量可减少硫化物夹杂的数量，降低钢对氢鼓泡的敏感性。但即使硫的质量分数降低到 0.002％，也不能完全避免开裂。特别是在钢锭偏析部位，裂纹发生概率仍较高。MnS 的形态与脱氧制度有关，Ⅱ 型 MnS 主要出现在 Al 或 Al－Si 镇静钢。采用半镇静钢、硅镇静钢、沸腾钢得到的 I 型 MnS，可明显减少氢致开裂。在钢中加入适量的钙或稀土元素，使热轧铝镇静钢的硫化物球化，可有效降低敏感性。

③ 合金化。通过合金化在钢中加入质量分数为 0.2％ ～ 0.3％ 的 Cu 对抑制氢鼓泡非常有效，原因是抑制了表面反应，减少了氢向钢中的渗入。钢中加入少量 Cr、Mo、V、Nb、Ti 等可改善力学性能，提高基体对裂纹扩展的阻力。

④ 调整热处理和控制轧制状态也有一定的作用。如增加奥氏体化温度和时间可减少 Mn、P 的偏析，但对 Ⅱ 型 MnS 夹杂影响小，故作用有限。研究表明，淬火＋回火比正火组织在减少氢致开裂方面更有效。轧制时，压缩比越大，终轧温度越低，硫化物夹杂伸长越严重，开裂概率显著增大。

3.8　腐蚀疲劳

腐蚀疲劳是指材料或构件在交变应力与腐蚀环境的共同作用下产生的脆性断裂。这种破坏要比单纯交变应力造成的破坏（即疲劳）或单纯腐蚀造成的破坏严重得多，而且有时腐蚀环境不需要有明显的侵蚀性。船舶的推进器、涡轮和涡轮叶片，汽车的弹簧、轴、泵轴和泵杆及海洋平台等常出现这种破坏。

工程材料的疲劳性能是通过疲劳试验得出的疲劳曲线来确定的,即建立应力幅值 σ_a 与相应的断裂循环周次 N_f 的关系,如图 3-6 所示。随着疲劳应力降低,发生疲劳断裂所需的循环周次增加,把经历无限次循环而不发生断裂的最大应力称为疲劳极限。

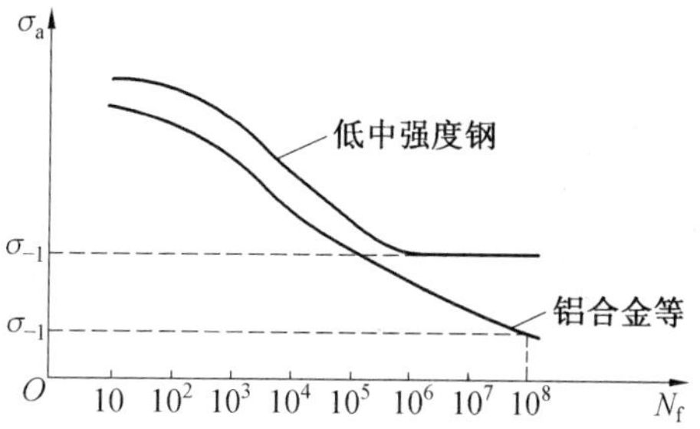

图 3-6   典型的疲劳曲线

3.8.1 腐蚀疲劳的特点

严格来说,只有在真空中的疲劳才是真正的纯疲劳。对疲劳而言,空气也是一种腐蚀环境。但一般所说的腐蚀疲劳是指在空气以外腐蚀环境中的疲劳行为。腐蚀作用的参与使疲劳裂纹萌生所需时间及循环周次都明显减少,并使裂纹扩展速度增大。腐蚀疲劳的特点如下:

(1)腐蚀疲劳不存在疲劳极限。一般以预指的循环周次下不发生断裂的最大应力作为腐蚀疲劳强度,用以评价材料的腐蚀疲劳性能。

(2)与应力腐蚀开裂不同,纯金属也会发生腐蚀疲劳,而且发生腐蚀疲劳不需要材料—环境的特殊组合。只要存在腐蚀介质,在交变应力作用下就会发生腐蚀疲劳。

(3)金属的腐蚀疲劳强度与其耐蚀性有关。耐蚀材料的腐蚀疲劳强度随抗拉强度的提高而提高,耐蚀性差的材料腐蚀疲劳强度与抗拉强度无关。

(4)腐蚀疲劳裂纹多起源于表面腐蚀坑或缺陷,裂纹源数量较多。

(5)腐蚀疲劳断裂是脆性断裂,没有明显的宏观塑性变形。断口有腐蚀的特征,如腐蚀坑、腐蚀产物、二次裂纹等,又有疲劳特征,如疲劳辉纹。

3.8.2 腐蚀疲劳机理

由于腐蚀疲劳是交变应力与腐蚀介质共同作用的结果,所以在机理研究中,常常把纯疲劳机理与电化学腐蚀作用结合起来。现已建立了多种腐蚀疲劳模型,具有代表性的有以下两种。

1.蚀孔应力集中模型

蚀孔应力集中模型认为腐蚀环境使金属表面形成蚀孔,在孔底应力集中产生滑移。滑移台阶的溶解使逆向加载时表面不能复原,成为裂纹源。反复加载,使裂纹不断扩展(图3-7)。

2.滑移带优先溶解模型

滑移带优先溶解模型认为在交变应力作用下产生驻留滑移带,挤出、挤入处由于位错密度高,或杂质在滑移带沉积等原因,使原子具有较高的活性,受到优先腐蚀,导致腐蚀疲劳裂纹形核。变形区为阳极,未变形区为阴极,在交变应力作用下促进了裂纹的扩展。

腐蚀疲劳比应力腐蚀裂纹易于形核,原因在于应力状态不同。在交变应力下,滑移

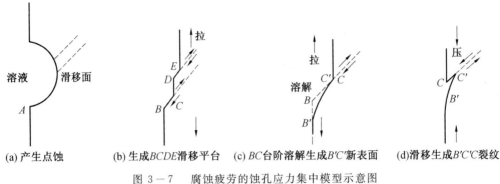

图 3 - 7　腐蚀疲劳的蚀孔应力集中模型示意图

具有累积效应,表面膜更容易遭到破坏。在静拉伸应力下,产生滑移台阶相对困难一些,而且只有在滑移台阶溶解速度大于再钝化速度时,应力腐蚀裂纹才能扩展,所以对介质有一定要求。

腐蚀疲劳与纯疲劳的差别在于腐蚀介质的作用,使裂纹更容易形核和扩展。

在交变应力较低时,纯疲劳裂纹形核困难,以致低于某一数值便不能形核,因此存在疲劳极限,而且提高抗拉强度也会提高疲劳极限。存在腐蚀介质时,裂纹形核容易,一旦形核便不断扩展,故不存在腐蚀疲劳极限。由于提高强度对裂纹形核影响较小,因此腐蚀疲劳强度与抗拉强度并无一定的比例关系。

3.8.3　防止腐蚀疲劳的措施

(1)降低材料表面粗糙度,特别是施加保护性涂镀层,可显著改善材料的腐蚀疲劳性能,如镀锌钢丝在海水中的疲劳寿命得到了显著延长。

(2)使用缓蚀剂也很有效,如添加重铬酸盐可提高碳钢在盐水中的腐蚀疲劳性能。

(3)阴极保护已广泛用于海洋金属结构物腐蚀疲劳的防护。

(4)通过气渗、喷丸和高频淬火等表面硬化处理,在材料表面形成压应力层。

3.9　与磨损有关的腐蚀

应力与环境介质对材料的协同作用,不仅表现在金属承受拉、压、弯、扭等静载荷或交变载荷的情况下,也发生在金属受到磨损的情况下。磨损是金属同固体、液体或气体接触进行相对运动时由于摩擦的机械作用引起表层材料的剥离而造成金属表面甚至基体的损伤。磨损可看作是在金属表面及相邻基体的一种特殊断裂过程,它包括塑性应变积累、裂纹形核、裂纹扩展及最终与基体脱离的过程。在工程中有不少磨损问题涉及腐蚀环境的化学、电化学作用,材料或部件失效是磨损与腐蚀交互作用的结果。

3.9.1　冲刷腐蚀

冲刷腐蚀(简称冲蚀,又称磨耗腐蚀)是金属表面与腐蚀流体之间由于高速相对运动引起的金属损伤。通常在静止的或低速流动的腐蚀介质中,腐蚀并不严重,而当腐蚀流体高速运动时,破坏了金属表面能够提供保护的表面膜或腐蚀产物膜,表面膜的减薄或去除加速了金属的腐蚀过程,因而冲蚀是流体的冲刷与腐蚀协同作用的结果。

冲蚀常发生在近海及海洋工程、油气生产与输送、石油化工、能源、造纸等工业领域的各种管道及过流部件等暴露在运动流体中的各种金属及合金上。冲蚀在弯头、肘管、三通、泵、阀、叶轮、搅拌器、换热器的进口和出口等改变流体方向、速度和增大紊流的部位比较严重。

1. 冲刷腐蚀机理

冲刷腐蚀是以流体对电化学腐蚀行为的影响、流体产生的机械作用及二者的交互作用为特征的。冲刷对腐蚀的加速作用主要表现为加速传质过程,促进去极化剂(如 O_2)到达金属表面和腐蚀产物从表面离开。冲刷的机械作用主要表现为高流速引起的切应力和压力变化,以及多相流固体颗粒或气泡的冲击作用,可使表面膜减薄、破裂,或通过塑性变形、位错聚集、局部能量升高形成"应变差异电池",从而加速腐蚀。此外,冲刷使保护膜局部剥离,露出新鲜基体,由于孔—膜的电偶腐蚀作用加速腐蚀。反过来,腐蚀促进冲刷过程的作用可表现为腐蚀使表面粗化,形成局部微湍流;腐蚀还可以溶解掉金属表面的加工硬化层,露出较软的基体;腐蚀也能使耐磨的硬化相暴露以致脱落。

2. 防止冲刷腐蚀的措施

(1) 改进设计。

通过改进设计,降低表面流速和避免恶劣的湍流出现,如增加管径、增大弯头半径、避免截面尺寸和流体流向的急剧变化、保持过流表面的光滑等。还可在已发生冲刷腐蚀的部位增加厚度或制成可拆换的部件。

(2) 控制环境。

控制温度、pH、氧含量,添加缓蚀剂,澄清和过滤流体中的固体颗粒,避免蒸汽中冷凝水的形成,去除溶解在流体中的气体等,对减轻冲刷腐蚀非常有效。

(3) 正确选材。

可以选择更耐蚀的材料。通常在单相流中应优先考虑易钝化材料,如不锈钢、镍铬合金,甚至是钛合金。在多相流中可选用有不连续碳化物分布在较韧基体上的合金铸铁、双相不锈钢。

(4) 表面处理与保护。

可通过淬火、电子束或激光表面强化处理,涂覆高聚物或弹性体,堆焊耐冲刷腐蚀金属,表面渗镀、电镀、热喷涂和气相沉积等,减少对基体材料的冲刷腐蚀。

(5) 阴极保护。

阴极保护能够抑制电化学因素,因此可在一定程度上抑制协同效应,能明显减轻冲刷腐蚀。

3.9.2 空泡腐蚀

空泡腐蚀(也称空蚀或气蚀)是一种特殊形式的冲刷腐蚀,是由于金属表面附近的液体中空泡溃灭造成表面粗化,出现大量直径不等的火山口状的凹坑,最终丧失使用性能的一种破坏。空泡腐蚀只发生在高速的湍流状态下,特别是液体流经形状复杂的表面,液体压强发生很大变化的场合,如水轮机叶片、螺旋桨、泵的叶轮、阀门及换热器的集束管口等。

1. 空泡的形成与破灭

根据流体动力学的伯努利定律:

$$p + \rho v^2/2 = C$$

式中　　p——压力;

　　　　v——流速;

　　　　ρ——流体的密度;

　　　　C——常数。

在局部位置,当流速变得十分高,以至于其静压强低于液体汽化压强时,液体内会迅速形成无数个小空泡。空泡中主要是水蒸气,随着压力降低,空泡不断长大,单相流变成双相流。随流体一起迁移的空泡在外部压强升高时不断被压缩,最终溃灭(崩破)。由于溃灭时间极短,约 1×10^{-3} s,其空间被周围液体迅速充填,造成强大的冲击压力,压强可达 1×10^3 MPa。大量的空泡在金属表面某个区域反复溃灭,足以使金属表面发生应变疲劳并诱发裂纹,导致空泡腐蚀破坏,如图 3-8 所示。

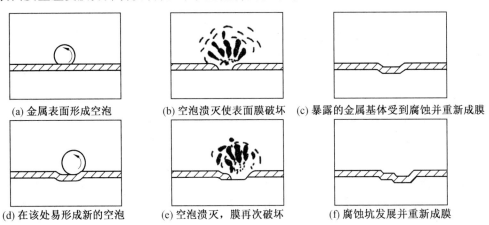

(a) 金属表面形成空泡　　　(b) 空泡溃灭使表面膜破坏　　(c) 暴露的金属基体受到腐蚀并重新成膜

(d) 在该处易形成新的空泡　　(e) 空泡溃灭,膜再次破坏　　(f) 腐蚀坑发展并重新成膜

图 3-8　空泡腐蚀过程示意图

2. 空泡腐蚀的机理

空泡溃灭造成的机械破坏最初认为是由空泡溃灭产生的冲击波引起的,后来的研究表明空泡溃灭瞬间产生的高速微射流也有重要的作用。由此可见,流体力学(机械)因素对空泡腐蚀的贡献是主要的,但在腐蚀介质中,电化学因素也是不能忽视的,二者之间存在着协同作用。空泡溃灭一方面破坏了表面保护膜,促进腐蚀;另一方面,蚀坑的形成进一步促进了空泡的形核,已有的蚀坑又可起到应力集中的作用,促进了物质从表面和基体的剥离。一般在应力不太大时,腐蚀因素与机械因素不相上下,腐蚀因素

（介质的成分、合金耐蚀性和钝性、电化学保护或应用缓蚀剂等）对空泡腐蚀有很大影响；当应力很大时，如在强烈的水冲击下，机械因素的作用将显著增加。

3. 防止空泡腐蚀的措施

（1）改进设计，避免高速过流表面的压力突然下降。

（2）选择更为耐蚀的材料和适当的表面处理，特别是在金属表面涂覆高聚物或弹性体，对减轻空泡溃灭的机械破坏有明显效果。

（3）去除溶解在流体中的气体，可减轻空泡的形成。

（4）阴极保护有时可有效减轻空泡腐蚀，但原因不是由于腐蚀速度的降低，而是由于阴极反应在表面析出氢气泡的衬垫作用。

（5）正确的操作也可以避免产生严重的空泡腐蚀，如在管路被堵塞而使流体流线不正常时应让水泵停止工作，入口处由于空吸形成的低压会促进泵内流体中气泡的形成。

3.9.3　腐蚀磨损

腐蚀磨损是摩擦副接触表面的机械磨损与周围环境介质发生的化学或电化学腐蚀的共同作用，导致表层材料流失的现象。常发生在矿山机械、工程机械、农业机械、冶金机械等接触部件或直接与砂、石、煤、灰渣等摩擦的部件，如磨煤机、矿石破碎机、球磨机、溜槽、振动筛、螺旋加料器、刮板运输机、旋风除尘器等。

1. 腐蚀磨损的机理

机械磨损的机理包括黏着磨损和磨料磨损。

（1）黏着磨损指两个固体表面在一定的压力下发生相对运动，表面的突出部位或凸起发生塑性形变，在高的局部压力作用下焊合在一起，当表面继续滑动时，物质从一个表面剥落而黏着在另一个表面所引起的磨损。在此过程中，还经常会产生一些小的磨粒或碎屑，进一步加重表面的磨损。

（2）磨料磨损指粗糙而坚硬的表面在一定的压力下贴着软表面的滑动，或游离的坚硬固体颗粒在两个摩擦面之间的滑动而产生的磨损。与黏着磨损不同，在磨料磨损中没有微焊接的发生。

腐蚀磨损很少发生在苛刻的腐蚀介质条件下，大多在大气或天然水中。在干大气条件下主要是化学氧化，在潮湿大气和天然水中是电化学腐蚀，腐蚀并不十分突出。

2. 防止磨损腐蚀的措施

由于腐蚀磨损过程中腐蚀并不严重，因此防止腐蚀磨损主要是通过提高材料的耐磨性能来实现。具体办法有：

（1）降低载荷使磨损速度下降。

（2）注意使摩擦副的两个表面具有相近的硬度会降低磨损率。

（3）通过合金化、选材或表面处理提高材料的耐磨性能。

3.9.4 微动腐蚀

微动腐蚀(又称微振腐蚀)是腐蚀磨损的一种形式,是指两个相互接触、名义上相对静止而实际上处于周期性小幅相对滑动(通常为振动)的固体表面因磨损与腐蚀交互作用所导致的材料表面破坏现象。

产生微动腐蚀的相对滑动极小,振幅一般为 $2 \sim 20~\mu\mathrm{m}$。反复的相对运动是产生微动腐蚀的必要条件。

微动腐蚀一般使金属表面出现麻坑或沟槽,并且周围往往有氧化物或腐蚀产物。在各种压配合的轴与轴套、铆接接头、螺栓连接、键销固定等连接固定部位;钢丝绳股与股、丝与丝之间;矿井下的轨道与道钉之间,都可能发生微动腐蚀。在有交变应力的情况下,还可因微动腐蚀诱发疲劳裂纹形核、扩展,以致断裂。

1.微动腐蚀机理

大多数微动腐蚀是在大气条件下进行的,微动腐蚀涉及微动磨损与氧化的交互作用。

(1)磨损－氧化机理。

在承载情况下,两个金属表面实际接触的突出部位处于黏着和焊合状态。在相对运动过程中,接触点被破坏,金属颗粒脱落下来。由于摩擦,颗粒被氧化,这些较硬的氧化物颗粒在随后的微动腐蚀中起到磨料的作用,强化了机械磨损过程。

(2)氧化－磨损机理。

氧化－磨损机理认为多数金属表面本来就存在氧化膜,在相对运动中,突出部位的氧化膜被磨损下来,变成氧化物颗粒,而暴露出的新鲜金属重新氧化,这一过程反复进行,导致微动腐蚀。

事实上,这两种机制都可能存在。研究发现,氧气确实能加速微动腐蚀。如碳钢在氮气中的微动磨损损失量仅为空气中的1/6,在氮气中的产物是金属铁,而在空气中是 Fe_2O_3,表明微动腐蚀是微动磨损与氧化共同作用的结果。

2.防止微动腐蚀的措施

微动腐蚀可以从改变接触状况和消除滑动两个方面得到有效的抑制。具体措施有:

(1)避免可能引起微动的连接方式,如采用焊接、黏结等使连接件成为一个整体。这是最可靠的办法。

(2)对接触表面进行润滑可以消除微动腐蚀的磨损过程。

(3)在接触表面之间加入隔离或衬垫材料,如涂层或垫圈,对减轻微动腐蚀会有帮助。

(4)可通过增加接触面的法向载荷或增加表面粗糙度,阻止接触面之间的微动。

(5)合理选材和表面强化,提高接触材料的硬度。

思　考　题

1.全面腐蚀和局部腐蚀有哪些特征?

2.产生孔蚀的主要条件是什么? 点蚀破坏的特点有哪些?

3.点蚀发展形成闭塞电池的条件和机理是什么?

4.简述缝隙腐蚀的特征和机理?

5.什么是电偶电流和电偶腐蚀效应? 简述电偶腐蚀的机理和防止措施。

6.什么是应力腐蚀? 发生应力腐蚀开裂需要具备哪些基本条件?

7.为什么应力腐蚀一般发生在活化 — 钝化或钝化 — 过钝化的过渡区电位范围内?

8.什么是氢致开裂? 氢的来源有哪些? 氢在金属中的传输方式如何?

9.什么是腐蚀疲劳? 腐蚀疲劳有哪些特点?

10.什么是冲刷腐蚀? 其特点是什么?

11.什么是空泡腐蚀? 空泡是如何产生的?

12.在腐蚀磨损过程中,机械磨损和腐蚀是如何交互作用的?

第4章 自然环境中的腐蚀

金属材料在自然环境中的腐蚀是最为普遍的腐蚀现象。自然环境是指与自然界陆、海、空相对应的土壤、海水(包括淡水)和大气,及与三者都有关系并广泛存在的微生物。在三类典型的自然环境中,腐蚀的特点会因环境或介质的改变而不同,但从原理上来说,金属在自然环境中的腐蚀属于电化学腐蚀的范畴,因此腐蚀的基本过程应该遵循电化学规律。

4.1 大气腐蚀

金属材料暴露在空气中,由于空气中的水和氧的化学和电化学作用而引起的腐蚀称为大气腐蚀。大气腐蚀是最为常见的腐蚀现象。占世界钢产量 60% 以上的钢材是在大气环境中使用的,因大气腐蚀损失的金属约占总腐蚀损失量的 50% 以上。大气腐蚀不是一种腐蚀形态,而是一类腐蚀的总称。一般情况下,大气腐蚀以均匀腐蚀为主,还可以发生点蚀、缝隙腐蚀、电偶腐蚀、微动腐蚀、应力腐蚀和腐蚀疲劳等。

4.1.1 大气腐蚀的分类

在大气中,金属材料的腐蚀速度、腐蚀特征和控制因素随大气条件而变化。

引起大气腐蚀的主要成分是水和氧,特别是能使金属表面湿润的水,是决定大气腐蚀速度和腐蚀历程的主要因素。如图 4-1 所示为大气腐蚀速度与金属表面水膜厚度的关系。

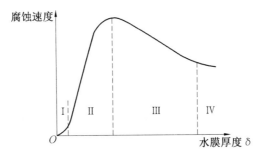

图 4-1 大气腐蚀速度与金属表面水膜厚度的关系

一般按照金属表面潮湿度 —— 电解液膜层的存在状态,把大气腐蚀分为以下三类。

1.干大气腐蚀

在空气非常干燥的条件下,金属表面不存在液膜层的腐蚀称为干大气腐蚀。干大气腐蚀的特点是金属表面的吸附水膜厚度不超过 10 nm,没有形成连续的电解液膜(Ⅰ区);腐蚀速度很低,化学氧化的作用较大。金属 Cu、Ag 等在含有硫化物污染了的空气中失泽(形成了一层可见薄膜)即属于干大气腐蚀。

2.潮大气腐蚀

当大气中的相对湿度足够高,在金属表面存在着肉眼看不见的薄液膜时所发生的腐蚀称为潮大气腐蚀。此时,水膜厚可达几十到几百个水分子层厚,为 10 nm $\sim$ 1 μm,形成了连续的电解液薄膜(Ⅱ区),并开始了电化学腐蚀,腐蚀速度急剧增大。铁在没有雨雪淋到时的生锈即属于潮大气腐蚀。

3.湿大气腐蚀

当空气湿度接近于 100%,以及当水以雨、雪、水沫等形式直接落在金属表面上时,金属表面便存在着肉眼可见的凝结水膜,此时发生的腐蚀称为湿大气腐蚀。湿大气腐蚀的特点是水膜较厚,为 1 μm $\sim$ 1 mm,随着水膜加厚,氧扩散困难,腐蚀速度下降(Ⅲ区)。当水膜厚大于 1 mm,就相当于金属全浸在电解质溶液中的腐蚀,腐蚀速度基本不变(Ⅳ区)。

应当指出,在实际的大气腐蚀过程中,由于环境的变化,即随着晴、雨、雪、白天、夜晚等的出现,上述三种腐蚀情况是交替发生的。

4.1.2 大气腐蚀机理

如上所述,大气腐蚀是金属处于表面薄层电解液膜下的腐蚀过程,因此大气腐蚀主要是电化学腐蚀,遵从电化学腐蚀的一般规律;同时,由于电解液膜比较薄,而且常常干湿交替,所以大气腐蚀的电极过程又有自身的特点。

1.大气腐蚀初期的腐蚀机理

当金属表面形成了连续的电解液薄膜时,就开始了电化学腐蚀过程。

(1)阴极过程。

通常是氧的去极化反应,即:$O_2 + 2H_2O + 4e \longrightarrow 4OH^-$。

由于在薄液膜条件下,氧的扩散比全浸状态下更容易,因此即使是一些电位较负的金属(如镁和镁合金),当从全浸状态下的腐蚀转变为大气腐蚀时,阴极过程由氢去极化为主转变为氧去极化为主。

(2)阳极过程。

在薄液膜下,大气腐蚀阳极过程会受到较大阻碍,阳极钝化及金属离子水化过程的困难是造成阳极极化的主要原因。

一般的规律是,随着金属表面电解液膜变薄,大气腐蚀的阴极过程更容易进行,而阳极过程则变得越来越困难。对于潮大气腐蚀,腐蚀过程主要是受阳极过程控制。对于湿大气腐蚀,腐蚀过程是受阴极过程控制,但与全浸于电解液中的腐蚀相比,已经大为减弱了。由此可见,随着水膜厚度的变化,电极过程控制特征发生了明显的变化。了解这一点对采取适当的腐蚀控制措施有重要的意义。如在湿度不大的阳极控制的腐蚀过程中,用合金化的方法提高阳极钝性是有效的,而对受阴极控制的过程则效果不大,此时应采用降低湿度,减少空气中有害成分的措施减轻腐蚀。

2.锈层形成后的腐蚀机理

在较长一段时间内,人们一直认为钢铁材料大气腐蚀的阴极过程只有氧的还原。后经研究发现,在一定条件下,已经形成的腐蚀产物会影响后继大气腐蚀的电极过程。Evans 提出处于湿润条件下的铁锈层可以起到强氧化剂的作用,如图 4－2 所示。

图 4－2　大气腐蚀锈层形成后腐蚀机理的 Evans 模型

阳极反应发生在金属 /Fe_3O_4 界面上:

$$Fe \longrightarrow Fe^{2+} + 2e^-$$

阴极反应发生在 Fe_3O_4/FeOOH 界面上:

$$8FeOOH + Fe^{2+} + 2e^- \longrightarrow 3Fe_3O_4 + 4H_2O$$

即锈层内发生了 $Fe^{3+} \longrightarrow Fe^{2+}$ 的还原反应,锈层参与了阴极反应过程。

当锈层干燥时,即外部气体相对湿度下降时,锈层和底部基体金属的局部电池成为开路,在大气中氧的作用下锈层内的 Fe^{2+} 重新氧化成为 Fe^{3+},即发生反应:

$$4Fe_3O_4 + O_2 + 6H_2O \longrightarrow 12FeOOH$$

因此,在干湿交替的情况下,带有锈层的钢腐蚀被加速。

一般来说,在大气中长期暴露钢的腐蚀速度逐渐减慢。原因有二:首先锈层的增厚会导致电阻增大和氧的渗入困难,这些将使锈层的阴极去极化作用减弱;再者附着性良好的锈层内层将减小活性阳极面积,增大阳极极化。

4.1.3　大气腐蚀的影响因素

大气腐蚀的影响因素比较复杂,但主要受环境的湿度、温度及大气中污染物的影响。

1.湿度

金属的大气腐蚀与水膜的厚薄有直接关系,而水膜的厚度又与大气中的水含量有关。大气中的水含量采用相对湿度表示,即在一定温度下大气中实际水蒸气压力与饱和水蒸气压力之比。

当金属表面处于比其温度高的空气中,空气中的水蒸气将以液体凝结于金属表面上,这种现象称为结露。结露是发生潮大气腐蚀的前提。一般来说,空气的湿度越大,金属与空气的温差越大,越容易结露,而且金属表面上电解液膜存在的时间也越长,腐蚀速度也相应越大。一般金属都有一个腐蚀速度开始急剧增加的湿度,大气的这一相对湿度值称为临界湿度。钢铁、Cu、Ni、Zn 等金属的临界湿度为 50% ~ 70%。

通常,只有大气的相对湿度达到 100% 时,才会发生水膜的凝结。

大气中水蒸气在相对湿度低于 100% 发生凝结有三个原因:一是由于金属表面沉积物或金属构件之间的狭缝等形成的毛细管产生的毛细管凝聚作用;二是由于在金属表面附着的盐类(如铵盐和氯化钠)或生成的易溶腐蚀产物而产生的化学凝聚作用;三是由于水分与固体表面之间存在的范德瓦耳斯分子引力作用产生的物理吸附。

2. 温度

结露与环境的温度有关。如图 4 - 3 所示为露点温度表,可以通过气温和相对湿度简单地求出露点温度。在一定的湿度下,环境温度越高,越容易结露。统计结果表明,在其他条件相同时,平均气温高的地区,大气腐蚀速度较大。昼夜温度变化大,也会加速大气腐蚀。

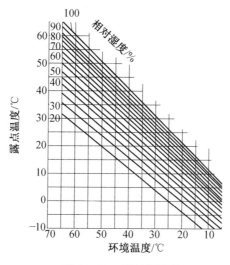

图 4 - 3　露点温度表

3. 大气成分

地球表面自然状态的空气称为大气,大气是由不同气体组成的混合物,其基本组成(质量分数)为:N_2 78%、O_2 21%、稀有气体 0.94%、H_2O 0.03%、CO_2 0.03%。由于地理环境的不同及工业污染,大气中经常混入污染物。常见的气体污染物有硫化物(SO_2、SO_3、H_2S)、氮化物(NO、NO_2、NH_3)及碳化物(CO、CO_2)等;固体污染物主要有盐颗粒、砂粒和灰尘等。实践证明,这些污染物对金属的大气腐蚀有不同程度的促进作用。

4.1.4　防止大气腐蚀的措施

(1) 提高材料的耐蚀性。

向碳钢中加入 Cu、P、Cr、Ni 等合金元素可显著提高耐大气腐蚀性能。

（2）表面涂层保护。

涂层保护包括油漆、金属镀层或暂时性保护涂层,是防止大气腐蚀最简便的方法。涂层的主要作用是对水和氧进行屏蔽,涂料中的颜料也有缓蚀和阴极保护的复合作用。

（3）改变局部大气环境。

一般指使用气相缓蚀剂和控制大气湿度。

（4）合理设计和环境保护。

通过合理设计防止缝隙中存水,避免金属表面落上灰尘,特别是加强环保,减少大气污染可有效降低大气腐蚀的程度。

4.2　土壤腐蚀

埋在土壤中的金属及其构件的腐蚀称为土壤腐蚀。随着现代工业的发展,在地下铺设了越来越多的油管、水管和煤气管道,构成了"地下动脉"。此外,地下还设有大量电缆、通信设施和各种地下建筑物。它们的腐蚀问题十分突出,损失巨大,常常带来一系列问题。首先,土壤腐蚀使得埋地管线的维修费用增加,一旦损坏将导致输送物质大量流失,有可能引发火灾、爆炸和环境污染等;其次,金属构件一般埋在地下 $1 \sim 2$ m 处,出现问题不易发现,维修也很困难;第三,由于土壤条件变化大,土壤腐蚀影响因素多而且复杂,加之工业污染及杂散电流的参与,因此土壤腐蚀防不胜防,有时难以采取有效的防护措施。

4.2.1　土壤电解质的特性

土壤是一种特殊的电解质,有其固有的特性。

（1）多相性。

土壤由土粒、水、空气等固、液、气三相组成,结构复杂,而且土粒中又包含着多种无机矿物质以及有机物质。不同土壤其土粒大小不相同,例如,砂砾土的颗粒大小为 $0.07 \sim 2$ mm,粉砂土的颗粒大小为 $0.005 \sim 0.07$ mm,而黏土的颗粒大小则小于 0.005 mm。实际的土壤一般是由这几种不同土粒组合在一起的。

（2）多孔性。

在土壤的颗粒间形成大量毛细管微孔或孔隙,孔隙中充满了空气和水。水分在土壤中能以多种形式存在,可直接渗入孔隙或在孔壁上形成水膜,也可以形成水化物或者以胶体状态存在。正是由于土壤中总是或多或少地存在着一定量的水分,土壤就成为离子导体,因此可以把土壤视为腐蚀性电解质。土壤的孔隙度和含水程度又影响着土壤的透气性和电导率。

（3）不均匀性。

从小范围看,有各种微结构组成的土粒、气孔、水分的存在以及结构紧密程度的差异;从大范围看,有不同性质的土壤交替更换等。因此,土壤的各种物理－化学性质,尤其是与腐蚀有关的电化学性质,也随之发生明显变化。

(4) 相对固定性。

土壤的固体部分对于埋在土壤中的金属表面可以认为是固定不动的,仅土壤中的气相和液相可做有限的运动。例如,土壤孔穴中的对流和定向流动,以及地下水的移动等。

4.2.2 土壤腐蚀的电极过程

1.阳极过程的特点

根据金属在潮湿、透气不良且含有氯离子的土壤中的阳极极化行为,可以将金属分成四类:

(1) 阳极溶解时没有显著阳极极化的金属,如 Mg、Zn、Al、Mn、Sn 等。

(2) 阳极溶解的极化率较低,并决定于金属离子化反应的过电位,如 Fe、碳钢、Cu、Pb 等。

(3) 因阳极钝化而具有高的起始极化率的金属。在更高的阳极电位下,阳极钝化又因土壤中存有 Cl^- 而受到破坏,如 Cr、Zr、含铬或铬镍的不锈钢等。

(4) 在土壤条件下不发生阳极溶解的金属,如 Ti、Ta 等是完全钝化稳定的。

2.阴极过程的特点

钢铁等常用金属土壤腐蚀的阴极过程主要是氧的去极化;在强酸性土壤中,氢去极化过程可能参与;在某些情况下,微生物可能参与阴极还原过程。土壤中氧的去极化过程同样是两个基本步骤,即氧向阴极的传输和氧离子化的阴极反应。土壤中氧离子化反应和在普通的电解液中相同,但氧的传输过程则比在电解液中更为复杂。氧在多相结构的土壤中由气相和液相两条途径输送,并通过以下两种方式进行。

(1) 土壤中气相或液相的定向流动。

定向流动的程度取决于土壤表层温度的周期波动、大气压力及土壤湿度的变化、下雨、风吹及地下水位的涨落等因素。这些变化能引起空气及饱和空气中水分的吸入和流动,使氧的输送速度远远超过纯粹扩散过程的速度。对于疏松的粗粒结构的土壤来说,氧依靠这种方式传递的速度是很大的;在密实潮湿的土壤内,氧的这种传送方式的效果则很小。这就导致氧在不同土壤中输送速度的差异。

(2) 在土壤的气相和液相中的扩散。

氧的扩散过程是土壤中供氧的主要途径。氧的扩散速度取决于土层的厚度、结构和湿度。厚的土层将阻碍氧的扩散,随着湿度和黏土组分含量的增加,氧的扩散速度可以降低 3～4 个数量级。在氧向金属表面的扩散过程中,最后还要通过金属表面在土壤毛细孔隙下形成的电解液薄层及腐蚀产物层。

3.土壤腐蚀的控制特征

根据以上对土壤腐蚀的阳极、阴极过程的分析,可以预测在不同土壤条件下腐蚀电池的控制特征(图 4—4)。

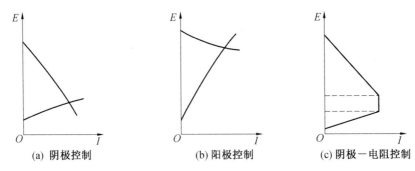

图 4－4　不同土壤条件下的腐蚀过程控制特征

对于大多数土壤来说，当腐蚀决定于腐蚀微电池的作用时，腐蚀过程强烈地为阴极过程所控制(图 4－4(a))，这和完全浸没在静止电解液中的情况相似；在疏松干燥的土壤中，腐蚀过程转变为阳极控制占优势(图 4－4(b))，这时腐蚀过程的控制特征近似于大气腐蚀；对于由长距离宏电池作用下的土壤腐蚀，如地下管道经过透气性不同的土壤形成氧浓差腐蚀电池时，土壤的电阻成为主要的腐蚀控制因素，其控制特征是阴极－电阻混合控制或者甚至是电阻控制占优势(图 4－4(c))。

4.2.3　土壤中的腐蚀电池

土壤腐蚀和其他介质中的电化学腐蚀过程一样，都是因金属和介质的电化学不均一性所形成的腐蚀原电池作用所致，这是腐蚀发生的基本原因。

土壤介质的不均一性主要是由土壤透气性不同引起的。在不同透气条件下，氧的渗透速度变化幅度很大，强烈地影响着和不同区域土壤相接触的金属各部分的电位，这是促使建立氧浓差腐蚀电池的基本因素。土壤的 pH、盐含量等性质的变化也会造成腐蚀宏电池。此外，地下的长距离管道难免要穿越各种不同条件的土壤，从而形成有别于其他介质情况的长距离腐蚀宏电池。

在土壤中起作用的腐蚀宏电池有下列类型：

(1) 长距离腐蚀宏电池。

埋设于地下的长距离金属构件通过组成、结构不同的土壤时形成长距离宏电池。在从土壤(Ⅰ)进入另一种土壤(Ⅱ)的地方形成电池：钢｜土壤(Ⅰ)｜土壤(Ⅱ)｜钢。一种情况是因为土壤中氧的渗透性不同而造成氧浓差电池，如图 4－5 所示，埋在密实、潮湿的土壤(黏土)中的钢作为阳极而受腐蚀。另一种情况是如果其中一种土壤含有硫化物、有机酸或工业污水，因土壤性质的变化，也能形成腐蚀宏电池。

长距离腐蚀宏电池可产生相当可观的腐蚀电流(也称为长线电流)。据报道，其电流强度可达 5 A，流动的范围可超过 1.5 km。土壤的电导率越高，长线电流也越大。

(2) 土壤的局部不均一性所引起的腐蚀宏电池。

土壤中石块等夹杂物的透气性比土壤本体差，使得该区域金属成为腐蚀宏电池的阳极，而和土壤本体区域接触的金属就成为阴极。所以在埋设地下金属构件时，回填土壤的密度要均匀，尽量不带夹杂物。

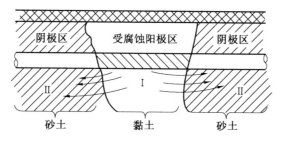

图 4－5　管道在结构不同的土壤中所形成的氧浓差电池

（3）埋设深度不同及边缘效应所引起的腐蚀宏电池。

即使金属构件被埋在均匀的土壤中,由于埋设深度的不同,也能造成氧浓差腐蚀电池。因此,在地下埋设的金属构件上,能看到离地面较深的部位有更严重的局部腐蚀,甚至在直径较大的水平的输送管道上,也能看到管道的下部比上部腐蚀更为严重。

同样,由于氧更容易到达电极的边缘(即边缘效应),因此,在同一水平面上金属构件的边缘就成为阴极,比成为阳极的构件中央部分腐蚀要轻微得多。

（4）金属所处状态的差异引起的腐蚀宏电池。

由于土壤中异种金属的接触、温差、应力及金属表面状态的不同,也能形成腐蚀宏电池,造成局部腐蚀。如图 4－6 所示为新旧管道连接埋于土壤中形成腐蚀电池的一例。

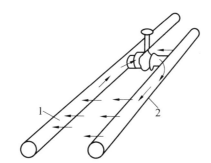

图 4－6　土壤中新旧管道连接形成的
腐蚀电池
1— 旧管(阴极);2— 新管(阳极)

4.2.4　土壤腐蚀的影响因素

1.土壤性质的影响

与腐蚀有关的土壤性质主要是孔隙度(透气性)、水含量、电阻率、酸度和盐含量。

（1）孔隙度(透气性)。

较大的孔隙度有利于氧渗透和水分保存,而它们都是腐蚀初始发生的促进因素。

透气性良好一般会加速微电池作用的腐蚀过程,但是在透气性良好的土壤中也更容易生成具有保护能力的腐蚀产物层,阻碍金属的阳极溶解,使腐蚀速度减慢下来。透气性不良会使微电池作用的腐蚀减缓,但是当形成腐蚀宏电池时,由于氧浓差电池的作用,透气性差的区域将成为阳极而发生严重腐蚀。

（2）水含量。

土壤中水含量对腐蚀的影响很大,并且与引发腐蚀的电池类型有关。

对于微电池作用的腐蚀,当土壤水含量很高时(水饱和度大于80%),氧的扩散渗透受到阻碍,腐蚀减小;随着水含量的减少,氧的去极化变易,腐蚀速度增加;当水含量下降到约10%以下,由于水分的短缺,阳极极化和土壤电阻率加大,腐蚀速度又急速降低。

当腐蚀由长距离氧浓差宏电池作用时,随着水含量增加,土壤电阻率减少,氧浓差电池的作用增强,腐蚀速度增大,在水饱和度为70%～90%时出现最大值;当土壤水含量再增加接近饱和时,氧扩散受阻,氧浓差电池的作用减轻了,腐蚀速度下降。因此,通常埋得较浅的水含量少的部位的管道是阴极,埋得较深接近地下水位的管道因土壤湿度大成为氧浓差电池的阳极而被腐蚀。

（3）电阻率。

土壤电阻率与土壤的孔隙度、水含量及盐含量等许多因素有关。一般来说,土壤电阻率越小,土壤腐蚀越严重,因此可以把土壤电阻率作为估计土壤侵蚀性的重要参数。土壤电阻率与土壤侵蚀性的关系见表4-1。

表4-1 土壤电阻率与腐蚀性的关系

土壤电阻率 /(Ω·cm)	0～500	500～2 000	2 000～10 000	>10 000
土壤腐蚀性	很高	高	中等	低
钢的平均腐蚀速度 /(mm·a⁻¹)	>1	0.2～1	0.05～0.2	<0.05

（4）酸度。

大部分土壤属中性范围,pH处于6～8,也有pH为8～10的碱性土壤(如盐碱土)及pH为3～6的酸性土壤(如沼泽土、腐殖土)。随着土壤酸度增高,土壤腐蚀性增加,因为在酸性条件下,氢的阴极去极化过程已能顺利进行,强化了整个腐蚀过程。应当指出,当在土壤中含有大量有机酸时,其pH虽然近于中性,但其腐蚀性仍然很强。

（5）盐含量。

通常土壤中盐含量为(80～1 500)×10⁻⁶。在土壤电解质中的阳离子一般是钾、钠、镁、钙等离子;阴离子是碳酸根、氯和硫酸根离子。土壤中盐含量大,土壤的电导率也增加,因而增加了土壤的腐蚀性。氯离子对土壤腐蚀有促进作用,所以在海边潮汐区或接近盐场的土壤,腐蚀性更强。但碱土金属钙、镁的离子在非酸性土壤中能形成难溶的氧化物和碳酸盐,在金属表面形成保护层,减轻腐蚀。

2.杂散电流和微生物对土壤腐蚀的影响

（1）杂散电流腐蚀。

在很多情况下,杂散电流导致地下金属设施的严重腐蚀破坏。当杂散电流流过埋在土壤中的管道、电缆等时,在电流离开管线进入大地处的阳极端就会受到腐蚀,称为杂散电流腐蚀。

所谓杂散电流是指由原定的正常电路漏失而流入它处的电流。如图 4－7 所示为杂散电流腐蚀实例示意图。在正常情况下,电流自电源的正极通过电力机车的架空线再沿钢轨回到电源负极,但是当钢轨与土壤间的绝缘不良时,有一部分电流就会从钢轨漏失到土壤中。如果在这附近埋设有金属管道等构件,杂散电流便由此

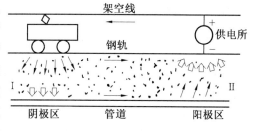

图 4－7　杂散电流腐蚀实例示意图

良导体通过,然后再流经土壤及轨道回到电源。在这种情况下,相当于产生了两个串联电解池,即

Ⅰ:钢轨(阳极)｜土壤｜管线(阴极)

Ⅱ:管线(阳极)｜土壤｜钢轨(阴极)

电池(Ⅰ)会引起钢轨腐蚀,但发现这种腐蚀和更新钢轨并不困难;电池(Ⅱ)会引起管线腐蚀,这种腐蚀难以发现和修复。显然,这里受腐蚀的都是电流从钢轨或管线流出的阳极区。计算表明,1 A 的电流流过一年就可使 9 kg 的铁发生电化学溶解。在某些极端情况下,流过金属构件的杂散电流强度可达 10 A,显然这将造成迅速的腐蚀破坏。

杂散电流腐蚀的破坏特征是阳极区的局部腐蚀。在管线的阳极区,外绝缘涂层的破损处腐蚀尤为集中。在使用铅皮电缆的情况下,电流流入的阴极区也会发生腐蚀,这是因为阴极区产生的 OH^- 和铅发生作用,生成可溶性的铅酸盐。人们发现,交流电也会引起杂散电流腐蚀,但破坏要弱得多。频率为 60 Hz 交流电的作用约为直流电的 1%。

可以通过测量土壤中金属体的电位来检测杂散电流的影响。如果金属体的电位高于它在这种环境下的自然电位,就可能有杂散电通过。

(2)微生物对土壤腐蚀的影响。

在缺氧的土壤条件下,如密实、潮湿的黏土深处,金属腐蚀似乎较难进行。但是这样的条件却有利于某些微生物的生长,常发现因硫酸盐还原菌的活动而引起强烈的腐蚀。硫酸盐还原菌的活动促进了阴极去极化,生成的硫化氢也有加速腐蚀的作用。因此,在不通气的土壤中如有严重的腐蚀发生,腐蚀产物呈黑色,伴有恶臭,可考虑为硫酸盐还原菌所致的微生物腐蚀。

3.土壤腐蚀性的估计

对各种土壤的腐蚀性正确地估计具有重要的实际意义。但到目前为止,在土壤的腐蚀性和土壤各项物理、化学及生物学因素之间尚不能建立简单的对应关系。一般采用间接试验方法来确定土壤的侵蚀性,如电阻法、测定极化特征的极化曲线法、测定土壤腐蚀速度的极化阻力法和氧化还原电位法等方法。采用单项指标作为土壤腐蚀性的分级标准常常是不够准确的,最好综合考虑环境因素,采取多项指标进行综合评价。美国使用的一种土壤腐蚀评价法是综合了电阻率、pH、氧化还原电位、硫化物、湿度等五

项指标的评分值对土壤的腐蚀性进行综合评定。

4.2.5 防止土壤腐蚀的措施

采用如下措施可以减轻或防止金属材料的土壤腐蚀。

（1）覆盖层保护。

在土壤中普遍使用焦油沥青及环氧煤沥青质的覆盖层。一般在覆盖层内加入填料加固或用纤维材料把管道缠绕加固起来，如玻璃纤维、石棉等。

（2）改变土壤环境。

在酸度高的土壤里，在地下构件周围填充石灰石碎块可以减轻腐蚀。向构件周围移入侵蚀性小的土壤，加强排水以降低水位等方法也有效果。

（3）阴极保护。

延长地下管道寿命的最经济方法是把适当的覆盖层和阴极保护法结合起来，既可以弥补保护层的不足，又可以减小阴极保护的电能消耗。一般情况下，应把钢铁阴极的电位维持在 -0.85 V（相对于硫酸铜电极）以达到完全的保护。在有硫酸盐还原菌存在时，电位要维持得更负一些，实用上可采取 -0.95 V，以抑制细菌生长。保护地下铅皮电缆的保护电位约为 -0.7 V（相对于硫酸铜电极）。

4.3 淡水和海水腐蚀

4.3.1 淡水腐蚀

淡水一般指河水、湖水、地下水等盐含量少的天然水。表4-2是世界河水溶解物的平均值。淡水的腐蚀性比海水弱，其腐蚀原理、研究方法及防腐措施与海水腐蚀有许多共同之处，此处只简要介绍淡水腐蚀的一般规律。

表4-2 世界河水溶解物的平均值 %

CO_3^{2-}	SO_4^{2-}	Cl^-	NO_3^-	Ca^{2+}	Mg^{2+}	Na^+	K^+	$(Fe,Al)_2O_3$	SiO_2	总计
35.15	12.14	5.68	0.90	20.39	3.14	5.76	2.12	2.75	11.57	100.00

1. 淡水腐蚀机理

金属在淡水中的腐蚀主要是氧去极化的电化学腐蚀过程，通常受阴极过程控制。以铁为例，其反应过程如下：

阳极反应：$$Fe \longrightarrow Fe^{2+} + 2e^-$$

阴极反应：$$\frac{1}{2}O_2 + H_2O + 2e^- \longrightarrow 2OH^- （吸氧反应）$$

溶液中：$$Fe^{2+} + 2OH^- \longrightarrow Fe(OH)_2$$

进一步氧化：$$4Fe(OH)_2 + O_2 + 2H_2O \longrightarrow 4Fe(OH)_3$$

氢氧化铁部分脱水成为铁锈：$$2Fe(OH)_3 - 2H_2O \longrightarrow Fe_2O_3 \cdot H_2O$$

或 $$Fe(OH)_3 - H_2O \longrightarrow FeOOH$$

2. 淡水腐蚀的影响因素

金属在淡水中的腐蚀受环境因素的影响较大。

（1）pH影响。

钢铁的腐蚀速度与淡水的pH关系如图4－8所示。由图4－8可见，当pH在4～9范围内，腐蚀速度与pH无关，这是因为钢的表面覆盖上一层氢氧化物膜，氧要通过膜才能起去极化作用。当pH小于4时，膜被溶解，发生析氢，腐蚀加剧。但当水中含有Cl^-和HCO_3^-，即便在pH＝8附近时，腐蚀也非常快，如图4－9所示。当碱度很高时，钝化膜重新破坏，铁生成可溶性$NaFeO_2$，因而腐蚀速度上升。

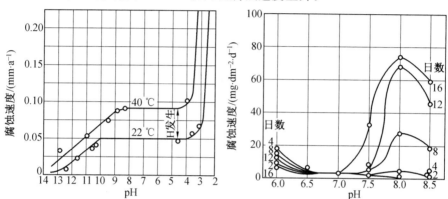

图4－8　淡水中软钢的腐蚀速度与pH
　　　　的关系

图4－9　含有Cl^-和HCO_3^-水中钢的腐
　　　　蚀速度与pH的关系

（2）溶氧的影响。

淡水的腐蚀受阴极过程所控制，所以除酸性强的水以外，腐蚀速度与溶氧量及氧的消耗成正比（图4－10），而当溶氧超过一定值，金属发生钝化，使腐蚀速度急剧下降（图4－11）。在酸度高或含盐多的水中金属难以钝化。

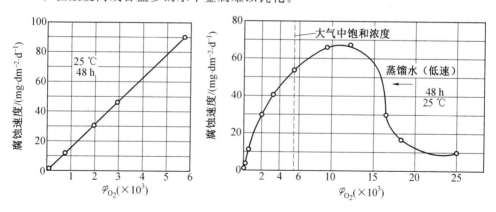

图4－10　碳钢的腐蚀速度与水中
　　　　　溶氧量的关系

图4－11　高溶氧水中碳钢的腐蚀速度与
　　　　　溶氧量的关系

（3）溶解成分的影响。

随盐含量的增加，水的电导率增加，局部电流也增加，同时腐蚀产物易离开金属表面,导致腐蚀速度增加。当盐含量超过一定浓度后,氧的溶解度降低,因而腐蚀速度又减小,如图 4—12 所示。

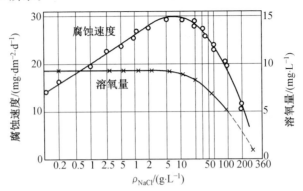

图 4—12　水中钢的腐蚀速度与盐含量的关系

一般地,软水比硬水腐蚀性大,原因是硬水中的重碳酸钙在钢表面形成 $CaCO_3$ 的膜,阻止了溶氧的扩散。

淡水中的一般阳离子(如 K^+、Na^+ 等)影响不大,阴离子一般都有害。如 Cl^- 等卤族元素是产生点蚀和应力腐蚀的原因之一;SO_4^{2-} 或 NO_3^- 比 Cl^- 影响小;ClO^-、S^{2-} 等也是有害的;而 PO_4^{3-}、NO_2^-、SiO_3^{2-} 等有缓蚀作用;HCO_3^- 和 Ca^{2+} 共存时,也有抑制腐蚀的效果。

(4)水温的影响。

在腐蚀速度受水中氧扩散控制的情况下,水温每上升 10 ℃,钢的腐蚀速度提高约 30%。在 pH=4～10 范围内,温度上升,化学反应速度加快,同时溶液中溶氧量减少。如图 4—13 所示为 3% 食盐水中温度对铁腐蚀速度的影响。随温度上升,铁的腐蚀量增加,在 80 ℃ 时腐蚀量最大,在此温度以上由于溶氧减少而腐蚀速度减小。而在密闭系统中,随温度上升溶氧不能放出,腐蚀速度同样继续增加。

(5)流速的影响。

如图 4—14 所示为金属腐蚀速度与水流速度的关系示意图。在流速较低时,腐蚀速度随流速增加而增大,这是由于到达金属表面上的氧增多,微阴极的作用增加了;当流速增加到一定程度,氧到达表面速度可建立起强氧化条件,使钢铁进入钝态,腐蚀速度急剧下降;直到流速增到更高,金属表面的保护层由于机械性冲刷而破坏,腐蚀速度重新增加。

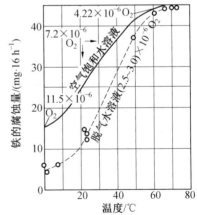

图 4—13　在 3% 食盐水中温度对铁腐蚀速度的影响

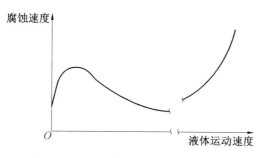

图 4—14　金属腐蚀速度与水流速度的
关系示意图

4.3.2　海水腐蚀

海洋约占地球表面积的 70%。海水含有各种盐分,是自然界中数量最大且腐蚀性非常强的天然电解质。常用的金属和合金在海水中大多数会遭受腐蚀。海洋不仅是生命的摇篮,而且天然资源十分丰富。研究、认识和解决金属材料的海水腐蚀问题,对发展海洋运输和海洋开发、加强国防具有重要而深远的意义。

1. 海水的特性

海水中溶解的盐类以氯化钠为主,通常把海水近似地看作 3% 或 3.5% 的 NaCl 溶液。海水中的盐含量用盐度或氯度来表示。盐度是指 1 000 g 海水中溶解的固体盐类物质的总克数;而氯度是表示 1 000 g 海水中的氯离子克数,常用百分数或千分数作单位。通常先测定海水的氯度(Cl‰),然后用经验公式推算得到盐度(S‰)值,二者之间的关系式为:S‰=1.806 55Cl‰。正常海水的盐度一般在 32‰ ~ 37.5‰ 之间,通常取盐度 35‰(相应的氯度为 19‰)作为大洋性海水的盐度平均值。表 4—3 列出了海水中主要盐类的含量。海水的总盐度随地区而变化,如在江河的入海口,海水被稀释,盐度变小。在地中海、红海等封闭性内海中,由于水分急速蒸发,盐度可高达 40‰。我国近海盐度的平均值约为 32.1‰。

表 4—3　海水中主要盐类的含量

成分	每 100 g 海水盐含量 /g	占盐总量百分比 /%
NaCl	2.712 3	77.8
$MgCl_2$	0.380 7	10.9
$MgSO_4$	0.165 8	4.7
$CaSO_4$	0.126 0	3.6
K_2SO_4	0.086 3	2.5
$CaCl_2$	0.012 3	0.3
$MgBr_2$	0.007 6	0.2

海水有很高的电导率,平均值约为 4×10^{-2} S·cm^{-1},远远超过河水

$(2 \times 10^{-4} \, \text{S} \cdot \text{cm}^{-1})$ 和雨水 $(1 \times 10^{-5} \, \text{S} \cdot \text{cm}^{-1})$。

随地理位置、海洋深度、昼夜及季节等的不同,海水温度在 $0 \sim 35 \, ℃$ 之间变化。

海水中的溶氧是海水腐蚀的主要因素。在正常情况下,海水表层被空气饱和,氧的浓度大体在 $(5 \sim 10) \times 10^{-6}$ 的范围内变化。溶氧量随温度和盐度的升高而略有下降。

海水中 pH 通常为 $8.1 \sim 8.3$,这些数值随海水的深度变化。如果植物非常茂盛时,由于 CO_2 减少,溶氧浓度上升,pH 接近 9.7。当在海底有厌氧性细菌繁殖的情况下,溶氧量低且含有 H_2S,pH 常低于 7。

2. 海水腐蚀的电化学过程

海水是典型的电解质,因此电化学腐蚀的基本规律适用于海水腐蚀。然而,海水有其自身的特点,因此海水腐蚀的电化学过程也必然具有相应的特性。

(1) 大多数金属(如铁、钢、锌、铜等)海水腐蚀的阳极极化阻滞很小。原因是海水中的氯离子等卤素离子能阻碍和破坏金属的钝化,其破坏方式有:① 破坏氧化膜 —— 氯离子对氧化膜的渗透破坏作用以及对胶状保护膜的解胶破坏作用;② 吸附作用 —— 氯离子比某些钝化剂更易吸附;③ 电场效应 —— 氯离子在金属表面吸附形成了强电场,从金属中引出金属离子;④ 形成络合物 —— 氯离子与金属易形成络合物,加速了金属的阳极溶解。氯络合物的水解进一步降低 pH。

以上这些作用都能减少阳极极化阻滞,因此一般认为用提高阳极阻滞的方法来防止铁基合金的腐蚀是很困难的,这一点和大气腐蚀有所区别。但是近年来对耐海水钢锈层分析表明,在钢中适当加入某些元素能形成致密、连续、黏附性好的锈层结构,提高了低合金钢的耐海水腐蚀性能。

由于氯离子破坏钝化膜,所以不锈钢在海水中也遭受严重的局部腐蚀。只有极少数易钝化金属,如 Ti、Zr、Nb、Ta 等才能在海水中保持钝态,具有显著的阳极阻滞。

(2) 海水腐蚀的阴极过程主要是氧的去极化,是腐蚀的控制性环节。在海水的 pH 条件下,析氢反应的平衡电位约为 $-0.48 \, \text{V}$。Pb、Zn、Cu、Ag、Au 等金属在海水中不会发生析氢腐蚀。Fe 在 pH $=8.8$,Cr 在 pH $=10.9$ 以内虽有可能进行析氢反应,其速度也是很缓慢的。

海水中的氧去极化反应是:$O_2 + 2H_2O + 4e \longrightarrow 4OH^-$,反应的平衡电位为 $+0.75 \, \text{V}$。氧的还原反应在 Cu、Ag、Ni 上比较容易进行,其次是 Fe、Cr。在 Sn、Al、Zn 上过电位较大,反应进行困难。因此 Cu、Ag、Ni 只是在溶氧量低的情况下才比较稳定。

(3) 海水腐蚀的电阻性阻滞作用很小,异种金属的接触能造成明显的电偶腐蚀。海水良好的导电性使得海水中异种金属接触所构成腐蚀电池的作用更强烈,影响范围更远,如海船的青铜螺旋桨可引起远达数十米外钢制船身的腐蚀。

(4) 在海水中由于钝化膜的局部破坏,很容易发生点蚀和缝隙腐蚀。在高流速的海水中,易产生冲刷腐蚀和空蚀。

3. 海水腐蚀的影响因素

海水是一种复杂的多种盐类的平衡溶液,海水中还含有生物、悬浮泥沙、溶解的气体、腐败的有机物质及污染物等,因此金属的腐蚀行为与这些因素的综合作用有关。

(1)盐度。

对于钢铁材料,海水中的氯化钠浓度刚好接近于腐蚀速度最大的浓度范围,溶盐超过一定值后,由于氧的溶解度降低,金属腐蚀速度也下降。

(2)pH。

海水的 pH 一般处于中性,对腐蚀影响不大。在深海处,pH 略有降低,此时不利于在金属表面生成保护性碳酸盐层。

(3)碳酸盐饱和度。

在海水的 pH 条件下,碳酸盐一般达到饱和,易于沉积在金属表面形成保护层,当施加阴极保护时更易使碳酸盐沉积析出。河口处的稀释海水,尽管其本身的腐蚀性并不强,但是碳酸盐在其中并非饱和,不易在金属表面析出形成保护层,致使腐蚀加速。

(4)氧含量。

海水中氧含量增加,金属腐蚀速度增加。这是由于局部阳极的腐蚀率取决于阴极反应,去极化随到达阴极氧量的增加而加快。波浪及绿色植物的光合作用能提高氧含量,而海洋动物的呼吸作用及死生物分解需要消耗氧。污染海水中氧含量显著下降。海水中氧含量随流速和深度也有很大变化。

(5)温度。

与淡水中作用类似,提高温度通常能加速反应,但随温度上升,氧的溶解度随之下降。一般来说,铁、铜及其合金在炎热的环境或季节里腐蚀速度要快些。

(6)流速。

流速也有正、反两方面的作用。在流速较低的范围内,碳钢的腐蚀随流速的增加而加速;但对在海水中能钝化的金属则不然,一定的流速能促进钛、镍合金和高铬不锈钢的钝化,因而提高了耐蚀性。

当海水流速很高时,金属腐蚀急剧增加。这和淡水一样,由于介质的摩擦、冲击等机械力的作用,出现了磨蚀、冲蚀和空蚀。

(7)生物性因素的影响。

海洋中有大量的动物、植物及微生物。生物的附着与污损一方面会影响海洋结构效能,例如船体上海生物的严重附着将使阻力增大,航速降低;另一方面则对金属的腐蚀产生影响。

海洋生物的附着通常会造成以下几种腐蚀破坏:① 海洋生物附着的局部区域,将因形成氧浓差电池发生局部腐蚀,例如,藤壶的壳层与金属表面形成缝隙,产生缝隙腐蚀;② 海洋生物的生命活动,局部地改变了海水介质成分,例如,藻类植物附着后,由光合作用可增加局部海水中的氧浓度,加速了腐蚀,生物呼吸排出的 CO_2 以及生物尸体分解形成的 H_2S 对腐蚀也有加速作用;③ 海洋生物对金属表面保护涂层的穿透剥落等破坏作用。不同金属和合金被海洋生物玷污的程度有所不同。铜和铜含量高的铜合金受海洋生物玷污倾向最小,这与溶出的铜离子或氧化亚铜表面膜具有毒性有关。受海洋生物玷污最严重的是铝合金、钢铁及镍基合金。

4.海洋环境分类及腐蚀特点

按照金属与海水的接触情况可将海洋环境分为海洋大气区、飞溅区、潮汐区、全浸区和海泥区五个区。根据海水的深度不同,全浸区又可分为浅水、大陆架和深海区。不同区域的环境条件和腐蚀特点如图 4 - 15 所示。

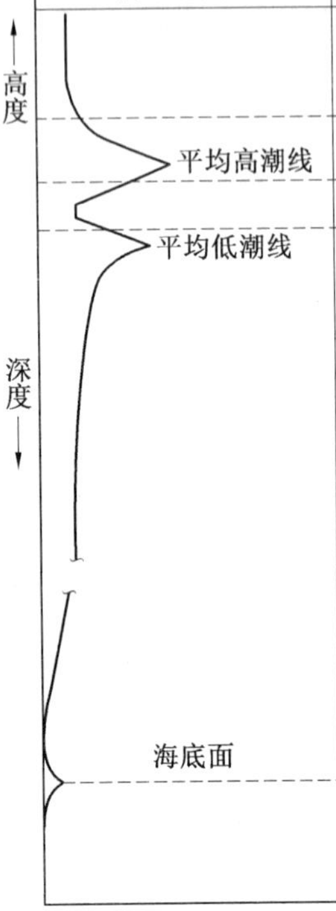

腐蚀速度 →	海洋区域	环境条件	腐蚀特点
高度	大气区	风带来小海盐颗粒,影响腐蚀因素有高度、风速、雨量、温度、辐射等	海盐粒子使腐蚀加快,但随离海岸距离而不同
平均高潮线	飞溅区	潮湿,充分充气的表面,无海生物玷污	海水飞溅,干湿交替,腐蚀激烈
平均低潮线	潮汐区	周期沉浸,供氧充足	由于氧浓差电池,本区受保护
深度	全浸区	在浅水区,海水通常为饱和,影响腐蚀的因素有流速、水温、污染、海生物、细菌等。在大陆架,生物玷污大大减少,氧含量有所降低,温度也较低	腐蚀随温度变化,浅水区腐蚀较重,阴极区往往形成石灰质水垢,生物因素影响大,随深度增加,腐蚀减轻,但不易生成水垢保护层
		深海区氧含量可能比表层高,温度接近0℃,水流速低,pH比表层低	钢的腐蚀通常较轻
海底面	(深海区)		
	海泥区	常有细菌(如硫酸盐还原菌)	泥浆通常有腐蚀性,有可能形成泥浆海水间腐蚀电池,有微生物腐蚀的产物,如硫化物

图 4 - 15　不同海洋环境区域的腐蚀特点比较示意图

海洋大气区是指海洋飞溅区以上的大气区和沿海大气区。碳钢、低合金钢在海洋大气区的腐蚀速度约为 0.05 mm/a,低于其他各区。

飞溅区是指平均高潮线以上海浪飞溅润湿的区段。由于此处海水与空气充分接触,氧含量最大,再加上海浪的冲击作用,使飞溅区成为腐蚀性最强的区域。在飞溅区碳钢的腐蚀速度约为 0.5 mm/a,最大可达 1.2 mm/a。

潮汐区是指平均高潮位和平均低潮位之间的区域。

除微电池腐蚀外,还受到氧浓差电池作用,潮汐区部分因供氧充分为阴极,受到一定程度保护,而紧靠低潮线以下的全浸区部分,因供氧相对不足而成为阳极,使腐蚀加速。

在平均低潮线以下直至海底的区域称为全浸区。该区碳钢的腐蚀速度约为0.12 mm/a。

海泥区是指海水全浸区以下部分,主要由海底沉积物构成。与陆地土壤不同,海泥区盐度高,电阻率低,腐蚀性较强。与全浸区相比,海泥区的氧浓度低,因而钢在海泥区的腐蚀速度通常低于全浸区。

近年来,海底资源的开发要求查明深海海水的性质及进行深海腐蚀试验。大体上根据海水深度可将深海分为三层:① 海面到同水温的表层(100~200 m);② 表层下约 1 000 m,属于盐分和氧浓度急剧下降的过渡层;③ 更深层中盐分、水温大体一定,而溶氧却上升。

如图 4-16 所示为海水深度、温度、盐度及溶氧量之间的关系。

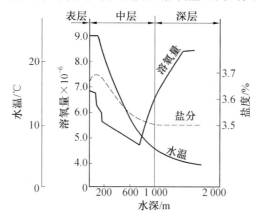

图 4-16　海水深度与温度、盐度、溶氧量分布的关系

5. 防止海水腐蚀的措施

(1) 合理选用金属材料。

不同的金属材料在海水中的耐蚀性有很大差别。耐蚀性最好的是钛合金和镍铬钼合金,其次是某些铜合金,不锈钢虽然均匀腐蚀速度小,但容易产生点蚀和缝隙腐蚀,铸铁和碳钢的耐蚀性最差。钛、镍、铜合金在海水中是较耐蚀的材料,但价格高,主要用于关键部位。海洋设施中大量使用的还是钢铁材料,应根据具体要求合理选择和匹配,并要充分注意电偶腐蚀问题。一般认为,在海洋中两种材料的电极电位差小于 50 mV 就不会产生明显的电偶腐蚀。

(2) 涂镀层保护。

大型海洋工程结构的设计寿命常达 40~50 年,考虑工程造价和材料的综合性能,大多采用低碳钢和低合金钢制造。为此,必须采取有效的防腐蚀措施。主要的防护方法是金属和非金属涂镀。

有机涂层对海洋工程结构有保护、装饰和防污作用。无机硅酸盐富锌底漆由于含有锌粉而有电化学保护作用,防蚀性能良好,其漆膜坚硬耐磨,适于作为海洋钢结构的底漆。

防污涂料的防污作用是通过在涂料中加入氧化亚铜和有机锡等毒料来实现的,常用于船舶及水线以下的金属结构。

在腐蚀严重的飞溅区,由于有机涂料的耐冲刷能力较差,采用阴极保护也有困难,对于重要的工程结构可采用 Monel 等耐蚀合金包覆。

(3)电化学保护。

阴极保护是防止海水腐蚀常用的方法之一,但是在全浸区才有效。外加电流阴极保护法便于调节,而牺牲阳极法则简便易行。海水中常用的牺牲阳极有锌合金、镁合金和铝合金。从电流密度、输出电量、电流效率等方面综合考虑,用铝合金牺牲阳极较为经济,如 Al－Zn－Sn 和 Al－Zn－In 及加镉的多元合金。

4.4　微生物腐蚀

微生物腐蚀是指在微生物生命活动参与下所发生的腐蚀过程。微生物腐蚀有相当的普遍性,凡是同水、土壤或湿润空气相接触的金属设施,都可能遭到微生物腐蚀。据报道,有 $50\% \sim 80\%$ 的地下管线腐蚀属于微生物引起或参与的腐蚀。

4.4.1　微生物腐蚀的特征

(1)微生物的生长繁殖需具有适宜的环境条件,如一定的温度、湿度、酸度、环境氧含量及营养源等。微生物腐蚀与这些因素紧密相关。

(2)微生物腐蚀是微生物生命活动的结果直接或间接参与了腐蚀过程,而并非是微生物直接食取金属。

(3)微生物腐蚀往往是多种微生物共生、交互作用的结果。

微生物主要由以下四种方式参与腐蚀过程:① 微生物新陈代谢产物的腐蚀作用,腐蚀性代谢产物包括无机酸、有机酸、硫化物、氨等,它们能增加环境的腐蚀性;② 促进了腐蚀的电极反应动力学过程,如硫酸盐还原菌的存在能促进金属腐蚀的阴极去极化过程;③ 改变了金属周围环境的氧浓度、盐度、酸度等而形成了氧浓差等局部腐蚀电池;④ 破坏保护性覆盖层或缓蚀剂的稳定性,例如地下管道有机纤维覆盖层被分解破坏,亚硝酸盐缓蚀剂因细菌作用而氧化等。

4.4.2　微生物腐蚀机理

参与腐蚀的微生物主要是细菌类,因而微生物腐蚀也称为细菌腐蚀。最主要的微生物是直接参与自然界硫、铁循环的细菌,如硫氧化细菌、硫酸盐还原菌、铁细菌等。此外,某些霉菌也能引起腐蚀。上述细菌按其生长发育中对氧的要求分嗜氧性及厌氧性两类。前者需有氧存在时才能生长繁殖,称嗜氧性细菌,如硫氧化菌、铁细菌等;后者主要在缺氧条件下才能生存与繁殖,称为厌氧性细菌,如硫酸盐还原菌。

1.硫酸盐还原菌

硫酸盐还原菌在自然界中分布极广,所造成的腐蚀类型常呈点蚀等局部腐蚀。腐蚀产物通常是黑色的带有难闻气味的硫化物。硫酸盐还原菌所具有的氢化酶能移去阴极区氢原子,促进腐蚀过程中的阴极去极化反应。

反应如下:

$$4Fe \longrightarrow 4Fe^{2+} + 8e^- \quad 阳极反应$$

$$8H_2O \longrightarrow 8H^+ + 8OH^- \quad 水电离$$

$$8H^+ + 8e^- \longrightarrow 8H \quad 阴极反应$$

$$SO_4^{2-} + 8H \longrightarrow S^{2-} + 4H_2O \quad 细菌引起的阴极去极化$$

$$Fe^{2+} + S^{2-} \longrightarrow FeS \quad 腐蚀产物$$

$$3Fe^{2+} + 6OH^- \longrightarrow 3Fe(OH)_2 \quad 腐蚀产物$$

整个腐蚀反应是：$4Fe + SO_4^{2-} + 4H_2O \longrightarrow FeS + 3Fe(OH)_2 + 2OH^-$

硫酸盐还原菌的参与能够极大地提高钢铁的腐蚀速度，如海泥中的硫酸盐还原菌可使碳钢和铸铁的腐蚀速度增加十几到几十倍。

硫酸盐还原菌可分中温型和高温型两种，一般在冷却水系统的温度范围内都可以生长。脱硫弧菌属中温型硫酸盐还原菌。脱硫肠状菌属高温型硫酸盐还原菌，最适生长温度为 $35 \sim 55$ ℃，最高可达 70 ℃，其典型菌种为致黑脱硫肠状菌。

2. 硫氧化菌

当腐蚀发生于含有大量硫酸的环境，而又无直接的外界硫酸来源时，就有可能是硫杆菌对腐蚀的作用。这类细菌的存在可由硫细菌的生物检定进一步证实。硫氧化菌能将硫及硫化物氧化成硫酸，其反应为

$$2S + 3O_2 + 2H_2O \xrightarrow{\text{硫氧化菌}} 2H_2SO_4$$

在酸性土壤及含黄铁矿的矿区土壤中，由于这种菌形成了大量的酸性矿水，矿山机械设备发生剧烈腐蚀。硫氧化菌属于氧化硫杆菌，在冷却水中出现的有氧化硫硫杆菌、排硫杆菌、氧化铁硫杆菌。

3. 铁细菌

铁细菌分布广泛，形态多样，有杆、球、丝等形状。它们能使二价铁离子氧化成三价，并沉积于菌体内外：

$$2Fe(OH)_2 + H_2O + \frac{1}{2}O_2 \longrightarrow 2Fe(OH)_3 \downarrow$$

从而促进了铁的阳极溶解过程，三价铁离子可将硫化物进一步氧化成硫酸。铁细菌又常在水管内壁附着生长形成结瘤，造成氧浓差局部腐蚀。在受到铁细菌腐蚀的水管内，经常出现机械堵塞以及称为"红水"的水质恶化现象。

铁细菌常见于循环水和腐蚀垢中，有嘉氏铁柄杆菌、鞘铁细菌、纤毛细菌、多孢铁细菌、球衣细菌几种。

4. 生物黏泥

生物黏泥是主要由微生物组成的附着于管道、壁面上的黏质膜层，它往往是多种微生物的集合体，并包容着水中的各种无机物和由铁细菌生成的铁氧化物等无机物沉积而成。生物黏泥是氧浓差电池的成因，由此产生局部腐蚀。在氧浓度高的一侧生长着好气性微生物如铁细菌、氢细菌、硫氧化菌等，其内侧是厌氧菌的繁殖场所。微生物的活动加速了腐蚀，而腐蚀生成的铁离子、氢等又进一步促进微生物的生长，由此形成比一般氧浓差电池作用更为严重的腐蚀。

4.4.3 防止微生物腐蚀的措施

对于微生物腐蚀,通常采用涂层和阴极保护等常规的防护方法。除非系统是密闭的,否则很难完全消灭腐蚀性微生物,一般采取多种联合控制措施。

（1）使用杀菌剂或抑菌剂。

对于铁细菌等多种菌类可通氯杀灭,残留氯含量一般控制为 $0.1\sim1$ $\mu g/g$。铬酸盐用于抑制硫酸盐还原菌很有效,加入量约为 2 $\mu g/g$。硫酸铜等铜盐则用于抑制藻类生长。处理生物黏泥时,联合使用杀菌剂、剥离剂及缓蚀剂的效果较好。近年来除采用氯气等氧化性杀菌剂外,还并用季胺盐等非氧化性杀菌剂。

（2）改变环境条件。

抑制微生物生长,改变和控制环境因素,如减少细菌的有机物营养源,提高 pH（pH $>$ 9）及温度（大于 50 ℃）,常能有效地抑制微生物生长。工业用水装置的废气处理及排放积水等改善环境通气条件的措施,可减少硫酸盐还原菌腐蚀。

（3）覆盖防护层。

地下管道常用煤焦油沥青涂层,另外也可以采用镀锌、镀铬、衬水泥及涂环氧树脂漆等措施。近来发现,聚乙烯涂层对微生物腐蚀有很好的防护作用,用呋喃树脂涂层防止油箱燃料中微生物腐蚀是有效的。

（4）阴极保护。

阴极保护,也可用于防止土壤等环境中的微生物腐蚀。对土壤内钢铁构件的保护电位应控制在 -0.950 V 以下（相对 $Cu/CuSO_4$ 电极）才能有效地防止硫酸盐还原菌的腐蚀。

思 考 题

1.大气腐蚀的分类,相应的腐蚀特点和影响因素是什么？

2.金属表面形成锈层前后大气腐蚀过程的特点各是什么？

3.有哪些措施可以防止和减轻金属材料的大气腐蚀？

4.土壤腐蚀的特点是什么？ 土壤电解质的特性有哪些？ 影响土壤腐蚀的因素有哪些？

5.土壤腐蚀电极反应阳极过程和阴极过程的特性是什么？ 土壤腐蚀宏电池的分类及产生原因是什么？

6.什么是杂散电流腐蚀？ 如何防止杂散电流腐蚀？

7.简述防止土壤腐蚀可采取的措施。

8.简述淡水腐蚀电极过程的特性和影响淡水腐蚀的因素。

9.简述海洋环境的分类和相应的腐蚀特点。

10.海水腐蚀过程的电化学特性是什么？ 海水腐蚀的防护措施有哪些？

11.微生物是如何参与腐蚀过程的？ 防止微生物腐蚀可采取哪些措施？

第 5 章　　金属材料的耐蚀性能

到目前为止,金属材料仍然是各类工程和结构中使用的主要材料,因而也是被腐蚀的主要对象。为了适应广泛和日益提高的应用需求,人们已经发展了多种类型的合金体系,显示了丰富多彩的性能。本章从纯金属的耐蚀性入手,根据腐蚀的电化学原理讨论提高金属材料耐蚀性的合金化途径。

5.1　　纯金属的耐蚀性

虽然工程中使用的金属材料多是合金,但出于耐蚀的目的,纯金属的用量也在不断地增多,同时,各种合金也是以纯金属为组元形成的,因此,有必要了解纯金属的耐蚀性。

5.1.1　　纯金属的热力学稳定性

各种金属在电解质中的热力学稳定性,可根据金属标准电极电位来近似地判断。

标准电极电位越负,则热力学上越不稳定;而标准电极电位越正,则热力学上越稳定。在电解质环境中,腐蚀发生的可能性取决于金属的电极电位和氧化剂的电极电位两者,即取决于腐蚀电池的电动势。例如,Cu 在盐酸中不会发生析氢腐蚀,但可以发生缓慢的吸氧腐蚀;Cu 在硝酸中由于硝酸根的还原可以发生快速腐蚀。

表 5-1 是金属在 25 ℃ 时的标准电极电位序和腐蚀的热力学特性。根据 pH＝7(中性溶液)和 pH＝0(酸性溶液)的氢电极(-0.414 V;0.000 V)和氧电极(+0.815 V;+1.23 V)的平衡电位值,可分为 5 个具有不同热力学稳定性的组。

从表 5-1 中的数据可以看出:

(1) 有些金属,如 Fe、Cu、Hg 等,有几种氧化方式,所以,对不同的电极反应(形成价数不同的离子)有不同的电位。因此,根据具体的反应,它们可能排在不同组别。

(2) 金属的电位越负,氧化剂的电位越正,金属越容易腐蚀。因此,在自然条件下,或在中性水溶液介质中,甚至在无氧存在时,很多金属在热力学上是不稳定的。只有极少数金属(4、5 组)可视为稳定的。即使电极电位很正的金属(4 组),在强氧化性介质中,也可能变为不稳定。如在含氧的酸性介质中,只有金可以认为是热力学稳定的;但在含有络合剂的氧化性溶液中,金的电极电位变负,也成为热力学上不稳定的金属。

表 5－1　金属在 25 ℃ 时的标准电极电位(E_H^0) 序和腐蚀的热力学特性
(电极反应 M ＝ M^{n+} ＋ ne,在表中用 M － ne 符号表示)

热力学稳定性的一般特性	金属及其电极反应	E_H^0/V
	Li － e	－ 3.045
	Re － e	－ 2.925
	Rb － e	－ 2.925
	Cs － e	－ 2.923
	Ra － 2e	－ 2.92
	Ba － 2e	－ 2.90
	Sr － 2e	－ 2.89
	Ca － 2e	－ 2.87
	Na － 2e	－ 2.714
	La － 3e	－ 2.52
	Ce － 3e	－ 2.48
	Y － 3e	－ 2.372
	Mg － 2e	－ 2.37
	Am － 3e	－ 2.32
	Sc － 3e	－ 2.08
	Pu － 3e	－ 2.07
	Th － 4e	－ 1.90
1.热力学上很不稳定的金属(贱金属),甚至在不含氧的中性介质中也能被腐蚀	Np － 3e	－ 1.86
	Be － 2e	－ 1.85
	U － 3e	－ 1.80
	Hf － 4e	－ 1.70
	Al － 3e	－ 1.66
	Ti － 2e	－ 1.63
	Zr － 4e	－ 1.53
	U － 4e	－ 1.50
	Ti － 3e	－ 1.21
	V － 2e	－ 1.18
	Mn － 2e	－ 1.18
	Nb － 3e	－ 1.10
	Cr － 2e	－ 0.913
	V － 3e	－ 0.876
	Ta － Ta$_2$O$_3$	－ 0.81
	Zn － 2e	－ 0.762
	Cr － 3e	－ 0.74
	Ga － 3e	－ 0.53
	Fe － 2e	－ 0.440

续表5—1

热力学稳定性的一般特性	金属及其电极反应	E_H^0/V
2. 热力学上不稳定的金属（半贱金属），无氧时在中性介质中是稳定的，但在酸性介质中能被腐蚀	Cd — 2e	− 0.402
	In — 3e	− 0.342
	Tl — e	− 0.336
	Mn — 3e	− 0.283
	Co — 2e	− 0.277
	Ni — 2e	− 0.250
	Mo — 3e	− 0.20
	Ge — 4e	− 0.15
	Sn — 2e	− 0.136
	Pb — 2e	− 0.126
	W — 3e	− 0.11
	Fe — 3e	− 0.037
3. 热力学上中等稳定的金属（半贵金属），当无氧时，在中性和酸性介质中是稳定的	Sn — 4e	+ 0.007
	Bi — 3e	+ 0.216
	Sb — 3e	+ 0.24
	Re — 3e	+ 0.30
	As — 3e	+ 0.30
	Cu — 2e	+ 0.337
	Te — 2e	+ 0.40
	Co — 3e	+ 0.418
	Cu — e	+ 0.521
	Rh — 2e	+ 0.60
	Tl — 3e	+ 0.723
	Pb — 4e	+ 0.784
	Hg — e	+ 0.789
	Ag — e	+ 0.799
	Rh — 3e	+ 0.80
4. 高稳定性金属（贵金属），在含氧的中性介质中不腐蚀，在含氧或氧化剂的酸性介质中可能被腐蚀	Hg — 2e	+ 0.854
	Pb — 2e	+ 0.987
	Ir — 3e	+ 1.00
	Pt — 2e	+ 1.19
5. 完全稳定的金属，在含氧的酸性介质中是稳定的，含氧化剂时能够溶解在络合剂中	Au — 3e	+ 1.50
	Au — e	+ 1.68

5.1.2　金属的耐蚀性与元素周期表

元素周期表是根据原子序数与结构排列的,金属在元素周期表中的位置反映了其热力学稳定性的内在因素,因此金属的耐蚀性与其位置存在一定的关系。就一般的耐蚀性而言,随着原子序数的增加,可以看出金属的耐蚀性呈现一定的周期性变化。

普遍规律如下:

(1)对于常见金属,在同一族中,金属的热力学稳定性随元素的原子序数增大而增加。

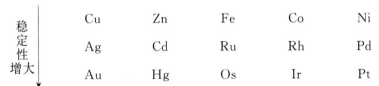

（2）最容易钝化的金属位于长周期的偶数列的 Ⅳ Ⅵ 族。

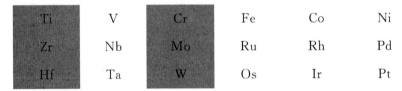

这些都是原子的内电子层未被填满的金属。在同一族中,随着原子序数的增大,金属呈现的钝态稳定性略减。

（3）最活性的金属位于第 Ⅰ 主族,比较不稳定的金属则位于第 Ⅱ 主族。它们的活性按箭头的方向顺序增加:

5.1.3　影响纯金属耐蚀性的动力学因素

除了从热力学稳定性判断金属的耐蚀性之外,还必须考虑动力学因素。有些金属,虽然在热力学上是不稳定的,但是在适宜的条件下,能发生钝化而转为耐蚀。常见的最易钝化的金属有 Zr、Ti、Nb、Ta、Al、Cr、Be、Mo、Mg、Ni、Co、Fe 等。多数是在氧化性介质中容易钝化,而在含 Cl^-、Br^-、F^- 等离子的介质中,钝态易受破坏。也有些在热力学上不稳定的金属,在腐蚀过程中由于生成一层比较致密的保护性良好的腐蚀产物层,从而提高了它们的耐蚀性。例如，铁在磷酸盐中，锌在大气中，铅在硫酸溶液中的腐蚀均属于此。

5.2　提高金属材料耐蚀性的合金化原理和途径

工业上以纯金属作为耐蚀材料使用的情况有限，应用较多的则是 Fe、Cu、Ni、Ti、Al、Mg 等金属的合金。因而，了解如何通过合金化来提高金属材料的耐蚀性是十分必要的。

由第 2 章的腐蚀电池电极的极化理论可知：

$$I = \frac{E_c^0 - E_a^0}{P_c + P_a + R}$$

耐蚀合金化可以通过对腐蚀过程的热力学和动力学参数的控制来实现，其耐蚀合金化途径的极化图如图 5 - 1 所示。

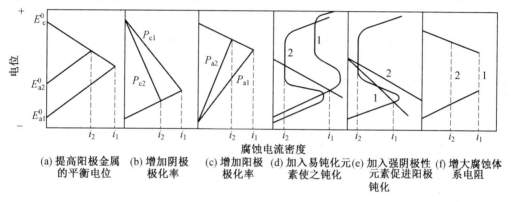

图 5 - 1　表明耐蚀合金化途径的极化图

5.2.1　提高金属的热力学稳定性

金属腐蚀电池的电动势 $\varepsilon = E_c^0 - E_a^0$ 是腐蚀过程的推动力，可以反映金属发生腐蚀可能性的大小。在 P_c、P_a 和 R 不变的情况下，$E_c^0 - E_a^0$ 越小，则腐蚀电流越小。在腐蚀体系确定的情况下，假定 E_c^0 值不变，则必须增大 E_a^0 值才能使 $E_c^0 - E_a^0$ 值减小，从而减小腐蚀电流。E_a^0 值越正，反映了金属的热力学稳定性越高。

因此，在平衡电位较低、耐蚀性较差的金属中加入平衡电位较高的合金元素（通常为贵金属），可使合金的 E_a^0 升高，提高热力学稳定性，使腐蚀速度降低，如图 5 - 1(a) 所示。例如，在 Cu 中加 Au，在 Ni 中加 Cu。这是由于合金化形成的固溶体或金属间化合物使金属原子的电子壳层结构发生变化，使合金能量降低的结果。

合金的电位与其成分的关系尚无法根据理论进行计算，而且通过加入热力学稳定的合金元素提高合金耐蚀性，在实际中的应用是有限的。原因是：一方面需要使用大量的贵金属，例如，在 Cu－Au 合金中，Au 的加入量需要达到 25% ～ 50%（原子数分数），价格过于昂贵；另一方面，合金元素在固体中的固溶度往往有限，很多合金难以形成高含量合金组元的单一固溶体。

5.2.2 阻滞阴极过程

在其他条件不变的情况下,可以通过增加阴极极化率 P_c,使阴极反应受阻,达到降低腐蚀电流的目的(图 5－1(b))。在腐蚀过程主要受阴极控制时,而且阴极过程的阻滞不是靠浓差极化而是取决于阴极去极化剂还原过程的动力学时,采用合金化的办法阻滞阴极过程可以使腐蚀减轻。

对于阴极析氢腐蚀过程,可以通过下面两种方法阻滞阴极过程,提高合金的耐蚀性。

(1) 消除或减少阴极面积。

阴极析氢过程主要在析氢过电位低的阴极性组分或第二相夹杂上进行。减少它们的数量或减小面积,将增加阴极反应电流密度,从而增加阴极极化程度,提高合金的耐蚀性,因此在冶炼时提高合金的纯净度是十分有益的。如图 5－2 及图 5－3 所示分别是微量阴极性杂质对 Zn、Al 在非氧化性酸中腐蚀速度的影响。此外,还可通过固溶处理消除或减少阴极相的有害作用,如硬铝的固溶处理以及碳钢、马氏体不锈钢的淬火处理便能提高耐蚀性。但这种方法有局限性,因为在确保合金力学性能的固溶(或淬火)后进行的时效(或回火)处理过程中,阴极相会重新出现。

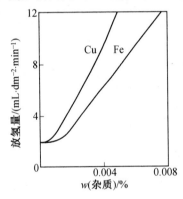 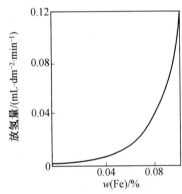

图 5－2　微量杂质 Cu 和 Fe 对99.992％Zn(质量分数)在质量浓度为 88.2 g/L 的 H_2SO_4 中溶解速度的影响　图 5－3　微量杂质 Fe 对 99.998％Al(质量分数)在质量浓度为73 g/L 的 HCl 中溶解速度的影响

(2) 提高阴极析氢过电位。

各种合金或杂质元素对 Zn 在硫酸中腐蚀速度的影响如图 5－4 所示,这种影响与它们的析氢过电位有关。在合金中加入析氢电位高的元素,可以显著降低合金的腐蚀速度。工业 Zn 中常含有电位较高的 Fe 或 Cu 等金属杂质,由于 Fe、Cu 的析氢过电位较低,析氢反应交换电流密度高,因而成为 Zn 在酸中腐蚀的有效阴极区,加速 Zn 的腐蚀;相反,加入析氢过电位高的 Cd 或 Hg,由于增加了析氢反应的阻力,可使 Zn 的腐蚀速度显著降低。因此,沿着这一思路,可以通过加入微量的 Mn、As、Sb、Bi 等元素,提高合金的耐蚀性能。

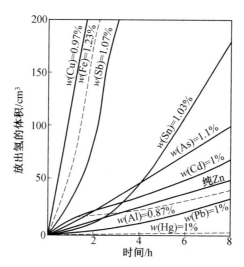

图 5－4　合金元素对 Zn 在浓度为 24.5 g/L
的 H_2SO_4 中腐蚀速率的影响

5.2.3　阻滞阳极过程

通过增加阳极极化率 P_a，使阳极过程受阻，也可降低腐蚀电流。特别是通过合金化使之从活化态变为钝态，腐蚀电流将显著降低；还可以通过加入少量阴极性元素使尚未钝化的体系进入钝态。

降低阳极活性、阻滞阳极过程的进行可有效提高合金的耐蚀性，有以下三种途径：

（1）减少阳极相的面积。

在合金的基体是阴极，而第二相或合金中其他微小区域（如晶界）是阳极的情况下，如能减少这些阳极的面积，则可增加阳极极化电流密度，阻滞阳极过程的进行，使合金的总腐蚀电流减小（图 5－1(c)），有可能提高合金的耐蚀性，但也有可能加大局部腐蚀的危险性。例如，在海水中，Al－Mg 合金中的第二相 Al_2Mg_3 是阳极，随着 Al_2Mg_3 的逐渐被腐蚀掉，阳极面积减小，腐蚀速度降低。又如，通过提高合金的纯度或采用适当的热处理，使晶界变细或减少杂质的晶界偏析，以减小阳极的面积，由此提高合金的耐蚀性。然而，当阳极相构成连续的通道时，大阴极、小阳极则加剧局部腐蚀。例如，不锈钢晶界贫铬时，减少阳极区面积而不消除阳极区反会加重晶间腐蚀。

（2）加入易于钝化的合金元素。

工业合金的主要基体金属（Fe、Al、Mg、Ni 等）在特定的条件下都能够钝化，但它们的钝化能力还不够高。例如 Fe 要在强氧化性条件下才能自钝化，而在一般的自然环境里（如大气、水介质）不钝化。若加入易钝化的合金元素 Cr 的量超过 12％ 时，便可在自然环境里保持钝态，即形成所谓的不锈钢。此外，铸铁中加 Si 及 Ni，Ti 中加 Mo，均源于此理，可促进合金的整体钝化能力。这种方法是耐蚀合金化最有效的途径，其极化图如图 5－1(d) 所示。

（3）加入阴极性合金元素促进阳极钝化。

对于有可能钝化的腐蚀体系，如果在合金中加入强阴极性合金元素，可使图 5-1(e) 中的阴极极化曲线由 1 变到 2，提高了阴极效率，使腐蚀电位正移，合金进入稳定的钝化区而耐蚀。由于在稳定钝化区的阳极电流要比活化溶解的电流小几个数量级，因而利用阴极性元素合金化提高合金耐蚀性的效果十分显著。

可加入的阴极性合金元素主要是一些电位较正的金属，如 Pd、Pt、Ru 及其他 Pt 族金属，有些场合甚至可用电位不太正的金属，如 Re、Cu、Ni、Mo、W 等。应该指出，加入的阴极性合金元素电位越正，阴极极化率越小，实现自钝化的作用就越有效。

5.2.4 增大腐蚀体系的电阻

从耐蚀合金化的角度，增加腐蚀体系的电阻 R 主要是指合金中加入的一些合金元素能够促使合金表面生成具有保护作用的腐蚀产物，从而降低腐蚀电流，其极化图如图 5-1(f) 所示。腐蚀产物将合金与腐蚀介质隔绝，可以有效地阻滞腐蚀过程的进行，提高耐大气腐蚀性能，因而可极大地提高材料的使用效率。

5.3 各类耐蚀金属材料

根据研究耐蚀金属材料的目的不同，有下列三种分类方法：

1. 按金属材料的成分分类

按金属材料的成分可分为 Fe、Ni、Cu、Al、Ti、Mg 合金，Pb、Sn、Zn、Cd 重金属合金，W、Mo、Ta、Nb 难熔金属合金，以及 Au、Ag、Pt 贵金属合金等。

2. 按金属材料的耐蚀性分类

（1）不锈的 —— 主要是指在大气条件下，以及在中性电解质中耐腐蚀的合金。

（2）耐酸的 —— 或者说是化学稳定的，即对各种化学试剂，主要是对活性的酸稳定。又区分成对盐酸、硝酸、硫酸、碱及其他介质稳定的合金。

（3）耐热的 —— 即在高温下对气体腐蚀稳定的合金。

（4）耐其他形式腐蚀（耐磨蚀、抗应力腐蚀、耐腐蚀疲劳等）的合金。

3. 按金属材料的组织结构来分类

按金属材料的组织结构可分为固溶体、双相或多相合金、沉淀硬化等复杂合金。

下面将有选择地阐述一些典型合金体系的耐蚀性能。

5.3.1 铁基合金

铁基合金（铸铁与各类钢）是常用金属材料中最大的一类，在某些情况下，它具有令人满意的耐蚀性，同时又具有较好的综合力学性能。它的价格较为便宜，矿藏丰富，制造工艺简便，因此获得了广泛的应用。

1. 铁及铸铁的耐蚀性

铁的耐蚀性：与平衡电位相邻近的金属（如 Al、Ti、Zn、Cr、Cd 等）相比，铁在自然环

境(大气、天然水、土壤等)中的耐腐蚀性能最差。其主要原因如下:

(1)Fe及其氧化物上的氢过电位低,这使Fe在酸性天然水中靠氢去极化的腐蚀过程易于进行(与Cd和Zn不同,这两种金属上的氢过电位很大)。

(2)Fe及其氧化物上的氧离子化过电位的数值低,因此,氧去极化的腐蚀过程得以快速进行,特别是在氧的供应十分充分的条件下(例如,在海水剧烈运动时)。

(3)铁锈层中Fe^{3+}参与去极化作用。在表面形成锈层后的大气腐蚀中,阴极上发生反应:$Fe^{3+} + e^- \longrightarrow Fe^{2+}$,而在大气中氧的作用下$Fe^{2+}$重又被氧化成$Fe^{3+}$。

(4)石墨与渗碳体(Fe_3C)具有相当高的阴极效率,如灰铸铁在酸性水溶液中溶解速度相当高。

(5)Fe腐蚀产物的保护性能相当差,可能是最初形成的$Fe(OH)_2$较易溶解所致。

(6)易形成氧浓差电池,这将引起缝隙中产生腐蚀倾向,加剧在土壤中的局部腐蚀。

(7)在自然条件下钝化能力弱,Fe在含有溶解氧的水溶液中远不如Al和Cr稳定。

Fe在无机酸中的腐蚀简单介绍如下。

(1)盐酸。

对Fe来讲,盐酸是含活性离子的非氧化性酸,随着酸浓度的增加,腐蚀速度按指数关系上升(图5－5)。

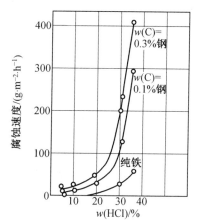

图5－5   钢铁在盐酸中的腐蚀速率与浓度的关系

(2)硫酸。

Fe在硫酸中的腐蚀速率在低浓度段随着浓度的增加而急剧增加(图5－6),阴极过程是析氢反应。当浓度为$47\% \sim 50\%$时腐蚀速度达最大值,它相应于硫酸活度的最大值(pH的最小值);而后腐蚀速率下降,当浓度为$70\% \sim 100\%$时,腐蚀速率就十分低了,这是由于表面生成难溶的腐蚀产物膜的结果。随着发烟硫酸中过剩SO_3的出现及含量的增加,腐蚀速率又重新增大。当过剩SO_3的含量为$18\% \sim 20\%$(质量分数)时,出现第二个最大值;但当SO_3的含量继续增大时,腐蚀速率再度下降。

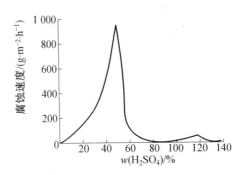

图 5－6 　在 20 ℃ 时 Fe 的溶解速率与硫酸浓度之间的关系

（3）氢氟酸。

Fe 在稀氢氟酸溶液中（$w_{HF} = 48\% \sim 50\%$）很快被破坏，而在比较浓的氢氟酸中（$w_{HF} = 60\% \sim 95\%$）是稳定的。如果氢氟酸的质量分数不低于 60%，用铁桶运输这种酸是允许的，但铁桶必须预先在质量分数为 58% 的氢氟酸溶液中处理 48 h。

（4）硝酸。

当硝酸的质量分数接近 50% 或更高时，Fe 成为钝态，此时 Fe 的电位近似地等于 Pt 的电位。如图 5－7 所示为碳钢的腐蚀速率与硝酸浓度的关系。溶解速度最大值的坐标取决于温度、钢的成分（如碳含量）以及硝酸的纯度（亚硝酸或尿素的含量）。

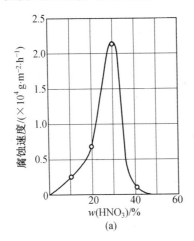

(a)

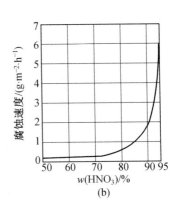

(b)

图 5－7 　碳钢（$w_c = 0.3\%$）的腐蚀速率与硝酸浓度的关系

有机酸中，对 Fe 腐蚀最强烈的是草酸、蚁酸、醋酸及柠檬酸，但比在相同浓度的无机酸中的腐蚀要弱得多。Fe 在有机酸中的腐蚀随着氧的通入及温度的升高而加快。

溶解在水中的 CO_2 对 Fe 的腐蚀无特殊影响，因为在通常情况下，CO_2 并不是阴极去极化剂。但是在碳酸中由于可以发生氢去极化的腐蚀，导致 Fe 的腐蚀加速。

在常温下，Fe 在碱中是十分稳定的。实际上，当水中 NaOH 质量浓度高于 1 g/L 时，Fe 的腐蚀就停止了（当通氧时）。当 NaOH 质量浓度高于 30% 时，膜的保护性开始降低，因为在此条件下膜可能溶解形成铁酸盐，该过程随温度的升高而加快。当游离碱的质量浓度超过 50% 时,Fe 发生强烈腐蚀。

当有拉应力存在时,若其数值接近屈服点时,钢在浓碱中,或甚至在稀而热的碱溶液中能发生应力腐蚀断裂 —— 碱脆。Fe 在氨溶液中是稳定的,但在热而浓的氨溶液中,Fe 会被缓慢腐蚀。

铸铁的耐蚀性及其应用:铸铁通常是不耐腐蚀的,在铸铁中加入了各种合金元素,可产生各类耐蚀合金铸铁。

(1) 高合金铸铁。

① 高 Si 铸铁。在 $w_C = 0.5\% \sim 1.1\%$ 的铸铁中加入质量分数为 14% ~ 18% 的 Si 便有优良的耐酸性能,它对热硫酸、室温盐酸、浓硝酸、磷酸、有机酸等都有良好的耐蚀性。这是由于表面形成了一层主要由 SiO_2 构成的致密保护膜所致。高 Si 铸铁不仅耐酸性能优越,而且价格便宜。缺点是力学性能较差,易脆裂。加稀土、Cu 能改善铸铁的力学性能及耐蚀性能,加 Mo 能改善耐盐酸腐蚀的性能。

② 高 Ni 铸铁。一般 $w_{Ni} = 14\% \sim 30\%$,同时加入一定的 Cr、Mo 或 Cu,组织为奥氏体。这种铸铁具有极好的耐碱腐蚀的性能。在高温、高浓度的碱性溶液中,甚至在熔融的碱中都耐蚀,在海洋大气及海水中也有非常好的耐蚀性。

③ 高 Cr 铸铁。$w_{Cr} = 15\% \sim 30\%$,在氧化性介质中表面发生钝化,一部分 Cr 与铸铁中的 C 形成碳化物。高 Cr 铸铁具有优良的耐磨性及耐腐蚀性能,还有优良的抗氧化性能。

(2) 低合金铸铁。

铸铁中加入少量合金元素,在一定程度上能提高其耐蚀性,这类铸铁称为低合金耐蚀铸铁。常用的合金元素有 Cu、Sb、Sn、Cr、Ni 等,如加质量分数为 0.1% ~ 1% 的 Cu 及质量分数不大于 0.3% 的 Sn,可提高耐大气腐蚀性能;加质量分数为 0.4% ~ 0.8% 的 Cu 及 0.1% ~ 0.4% 的 Sb,可适用于近海的污染海水中;加质量分数为 2% ~ 3% 的 Ni 能提高耐碱腐蚀的性能;加质量分数为 4.5% 的 Ni 及质量分数为 1.5% 的 Cr 可改善耐海水冲刷腐蚀性能。

2. 碳钢和低合金钢的耐蚀性

碳钢不耐蚀,低合金钢的耐蚀性也有限,它们在强腐蚀介质和自然环境中都不耐蚀,需要采取相应的保护措施。但碳钢在室温的碱或碱性水溶液中是耐蚀的,故当水溶液中 NaOH 质量浓度超过 1 g/L 时(pH > 9.5),在有氧存在的条件下,碳钢不发生腐蚀。但在浓碱溶液中,特别是在高温情况下,碳钢不耐蚀。低合金钢通常指的是碳钢中合金元素总的质量分数低于 5% 的合金钢。按抗腐蚀的环境,低合金钢可以分为以下两种。

(1) 耐大气腐蚀低合金钢。

由于阳极控制是大气腐蚀的主要因素,因此合金化对提高钢的耐蚀性有较大的效果。合金化元素中以 Cu、P、Cr 元素的效果最为明显。

耐大气腐蚀低合金钢中最有效的元素是 Cu,一般含量为 0.2% ~ 0.5%(质量分数)。关于 Cu 的作用机理尚不十分清楚,但研究均发现内锈层富 Cu。Cu 在钢中还能抵消 S 的有害作用,原因是 Cu 和 S 生成难溶的硫化物。

P 是提高耐大气腐蚀性能的另一有效元素。一般钢中 P 的质量分数为 0.06% ~ 0.10%,P 含量过高,会导致钢的韧性降低,特别会出现低温脆性。

Cr 是能提高耐大气腐蚀性能的有效合金元素之一,但也只有与 Cu 同时存在时效果才明显。当钢中含质量分数 1% 的 Cr 与 0.1% 的 Cu 时,耐蚀性可提高 30%。Cr 在耐候钢中的质量分数为 0.5% ~ 3%。

我国耐候钢的发展结合了我国的资源特点,发展了铜系(16MnCu 钢、09MnCuPTi 钢、15MnVCu 钢及 10PCu 稀土钢)、磷钒系(12MnPV 或 08MnPV 钢)、磷稀土系(0.8MnP 稀土、12MnP 稀土钢)和磷铌稀土系(10MnPNb 稀土钢)等耐候钢。

(2)耐海水腐蚀低合金钢。

含有 Cr、Ni、Al、P、Si、Cu 等元素的低合金钢在海水腐蚀的过程中,在钢表面能够形成致密、黏附性好的保护性锈层。外锈层的相组成为 γ - Fe$_2$O$_3$、α - FeOOH、γ - FeOOH 和 β - FeOOH;中锈层有较多的 Fe$_3$O$_4$ 及 α、γ、β - FeOOH。而内锈层的结构根据合金不同有三种看法:一种认为内锈层为 α - FeOOH 微晶(约 30 nm);一种认为形成结晶程度低、晶粒微细的 Fe$_3$O$_4$ 结构;还有一种观点认为阻挡层 80% 是 β - FeOOH。这三种观点都确认上述元素在内锈层(阻挡层)中富集,甚至在蚀坑内的锈层中富集,因而对局部腐蚀的发展有阻滞作用。关于合金元素对锈层保护作用的机理,目前尚无定论。比较一致的看法是合金元素富集于锈层中,改变了锈层的铁氧化物形态和分布,使锈层的胶体性质发生变化而形成致密及黏附性牢的锈层,阻碍 H$_2$O、O$_2$、Cl$^-$ 向钢表面扩散,从而改善了耐蚀性。

我国研制成功的耐海水低合金钢有 10CrMoAl、NiCuAs、08PVRE、10MnPNbRE、12Cr2MoAlRE 等,稀土元素的加入能改善耐局部腐蚀性能。

3. 不锈钢

不锈钢是"不锈耐酸钢"的简称,是指在空气及各种侵蚀性较强的介质中耐蚀的一类钢种。不锈钢在具有优良耐蚀性能的同时,还具有良好的力学性能及工艺性能(冶炼、加工、焊接等),因此自 20 世纪初问世以来,获得了迅速的发展,在化学、石油化工、核能、轻纺、食品等现代工业中得到了极广泛的应用。

不锈钢的种类繁多,但 FeCr 合金是不锈钢的基础。一般可从化学成分、显微组织和用途三个方面进行分类。根据钢中所含的主要合金元素,可分为 Cr、CrMo、CrNi、CrNiMn、CrMnN 等不锈钢。为了提高不锈钢的性能,还可添加其他合金元素,这些合金元素可分为铁素体形成元素(Cr、Mo、Si、Ti、Nb 等)及奥氏体形成元素(Ni、Mn、C、N 等)。因此,从组织上可以把不锈钢分为奥氏体、铁素体、马氏体等单相及奥氏体 - 铁素体或铁素体 - 马氏体等复相不锈钢。如图 5-8 所示为不锈钢的成分与组织结构的关系图。图 5-8 中将合金元素归一化到用铬当量和镍当量来表示,从图 5-8 可以看出各相存在的范围。

铬当量 $= w_{Cr} + 2w_{Si} + 1.5w_{Mo} + 5w_V + 5.5w_{Al} + 1.5w_{Nb} + 1.5w_{Ti} + 0.5w_W$

镍当量 $= w_{Ni} + w_{Co} + 30w_C + 25w_N + 0.5w_{Mn} + 0.3w_{Cu}$

表5-2中列出了各类不锈钢的主要牌号及典型应用。

不锈钢中主要合金元素及其作用如下。

（1）Cr。

虽然 Cr 在热力学上不稳定，但极易钝化，不锈钢的耐蚀性能取决于它的钝化性能。不锈钢中一般含 Cr 量都在 12%（质量分数）以上，Cr 含量越高，耐蚀性越好，但一般不超过 30%。如果过高，易于生成 σ 相，从而降低钢的韧性。

（2）Ni。

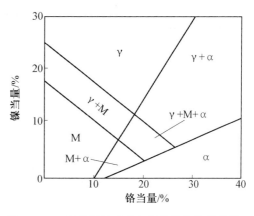

图5-8　不锈钢的成分与组织结构的关系图

在热力学上，Ni 比 Fe 稳定，钝化性能好，因此加 Ni 能提高不锈钢的热力学稳定性。但更重要的是，加 Ni 能扩大奥氏体区，获得单一的奥氏体组织，提高韧性和加工性能。

表5-2　各类不锈钢的性能、主要牌号及用途

类别	性能	中国牌号	国外牌号	用途举例
马氏体不锈钢	耐弱介质腐蚀；随碳含量增加耐蚀性下降，强度、硬度增加，可达60HRC以上；耐磨性好。有脆性转变；有磁性；易热加工，不易冷加工成形；焊接性差	1Cr13 2Cr13	410 420	餐具，紧固件，汽轮机叶片
		3Cr13 4Cr13		泵轴，阀件，医疗器械
		1Cr17Ni2	431	耐蚀高强韧部件
		9Cr18 9Cr18MoV	440C 440B	刃具和高耐磨零件
铁素体不锈钢	耐氧化性酸和有机酸腐蚀，高铬钢高温抗氧化；对应力腐蚀不敏感；钢的强度较 Cr-Ni 奥氏体不锈钢高；韧性随 C、N 含量降低而提高；有脆性转变＋强磁性；导热性好；焊接性能差	00Cr12 0Cr13	410S	食品工业容器
		1Cr17 0Cr17Ti 00Cr17	430 430Ti 430LX	管道，热交换器
		1Cr17Mo 00Cr18Mo2	434 444	化工容器，热水器
		1Cr25Ti 1Cr28		浓硝酸设备

续表5—2

类别	性能	中国牌号	国外牌号	用途举例
奥氏体不锈钢	随Cr含量增加,耐氧化性酸和抗氧化性能提高;随Ni含量增加,耐还原性酸和抗应力腐蚀性能改善,降低C含量或加稳定化元素Ti、Nb可提高抗晶间腐蚀性能;加Mo可提高耐点蚀和缝隙腐蚀性能;具有良好的强度和韧性配合,低温韧性极好;无磁性;加工、成形和焊接性能良好;易加工硬化	0Cr18Ni9 1Cr18Ni9 1Cr18Mn8Ni5N	304 302 202	非焊接耐酸零部件
		0Cr18Ni9Ti 00Cr18Ni10	321 304L	焊接耐酸容器,管道
		1Cr18Ni12Mo2Ti 00Cr17Ni14Mo2	316Ti 316L	化工容器,管道
		1Cr18Ni12Mo3Ti 00Cr17Ni14Mo3	317L	尿素、维尼纶生产设备
		00Cr25Ni20Nb	310Cb	中浓度硝酸设备
		00Cr14Ni14Si4		浓硝酸设备
		00Cr18Ni14Mo2Cu2 0Cr18Ni18Mo2Cu2Ti 0Cr23Ni23Mo3Cu3Ti		硫酸和盐酸容器,管道
		00Cr18Ni18Mo5		耐海水结构材料
奥氏体—铁素体双相	耐酸腐蚀,尤其耐应力腐蚀和点蚀;屈强比高;有脆性转变;有磁性;加工和切削性能良好,但变形抗力大;焊接性好	1Cr21Ni5Ti 0Cr21Ni5Ti 00Cr26Ni6Ti		硝酸及尿素设备
		00Cr18Ni5Mo3Si2 00Cr26NiTMo2Ti	3RE60	稀硫酸及有机酸设备
		1Cr18Mn10Ni5Mo3N 0Cr17Mn13Mo2N		尿素和维尼纶生产设备
		1Cr18Ni11Si4AlTi		高温浓硝酸设备
沉淀硬化	耐腐蚀;具有高强度,有磁性;易加工成形;焊接性好	0Cr17Ni4Cu4Nb 0Cr17Ni7Al 0Cr15Ni7Mo2Al	17—4pH 17—7pH 15—7Mo	弹簧、轴及宇航设备零件

注:世界各国采用不同方法标示各种金属材料。按我国国标可从牌号了解其主要成分及其大致含量。美国钢铁学会(AISI)用三位数字标示不锈钢牌号,其中200和300系列的三位数字标示奥氏体不锈钢,如AISI304;用400系列标示铁素体不锈钢和马氏体不锈钢,前者如AISI430,后者如AISI410,而双相不锈钢、沉淀硬化不锈钢以及铁的质量分数小于50%的高合金通常采用专利名或商标名。美国后来制订有五位数字的统一编号系统(UNS)。耐热钢和耐蚀钢的数字前冠以S,如AISi304标作UNS S30400;镍和镍基合金冠以N,如国际镍公司注册商标Inconel 600合金标作UNSN 06600。

（3）Mo。

研究表明，Mo 能降低致钝电流，可使致钝电位负移、维钝电流降低，并能使点蚀电位正移，由此，Mo 可显著地改善不锈钢的钝化性能，显著提高不锈钢耐全面腐蚀与局部腐蚀的能力。

（4）Si。

在 Fe－Cr－Ni 不锈钢中加 Si，可显著提高不锈钢耐点蚀、在含氯化物介质中耐应力腐蚀及耐热浓硝酸腐蚀的能力。原因是 Si 和 Mo 在表面钝化膜中富集，改善了钢的钝化性能。然而钢中 Si 含量不宜过高，否则会显著降低钢的加工性能。

（5）C 和 N。

C 是钢中重要组成元素，是奥氏体形成元素，但在钢中 C 含量增多会形成碳化物，因而提高了钢对晶间腐蚀的敏感性。N 也是奥氏体形成元素，在钢中加 N 在一定程度上可提高钢的耐蚀性；同样，N 在钢中能形成氮化物，易产生点蚀。实践证明，在不锈钢中降低 C、N 含量，可显著地提高耐蚀性能，如高纯铁素体不锈钢（$w_C + w_N \leqslant 0.015\%$），具有较好的耐应力腐蚀和局部腐蚀（点腐蚀、晶间腐蚀等）能力。

（6）Ti 和 Nb。

Ti 和 Nb 都是强碳化物形成元素。不锈钢中加 Ti 和 Nb，主要是使钢中形成 TiC 或 NbC，避免形成 $Cr_{23}C_6$，从而不产生由贫 Cr 引起的晶间腐蚀。当然，低碳或超低碳不锈钢同样可以达到避免晶间腐蚀的目的。

5.3.2 耐热钢及高温合金

在第 1 章中曾介绍了金属高温氧化和腐蚀的基本原理，本节将简要介绍一些耐热钢种及耐热合金。必须指出，钢在高温气氛下，除必须具有足够高的耐高温腐蚀性能外，还必须具有足够高的抗蠕变性、热强性和组织稳定性。如何兼顾高温力学性能和耐高温腐蚀性能，通常是耐热钢及高温合金发展的主要矛盾。表 5－3 列出了有代表性的各类耐热钢及高温合金。

表 5－3 常见耐热钢和高温合金的成分及应用特性

类型	中国牌号	国外牌号	名义化学成分	使用温度 /℃	用途
珠光体耐热钢	20g		C0.2	< 450	蒸汽管道、集箱
	16Mo		C0.12Mo0.5	< 530	低、中压锅炉受热器
	12CrMoV		C0.12CrMoV0.2	< 580	过热器
	12Cr2Mo	T22	C0.12Cr2.25Mo	< 590	过热器、蒸汽管
	12Cr2MoWVTiB		C0.12Cr2Mo0.6W0.5V0.4Ti-0.15B0.005	< 620	过热器

续表5—3

类型	中国牌号	国外牌号	名义化学成分	使用温度/℃	用途
铁素体耐热钢	1Cr13Si3		C0. 1Cr13Si3	＜950	过热器支架、喷嘴
	1Cr18Si2		C0. 1Cr18Si3	＜1 000	渗碳箱，接触含S气氛部件
	1Cr25Si2		C0. 1Cr25Si2	＜1 150	低负荷构件
马氏体耐热钢	1Cr13	420	C0. 1Cr13	450～475	汽轮机叶片
	1Cr12WMoV		C0. 15Cr12W0. 8Mo0. 6V0. 2	650～700	燃气轮机叶片
奥氏体耐热钢	1Cr18Ni9Ti	321	Cr19Ni10Ti10. 5	＜900	加热炉管
	1Cr25Ni20Si2	314	Ci25Ni20Si2. 5	＜1 100	加热炉管及构件
	4Cr14Ni4W2Mo		C0. 45Cr14Ni14W2. 5Mo0. 35	700	柴油机进、排气阀
	1Cr12Ni20T3BAl		Cr12Ni20Ti3Al0. 5B0. 01	750	承受大负荷部件
铁基高温合金	GH132	A286	Cr15Ni25MoTi2. 15Al0. 15	650～700	涡轮盘
	GH169	Incoloy 718	Cr18Ni52Mo3Ti0. 9Al0. 4Nb5-B0. 01	＜700	喷气发动机、火箭发动机
	GH901	Incoloy 901	Cr13Ni43Mo6Ti2. 8Al0. 3-B0. 015	＜700	涡轮盘
镍基高温合金		Nimonic80	Cr20Ni80	1 100	电热合金
	CH30	Nimonic75	Cr20Ti0. 25Al0. 1	＜800	燃烧室，加力燃烧室
	GH170		Cr20Co18W20AlBZrLa	1 000	燃烧室，加力燃烧室
	K17	IN100	Cr10Co15Mo3Ti4. 7Al5. 5V-0. 75B0. 01	1 000	涡轮叶片
	K002	Mar—M002	Cr9Co10W10Al5. 5Ti-1. 5Ta2. 5BZr	1 050	涡轮叶片
钴基高温合金		L—605	Cr20Ni10Fe2W15	1 040	燃气轮机导向叶片
	K44	FSX—414	Cr29Ni10Fe2W7B0. 01	900	燃气轮机导向叶片
		MP188	Cr22Ni22Fe3W14La0. 03	1 250	燃气轮机导向叶片

1. 耐热铸铁

合金铸铁具有一定的耐热性。如下几种是常见的耐热铸铁。

(1)Si 铸铁。

Si 是铸铁中的石墨化元素,Si 铸铁的组织是铁素体和石墨。它是最容易制造的耐热铸铁,可用来制造炉条和炉子设备的其他部件,在 850 ℃ 以下都有良好的耐热性。典型硅铸铁的化学成分(质量分数)是 2.5%C,5% ~ 10%Si,0.5%Mn。

(2)Al 铸铁。

典型的成分(质量分数)为 2.5% ~ 3.2%C,1.0% ~ 2.3%Si,0.6% ~ 0.8Mn,5.5% ~ 7.0%Al,组织为铁素体和石墨。由于 Fe 中含 Al 量高,因此在高温下有足够好的热稳定性。Al 铸铁中含 Al 量可达 30%,最高使用温度可达 1 100 ℃。

(3)NiSi 铸铁。

典型的化学成分(质量分数)为 1.7% ~ 2.0%C,5% ~ 7%Si,1.8% ~ 3.0%Cr,13% ~ 20%Ni,0.6% ~ 0.8%Mn,组织为奥氏体和石墨。这类铸铁的耐热性好,在高温时具有相当好的强度与韧性。此外,铸造及加工性能也相当好。

(4) 高 Cr 铸铁。

这类铸铁中 Cr 的质量分数介于 8% ~ 35%,组织为铁素体和碳化物。使用温度与铸铁中的 Cr 含量密切相关。当铸铁中 Cr 的质量分数为 8% 时,在 900 ℃ 时是耐热的;质量分数为 18% 时,在 1 000 ℃ 下是稳定的;质量分数为 30% 时,在 1 100 ℃ 下能长期工作。高铬铸铁硬度高,冷加工性能差。

2. 耐热钢

耐热钢是指在高温下工作的钢材。随着各类动力装置使用温度不断提高,工作压力不断加大,环境介质也更为复杂、苛刻,耐热钢的使用温度范围已从 200 ℃ 发展到 800 ℃,工作压力从几兆帕到几十兆帕,工作环境从单纯的氧化气氛发展到硫化气氛以及熔盐、液态金属等更为复杂的环境。

耐热钢的分类方法很多。按钢的特性可分为抗氧化不起皮钢、热强钢;按合金元素含量可分为低合金、中合金和高合金耐热钢;按用途可分为阀门钢、锅炉钢、电热钢等;按组织结构可分为珠光体型、铁素体型、马氏体型、奥氏体型耐热钢。表 5-3 是代表性的耐热钢和耐热合金及其应用。

(1)珠光体型耐热钢。

这类钢在室温和工作温度下是珠光体(或含少量铁素体),一般含少量 V、Mo、Cr 等合金元素,合金元素总的质量分数不超过 5%,属于低合金钢。这类钢在锅炉、汽轮机为代表的动力工业以及石化工业等领域中获得了广泛应用。

① 锅炉用低碳钢。目前在锅炉和压力容器中最常用的是 20g,其抗氧化性极为有限。

② 低合金耐热钢。主要有 Mo 钢(16Mo)、二元合金化的 CrMo 钢(如 12Cr2Mo、Cr5Mo)、三元合金化的 CrMoV 钢(如 12CrMoV)以及多元复合合金化的低合金耐热钢。后者以我国研制的 12C2MoWVTiB 为代表,以 W、Mo 复合固溶强化,V、Ti 复合时

效强化,B 的微量晶界强化,同时以提高 Cr、Si 含量以增加其抗高温氧化性能。这种钢热强性和使用温度(600 ～ 620 ℃)超过国外同类钢种,已在我国高参数大型电站锅炉上成功应用 20 多年。

(2)高铬铁素体型耐热钢。

高铬铁素体型耐热钢是铬的质量分数高于 12%,室温下具有铁素体组织的耐热钢。这类钢不含 Ni,只含少量 Si、Ti、Mo、Nb 等元素。按 Cr 含量又可分为 Cr13 型(1Cr13Si3)、Cr17 型(如 1Cr18Si2)以及 Cr25－30 型耐热钢(如 1Cr25Si2)。这类钢高温力学性能很差,存在与铁素体不锈钢相同的脆性问题,不能用作热强钢,但可作为抗高温氧化用钢。

(3)马氏体型耐热钢。

这类钢是在 Cr13 型马氏体不锈钢基础上发展的,但 1Cr13 钢由于马氏体稳定度低,只能用于制造温度低于 450 ℃ 的汽轮机叶片,因而发展了加有 Mo、V、Nb 等元素的强化马氏体耐热钢(如 1Cr12WMoV)。V、Ti 或 Nb 形成 MC 型碳化物,Mo、W 实现固溶强化,在 580 ℃ 下具有较好的热强性和耐蚀性,因此这类钢在工程中获得比铁素体耐热钢更为广泛的应用。

(4)奥氏体型耐热钢。

这类钢以 Ni、Cr、Mn 等元素合金化,通过固溶强化、析出相强化和晶界强化以及在表面形成耐蚀表面膜等途径来提高其综合的高温力学性能和高温耐蚀性能。一般可分三类:

①18－8 型 CrNi 奥氏体耐热钢。如 1Cr18Ni9Ti,钢中有一定 C,既可获得较为稳定的奥氏体相,又可在时效过程中析出碳化物强化相。这类钢在 700 ℃ 以下具有良好的抗氧化性,在 600 ℃ 以下有较好的热强性,因此获得广泛的应用。

②25－20 型 CrNi 奥氏体耐热钢。由于显著增加了 Cr、Ni 含量,因而热强性与耐高温腐蚀的性能均明显高于 18 － 8 型钢。 如 1Cr25Ni20Si2 的使用温度最高可达 1 100 ℃,可用来制造加热炉各种构件和炉管。

③ 多元合金化奥氏体耐热钢。18－8 型和 25－20 型钢虽然有良好抗高温腐蚀性能,但由于成分组织较简单,其热强性并不理想,因此在钢中添加一些固溶强化元素(W、Mo)、碳化物或金属间化合物形成元素(V、Nb、Ti、Al)以及一些晶界强化元素(B、RE),可大幅度提高钢的热强性。 其中以碳化物为主要强化相的奥氏体耐热钢,如 4Cr14Ni14W2Mo,在 700 ℃ 以下有良好的热强性,广泛用于柴油机进、排气阀;以金属间化合物为主要强化相的奥氏体耐热钢,如 1Cr12Ni20Ti3BAl,富 Ni 高 Ti,基体组织是 $\gamma + \gamma'$ 相,γ' 相是金属间化合物 Ni_3Ti,具有与 γ 固溶体相同的晶体结构,但点阵间距不同,使基体强化,因而可作为 750 ℃ 以下承受负荷较高的部件。

3. 高温合金

高温合金主要是为了满足航空燃气轮机不断提高的工作温度和复杂应力的严酷要求而发展起来的。高温合金按加工工艺可分为变形高温合金和铸造高温合金;按合金成分可分为 Fe(Ni)基、Ni 基和 Co 基高温合金。强化途径有固溶强化、析出相强化、晶界强化及弥散氧化物强化。常见的合金元素有 Al、Ti、Nb、C、W、Mo、Ta、Co、Zr、B、Ce、La、Hf 等。Fe 基和 Ni 基高温合金中常见的析出相有金属间化合物、碳化物、硼化物。金属间化合物又分为几何密排相(GCP 相,如 γ'、γ''、η、δ 等)和拓扑密排相(TCP 相,如 σ 相、μ 相、Laves 相、G 相、Y 相等)。其中 γ'、γ'' 是主要强化相,而 σ、μ、Laves、η 等相会降低合金的塑性或强度,必须加以适当控制。常见的碳化物有 MC、$M_{23}C_6$、M_7C_3、M_6C。含 B 的合金有少量硼化物(M_5B、M_4B_3、M_3B_2)析出,高硼低碳合金还可能形成 MB_{12}。

(1)FeNi 基高温合金。

FeNi 基高温合金是从奥氏体型耐热钢发展起来的,由于金属间化合物相(γ' 和 γ'')具有比碳化物相更好的强化效果,使用温度达到 750 ℃ 甚至 850 ℃,高温屈服应力可达 981 MPa。这对燃气轮机的热端部件,尤其是涡轮盘材料尤为重要。Fe 及高温合金的成分以 Fe－Cr－Ni 为主。为了提高抗氧化性能,Cr 的质量分数可提高至 20% 或更高。有时为了节省 Ni,可加入 Mn 替代 Ni。

(2)Ni 基高温合金。

Ni 基高温合金是在 Nimonic 80 合金基础上发展起来的。由于 Ni 本身为面心立方晶体结构,组织非常稳定,无同素异构型转变,而 Cr、Mo,W 等元素在 Ni 中的固溶度往往比在 Fe 中大得多,且很少与其他合金元素形成有害相,因此 Ni 基高温合金的组织稳定、有害相少、工作温度高、抗氧化和热腐蚀性能好,能在较高的应力下工作。目前 Ni 基高温合金若以 150 MPa,100 h 的持久强度为标准,则所能承受的最高温度约为 1 100 ℃,而钴基合金约为 950 ℃,铁镍基合金则小于 850 ℃。Ni 基高温合金已广泛用于航空燃气轮机的最热端部件,如工作叶片、导向叶片、涡轮盘、燃烧室等。

(3)Co 基高温合金。

与 Ni 基高温合金相比,Co 基合金的耐高温氧化性能略差,但耐热腐蚀性能好,并且固溶体的高温强度也高于 Ni 基合金,因而使用温度比 Ni 基合金可提高约 55 ℃。但由于 Co 的价格较高,在 200 ～ 700 ℃ 温度范围的屈服强度较低,相对密度比 Ni 基合金约大 10%,故在不同程度上限制了 Co 基高温合金的使用。

4. 新型高温材料

如图 5－9 所示为不同年份各种高温材料的工作温度,最近几十年在常规的高温合金与陶瓷材料之间,已发展了一系列很有前景的新一代高温材料。

(1)金属间化合物。

在数以万计的金属间化合物中有一类长程有序结构的化合物,如 Ni_3Al、NiAl、Fe_3Al、FeAl、$(Fe,Co,Ni)_3V$、Ti_3Al 等,具有优良的高温性能。在一定温度范围内(($0.5 \sim 0.8$)$T_{熔}$)这些化合物屈服强度随温度的升高而增加,而且具有良好的抗高温氧化性能,还具有弹性模量高、刚度大、密度低等良好的综合性能。过去人们对它们的优异性能早有认识,它们未能获得发展与应用的主要原因是室温下脆性很高。其原因也有所不同,有的由于晶界脆性引起,有的由于晶体结构造成,还有的由于其他因素造成。20世纪70年代以来,发现具有无塑性六方结构的 Co_3V 中用 Ni、Fe 代替部分 Co 可

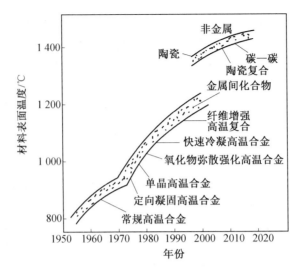

图 5－9　不同年份各种高温材料的工作温度

使其转变成面心立方 LI$_2$ 结构,因而使脆性材料变成塑性良好的材料。另外,在脆性的多晶 Ni$_3$Al 中加入质量分数为 $0.02\% \sim 0.05\%$ 的 B,可使材料韧化,室温下伸长率由 0 提高到 $40\% \sim 50\%$。Lipsitt(利普西特) 等用粉末冶金方法结合合金化技术使 Ti$_3$Al、TiAl 等金属间化合物的强度和塑性得到了改善,之后世界范围内又相继开展了许多工作,获得了许多有益的研究成果,特别是 Ni$_3$Al、Fe$_3$Al、Ti$_3$Al、TiAl 等金属间化合物的研究已接近于应用阶段。

(2) 氧化物弥散强化合金(Oxide Dispersion Strengthened Alloys,ODS)。

弥散强化是把惰性质点非常弥散地加入到合金中,阻碍位错运动,使合金获得强化的一种方法。这些弥散强化相应该具有生成自由能高、熔点高、不溶于基体的特点,且在基体中扩散速度低、相界能低并能与基体结合牢固。强化相通常是金属的氧化物、氮化物、碳化物和硼化物。从热力学上看,一般采用金属氧化物,如 ThO$_2$、Y$_2$O$_3$、Al$_2$O$_3$ 等,作为弥散强化相。其中 ThO$_2$ 有微弱放射性,因此常用 Y$_2$O$_3$ 取代。强化相的颗粒尺寸不能大于 100 nm,分布要均匀弥散。

目前弥散强化合金同时采用稳定金属氧化物颗粒和共格的金属间化合物 γ′ 相进行综合强化,因而兼有弥散强化的高强度与 γ′ 相强化的良好中温强度的双重作用。例如 MA753 合金是在 γ′ 相强化的 Nimonic 80A 基础上加 Y$_2$O$_3$ 弥散强化的。在 700 ℃以上时由于 γ′ 相聚集长大并在更高的温度下溶解,故 Nimonic 80A 的持久强度明显降低,而以 Y$_2$O$_3$ 氧化物弥散强化的 MA753 直到 1 100 ℃ 仍保持较高的持久强度。应该注意的是,Y$_2$O$_3$ 的含量要适当,一般质量分数在 $0.5\% \sim 2.0\%$,过多的氧化物虽使强度提高但塑性明显下降。此外,颗粒间距最好控制在 $0.01 \sim 0.1$ μm 的范围内。

(3) 定向凝固和单晶高温合金。

由于与主应力方向垂直的晶界是高温合金叶片的内部薄弱环节,往往由此产生裂纹,导致失效,因而人们研制了定向凝固(DS) 柱晶叶片,或完全消除晶界的单晶叶片

(SC)，并已获得实际应用。定向结晶的涡轮叶片与一般精铸同类叶片相比，性能有很大提高，如疲劳强度可提高 8 倍，持久寿命可提高 2 倍，持久塑性提高 4 倍。单晶叶片提高得更多。

制造飞机喷气式发动机的涡轮叶片需要高强度耐高温材料。现代喷气发动机的涡轮叶片在工作过程中，通常要承受 1 600 ~ 1 800 ℃ 的高温，同时还要承受 300 m/s 左右的风速以及由此带来的巨大的空气压力，工作环境极为恶劣。现代涡轮叶片通常采用定向凝固的单晶材料制造，还要在内部开辟风冷通道，也就是说叶片须是空心的。铸造的过程中要定向凝固，形状复杂的叶片必须是一块晶体，以提高高温下的性能，而且还要有绝对高度精度，所以生产加工工艺极其复杂。

铸造单晶叶片，离不开一种特殊的金属 —— 铼。作为自然界最后被人类发现的一种稀有金属元素，铼在地壳中的含量比绝大部分稀土元素都少，含铼的镍基高温合金能够有效提高单晶叶片的各项性能和使用寿命。

在我国，有一家名为炼石有色的民营企业，他们依托对稀有金属铼的勘探发掘和含铼高温合金技术的使用，进军航空发动机领域，为我国自主研发的航空发动机提供单晶叶片，填补我国航空发动机和燃气轮机叶片短板的唯一含铼高温单晶叶片。

含铼高温单晶叶片涉及深空探测，航天、航空、航海、深海、超高速打击武器等动力系统，激光盾牌等不可缺少的含铼高温合金关键部件制造技术已掌握。

所谓单晶叶片是只有一个晶粒的铸造叶片。定向结晶叶片消除了对空洞和裂纹敏感的横向晶界，使全部晶界平行于应力轴方向，从而改善了合金的使用性能。

现在含铼单晶空心叶片是涡轮发动机的首选和趋势。涡轮的叶片材料必须是镍铼合金。就是在正常浇铸的同时，利用电磁铁产生强大的定向磁场，未凝固高温合金在定向磁场的作用下同方向慢慢凝固，最后形成所有原子排列一致的单晶体，而不是一般的钢材等是多晶体。这样排列整齐的材料才能承受高温。这就是单晶高温合金制造的秘密所在。

5.3.3 Ni 及 Ni 合金

Ni 及 Ni 合金具有优良的耐蚀性，而且强度高、塑性大、易于冷热加工，因此是很好的耐蚀材料。但是，由于资源少，成本高，它的应用受到了很大限制。

1. Ni 的耐蚀性

作为结构材料，纯 Ni 在工程中的使用是很有限的，作为镀层材料的应用却极为广泛。Ni 的主要用途是作为不锈钢、耐蚀合金和高温合金的添加元素或基体材料。

Ni 的标准电极电位是 -0.25 V，在电位序中较氢负。从热力学上看，它在稀的非氧化性酸中应进行析氢腐蚀，但实际上，其析氢速度极其缓慢，这是因为 Ni 的阳极反应过电位很高，使腐蚀电池的电位差降到非常低，因而它在非氧化性酸中稳定。若酸中存在氧，虽然阳极反应不受影响，但大大提高了腐蚀电池的起始电动势，因此腐蚀速率将显著增大。Ni 的氧化物溶于酸而不溶于碱，故其耐蚀性随溶液 pH 的升高而增大。与 Cu 相比，Ni 具有显著的钝化倾向，在强氧化性介质中，特别是含有 Cr 时，Ni 及其合金转入钝态而趋向稳定。

Ni 在干燥和潮湿的大气中非常耐蚀,但在含有 SO$_2$ 的大气中却不耐蚀,因为此时在晶界生成硫化物,会发生晶间腐蚀。

在室温下,Ni 在非氧化性的稀酸中(如质量分数小于 15％ 的 HCl、质量分数小于 70％ 的 H$_2$SO$_4$ 和许多有机酸)相当稳定。但在增加氧化剂(FeCl$_3$、CuCl$_2$、HgCl$_2$、AgNO$_3$ 和次亚氯酸盐)浓度和通气或升高温度时,其腐蚀速率显著增加。Ni 在硝酸等氧化性介质中很不耐蚀,在充气的醋酸和蚁酸中也不稳定。Ni 在充气的氨水溶液中因形成可溶性的 Ni(NH$_3$)$_6^{2+}$ 络离子而受到腐蚀。

Ni 的一个突出特点是在高温或熔融的碱类溶液中完全稳定。因此,Ni 是制造熔碱容器的优良材料之一。但是,在高压、高温(300～500 ℃)和高浓度(75％～98％)的苛性碱或熔融碱中,承受拉应力的 Ni 容易发生晶间腐蚀,故使用前应进行退火。

2. Ni 基耐蚀合金

由于 Ni 耐还原性酸的能力尚嫌不足,耐氧化性酸的能力也较差,故需加入一些合金元素,因此发展了一系列 Ni 基耐蚀合金($w_{Ni} \geqslant 30$％)和 FeNi 基耐蚀合金($w_{Ni} + w_{Fe} \geqslant 50$％)。它们是一类非常重要的耐蚀金属材料,广泛应用于化工、石油、湿法冶金、原子能、海洋开发、航空及航天等领域,解决了一般不锈钢和其他金属、非金属材料无法解决的问题。

工业上主要的 Ni 基耐蚀合金有 Ni－Cu 系、Ni－Mo 系、Ni－Cr 系等。

(1)Ni－Cu 合金。

Ni 与 Cu 可形成连续固溶体。Ni－Cu 合金是最早发展的 Ni 基耐蚀合金,它兼有 Ni 和 Cu 的许多优点,比纯 Ni 更耐还原介质的腐蚀,比纯 Cu 更耐氧化性介质的腐蚀。最著名的 Ni－Cu 合金是 Monel(蒙耐尔)合金,其铜含量约为 30％(质量分数),还含有少量的 Fe 或 Mn 或 Al 和 Ti。Monel 合金一般对卤素元素、中性水溶液、一定温度和浓度的苛性碱溶液,以及中等温度的稀盐酸、硫酸、磷酸等都是耐蚀的,在各种浓度和温度的氢氟酸中特别耐蚀。Monel 合金耐氢氟酸的腐蚀能力在金属材料中仅次于 Pt 和 Ag。Ni－Cu 合金的优良耐蚀性被认为是由于腐蚀初始时,在表面形成富集耐蚀组元原子结构的缘故,但它在熔融苛性碱中会发生应力腐蚀(在氧化性的水溶液中不耐蚀)。在强烈搅动、有空气存在的海水中,Monel 合金显示了极低的腐蚀速率,特别适合制造承载的耐蚀部件;在静止海水中易产生点蚀。

(2)Ni－Mo 合金。

Ni 与 Mo 能形成一系列的固溶体。Ni－Mo 合金具有很好的力学、工艺及耐蚀性能,是性能优越的耐蚀材料。为了使合金具备较好的耐蚀性,Mo 含量应高于 20％(质量分数)。典型的 Ni－Mo 合金是 Hastelloy 系列合金(哈氏合金),是为解决盐酸的腐蚀问题发展起来的,其牌号主要有 0Ni60Mo20Fe20 (HastelloyA)、0Ni65Mo28Fe5V (HastelloyB)、00Ni70Mo28 (HastelloyB－2)、0Cr16Ni57Mo16Fe6W4 (HastelloyC)、00Cr16Ni57Mo16Fe6W4 (超低硅,HastelloyC－276,我国近似牌号为 00Cr16Ni60Mo17W4)、00Cr16Ni65Mo16Ti (HaestelloyC－4)、0Cr22Ni45Fe20Mo7Cu2Nb2 (HastelloyG) 等。

Ni－Mo 合金中以 HastelloyB 和 HastelloyB－2 耐盐酸腐蚀性能最好。在任何浓度和温度的纯盐酸中,两种合金都相当耐蚀。若盐酸中通入氧或含有 Fe^{3+}、Cu^{2+} 等氧化剂,都将加速腐蚀。此外哈氏合金对硫酸、磷酸及氢氟酸也有良好的耐蚀性,但不耐硝酸腐蚀。一般地,HastelloyB 在固溶态耐蚀,当经过焊接后在甲酸、乙酸、盐酸或硫酸中使用,会在焊缝处及热影响区内出现晶间腐蚀。原因是焊缝处会经过 $1\,200 \sim 1\,300\ ℃$ 和 $600 \sim 900\ ℃$ 两个敏化区。在高温区有含 Mo 较高的 M_6C、M_2C 等碳化物及 σ 相析出;在中温区有 Ni－Mo 金属间化合物 Ni_3Mo($850\ ℃$ 以上)、Ni_4Mo(较低温度)和 M_6C、M_2C 等碳化物析出,导致贫 Mo 所致。后来改进的 HastelloyB－2 降低了 C 和 Si 的含量,Fe 的含量也不超过 2%(质量分数),因而解决了焊接引起的晶间腐蚀问题。HastelloyC 合金耐局部腐蚀性能较好。

(3)Ni－Cr 合金。

Inconel 合金是这类合金的代表,它是一类组成相当复杂的多元合金,如 Inconel X 的成分(质量分数)为:$14\% \sim 16\%$Cr,$5\% \sim 9\%$Fe,$2.25\% \sim 2.75\%$Ti,$0.7\% \sim 1.2\%$Nb,$0.4\% \sim 1.0\%$Al,$0.3\% \sim 1.0\%$Mn,$<0.5\%$Si,$<0.29\%$Cu,$<0.08\%$C,$<0.01\%$S。Inconel 合金在高温下具有很高的力学性能和抗氧化性能,通常用于燃气轮机的叶片等高温部件,有时也作为高级的耐酸合金使用。其特点是在对还原性介质保持相当耐蚀性的同时,对氧化性介质的稳定性远高于纯 Ni 和 Ni－Cu 合金。它是能抗热浓 $MgCl_2$ 腐蚀的少数几种材料之一,不仅腐蚀速度低,而且没有应力腐蚀倾向。

Cr35Ni65 和 Gr50Ni50 合金是高含 Cr 合金,既耐强氧化性酸(如硝酸)、含 F^- 硝酸,又耐高温条件下 S、V 引发的热腐蚀。其耐热腐蚀的性能远高于一般的耐热钢(如 HK40,即 Cr25Ni20)。Cr35Ni65Al 可解决不锈钢不能实现的既耐稀硝酸又耐浓(发烟)硝酸的难题。

5.3.4 Cu 及 Cu 合金

Cu 及 Cu 合金是人类应用最早的金属材料之一。在人类发展史中有一个较长的时期称为青铜时代。由于它们在许多腐蚀介质中具有较高的化学稳定性,高的导电、导热性,以及优良的加工性能,因此,迄今在工业中仍得到广泛的应用。

1.Cu 的耐蚀性

Cu 是正电性金属,当发生 $Cu \longrightarrow Cu^{2+} + 2e$ 反应时,Cu 的标准电极电位为 $+0.337\ V$;而当发生 $Cu \longrightarrow Cu^+ + e$ 反应时,其标准电极电位为 $+0.521\ V$。因此,Cu 在水溶液中腐蚀时,不会产生氢去极化腐蚀,而只能产生氧去极化腐蚀。例如,当酸、碱中无氧化剂存在时,Cu 耐蚀;当含有氧化剂时,Cu 发生腐蚀。浓硫酸是氧化性酸,使钢耐蚀,但却使 Cu 腐蚀速度增加。当溶液中有氧化剂存在时,可能产生两种截然相反的结果:一方面有可能氧化剂的还原促进阴极反应,加速 Cu 腐蚀;另一方面也可能在阳极进行氧化作用,在 Cu 表面生成 Cu_2O、$Cu(OH)_2$ 等保护层,阻碍腐蚀的进行。若介质能溶解这种保护层,则阳极的阻滞作用又会消失。如 Cu 在含氧的酸中腐蚀时,氧化膜溶解,生成 Cu^{2+};在含氧的碱中腐蚀时,氧化膜溶解,生成 CuO_2^{2-}。

在大气中,Cu 是很耐蚀的。这一方面是由于它热力学稳定性高,不易氧化;另一方面是由于长期暴露在大气中的 Cu 先生成 Cu_2O,然后逐渐生成 $CuCO_3 \cdot Cu(OH)_2$ 保护膜。在工业大气中生成 $CuSO_4 \cdot 3Cu(OH)_2$,在海洋大气中生成 $CuCl_2 \cdot 3Cu(OH)_2$。

在淡水、海水、中性盐水溶液中及从中性到 pH < 12 的碱溶液中,由于氧化膜的生成,Cu 呈现钝态,Cu 因而耐蚀。Cu 在海水中的年腐蚀率约为 0.05 mm。此外,Cu 离子有毒,使海中生物不易黏附在 Cu 表面上,避免了海中生物的腐蚀,故常用来制造在海水中工作的设备或船舰零件。当海水流速很大时,由于保护层难以形成,以及海水的冲击、摩擦作用,加速了 Cu 的腐蚀。溶液中溶有的氧能促进难溶腐蚀产物膜生成,所以增加溶氧量反而使腐蚀速度降低。但若水中含有氧化性盐类(如 Fe^{3+} 或铬酸盐),Cu 的腐蚀加速。

在含氨、NH_4^+ 或 CN^- 等离子的介质中,因形成 $[Cu(NH)_3]^{2+}$ 或 $[Cu(CN)_4]^{2-}$ 络合离子,降低了 Cu 的电位,使 Cu 迅速腐蚀。当溶液中有氧或氧化剂时腐蚀更严重。此外,Cu 还不耐硫化物(如 H_2S)腐蚀。

2. Cu 合金

纯 Cu 的力学性能不高,铸造性能差,而且许多情况下耐蚀性也不能令人满意。为了改善这些性能,常在 Cu 中加入 Zn、Sn、Ni、Al 和 Pb 等合金元素。为了某些特殊的目的,有时还加入 Si、Be、Ti、Mn、Fe、As、Te 等。合金化所形成的 Cu 合金,有比纯 Cu 更高的耐蚀性,或是保持 Cu 的耐蚀性同时,提高了力学性能或工艺性能。

(1)黄铜(Cu － Zn 合金)。

依所加合金元素的种类和含量的不同,黄铜可分为单相黄铜、复相黄铜及特殊黄铜三大类。当 w_{Zn} < 36% 时,构成单相的 α 固溶体,故单相黄铜又称 α 黄铜;当 w_{Zn} = 36% ～ 45% 时,成为 α＋β 复相黄铜;当 w_{Zn} > 45% 时,为 β 黄铜,脆性大,无实用价值。特殊黄铜是在 Cu － Zn 的基础上,又加入了 Sn、Ni、Al、Pb、Si、Mn、Fe 等。

黄铜在大气中腐蚀很慢,在纯水中腐蚀速度也不大,为 0.002 5 ～ 0.025 mm/a,在海水中的腐蚀稍快,为 0.007 5 ～ 0.1 mm/a。水中的氯化物对黄铜的腐蚀影响较大,碘化物影响则更为严重。在含 O_2、CO_2、H_2S、SO_2、NH_3 等气体的水中,黄铜的腐蚀速度剧增。在矿水尤其是含 $Fe_2(SO_4)_3$ 的水中极易腐蚀。在硝酸和盐酸中产生严重腐蚀,在硫酸中腐蚀较慢,而在 NaOH 溶液中则耐蚀。

黄铜耐冲击腐蚀性能比纯铜高,因此,黄铜是最优异的蒸汽冷却管材料,特别是用来制造快速流动海水冷却的船用冷凝管。

黄铜的腐蚀破坏形式除一般性腐蚀及高速介质中冲击腐蚀外,还有两种特殊的腐蚀破坏形式,即脱 Zn 腐蚀和 SCC。

(2)青铜。

传统的青铜是指 Cu － Sn 合金,现在把不含 Sn 的铸造 Cu 合金也称为青铜,如铝青铜、铍青铜、砷青铜、硅青铜、锰青铜等。

Sn 的质量分数低于 13.8% 的锡青铜的组织是 α 固溶体,一般锡青铜中 Sn 的质量分数有 5%、8% 和 10% 三种。锡青铜耐蚀性能随 Sn 含量增加而有所提高,力学性能、耐磨性和铸造性能较 Cu 好,且耐蚀性能也比 Cu 高。锡青铜在大气中有良好的耐蚀性,如 Cu－8Sn 在大气中的腐蚀速率只有 $0.000\,15 \sim 0.002\,\text{mm/a}$,在淡水和海水中也很耐蚀,腐蚀速率小于 $0.05\,\text{mm/a}$。在稀的非氧化性酸中以及盐类溶液中,它也有良好的耐蚀性,但在硝酸、盐酸和氨溶液中,与纯 Cu 一样不耐蚀。高 Sn 含量($w_{\text{Sn}} = 8\% \sim 10\%$)的青铜有较高的耐冲击腐蚀能力。锡青铜既不容易产生脱 Zn 腐蚀,也不产生 SCC。锡青铜耐磨性很好,主要用于制造泵、阀门、齿轮、轴承、旋塞等要求耐磨损和耐腐蚀的零件。

(3) 白铜(Cu－Ni 合金)。

白铜中通常含 Ni 不超过 30%(质量分数),其耐海水腐蚀和耐碱腐蚀性能随 Ni 含量增加而提高。Cu－Ni 二元合金称为普通白铜,若再加 Fe、Zn、Al、Mn 等元素,则分别称为铁白铜、锌白铜、铝白铜、锰白铜等。白铜在工业 Cu 合金中耐蚀性能最优,但由于含大量 Ni,限制了其使用。

与其他金属材料相比,白铜对碱有相当好的耐蚀能力,如在无氧化性杂质的熔融碱中,其腐蚀深度小于 $1\,\text{mm/a}$。白铜耐冲击腐蚀的能力高于铝青铜,抗 SCC 性能好。加少量 Fe 后可进一步改善耐空蚀和耐 SCC 性能。含质量分数为 20% 或 30%Ni 的白铜是制造海水冷凝管的最好材料。

5.3.5 Al 及 Al 合金

1. Al 的特性

Al 的密度为 $2.7\,\text{g/cm}^3$,是应用最广泛的轻金属。纯 Al 具有优良的导热及导电性能,强度为 $88 \sim 120\,\text{MPa}$,形变后可达 $147 \sim 245\,\text{MPa}$,但塑性仍很好,因此具有很好的冷热加工性能。基于上述优点,无论在工业(特别是航空工业)中,还是在日常生活中,Al 都获得了广泛的应用。

Al 的标准电极电位为 $-1.67\,\text{V}$,是常用金属材料中电位最低的一种。从热力学上看,Al 很不稳定,应该产生严重腐蚀。但在大气和中性溶液中(pH＝$4 \sim 8$),由于 Al 表面上能生成一层致密的、牢固附着的氧化物保护膜而使 Al 钝化,其钝态稳定性仅次于 Ti。该膜由 Al_2O_3 或 $Al_2O_3 \cdot nH_2O$ 组成。依生成条件不同,其厚度可在很大范围内变化。在干燥大气中,能生成厚度为 $15 \sim 20\,\text{nm}$ 的非晶态氧化物保护膜,同基体牢固结合,成为保护 Al 不受腐蚀的有效屏障。在潮湿大气中,能生成水化氧化物膜,膜的最终厚度随湿度增加而增厚。当相对湿度大于 80% 时,最厚可达 $100 \sim 200\,\text{nm}$。膜虽然增厚了,但保护性能却降低了。当温度高于 500 ℃ 时,生成失去屏障作用的晶质膜。钝化膜的形成使 Al 的电极电位显著变正。在中性溶液中 Al 的电极电位为 $-0.5 \sim -0.7\,\text{V}$,比平衡电位高约 $1\,\text{V}$。但是 Al 上的保护膜有两性的特征,它既溶解在非氧化性的强酸中,又特别容易溶解在碱中。Al 在酸性溶液中腐蚀,生成 Al^{3+};在碱性溶液中腐蚀,生成 AlO_2^-。Al 在中性溶液中耐蚀除了形成钝化膜的作用(阳极阻滞)外,在相当程度上与 Al 的活化和钝化表面上析氢过电位高(阴极阻滞)有关。

上述特性使 Al 在许多中性及弱酸性(有机酸)介质中成为非常稳定的材料。

Al 在强氧化剂的作用下,以及在氧化性酸(如硝酸)中也是稳定的。Al 对盐酸、硫酸等非氧化性酸是不耐蚀的。Al 也不耐碱腐蚀,但氨水与硅酸钠除外。Al 耐 S 和硫化物腐蚀,在通 SO_2 或 H_2S 和空气的蒸馏水中,Al 的腐蚀速率比 Fe 和 Cu 小得多。氯化物与其他卤素化物能破坏 Al 的保护膜,因此在含氯化物的溶液中,Al 的稳定性有些降低。

由于 Al 的电位非常负,当它含有电位更正的金属(Cu、Fe、Ni、Si 等)或与其合金接触时,Al 的腐蚀加速,耐蚀性显著下降。此外,Al 在中性溶液中的腐蚀基本上是氧去极化,当 Al 中含氢过电位较低的贵金属元素增加时,氢去极化的成分也明显增加。因此,Al 的耐蚀性与其纯度有很大关系。

2. Al 合金

与纯 Al 相比,Al 合金具有较高的力学性能与工艺性能,在工业上获得了极广泛的应用,但其耐蚀性较低。Al 合金一般分为铸造与变形两类。

(1) 铸造 Al 合金(ZL)。

铸造 Al 合金按成分可分为四类:

①Al－Si 或 Al－Si－Mg 系合金。工业上称为硅铝明合金,其强度中等,耐蚀性在 Al 合金中也居中,宜于在常温下使用,广泛用于生产各类复杂铸件。典型牌号为 ZAlSi7Mg(代号 ZL101,$w_{Si}=6\%\sim8\%$,$w_{Mg}=0.2\%\sim0.4\%$)。

②Al－Cu 系合金。特点是有较高的热强性,宜于制造在高温下工作的部件,但铸造及耐蚀性都较差。典型牌号为 ZAlCu5Mn(代号 ZL201,$w_{Cu}=4.5\%\sim5.3\%$,$w_{Mn}=0.6\%\sim1.0\%$)。

③Al－Mg 系合金。具有较优异的强度及耐蚀性,易于阳极化处理,在造船、食品及化学工业中应用广泛,但耐热性及铸造性能较差。典型牌号为 ZAlMg10(代号 ZL301,$w_{Mg}=4.5\%\sim5.5\%$)。

④Al－Zn 系合金。此类合金有自淬火效应,适于制造尺寸稳定性较高的铸件,但密度较大,耐热性也低。典型牌号为 ZAlZn11Si7(代号 ZL401,$w_{Zn}=9\%\sim13\%$,$w_{Si}=6\%\sim8\%$,$w_{Mg}=0.1\%\sim0.3\%$)。

(2) 变形 Al 合金。

指经过形变加工方式生产出来的各种半成品,如板、管、棒、丝、带等型材及锻件等。据合金的特性,变形 Al 合金可分为如下几类:

① 防锈 Al 合金(LF)。这种合金具有优异的耐蚀性,其强度比 Al 高,塑性好,能加工成各种型材,它包括 Al－Mn 及 Al－Mg 两个系列。Al－Mn 变形合金的典型牌号是 3A21(代号 LF21,$w_{Mn}=1.0\%\sim1.6\%$)。

② 硬 Al(LY)。属于时效强化性合金,主要为 Al－Cu－Mg－Mn 系合金,其化学成分为:$w_{Cu}=2.5\%\sim6.0\%$,$w_{Mg}=0.4\%\sim2.8\%$,$w_{Mn}=0.4\%\sim1.0\%$,杂质(Fe+Si) 的质量分数不超过 1.0%。根据合金化程度的不同,硬 Al 可分为 Al－Cu－Mg、Al－Cu－Mn 及 Al－Cu－Li 系。硬 Al 中的相比较复杂,其共同特点是具有一定的强度,耐热性好,可在一定的高温下使用,但其耐蚀性不佳。主要用于制造铆钉、螺栓等紧

固件。

③ 超硬 Al(LC)。是变形 Al 合金中强度最高的,可达 $600 \sim 700$ MPa,属于 Al—Zn—Mg—Cu 系合金。其强度、断裂韧性均优于硬 Al,但疲劳性能差,对应力集中敏感,有明显的 SCC 倾向,耐热性也低于硬 Al。

④ 锻 Al(LD)。主要是指 Al—Mg—Si 系或 Al—Mg—Si—Cu 系合金。该合金中 Mg 和 Si 形成二元化合物 Mg_2Si,其中 Mg 与 Si 之比为 $1.73 : 1$。如果 Mg 含量过多会降低 Mg_2Si 在 Al 中的溶解度和时效强化效果,所以一般合金中 Si 含量略高一些。这种合金具有优良的热塑性,主要用于生产锻件。Al—Mg—Si 合金无 SCC 敏感性,焊接性能好,焊接后耐蚀性不变。在合金中加入不同含量的 Cu 和 Mn,可形成不同型号的锻 Al 合金。

3. Al 合金的局部腐蚀

(1) 点蚀。

点蚀是 Al 合金最常出现的腐蚀形态之一。在大气、淡水、海水和其他一些中性和近中性水溶液中都会发生点蚀。一般来说,Al 合金在大气中产生点蚀的情况并不严重,而在水中却比较严重,甚至导致穿孔。试验表明,引起 Al 合金点蚀的水质要具备以下三个条件:① 水中必须含有能抑制全面腐蚀的离子,如 SO_4^{2-}、SiO_3^{2-} 或 PO_4^{2-} 等;② 水中必须含有能破坏局部钝态的离子,如 Cl^-;③ 水中必须含有能促进阴极反应的氧化剂。

为防止 Al 合金的点蚀,可从环境与材料两个方面来考虑。例如,从环境上,尽可能地控制氧化剂,去除溶解氧、氧化性离子或水中的 Cl^-。提高水温以减少溶解氧,或使水流动以减少局部浓差和利于再钝化,都能减缓点蚀。水中含 Cu 离子是 Al 合金发生点蚀的原因之一,为此,必须尽量去除水中 Cu 离子。从材料角度来看,高纯 Al 一般难产生点蚀,含 Cu 的 Al 合金耐点蚀性能最差,Al—Mn 系或 Al—Mg 系合金耐点蚀性能最佳。

(2) 晶间腐蚀。

纯 Al 一般不产生晶间腐蚀。Al—Cu 系、Al—Cu—Mg 系及 Al—Zn—Mg 系合金常因热处理不当,而具有较大晶间腐蚀敏感性。Al—Cu 和 Al—Cu—Mg 合金热处理时在晶界上连续析出富 Cu 的 $CuAl_2$ 相,导致邻近的固溶体中贫 Cu,贫 Cu 区电位低,为阳极,发生晶间腐蚀。对于 Al—Zn—Mg 系合金和含 Mg 的质量分数大于 3% 的 Al—Mg 合金来讲,由于热处理而在晶界析出的 $MgZn_2$ 相或 Mg_2Al_3 相相对于晶粒本身是阳极,在腐蚀性介质中这些晶界析出物本身发生溶解,也造成晶间腐蚀。

具有晶间腐蚀倾向的铝合金在工业大气、海洋大气或在海水中都可能产生晶间腐蚀。Al 合金的晶间腐蚀可通过适当的热处理消除晶界上有害的析出物加以解决,也可采用复合板或喷镀牺牲阳极金属加以防止。

(3) SCC。

纯 Al 与低强度的 Al 合金一般无 SCC。高强 Al 合金,如 Al—Cu、Al—Cu—Mg,含 Mg 高于 5%(质量分数)的 Al—Mg 系合金,以及含过剩 Si 的 Al—Si 合金,特别是 Al—

Zn—Mg 和 Al—Zn—Mg—Cu 等高强度合金,SCC 倾向较大。

从材料的角度来看,含 Cu、Mg、Zn 量高的 Al 合金对 SCC 的敏感性最高。热处理对 Al 合金的 SCC 也有很大的影响。防止或消除 Al 合金 SCC 的措施有:进行适宜的热处理,采取合金化(加入微量的 Mn、Cu、Cr、Zr、V、Mo 等),消除残余应力,以及采取包镀技术等。

(4)Al 合金的剥层腐蚀。

剥层腐蚀(剥蚀)是形变 Al 合金的一种特殊腐蚀形态,此时形变 Al 合金像云母似的一层一层地剥离下来。Al—Cu—Mg 合金产生剥蚀的情况最多,Al—Mg 系、Al—Mg—Si 和 Al—Zn—Mg 系合金也有发生,但在形变 Al—Si 系合金中未见发生。剥蚀多见于挤压材,这是由于挤压材表面已再结晶的表层不受腐蚀,但再结晶层以下的金属要发生腐蚀,因而使表层剥蚀,因此,剥蚀与组织有关。曾认为是伸长了的变形组织的晶间发生了腐蚀,而现在认为它是沿加工方向伸长了的 Al—Fe—Mn 系化合物发生的腐蚀,同晶界无必然的关系,且与应力无关。采用牺牲阳极保护防止剥蚀较为有效,采用适宜的热处理也能收到一定的效果。

(5)Al 合金的电偶腐蚀。

Al 及 Al 合金的电位低,当与其他金属材料接触时,在腐蚀介质中组成电偶,常引起 Al 及 Al 合金的电偶腐蚀。从电位来看,比 Al 电位低的常用金属只有 Mg、Zn 和 Cd,因此,Al 及 Al 合金同大多数金属接触都会引起或加速腐蚀。为了防止电偶腐蚀,当 Al 和 Al 合金必须与其他电位较高的金属材料组装在一起时,应注意电绝缘。

5.3.6 Mg 及 Mg 合金

1.Mg 的特性

Mg 是密度小($1.74\ \text{g/cm}^3$)、活性高的金属结构材料。Mg 及 Mg 合金是航空工业中应用最广的结构材料之一,目前它们是最具活性的保护屏材料。

Mg 的平衡电位非常负,为 -2.3 V。Mg 在 29.3 g/L 的 NaCl 中的稳定电位也是合金中最负的,约为 -1.45 V。Mg 的电位虽然很负,但有相当好的耐蚀性,因为 Mg 极易钝化,其钝化性能仅次于 Al。Mg 耐蚀性低于 Al 的原因是电位较负,以及钝化能力比 Al 弱。

Mg 在酸中不稳定,但在铬酸和氢氟酸中却耐蚀,这是因为 Mg 在铬酸中进入钝态,而在氢氟酸中表面生成了不溶解的 MgF_2 保护膜。Mg 及其合金在有机酸中不稳定。在中性盐溶液中,甚至在含一定量 CO_2 的纯蒸馏水中,Mg 能溶解并放出氢。水中 pH 降低能显著加速 Mg 的腐蚀。水溶液中的活性离子,特别是 Cl^-,能加速 Mg 的腐蚀,Cl^- 浓度增加则 Mg 腐蚀加速。

当温度低于 $50 \sim 60\ ℃$ 时,Mg 在氨溶液或碱溶液中是稳定的。因此水溶液碱化时,即使有 Cl^- 也能降低 Mg 的腐蚀速率。氧化性阴离子,特别是铬酸盐、重铬酸盐以及磷酸盐,与 Mg 能够生成保护性膜,从而显著提高 Mg 及其合金在水和盐类水中的耐蚀性。

由于 Mg 的平衡电位和稳定电位非常负,因此,与 Al 相比,Mg 中含杂质元素及与其他金属相接触时,腐蚀速率增高的倾向更大。一般地,纯 Mg 中即使含有极少量的氢过电位低的金属,如 Fe、Ni、Co、Cu,其耐蚀性将显著降低。然而,Mg 中含有氢过电位较高的金属,如 Pb、Zn、Cd,以及负电性很强的金属如 Mn、Al 等时,则影响不大。

2. Mg 合金

纯 Mg 的力学性能低,一般不作结构材料使用。Mg－Al、Mg－Zn 和 Mg－Mn 合金是工程中应用最广泛的 Mg 合金。

Mg 合金可分为铸造(ZM)和变形(MB)两类。

铸造 Mg 合金有高温下使用的 Mg－Zr－稀土和常温下使用的 Mg－Al－Zn 和 Mg－Zn－Zr 合金。铸造镁合金经氧化处理后耐蚀性能尚好,铸件应进行阳极化处理,表面深层保护。不允许 Mg 合金直接与 Al 合金、Cu 合金、Ni 合金、钢、贵金属、木材和胶板等直接接触,如必须接触时,应绝缘。

变形 Mg 合金包括 Mg－Mn、Mg－Al、Mg－Zn－Zr 和 Mg－Li 合金。在大气和水中易产生 SCC,在水中通氧时会加速。某些阴离子(不仅限于 Cl$^-$)也会加速 Mg 合金的 SCC。合金元素对 Mg 合金的 SCC 有一定的影响。例如,Mg－Al－Zn 合金具有很高的 SCC 敏感性,且随着 Al 含量的增加而增高,特别是薄壁件 SCC 敏感性更大。因此,只有在应力小于屈服极限的 60% 并用无机薄膜和涂料保护下才能使用。不含 Al 的 Mg 合金 SCC 敏感性低或无敏感性。

5.3.7 Ti 及 Ti 合金

1. Ti 的耐蚀性

Ti 是热力学上很活泼的金属,其平衡电位为 -1.63 V,接近 Al 的平衡电位。但是,在许多介质中,Ti 极耐蚀,原因是 Ti 具有强烈的钝化能力,并使之稳定电位远远地偏向正值。例如,在 25 ℃ 的海水中约等于 $+0.09$ V,比在同一介质中的 Cu 及 Cu 合金的电位都正。Ti 的钝化膜具有非常好的愈合性,破损后能很快地弥合修复形成新膜。Ti 不仅可在含氧的溶液中保持稳定钝态,而且能够在含有任何浓度 Cl$^-$ 的含氧溶液中也保持钝态。Ti 的钝化有三个特点:① 致钝电位低,非常容易钝化,在稍具氧化性的氧化剂中就可钝化;② 稳定钝化电位区间宽,钝态极稳定,不易过钝化,如 Ti 对高温高浓度硝酸也耐蚀(发烟硝酸除外);③ Cl$^-$ 存在时钝态也不受破坏。

Ti 及其合金在中性或弱酸性的氯化物溶液中有高度的稳定性。例如,Ti 在 100 ℃ 的质量分数低于 30% 的 FeCl$_3$ 和所有浓度的 NaCl 中都稳定。Ti 在氯化物溶液或海水中还耐点蚀。这些耐蚀性都超过了不锈钢和 Cu 合金。Ti 对于含氯离子的氧化剂溶液也有高度的稳定性,如王水、100 ℃ 的次亚氯酸钠溶液、氯水、气体氯(达 75 ℃)、含有过氧化氢的氯化钠溶液等。Ti 对某些氧化剂也是稳定的,如对沸腾的铬酸、100 ℃ 的质量分数低于 65% 的硝酸以及质量分数为 40% 的硫酸和质量分数为 60% 的硝酸的混酸(35 ℃)。但是,Ti 在硝酸中的稳定性不如不锈钢及 Al,因为在高温时硝酸能缓慢地使 Ti 氧化,生成不溶性的钛酸 H$_2$TiO$_3$。

在稀盐酸、氢氟酸、硫酸和磷酸中，Ti 的溶解比 Fe 缓慢得多。随着浓度的增加，特别是温度的升高，Ti 溶解速度显著加快。在氢氟酸和硝酸的混合物中 Ti 溶解得很快。

除了甲酸、草酸和相当浓度的柠檬酸之外，Ti 在所有的有机酸中都不被腐蚀。

在质量分数低于 20% 的稀碱中，Ti 是稳定的；在较浓的碱中，特别当加热时，可缓慢地放出氢并生成钛酸盐。

由此不难看出，Ti 是化学工业中最耐蚀、最有应用前景的材料。遗憾的是，Ti 的价格过高。此外，Ti 在高温下很不稳定，能剧烈地与氧、硫、卤族元素、碳，甚至和氮、氨化合。

2. Ti 合金

Ti 合金的品种很多，在航空、航天及化学工业中已获得了广泛的应用。Ti 合金化的主要目的是为了提高其在还原性酸中的耐蚀性，尤其是耐缝隙腐蚀的能力。研究表明，Pd、Ru、Pt 对 Ti 表现出了极好的阴极合金化效果，但这些合金元素均为贵金属。此外，用 Nb、Ta、Mo 合金化，对 Ti 的阳极极化特性有直接影响，也可显著提高 Ti 的耐蚀性。但是用这些元素合金化时，只有含量很大时，才能达到降低腐蚀速度的目的，而用 Pd(Pt) 合金化时，只需千分之几的浓度就能获得良好的效果。

(1)Ti—Pd 合金。

Pb 含量一般在 $0.15\% \sim 0.20\%$（质量分数）。Pd 的析氢过电位低，少量 Pd 就可促进 Ti 的阳极钝化，提高 Ti 在盐酸、硫酸等非氧化性酸中的耐蚀性。如加入质量分数为 1% 的 Pd，可使 Ti 在 5%（质量分数）沸腾盐酸中的腐蚀速率从 25.4 mm/a 以上下降到 0.25 mm/a；加入质量分数为 0.2% 的 Pd，可使 Ti 在 5%（质量分数）硫酸中的腐蚀速率从 48.26 mm/a 下降到 0.5 mm/a。效果极为明显。

与纯 Ti 相比，在非氧化性酸中加入氧化剂可使 Ti—Pd 合金更容易钝化，但所需氧化剂的量要少得多。Ti—Pd 合金在高温高浓度的氯化物溶液中非常耐蚀，且不产生缝隙腐蚀，而纯 Ti 在此类溶液中会产生缝隙腐蚀。Ti—Pd 合金的另一优点是不易因腐蚀而产生氢脆。Ti—Pd 合金耐氧化性酸的腐蚀，也耐中等还原性酸腐蚀，但不耐强还原酸腐蚀。

(2)Ti—Ta、Ti—Nb 及 Ti—Nb—Ta 合金。

Ta 无论在氧化性还是在还原性酸中都是稳定的，并能与 Ti 形成均匀的固溶体，是 Ti 的有效合金化元素。为了使 Ti—Ta 合金在热的盐酸和硫酸中耐蚀，合金中 Ta 的质量分数不能少于 20%。

Nb 是另一个有效的合金化元素。但为使 Ti—Nb 合金在热盐酸中耐蚀，合金中 Nb 的质量分数不得少于 40%。在 Ti—Nb 合金中加入少量的 Pt($w_{Pt}=0.2\%$)可显著地提高合金的耐蚀性。另一提高 Ti 合金耐蚀性的措施是研制 Ti—Ta—Nb 三元合金。Ti 中 $w_{Ta}=15\%$、$w_{Nb}=25\%$ 时，或者 $w_{Ta}+w_{Nb}=20\%$ 时可显著地提高耐蚀性；而当 $w_{Ta}+w_{Nb}>30\%$ 时，则效果更显著。

(3)Ti—Mo、Ti—Mo—Nb—Zr 合金。

Mo 在含 Cl⁻ 的溶液中具有很高的钝化能力，与 Ti 的差别是 Mo 上的钝化膜在非氧化性酸（HCl、H_2SO_4）中的稳定性比在氧化性酸（HNO_3）中高。因此，Ti—Mo 合金中的 Mo 含量越高，它们在非氧化性介质中越稳定。当 $w_{Mo} > 20\%$ 时，特别是达 $30\% \sim 40\%$ 时，该合金在热的、浓的非氧化性酸中才具有高的稳定性。例如，在 100 ℃、40%（质量分数）的 H_2SO_4 中，Ti—Mo 合金中 Mo 的质量分数大于 30% 时，腐蚀速度才低于 0.1 mm/a。

Ti—Mo—Nb—Zr 系合金是新研制的，在强腐蚀性介质中有相当好的耐蚀性，同时还具有很好的工艺性能。一般地，随着合金化程度的提高，耐蚀性也显著提高。

3. Ti 及 Ti 合金常见的腐蚀形态

虽然 Ti 是一种耐蚀性良好的金属，但在一定的条件下，仍有不同形态的腐蚀，其中最值得注意的是缝隙腐蚀、氢脆、SCC、焊缝腐蚀及自燃现象。

（1）缝隙腐蚀。

Ti 在室温下的海水中未发现过缝隙腐蚀。在高温下的含氯化物溶液中产生缝隙腐蚀。在含少量氨的 NH_4Cl 和 NaCl 溶液中，含有氧化剂的盐酸溶液及含有氯的有机介质中都发现过 Ti 制设备的严重缝隙腐蚀，甚至在含氯的工业大气中也发现过 Ti 的缝隙腐蚀现象。

（2）氢脆。

Ti 及其合金在氢气气氛中，在阴极极化或电化学腐蚀过程中，当吸氢到一定程度时，会导致氢脆。Ti 的氢化物引起的氢脆是常见的，且其敏感性随温度的降低而增加，当试样有缺口时，敏感性也增加。另外氢脆与形变速率有密切关系，还与氢化物的形状与分布有关。一般片状的氢化物的氢脆敏感性较大。

（3）SCC。

SCC 是 Ti 及 Ti 合金的另一种重要的破坏形式。工业纯 Ti 在水溶液中一般不发生 SCC。曾有报道，Ti 在 20%（质量分数）的红烟硝酸和含溴的甲醇溶液中发生过 SCC。Ti 合金产生 SCC 的情况较多，在热盐、甲醇氯化物溶液、红烟硝酸、N_2O_4，甚至在 NaCl 水溶液中都发生过 SCC。研究表明，Ti 合金的 SCC 是属于氢脆型的。

（4）焊缝腐蚀。

焊缝腐蚀是 Ti 合金腐蚀破坏的另一重要形式，在强氧化性介质中尤为突出。例如，在硝酸、含氧化剂的醋酸、含氟添加剂的铬酸中都发生过焊缝腐蚀。一般认为杂质 Fe 和 Cr 在焊接过程中分布发生的变化是引起焊缝腐蚀的主要原因。

（5）自燃。

Ti 在某些强氧化性环境中，由于表面氧化作用不间断剧烈地进行，这种快速放热反应常引起恶性的自燃事故。国内外都发生过 Ti 设备在发烟硝酸和干氯气中自燃爆炸事故。但是只要在介质中有少量的水存在，就可以防止自燃。此外，Ti 在液态溴、无水结晶碘或 $2.0 \sim 2.5$ MPa 的氧压下也会发生自燃。温度升高，自燃敏感性增大。

思　考　题

1. 纯金属按其热力学稳定性可分为哪几类？耐蚀金属材料是如何分类的？

2.提高合金耐蚀性有哪些途径？其中最有效的途径是什么？试举例说明。

3.碳钢在盐酸、硫酸、硝酸及碱的溶液中的腐蚀行为如何？

4.在耐大气腐蚀用钢及耐海水腐蚀用钢中，通常加入哪些主要合金元素？这些元素如何提高钢的耐蚀性能？举例说明之。

5.从组成来划分，高温合金分为哪几类？

6.Al 的标准电极电位很负，说明 Al 的热力学活性很高。为什么 Al 在水中和大部分中性或许多弱酸性介质中非常耐蚀，而在非氧化性强酸和较强的碱中不耐蚀？

7.哪类元素对提高 Ti 的耐蚀性能有着十分显著的效果？为什么？

第6章   金属的保护方法

研究金属腐蚀的各种机理和影响因素,是为了有针对性地发展控制金属腐蚀的技术与方法。目前,普遍采用控制金属腐蚀的基本方法有如下几种:① 正确选用金属材料与合理设计金属的结构;② 电化学保护,包括阴极保护和阳极保护;③ 涂层保护,包括金属涂层、化学转化膜、非金属涂层等;④ 改变环境使其腐蚀性减弱,如添加缓蚀剂或去除对腐蚀有害的成分等。

对于具体的金属腐蚀问题,需要根据金属产品或构件的腐蚀环境、保护的效果、技术难易程度、经济效益和社会效益等,进行综合评估,选择合适的防护方法。

6.1   正确选材与合理结构设计

6.1.1   正确选用金属材料和加工工艺

设计一项金属产品或构件时,正确选用金属材料和加工工艺是设计的重要组成部分。材料选择不当往往是造成腐蚀破坏的主要原因,相当多的金属腐蚀问题通过正确选用金属材料和加工工艺就可以得到解决。因此,了解金属材料在各种环境中的腐蚀基本特性,以及掌握查阅相关的腐蚀数据的能力,对工程设计尤为重要。

在工业设计中,正确选材是十分重要和相当复杂的问题。选材是否合理不仅影响产品的使用寿命,还影响到产品的各种性能。因此,选材时除了考虑耐蚀性能之外,还需要考虑力学性能、加工性能以及材料的价格等因素。选材时应遵循下列原则:

① 选材需要考虑经济上的合理性,在保证其他性能和设计的使用期的前提下,尽量选用价格便宜的材料。

② 综合考虑整个设备的材料,根据整个设备的设计寿命和各部件的工作环境条件选择不同的材料,易腐蚀部分应选择耐蚀性强的材料。

③ 对选择材料要查明其对哪些腐蚀具有敏感性,在选用部位所承受的应力、所处环境的介质条件以及可能发生的腐蚀类型,与其他接触的材料是否相容,是否会发生接触腐蚀。

④ 结构材料的选材不可单纯追求强度指标,应考虑在具体腐蚀环境条件下的性能。例如,在腐蚀介质中,只考虑材料的断裂韧性 K_{IC} 值是不够的,还应当考虑应力腐蚀强度因子 K_1scc 和应力腐蚀断裂门坎应力 σ_{th} 值。

⑤ 选择杂质含量低的材料可以提高耐蚀性。

⑥ 尽可能选择腐蚀倾向性小的热处理状态。例如,铝合金、不锈钢等经过合理的热处理可以避免晶间腐蚀的发生。

⑦ 采用特殊的焊接工艺防止焊缝腐蚀,采用喷丸处理改变表面应力状态防止应力腐蚀。

⑧ 基体材料施加涂层可以作为复合材料来考虑。选择耐蚀性差的材料施加涂层,还是选择高耐蚀材料,需综合考虑设备的设计寿命和经济成本。

6.1.2　合理设计金属结构

为了使金属结构在腐蚀环境中达到人们预期的目的和寿命,选材之后还需要对金属结构进行合理的设计。从减少腐蚀或防止腐蚀的角度,金属结构的设计应注意如下几点:

① 对于发生均匀腐蚀的构件可以根据腐蚀速率和设备的寿命计算构件的尺寸,以及决定是否需要采取保护措施;对于发生局部腐蚀的构件的设计必须慎重,需要考虑更多的因素。

② 设计的构件应尽可能避免形成有利于形成腐蚀环境的结构。例如,应避免形成使液体积留的结构,在能积水的地方设置排水孔;采用密闭的结构防止雨水、海水、雾气等的侵入;布置合适的通风口,防止湿气的汇集和结露;尽量少用多孔吸水性强的材料,不可避免时可采用密封措施;尽量避免缝隙结构,如采用焊接代替螺栓连接防止产生缝隙腐蚀。

③ 尽可能避免不同金属的直接接触产生电偶腐蚀,特别是要避免小阳极－大阴极的电偶腐蚀。当不可避免时,接触面要进行适当的防护处理,如采用缓蚀密封膏、绝缘材料将两种金属隔开,或采用适当的涂层。

④ 构件在设计中要防止局部应力集中,并控制材料的最大允许使用应力;零件在制造中应注意晶粒取向,尽量避免在短横向上受拉应力;应避免使用应力、装配应力和残余应力在同一个方向上叠加,以减轻或防止应力腐蚀断裂。

⑤ 设计的结构应有利于制造和维护。通过维护可以使设备的抗蚀寿命得到提高。

6.2　电化学保护

电化学保护是利用外部电流使金属电位发生改变从而控制腐蚀的一种方法。

金属在外电流的作用下可以极化到非腐蚀区或钝化区而获得保护,这两种情况分别称为阴极保护和阳极保护。

电化学保护是防止金属腐蚀的有效方法,具有良好的社会效益和经济效益。电化学保护广泛应用于各种地下构筑物、水下构筑物、海洋工程、化工和石油化工设备的腐蚀防护上。如地下油、气、水管道,船舶,码头,海上平台等均采用电化学保护。电化学保护是一种极为经济的保护方法。例如,一条海轮在建造费中,涂装费高达5%,而阴极保护的费用不到1%。一座海上采油平台的建造费高达1亿元,不采取保护措施,平台的寿命只有5年,采用阴极保护其费用为100万～200万元,寿命延长到20年以上。

地下管线的阴极保护费只占总投资的$0.3\% \sim 0.6\%$,使用寿命却大大延长。采用阳极保护所需的费用仅占设备造价的2%左右。

6.2.1 阴极保护

金属在外加阴极电流的作用下,发生阴极极化使金属的阳极溶解速度降低,甚至极化到非腐蚀区使金属完全不腐蚀,这种方法称为阴极保护。

1.阴极保护原理

根据腐蚀电化学原理,腐蚀的金属是一个多电极耦合体系。在最简单的情况下,腐蚀的金属电极上同时存在两个电化学反应,即金属的阳极溶解反应和氧化剂的阴极还原反应。当外电流流经金属表面时,其表观极化曲线与腐蚀原电池阴、阳极过程的理论极化曲线之间的关系如图$6-1$所示。其中,$ABKC$和$FKED$分别为理论阳极极化曲线和阴极极化曲线。其起始电位分别为阳极反应和阴极反应的平衡电位E_a^0和E_c^0。理论阳极极化曲线和阴极极化曲线的交点K所对应的电位即自腐蚀电位E_{corr},对应的电流即腐蚀电流密度i_{corr}。在电位E_{corr}处阳极和阴极的电流相等,外电流为零。

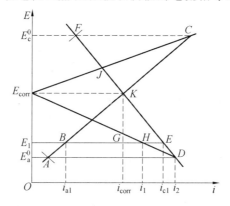

图$6-1$　外加电流的极化与阴极保护

$E_{corr}JC$和$E_{corr}HD$分别为表观阳极极化曲线和表观阴极极化曲线。当体系外加阴极电流时,电极电位将由E_{corr}沿$E_{corr}HD$负方向移动。若外加阴极电流密度为i_1,电位由E_{corr}负移到E_1,此时腐蚀电流密度由i_{corr}减小到i_{a1},$i_{corr}-i_{a1}$表示阴极极化后腐蚀电流密度的减小值,称为保护效应;阴极电流密度相应增加到i_{c1},且有$i_1 = i_{c1} - i_{a1}$。如果使金属进一步阴极极化,当电位达到阳极反应的平衡电位E_a^0,外电流i_2全部消耗于氧化剂的阴极还原,则腐蚀原电池阳极过程的速度降为零,腐蚀停止,金属实现完全的阴极保护。E_a^0即为理论上的最小保护电位。金属达到最小保护电位所需要的外加电流密度为最小保护电流密度。

在不同的环境中金属腐蚀的极化图有很大的差异。在酸性介质中,金属腐蚀全部由氢的去极化引起时,其极化曲线便类似于图$6-1$。在中性或微酸性介质中,当阴极过程全部是氧的去极化或以氧的去极化为主、氢的去极化为辅时,其极化曲线如图$6-2$所示,氧的去极化呈现浓差极化的特征。在中性介质中,由于阴极过程主要是氧的去极化,阴极保护的效果最为理想。当阴极保护电流等于氧的浓差电流时,即可达到 E_M^0,实现完全的阴极保护。阴极保护电流过大(如图 6-2 中的 i_1)并无好处,因为不可能继续降低金属的腐蚀速度,反而引起氢的析出。

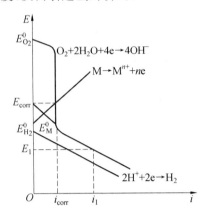

图 6-2　氧的去极化时有氢的去极化参与的阴
极保护的极化曲线图解

2. 阴极保护参数

在阴极保护工程中,可以通过测定金属是否达到保护电位判断金属的保护效果。

(1)保护电位。

阴极保护时通过对被保护的金属结构施加阴极电流,使其发生阴极极化,电位负移,可以使腐蚀过程完全停止,实现完全保护,或使腐蚀速度降低到人们可以接受的程度,达到有效保护。被保护金属结构的电位是判断阴极保护效果的关键参数和标准,也是实施现场阴极保护控制和监测、判断阴极保护系统工作是否正常的重要依据。

保护电位是指通过阴极极化使金属结构达到完全保护或有效保护所需达到的电位值,习惯上把前者称为最小保护电位,后者称为合理保护电位。当被保护金属结构的电位太负,不仅会造成电能的浪费,而且还可能由于表面析出氢气,造成涂层严重剥落或金属产生氢脆的危险,出现"过保护"现象。

保护电位的数值与被保护金属的种类及其所处的环境等因素有关。许多国家已将保护电位列入了各种标准和规范中,可供阴极保护设计参考。在我国埋设在土壤中的钢管道其保护电位通常为 -0.85 V(相对于饱和 $Cu/CuSO_4$ 参比电极,即 SCSE);在厌氧的硫酸盐还原菌存在的土壤中,保护电位则为 -0.95 V(SCSE)。在土壤中钢管道的自然腐蚀电位相当负时,以负移 300 mV 的电位为其保护电位。

对于海水和土壤等介质,国内外已有多年的阴极保护实际经验,保护电位值可根据有关标准或经验选取。但是对于某些体系,特别是在化工介质中,积累的经验和数据较少,经常需要通过试验确定保护参数。

(2)保护电流密度。

在阴极保护中,可使被保护结构达到最小保护电位所需的阴极极化电流密度称为最小保护电流密度。保护电流密度也是阴极保护的重要参数之一。

保护电流密度的大小与被保护金属的种类、表面状态、有无保护膜、漆膜的损失程度,腐蚀介质的成分、浓度、温度、流速等条件,以及保护系统中电路的总电阻等因素有关,造成保护电流密度在很宽的范围内不断地变化。例如,在下列环境中未加涂层的钢结构,其保护电流密度分别为

土壤 $10 \sim 100 \ mA/m^2$

淡水 $20 \sim 50 \ mA/m^2$

静止海水 $50 \sim 150 \ mA/m^2$

流动海水 $150 \sim 300 \ mA/m^2$

采用涂层和阴极保护联合保护时,保护电流密度可降低为裸钢的几十分之一到几分之一。在含有钙、镁离子的海水等介质中,金属表面碱度增大会促进 $CaCO_3$ 在表面沉积;在较高的电流下,Mg^{2+} 会以 $Mg(OH)_2$ 的形式沉积出来。这些沉积物也会降低所需的保护电流密度。介质的流动速度也会影响保护电流密度。如海水流动速度增大或船舶的航速增大时,会促进氧的去极化,所需的保护电流密度随之增加。实践表明,航行中的船舶的保护电流密度约为停航时的两倍,高速航行的舰艇其保护电流密度则可达停航时的 $3 \sim 4$ 倍。因此,在阴极保护设计中,保护电流密度的选择除了根据有关标准的规定外,还要综合考虑各种因素。

(3) 最佳保护参数。

阴极保护最佳保护参数的选择应既能达到较高的保护程度,又能达到较高的保护效率。保护程度 P 定义为

$$P = \frac{i_{corr} - i_a}{i_{corr}} \times 100\% = \left(1 - \frac{i_a}{i_{corr}}\right) \times 100\% \qquad (6-1)$$

式中 i_{corr}—— 未加阴极保护时的金属腐蚀电流密度;

i_a—— 阴极保护时的金属腐蚀电流密度。

保护效率 Z 定义为

$$Z = \frac{P}{i_{appl}/i_{corr}} \times 100\% = \frac{i_{corr} - i_a}{i_{appl}} \times 100\% \qquad (6-2)$$

式中 i_{appl}—— 阴极保护时外加的电流密度。

在阴极保护的工程实际中,往往随着 i_a/i_{corr} 的减小,i_{appl}/i_{corr} 增大,电位负移值 ΔE 增大,保护程度 P 不断提高,保护效率 Z 却随之下降。另外,在被保护的金属结构上电流密度的分布往往是不均匀的,所以在靠近阳极和远离阳极的地方,保护程度和保护效率会有显著的差异。因此,需要根据实际情况确定最佳的保护程度和保护效率,并不是在所有的情况下都要达到完全保护。

3.阴极保护的两种方法

根据提供极化电流的方法不同,阴极保护可以分为牺牲阳极保护和外加电流阴极保护两种。阴极保护方法的选择应根据供电条件、介质电阻率、所需保护电流的大小、运行过程中工艺条件变化情况、寿命要求、结构形状等决定。通常情况下,对无电源、介质电阻率低、条件变化不大、所需保护电流较小的小型系统,宜选用牺牲阳极保护。相

反,对有电源、介质电阻率大、所需保护电流大、条件变化大、使用寿命长的大系统,应选用外加电流阴极保护。

(1)牺牲阳极保护。

牺牲阳极保护方法是在被保护金属上连接电位更负的金属或合金作为牺牲阳极,依靠牺牲阳极不断腐蚀溶解产生的电流对被保护金属进行阴极极化,达到保护的目的。

牺牲阳极保护方法的主要特点是:

① 不需要外加直流电源。

② 驱动电压低,输出功率低,保护电流小且不可调节。阳极有效保护距离小,使用范围受介质电阻率的限制。但保护电流的利用率较高,一般不会造成过保护,对邻近金属设施干扰小。

③ 阳极数量较多,电流分布比较均匀。但阳极质量大,会增加结构质量,且阴极保护的时间受牺牲阳极寿命的限制。

④ 系统牢固可靠,施工技术简单,单次投资费用低,不需专人管理。

在阴极保护工程中,牺牲阳极必须满足下列要求:

① 电位足够负且稳定。牺牲阳极不仅要有足够负的开路电位,而且要有足够负的闭路电位,可使阴极保护系统在工作时保持有足够的驱动电压。性能好的牺牲阳极的阳极极化率必须很小,电位可长时间保持稳定,才能具有足够长的工作寿命。

② 电流效率高且稳定。牺牲阳极的电流效率是指实际电容量与理论电容量的百分比。理论电容量是根据法拉第定律计算得出的消耗单位质量牺牲阳极所产生的电量,单位为 $A \cdot h/kg$。由于牺牲阳极本身存在局部电池作用,则有部分电量消耗于牺牲阳极的自腐蚀。因此,牺牲阳极的自腐蚀电流小,则电流效率高,使用寿命长,经济性好。

③ 表面溶解均匀,腐蚀产物松软、易脱落,不致形成硬壳或致密高阻层。

④ 来源充足,价格低廉,制作简易,污染轻微。

牺牲阳极的性能主要由材料的化学成分和组织结构决定。对钢铁结构,能满足以上要求的牺牲阳极材料主要是镁及其合金、锌及其合金和铝合金。常用的牺牲阳极材料有纯镁、$Mg-6\%Al-3\%Zn-0.2\%Mn$、纯锌、$Zn-0.6\%Al-0.1\%Cd$、$Al-2.5\%Zn-0.02\%In$ 等。

牺牲阳极保护系统的设计,包括保护面积的计算,保护参数的确定,牺牲阳极的形状、大小和数量、分布和安装以及阴极保护效果的评定等问题。

(2)外加电流阴极保护。

外加电流阴极保护是利用外部直流电源对被保护体提供阴极极化,实现对被保护体的保护的方法。

外加电流阴极保护系统主要由三部分组成:直流电源、辅助阳极和参比电极。直流电源通常是大功率的恒电位仪,可以根据外界的条件变化,自动调节输出电流,使被保护的结构的电位始终控制在保护电位范围内。辅助阳极是用来把电流输送到阴极(即被保护的金属）上,辅助阳极应导电性好、耐蚀、寿命长、排流量大(即一定电压下单位面积通过的电流大),而极化小;有一定的机械强度,易于加工;来源方便,价格便宜等。辅助阳极材料按其溶解性能可分为三类:可溶性阳极材料,如钢和铝;微溶性阳极材料,如高硅铸铁、铅银合金、Pb/PbO_2、石墨和磁性氧化铁等;不溶性阳极材料,如铂、铂合金、镀铂钛和镀铂钽等。参比电极用来与恒电位仪配合,测量和控制保护电位,因此要求参比电极可逆性好,不易极化,长期使用中保持电位稳定、准确、灵敏,坚固耐用等。阴极保护工程中常用的参比电极有铜／硫酸铜电极、银／氯化银电极、甘汞电极和锌电极等。

外加电流阴极保护方法的主要特点是:

① 需要外部直流电源,其供电方式主要为恒电流和恒电位两种。

② 驱动电压高,输出功率和保护电流大,能灵活调节、控制阴极保护电流,有效保护半径大;可适用于恶劣的腐蚀条件或高电阻率的环境;但有产生过保护的可能性,也可能对附近金属设施造成干扰。

③ 采用难溶和不溶性辅助阳极的消耗低、寿命长,可实现长期的阴极保护。

④ 由于系统使用的阳极数量有限,保护电流分布不够均匀,因此被保护的设备形状不能太复杂。

⑤ 外加电流阴极保护与施加涂料联合,可以获得最有效的保护效果,被公认为是最经济的防护方法。

外加电流保护系统的设计,主要包括:选择保护参数,确定辅助阳极材料、数量、尺寸和安装位置,确定阳极屏材料和尺寸,计算供电电源的容量等。

6.2.2　阳极保护

在外加阳极电流作用下,金属在腐蚀介质中发生钝化,使腐蚀速度显著下降的保护方法称为阳极保护法。

1. 阳极保护的原理

阳极保护的基本原理在金属腐蚀电化学理论基础中已讨论过了。如图 6-3 所示,对于具有钝化行为的金属设备和溶液体系,当用外电源对它进行阳极极化,使其电位进入钝化区,维持钝态使腐蚀速度变得极其甚微,则得到阳极保护。

2. 阳极保护系统

阳极保护系统主要由恒电位仪(直流电源)、辅助阴极以及测量和控制保护电位的参比电极组成。阳极保护对辅助阴极材料的要求是:在阴极极化下耐蚀,有一定的机械强度、来源广泛、价格便宜、容易加工。对浓硫酸可用铂或镀铂电极,金、钽、钢、高硅铸铁或普通铸铁等;对稀硫酸可用银、铝青铜、石墨等;在碱溶液中可用高镍铬合金或普通碳钢。

3. 阳极保护参数

为了判断给定腐蚀体系是否可以采用阳极保护,首先要根据恒电位法测得的阳极极化曲线来分析。在实施阳极保护时,主要考虑下列三个基本参数:

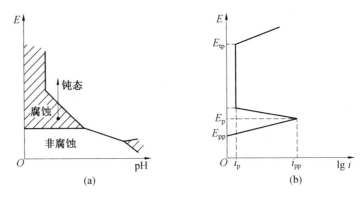

图 6－3　　阳极保护原理示意图

（1）致钝电流密度 i_{pp}。

致钝电流密度 i_{pp} 即金属在给定介质中达到钝态所需要的临界电流密度，一般 i_{pp} 越小越好。否则，就需要容量大的直流电源，使设备费用提高，而且会增加钝化过程中金属设备的阳极溶解。

（2）钝化区电位范围。

钝化区电位范围即开始建立稳定钝态的电位 E_p 与过钝化电位 E_{tp} 间的范围 $E_p \sim E_{tp}$，在可能发生点蚀的情况下为 E_p 与点蚀电位 E_{br} 间的范围 $E_p \sim E_{br}$。显然钝化区电位范围越宽越好，一般不得小于 50 mV。否则，由于恒电位仪控制精度不高使电位超出这一区域，可造成严重的活化溶解或点蚀。

（3）维钝电流密度 i_p。

维钝电流密度 i_p 代表金属在钝态下的腐蚀速度。i_p 越小，防护效果越好，耗电也越少。

上述三个变量与金属材料和介质的组成、浓度、温度、压力、pH 有关。因此要先测定出给定材料在腐蚀介质中的阳极极化曲线，找出这三个变量作为阳极保护的工艺参数或以此判断阳极保护应用的可能性。表 6－1 列出了一些金属材料在不同介质中阳极保护的主要参数。

表 6－1　　金属在某些介质中的阳极保护参数

材料	介质	温度 /℃	$i_{致钝}$ /(A·m^{-2})	$i_{维钝}$ /(A·m^{-2})	钝化区电位范围 /mV
碳素钢	发烟 H_2SO_4	25	26.4	0.038	—
	105％H_2SO_4	27	62	0.31	＋1 000 以上
	97％H_2SO_4	49	1.56	0.155	800 以上
	67％H_2SO_4	27	930	1.55	＋1 000 ～＋1 600
	75％H_3PO_4	27	232	23	＋600 ～＋14 003
	50％HNO_3	30	1 500	0.03	＋900 ～＋1 200

续表6—1

材料	介质	温度 /℃	$i_{致钝}$ /(A·m^{-2})	$i_{维钝}$ /(A·m^{-2})	钝化区电位范围 /mV
	30％HNO$_3$	25	8 000	0.2	＋1 000～1 400
	25％NH$_4$OH	室温	2.65	＜0.3	－800～＋400
	60％NH$_4$NO$_3$	25	40	0.002	＋100～＋900
	44.2％NaOH	60	2.6	0.045	－700～－800
	20％NH$_3$ 2％CO(NH$_2$)$_2$ 2％CO$_2$,pH10	室温	26～60	0.04～0.12	－300～＋700
304 不锈钢	80％HNO$_3$	24	0.01	0.001	—
	20％NaOH	24	47	0.1	＋50～＋350
	LiOH,pH9.5	24	0.2	0.000 2	＋20～＋250
	NH$_4$NO$_3$	24	0.9	0.008	＋10～＋700
316 不锈钢	67％H$_2$SO$_4$	93	110	0.009	＋100～＋600
	115％H$_3$PO$_4$	93	1.9	0.001 3	＋20～＋950
铬锰氮钼钢	37％ 甲酸	沸	15	0.1～0.2	＋100～＋500(Pt 电极)
Inconel X－750	0.5 mol/LH$_2$SO$_4$	30	2	0.037	＋30～＋905
	0.5 mol/LH$_2$SO$_4$	50	14	0.40	＋150～＋875
HastelloyF	1 mol/L HCl	室温	～8.5	－0.058	＋170～＋850
	5 mol/LH$_2$SO$_4$	室温	0.30	0.052	＋400～＋1 030
	0.5 mol/LH$_2$SO$_4$	室温	0.16	0.012	＋90～＋800
锆	10％H$_2$SO$_4$	室温	18	1.4	＋400～＋1 600
	5％H$_2$SO$_4$	室温	50	2.2	＋500～＋1 600

① 除特别注明外,表中电位值均为相对于饱和甘汞电极。

4. 阳极保护的实施方法

阳极保护的实施过程主要包括金属致钝和金属维钝两个步骤。

（1）金属致钝。

致钝操作是实施阳极保护的第一步骤。为避免金属在活化区长时间停留,引起明显的电解腐蚀,应使体系尽快进入钝态,为此发展了多种致钝方法,包括整体致钝法、逐步致钝法、低温致钝法、化学致钝法、涂料致钝法和脉冲致钝法等多种致钝方法。

（2）金属维钝。

金属致钝后,进入维钝过程。阳极保护维钝方法可分为两大类:一类属手动控制,通过手动调节直流电源的电压获得维钝所需要的电流,例如固定槽压法;第二类是自动控制维钝法,采用电子技术将设备的电位自动维持在选定的电位值或电位域内,包括连续恒电位法、区间控制法、间歇通电法和循环极化法等多种维钝方法。

5. 阳极保护的应用

目前,阳极保护主要用于硫酸和废硫酸槽、贮罐,硫酸槽加热段管,纸浆蒸煮锅,碳化塔冷却水箱,铁路槽车,有机磺酸中和罐等的保护。对于不能钝化的体系或者含 Cl^- 的介质中,阳极保护不能应用,因而阳极保护的应用还是有限的。

6.3 金属涂镀层保护

金属表面采用覆盖层,尽量避免金属和腐蚀介质直接接触是金属材料的主要防护技术。覆盖层种类较多,由于它们的作用较大,因此在金属防护技术中获得了广泛的应用。金属覆盖层可分为两大类:金属镀层和非金属涂层。

6.3.1 金属镀层保护

金属镀层根据其在腐蚀电池中的极性可分为阳极性镀层和阴极性镀层。锌镀层就是一种阳极性镀层。在电化学腐蚀过程中,锌镀层的电位比较低,因此是腐蚀电池的阳极,受到腐蚀;铁是阴极,只起传递电子的作用,受到保护。阳极性镀层如果存在空隙,并不影响它的防蚀作用。阴极性镀层则不然,例如锡镀层,在大气中发生电化学腐蚀时,它的电位比铁高,因此是腐蚀电池的阴极。阴极性镀层若存在空隙,露出小面积的铁,则和大面积的锡构成电池,将加速露出的铁的腐蚀,并造成穿孔。因此,阴极性镀层只有在没有缺陷的情况下,才能起到机械隔离环境的保护作用。

为了提高镀层的耐蚀性能、耐冲刷性能、结合力等综合性能,发展了微晶镀层、纳米镀层、非晶镀层、梯度镀层、复合镀层等。

金属涂镀层的制造方法主要有热浸镀、渗镀、电镀、刷镀、化学镀、包镀、机械镀、热喷涂(火焰、等离子、电弧)、真空镀等。

高能束表面改性是采用激光束、离子束、电子束这三类高能束对材料表面进行改性,是近二十几年来迅速发展起来的材料表面新技术,可用于提高金属耐蚀性和耐磨性。高能束流技术对材料表面的改性是通过改变材料表面的成分或结构来实现的。成分的改变包括表面的合金化和熔覆,结构的变化包括组织和相的变化,由此可以赋予金属表面新的特性。

6.3.2 非金属涂层保护

非金属涂层可分为无机涂层和有机涂层。

1. 无机涂层

无机涂层包括化学转化涂层、搪瓷或玻璃覆盖层等。其中,应用比较广泛的是化学转化涂层。

(1) 金属的化学转化膜。

金属的化学转化膜是金属表层原子与介质中的阴离子反应：

$$m\mathrm{M} + n\mathrm{A}^{z-} \longrightarrow \mathrm{M}_m\mathrm{A}_n + nZe^- \qquad (6-3)$$

在金属表面生成的附着性好、耐蚀性优良的薄膜。式中的 M 为金属原子；A^{z-} 为介质中价态为 Z 的阴离子。式(6-3)表明，金属的化学转化膜的形成既可以是金属/介质间的化学反应，也可以是在施加外电源的条件下所进行的电化学反应。用于防蚀的金属的化学转化膜主要有下列几种：

① 铬酸盐膜。

② 磷化膜。

③ 钢铁的化学氧化膜。

④ 铝及铝合金的阳极氧化膜。

(2) 搪瓷涂层。

搪瓷又称珐琅，是类似玻璃的物质。搪瓷涂层是将 K、Na、Ca、Al 等金属的硅酸盐，加入硼砂等熔剂，喷涂在金属表面上烧结而成。为了提高搪瓷的耐蚀性，可将其中的 SiO_2 成分适当增加（例如，质量分数大于 60%），这样的搪瓷耐蚀性特别好，故称为耐酸搪瓷。

(3) 硅酸盐水泥涂层。

将硅酸盐水泥浆料涂覆在大型钢管内壁，固化后形成涂层。由于它价格低廉，使用方便，而且膨胀系数与钢接近，不易因温度变化而开裂，因此广泛用于水和土壤中的钢管和铸铁管线，防蚀效果良好。涂层厚度为 $0.5 \sim 2.5$ cm。使用寿命最高可达 60 年。

(4) 陶瓷涂层。

陶瓷涂层在许多环境中具有优异的耐蚀、耐磨性能。采用热喷涂技术可以获得各种陶瓷涂层。近年来采用湿化学法获得陶瓷涂层的技术获得迅速的发展，其典型是溶胶－凝胶法。在金属表面涂覆氧化物的凝胶，可以在几百度的温度下烧结成陶瓷薄膜和不同薄膜的微叠层，具有广泛的用途。

2. 有机涂层

(1) 涂料涂层。

涂料涂层也称油漆涂层，因为涂料俗称为油漆。涂料除了可以把金属与腐蚀介质隔开外，还可能借助于涂料中的某些颜料（如铅丹、铬酸锌等）使金属钝化，或者利用富锌涂料中的锌粉对钢铁起到阴极保护作用，提高防护性能。

(2) 塑料涂层。

将塑料粉末喷涂在金属表面，经加热固化可形成塑料涂层（喷塑法）。采用层压法将塑料薄膜直接黏结在金属表面，也可形成塑料涂层。有机涂层金属板是近年来发展最快的钢铁产品，不仅能提高耐蚀性，而且可制成各种颜色、各种花纹的板材（彩色涂层钢板），用途极为广泛。常用的塑料薄膜有丙烯酸树脂薄膜、聚氯乙烯薄膜、聚乙烯薄膜和聚氟乙烯薄膜等。

(3) 硬橡皮覆盖层。

在橡胶中混入 $30\% \sim 50\%$ 的硫进行硫化,可制成硬橡皮。它具有耐酸、碱腐蚀的特性,可用于覆盖钢铁或其他金属的表面。许多化工设备采用硬橡皮做衬里。其主要缺点是加热后易老化变脆,只能在 $50\ ℃$ 以下使用。

(4) 防锈油脂。

防锈油脂用于金属机械加工过程中工序间对加工金属零件的暂时保护。防锈油脂是由基础油、油溶性防锈剂及其他辅助剂组成。

通过采用不同组成的防锈油脂,可以适应各种不同的工作条件下防止零件锈蚀的需要。

6.4　缓蚀剂保护

缓蚀剂是一种以适当的浓度和形式存在于环境(介质)中时,可以防止或减缓腐蚀的化学物质或几种化学物质的混合物。一般来说,加入微量或少量这类化学物质可使金属材料在该介质中的腐蚀速度明显降低,甚至几乎为零。同时还能保持金属材料原来的物理力学性能不变。缓蚀剂的用量一般从千万分之几到千分之几,个别情况下用量达百分之几。

合理使用缓蚀剂是防止金属及其合金在环境介质中发生腐蚀的有效方法。缓蚀剂防护金属的优点在于用量少、见效快、成本较低、使用方便,已成为防腐蚀技术中应用最广泛的方法之一。目前缓蚀剂已广泛用于机械、石油化工、冶金、能源等许多部门。

缓蚀剂主要应用于那些腐蚀程度中等或较轻系统的长期保护(如用于水溶液、大气及酸性气体系统),以及对某些强腐蚀介质的短期保护(如化学清洗)。应用缓蚀剂应注意如下原则:

(1) 选择性。

缓蚀剂的应用条件具有高的选择性,应针对不同的介质条件(如温度、浓度、流速等)和工艺、产品质量要求选择适当的缓蚀剂。既要达到缓蚀的要求,又要不影响工艺过程(如影响催化剂的活性)和产品质量(如颜色、纯度等)。

(2) 环境保护。

选择缓蚀剂必须注意对环境的污染和对生物的毒害作用,应选择无毒的化学物质做缓蚀剂。

(3) 经济性。

通过选择价格低廉的缓蚀剂,采用循环溶液体系,缓蚀剂与其他保护技术(如选材和阴极保护)联合使用等方法,降低防腐蚀的成本。

思　考　题

1.为了控制腐蚀,在选材上应考虑哪些问题?

2.怎样从设计上减少或防止金属腐蚀?

3.阴极保护的基本参数是什么？如何确定？

4.阴极保护的方法有哪些？各适用于什么范围？常用哪些材料作为阳极？

5.简述阳极保护的特点和适用范围,有哪些致钝和维钝的方法？

6.涂层有哪些类型？

7.何为阳极镀层和阴极镀层？各有何特点？

第 2 篇　　无机非金属材料的腐蚀

　　无机非金属材料是指除金属材料和有机高分子材料以外的固体材料,其中大多数为硅酸盐材料。所谓硅酸盐材料即指主要由硅和氧组成的天然岩石、铸石、陶瓷、玻璃、水泥及混凝土等,是以地球表层 20 km 左右的地壳中的岩石及岩石风化而成的黏土、砂砾为原料,经加工而成,因而其主要成分为各种氧化物,如 SiO_2、Al_2O_3、TiO_2、Fe_2O_3、CaO、MgO、K_2O、Na_2O、PbO 等。据预测,混凝土作为最大宗的人造材料,在未来很长一段时间,尤其在我国将仍然是最主要的人造建筑材料。因此,混凝土的腐蚀将是本篇重点介绍的内容。至于其他无机非金属材料,由于篇幅所限,将只做简单的概括性的介绍。

　　用混凝土和钢筋混凝土建造的建筑物和构筑物中有很大一部分,在使用期间常常受到腐蚀性介质的腐蚀。如果建筑物在建造时对结构材料不采取或不实施防腐措施,则腐蚀性介质就可能损坏建筑结构,甚至使其丧失使用价值。

　　在有色冶金、化学、纸浆及其他工业部门中,有 $20\% \sim 70\%$ 的构筑物常常受到各种腐蚀性介质的作用,并由此引起结构材料的腐蚀。所以,需要对这类结构材料采取特殊的防腐措施。

　　外部介质的腐蚀性越强,在建筑物进行设计、建造和使用时对其腐蚀作用考虑得越少,那么由腐蚀引起的结构损坏就越快和越深。据估计,由混凝土和钢筋的腐蚀造成的经济损失约占 GDP 的 1.25%。

　　目前,国家相关部门已制订了建筑防腐措施。通过提高建筑结构在各种腐蚀介质中的抗蚀性和耐久性,消除建筑结构局部的修复工作,以减少建筑中腐蚀给国民经济带来的损失。

　　为了在正确的技术和经济基础上完成上述任务,必须对于在各种腐蚀性介质作用下,混凝土的损坏及钢筋腐蚀过程的实质、钢筋混凝土结构的工作特性和受力状态以及可以提供的防腐方法及其特性等,均要有丰富的知识。

第 7 章 环境介质的性质

腐蚀过程实际上是在固态和气态介质中开始,只是在液态中才发展的。对于混凝土和钢筋混凝土结构而言,液态既包括天然水,也包括含有各种溶解物质(酸、碱、盐)的工业水溶液,或某些有机液体。

7.1 天然地表水和地下水

大气降水一般含有微量的盐,氯离子的正常含量一般为 $1.5 \sim 4$ mg/L(质量浓度),而硫酸盐(按 SO_3 计)的含量为 $1 \sim 16$ mg/L(质量浓度)。城市中 SO_3 的含量要比其他地区高得多,因为城市区域内的空气被烟气所污染。此外,大气降水中还含有一定数量的溶解 CO_2,由于 CO_2 在水中生成碳酸,使 pH 降低到 5.7。

在沿海地区,盐的迁移受强风影响:比较大的水滴降落在离海岸 $200 \sim 250$ m 以内的地方,而雾状水分或微粒盐则被风吹到数十千米或上百千米的地方。因此,沿海岸线一带的地区,大气降水中的含盐量一般是较高的。在干旱的盐碱地区,风将含盐的尘埃吹到空中,故大气降水中的含盐量也非常高。

河水的化学组成在很大程度上取决于河流的源头及水流穿过岩石的种类和河床的岩质。如果河水主要靠大气降水补充,那么河水中的矿化物含量就较低,水的暂时硬度也较低。如果河水主要是由地下水供给的,则河水的矿化程度就会很高。骤发的洪水中的矿物质含量通常很低。由于地下水对河水中的含盐量影响较大,所以随着河水流量的减少,河水中的含盐量也就提高了。

河水的化学组成不单单在洪水期有变化,有时由于与其他河流汇合或被工业废水和生活污水所污染,河水的化学组成也会发生变化。微生物对河水和地下水的化学组成也有很大影响。

在矿化的地下水中,既有 SO_4^{2-} 含量高的水,也有 SO_4^{2-} 含量低的水。同时,又含有与阳离子 Ca^{2+}、Mg^{2+}、Na^+ 和 K^+ 相结合的大量 Cl^-。在深层地下水中含有大量 CO_2。

7.2 工业生产的腐蚀性液体介质

能够引起混凝土腐蚀作用的工业生产腐蚀性液体介质是多种多样的。它们可以分成无机的和有机的两大类,在这两类化合物中都存在作用相同的物质。例如,存在无机酸和有机酸,以及结晶时固相体积膨胀的物质等。

关于工业腐蚀性介质组成的研究,通常要针对具体的生产和生产工艺过程来进行。当生产工艺条件受到破坏或出现事故时,腐蚀性介质的组分可能有很大的改变。

在设计防腐蚀层时,必须预见和估计到这种变化的可能性。

酸性腐蚀性介质对混凝土是最危险的。

有一类腐蚀性液体介质,它们不与水泥石发生化学反应,但却影响水泥石的强度,这类介质称为吸附－活性介质。它们的作用是以物理－化学现象——表面活性物质在水泥石固相表面上的吸附作用为依据的。由于单(或多)分子层的形成以及吸附物质的分子向水泥石的微裂缝渗透,水泥石的强度下降。吸附活性介质中包括表面活性物质的水溶液(肥皂、合成洗涤剂等)和含表面活性物质的无水液体(石油化工生产的成品和半成品)。

液态烃对混凝土也有特别的腐蚀作用。液态烃在向混凝土的孔隙渗透时,把水从水泥石的矿物表面排挤出去,并根据自己的黏度和挥发性在水泥石孔隙内蒸发(此时,水泥石恢复自己的性能)或聚积,从而导致水泥石强度降低。

7.3 腐蚀性气体介质

空气介质一般对已硬化的密实混凝土没有腐蚀性,但对钢筋混凝土结构而言,在一定的温度－湿度条件下却有腐蚀作用,因为空气中含有碳酸气。虽然碳酸气的体积分数很低(0.03%),但仍使混凝土表层中的 $Ca(OH)_2$ 逐步中性化,从而降低混凝土对钢筋的防护性能。

由于工业企业的生产,周围的空气常被排放的其他气体所污染。近几年来,在农业部门,如畜牧和养禽联合企业中,在畜牧场室内含有大量 CO_2,因此能使混凝土碳化,并引起钢筋腐蚀。在地下构筑物的大气中,可能含有大量 CO_2 和 H_2S。

在混凝土保护层受到碳化及混凝土孔隙中液体的碱性反应发生变化后,pH 降至 11 以下。这时由于钢筋在一般湿度条件下开始遭受腐蚀,钢筋混凝土结构发生整体破坏。

空气中含有的酸性气体对混凝土最危害。这时,水分可能在混凝土孔隙内凝结,并生成对混凝土有破坏作用的酸。气体中 H_2S 对混凝土和钢筋腐蚀最严重:当它渗入混凝土孔隙内,即与水泥石中的 $Ca(OH)_2$ 以及其他水合物剧烈反应,导致水泥石疏松。

在沿海和盐湖地区,空气中经常悬浮着一定数量的海盐、雾状海水或盐水。经专门调查证明,在海洋沿岸每年由空气经海岸线带走的盐量达几十万吨之多。

海上空气对混凝土和钢筋的腐蚀作用与盐能否在混凝土孔隙内聚集有关。海水中的盐是不是在混凝土孔隙内聚集,同样不仅取决于沿海地区大气中是否含有盐以及风向,而且还取决于空气的湿度。如果气候干燥,则位于海风下风处甚至离海岸相当远的构筑物会有盐聚集,发生海盐对钢筋混凝土和金属构筑物的腐蚀现象。

7.4 腐蚀性固态介质

可能与钢筋混凝土结构接触的腐蚀性固体介质:干燥含盐土层和肥料、颜料、杀虫剂、除草剂及其他松散的化学制品。在常温和无液体条件下,固体介质中不会发生腐蚀现象。干土层之所以有腐蚀性,是因为其中含有盐,再加上具备受潮和气候潮湿的条件。如果干土层没有被浸湿,其腐蚀性微不足道,一般情况下,与盐的含量也无关。浸湿后的土层的腐蚀性则与所溶解的盐组分及浓度有关。

粉状固体介质对结构的腐蚀危害程度,与介质的湿度有关。在空中悬浮的粉状物质所含水分出现凝结现象是由两个因素造成的:一是粉状颗粒间空隙中的水分受毛细管作用凝结;二是粉状物质具有吸湿性,即粉状物质能够与气体介质交换水分。众所周知,各种物质的溶液有一个特性,就是在相同温度下,溶液上的蒸气压力比纯水上的蒸气压力小。因此,当空气湿度小于 100%,但又大于该溶液的平衡湿度时,该溶液将吸收空气中的水分,直到与周围介质达到平衡时为止。粉状吸湿性物质经过干燥,并放置在有一定相对湿度的大气中时,开始由于毛细管的凝聚作用受潮,然后在颗粒表面上形成饱和溶液,吸收空气中的水分后,又将溶液稀释,直至浓度达到平衡。某些化合物,其饱和溶液的蒸气压力在空气的相对湿度小于 60% 时会大于水蒸气压力,这一类化合物通称为吸湿性物质,因为它们在一般条件下都能吸收空气中的水分。$MgCl_2$、$ZnCl_2$、$CaCl_2$ 等都是吸湿性物质。因此,吸湿性固体物质能形成一种液相,从而加速腐蚀过程。可见,固体介质的腐蚀程度与其吸湿性有直接关系。

在工业中,固体介质常常以粉尘形式排放,并散落在建筑结构物的表面。粉尘的腐蚀性取决于空气的湿度和粉尘本身的吸湿性。由于蒸汽冷凝,在粉尘层下面生成粉尘水溶液薄膜,这时腐蚀作用将加剧。溶解的粉尘与混凝土相互作用,将导致腐蚀过程发生或钢筋腐蚀的进一步蔓延。由于吸收了空气中的水分,粉尘本身开始变湿,这是一种危险的过程。因为此时建筑表面上形成的浓溶液将引起混凝土腐蚀。当建筑结构物的各个部分出现不同浓度的腐蚀性溶液时,即形成电位差,从而使钢筋开始腐蚀。

因此,固体腐蚀性介质和混凝土之间的腐蚀,只有按上述机理生成液相,或固体介质吸收大气中水分、地下水、地表水以及与生产溶液直接浸湿时才能发生。

7.5　腐蚀的分类

腐蚀介质的性质及其对建筑结构物腐蚀作用的差异是非常大的。为了对腐蚀过程的特性和环境介质中所含各种物质对混凝土的腐蚀程度进行评价,将腐蚀作用按一般腐蚀特征分为三类。

第 I 类腐蚀是指能够溶解水泥石组分的液体介质(水溶液)在混凝土内发生的全部腐蚀过程。水泥石的组分被溶解,并从混凝土结构中析出。当水通过混凝土层渗流时,这类腐蚀过程将更剧烈。如果水中所含的盐不直接与水泥石组分反应,则这些盐由于提高了水溶液的离子强度,从而提高了水泥石中水合矿物的溶解度。

第 II 类腐蚀是指水泥石组分和溶液间发生化学反应 —— 交换反应(包括阳离子交换)引起的腐蚀过程。所生成的反应产物或是由于扩散原因易于溶解,或是随渗流水从水泥石结构中析出,或是以非结晶体形式聚集。这种非结晶体无胶凝性,也不影响腐蚀破坏过程的进一步发展。

酸和某些盐的溶液与混凝土作用时所发生的腐蚀过程属于这类腐蚀。

第 Ⅲ 类腐蚀包括下列腐蚀过程,当混凝土孔隙内发生腐蚀时,难溶的反应产物开始聚集和结晶,固相体积或物相转化过程中生成的聚合物的体积增大,以及在相似过程中混凝土孔隙内的固相体积也增大。在混凝土内部发生的结晶现象和其他二次过程会形成内应力,这种内应力将损坏混凝土的结构。此外,在硫酸盐作用下发生的腐蚀也属于此类腐蚀。在这种情况下,含水硫铝酸钙晶体增多,部分浸没在盐水中的建筑构件如有蒸发表面时,由于盐的结晶或单体聚合时体积增大等因素,都会使结构受到破坏。

在自然条件下很少遇到单一类型的腐蚀过程,但常常可以把起主导作用的某一类腐蚀过程划分出来,然后再仔细观察和考虑起次要作用的其他腐蚀类型。应当查明每一类腐蚀类型的规律,并按照这些规律制订混凝土的防腐措施,以保证构筑物的耐久性。

除了几种主要的腐蚀类型之外,还有一些特殊的腐蚀类型,例如,水泥石和集料相互作用引起的腐蚀,吸附活性物质对混凝土抗蚀性的影响以及生物化学腐蚀过程等等。如果混凝土和钢筋同时腐蚀,情况就变得复杂了,这种情况需要进行特殊考虑。

腐蚀过程的分类将有助于制定提高混凝土抗蚀性的方法以及混凝土和钢筋混凝土结构的防腐方法。

思 考 题

1.在腐蚀性气体介质中,哪种气体对混凝土的危害性最大? 哪种气体对钢筋的危害性最大? 危害的机理是什么?

2.腐蚀介质分为哪几类? 其腐蚀的特点各有哪些?

3.腐蚀性固体介质有哪些特性? 其腐蚀机理是什么?

第8章　混凝土结构及组成材料的抗蚀性

混凝土是一种多组分的人造石,属多孔材料,它的性能是在其制备和凝固过程中形成的。混凝土的孔隙率对其强度、弹性模量、渗透性和耐久性影响显著。

混凝土的抗蚀性,即混凝土与环境介质组分相互作用的能力以及它在使用过程中保护钢筋免受腐蚀的能力,是由混凝土的组分和制备混凝土时所用的材料决定的。

8.1　水　泥

水泥石是混凝土的一个组分,它对环境介质最敏感。混凝土对各种腐蚀性介质的抗蚀性能,在很大程度上取决于水泥的种类和性能。

建筑中应用最广泛的是通用硅酸盐水泥。众所周知,硅酸盐水泥熟料大约由70%的硅酸钙(即硅酸三钙和硅酸二钙)和25%的易熔矿物(即铝酸三钙和铁铝酸四钙)所组成。此外,在熟料中还有少量MgO和碱金属氧化物(主要是Na_2O和K_2O,通常称为碱)等物质。碱含量(以Na_2O计)通常为0.3%～2%(质量分数),很少超过上限值。虽然碱含量甚微,但它会明显影响水泥的性能。碱作为水泥熟料矿物质的组分,可以改变水泥水化过程。碱金属氧化物与其他矿物质不同,在烧结过程中容易升华,并且易于从粉尘中铺集回收。熟料中矿物是以分离的结晶体形式和玻璃状固溶体形式存在的。

从混凝土对腐蚀性介质抗蚀性的观点来看,熟料中C_3A的含量、C_3A和C_4AF的比例以及C_3S和C_2S的比例对水泥石和混凝土的性能有主要影响。抗硫酸盐硅酸盐水泥中的易熔矿物含量(质量分数)较低:C_3A不大于5%,C_3A和C_4AF总含量不大于22%,C_3S(质量分数)不大于50%;而含有矿物质掺合料的抗硫酸盐硅酸盐水泥,其C_3A含量(质量分数)不大于5%,C_3S含量不限。

为了控制凝结时间,需要在硅酸盐水泥组分中掺加石膏,石膏与水泥水化过程中形成的水化铝酸钙反应,生成钙矾石。掺加的石膏量与铝酸钙的比例对水泥石的抗硫酸盐性能极为重要。铝酸钙在水化的初期,与石膏发生反应,直到形成结构稳定的水泥石时为止。在水化初期未起反应的铝酸钙剩余量越多,水泥石就越容易受到外部渗入的硫酸盐的腐蚀。

水泥熟料是一种多矿物质的固溶体,其组分从每个颗粒表面开始逐步与水发生反应,即只有在水泥颗粒表面的水化铝酸钙才与石膏发生反应。水泥颗粒深处的铝酸钙在水化阶段初期不与水发生反应,只是随着水化过程的进程才逐步反应,而且反应速度缓慢。因此,水泥石的抗硫酸盐性质主要取决于熟料的矿物质组分及其微观结构,取决于掺加石膏的数量以及与水泥中铝酸钙起反应的百分率。在水泥石凝结初期,铝酸钙水化得越多(主要在液相),水泥石的抗蚀性就越高。

当存在石膏和 $Ca(OH)_2$ 时,C_3A 的水化作用缓慢。这是由于在 C_3A 颗粒表面形成了一层钙矾石薄膜所致。如果石膏数量不足,不能与 C_3A 全部水化成钙矾石,那么在水化初期生成的钙矾石就会与过剩的 C_3A 起反应,生成 $3CaO \cdot Al_2O_3 \cdot CaSO_4 \cdot 12H_2O$ 和 $3CaO \cdot Al_2O_3 \cdot Ca(OH)_2 \cdot 12H_2O$,以及 C_4AH_{13}。应当指出,在铝酸钙单硫酸盐水化物中的硫酸钙,可由其他钙盐($CaCl_2$、$Ca(NO_3)_2$、$CaCO_3$ 等)所取代。这对于研究水泥石抗盐溶液腐蚀性是很重要的。

水化硅酸钙是水泥石的基本结构组分,它以纤维状超微晶粒形式从溶液中析出。最初在水泥颗粒间的孔隙中生成的水化硅酸钙为长纤维状的,随着空间网状结构的形成,纤维缩短了,共生晶体的接触不断增多,随着水泥水化的持续进行,水化产物不断填充于空间网状结构中,使水泥石中的孔隙尺寸减小,其结果是水泥石的强度持续提高。

对硅酸盐水泥的水化作用和水泥石显微结构的研究证明,水泥石的抗蚀能力主要取决于水泥石的结构和组成,其中最重要的是水化铝酸钙的含量、$Ca(OH)_2$ 的含量和水化硅酸钙的碱度。

矿渣硅酸盐水泥的水化和凝结过程与普通硅酸盐水泥不同。在矿渣硅酸盐水泥水化时,生成一种无定形水化物,它是弱碱性含水硅酸盐,其成分取决于矿渣硅酸盐水泥的组分和矿渣的玻璃化程度。石膏和硅酸盐水泥熟料水化产生的 $Ca(OH)_2$ 对于矿渣硅酸盐水泥的凝结起着活化剂的作用。矿渣硅酸盐水泥的水泥石与硅酸盐水泥石相比,矿渣中氧化铝含量有限,其结构更密实,$Ca(OH)_2$ 晶体的数量更少。这就是矿渣硅酸盐水泥混凝土对一些腐蚀性介质具有较高抗蚀性的原因。火山灰硅酸盐水泥的抗蚀性类似于矿渣硅酸盐水泥。

矾土水泥使混凝土具有特殊的性能。这种水泥熟料中的主要矿物质是铝酸一钙。铝酸一钙水化时,生成含水铝酸二钙($C_2A \cdot nH_2O$)和 $Al(OH)_3$。矾土水泥的水泥石非常密实,因此它对各种盐溶液都具有较高的抗蚀性,但钠盐和钾盐除外,因为氧化铝在碱中容易溶解。

8.2 骨 料

在近几年来,用于混凝土的骨料品种有了明显的增多。除了用传统方法将火成岩和含碳酸盐的密实岩石破碎制得的碎石和砾石之外,还广泛采用了陶粒、烧结炉渣、矿渣、浮石、珍珠岩、蛭石以及再生骨料等多种人造多孔骨料。采矿业的矸石也已开始应用。

按体积计算,骨料是混凝土的主要部分,达 80% 之多,由于骨料占有相当大的比例,无论是对混凝土的生产成本或是混凝土的技术性能均产生相当的影响。对混凝土骨料的基本要求是:它能配制符合要求的混凝土拌合物;强度符合要求;在整个设计年限内,它的性质能在使用环境中保持稳定,不致对混凝土的性能产生有害的影响。故混凝土骨料应该是坚硬的,具有足够的机械强度,洁净的不含有害物质,并且级配良好。骨料是一种地方性的大宗材料,需要在技术上符合要求,价格上经济合理。

　　骨料的性质对混凝土性能有重要的影响,骨料的级配对新拌混凝土的和易性以及混凝土是否经济合理具有重大的影响。骨料的硬度影响混凝土的耐磨性。粗骨料中针、片状颗粒含量较多时,对混凝土的和易性、强度和耐久性均有很大的影响。岩石孔隙的大小、分布、形状和数量,岩石内吸收的水分、岩石强度等都会影响混凝土的抗冻性。骨料的化学稳定性对混凝土的耐久性有直接的影响,活性骨料如燧石、蛋白石等与水泥中的碱发生反应,生成碱一硅酸凝胶,吸水膨胀使混凝土破坏。绝大多数骨料在常温下均不会对混凝土产生有害影响,骨料与周围水泥石产生差异膨胀时会在混凝土内引起应力和应变,在极其个别的情况下,如果骨料与水泥石膨胀系数相差很大也会产生严重问题。

　　骨料中泥、泥块含量增加时会增加混凝土的需水量,将对混凝土的强度和耐久性产生不利的影响。然而,当对混凝土强度和耐久性要求不高,同时对混凝土拌合物的和易性和黏聚性有实际要求时,骨料中含有较多的微细颗粒有助于改善混凝土拌合物的和易性,在水泥用量太少,水泥颗粒较粗,砂较粗的情况下,骨料中泥、粉尘等微细颗粒有助于改善混凝土拌合物的和易性。当然,有时根据具体情况考虑规范的规定也很重要。

　　某些有机物质包括腐殖质、燃料油和糖等能够延缓甚至阻止水泥的凝结和混凝土的硬化。其他类型的有机物质如煤等的机械强度低并且是不安定的颗粒。

　　云母,最常见的是白云母和黑云母,是岩石中一种常见的成分,这类岩石有花岗岩、片麻岩和某些砂岩等。岩石破碎加工会产生一些分散的云母,天然砂中也会有分散的云母颗粒,这些云母会增加混凝土的需水量,常对混凝土的强度和耐久性产生不利的影响。粗骨料颗粒内的云母一般不会产生什么影响。

　　骨料中若含有硫酸盐,其会与水泥中的某些成分发生反应,生成膨胀性物质,使混凝土开裂破坏。许久以来很多研究均集中于外部硫酸盐(如含硫酸盐的土壤、地下水和海水)对混凝土的侵蚀作用。混凝土组成材料中的硫酸盐对混凝土的作用则研究得不多,由于近年来中东地区岩石、卵石和砂资源中普遍含有硫酸盐以及有的国家应用含有硫酸盐的工业废料作为混凝土的材料,因此开始研究“内部硫酸盐”即混凝土材料中含有的硫酸盐引起的侵蚀问题。

　　海岸骨料中含有氯盐,某些内陆地区沉积层也含有氯盐,氯盐对于素混凝土影响不大,但氯盐会引起混凝土中的钢筋锈蚀,并且氯盐会降低抗硫酸盐水泥混凝土的抗硫酸盐性能。

　　在酸气和酸液作用下,碳酸盐岩最易遭受腐蚀破坏。用该岩石骨料制成的混凝土在受到酸腐蚀时,骨料的整个面积都会腐蚀破坏。尽管如此,在某些腐蚀条件下仍可采用碳酸盐岩石。实践证明,在多孔结构中,腐蚀不是由于物理作用引起的,也就是说其抗蚀性取决于介质和混凝土之间的化学反应,而且石灰石骨料呈中性或碱性。这时,碳酸盐岩骨料可以和火成岩骨料同样使用。

　　碳酸盐岩骨料与水泥石有良好的黏附性。因为水合硅酸盐和碳酸钙的晶格参数相接近。当两个晶格参数相等时,称为晶体的取向附生。这种现象的先决条件是,在与骨料中矿物质接触带内是否生成具有部分晶格总参数的化合物。如果水泥石与骨料黏附良好,而且它们之间接触良好,那么混凝土的抗蚀性,特别是在压力下对腐蚀性液体的抗蚀性将有提高。

对于多孔性骨料(如陶粒、烧结炉渣、矿渣浮石等),研究证明,采用干骨料的混凝土凝结初期,骨料从混凝土拌合物中吸收水分,在多孔骨料表面生成密实的水泥石层,于是水泥石与骨料的黏附力有了提高,混凝土的渗透性下降。在采用矿渣浮石、烧结炉渣等作为骨料时,也会发生类似现象。

矿渣骨料是特别令人感兴趣的。这种骨料在水泥石碱性介质中的活性,可以提高水泥石对骨料表面的黏附力。但是,有几种矿渣是不耐腐蚀的,因此它们的性能应预先进行检验。

8.3　混凝土结构

水泥－水系统凝结硬化的物理－化学过程,产生了一种化学组分和结构都很复杂的高强度集成物——水泥石。

混凝土中水泥石的毛细状多孔结构的内部表面积较大,并在较大程度上决定着外部介质和混凝土之间腐蚀过程的反应强度。腐蚀过程系在外部介质和混凝土分界处的表面上开始,并在混凝土块体深处——孔隙和毛细孔中扩展。水泥石的内孔表面积是建筑结构的外部表面积的许多倍。这说明化学反应即使发生在很薄的材料中也是很强烈的。

各种腐蚀过程的动力学和破坏程度,主要取决于混凝土的结构特征,首先是水泥石的结构特征。混凝土的渗透性决定着腐蚀面积的大小,因为腐蚀过程发生在水泥石固相与液相接触面上。混凝土的渗透性是其结构的函数。因此,在研究混凝土的腐蚀时,对于混凝土的结构、混凝土的参数、混凝土结构与生产工艺因素的依赖关系以及混凝土渗透性与混凝土对侵蚀性介质的抗蚀性之间的关系必须有一个正确的认识。

8.3.1　混凝土结构的概念

固体材料结构,可以理解为各个主要元素在空间的位置同其黏合力之间的关系。有学者建议,根据混凝土结构组分相互之间的反应及其同环境介质的相互作用,将结构按其复杂性划分成以下级别:

首先是原子－分子级,它是组成混凝土各组分的最基本、最主要的结构组分。分子级的性能是可溶性、与水起反应的能力或抗水侵蚀能力、使用过程中在温度范围内的热稳定性及对各类化合物的反应能力。对于原子－分子级组分,要用物理方法、化学方法和物理化学方法对各种水泥的特性进行研究。

第二级结构是指相界表面积,它也是主要微粒——微晶体上或无定形颗粒级上的表面积。颗粒的表面能量值对其在环境介质中的性能有影响,主要是指对强度和密度的影响。表面能量还决定着微粒表面的吸附能力。根据对主要结构元素表面能量特性的研究,可以预测其在温度变化时及在水作用下的性能。于是就形成了一个关于水泥石组分抗水性的概念。例如,水化铝酸钙的抗水性较低(溶解速度快),由此可得出含有大量水化铝酸钙的硅酸盐水泥石的抗水性较差的结论。水泥石矿物质的表面性能,决定了水泥石在各种极性液体中和表面活性物质溶液中的性能。

第三级结构是多微粒构造和多孔性。孔隙率是水泥材料抗蚀性方面最重要的特性。在这一级中,混凝土的性能可确定其抗多种腐蚀作用的能力以及抗冻融循环的能力。混凝土的腐蚀过程常发生在孔隙之间。在进行抗蚀性试验时所选用的混凝土试件,其结构特性就是第三级结构。П. А. 列宾杰尔(П. А. Ребиндер)对该级固体结构所下的定义是:"…… 对固体结构的理解,不仅应该是它的晶格,而且应该是小粒多晶固体的弥散结构,这种结构只是一种排列多少有点混乱的、个别尺寸各异的颗粒晶体的聚积。"根据 П. А. 列宾杰尔的概念,对固体结构的描述应该反映各种缺陷的分布情况。在水泥石、砂浆和混凝土试件中,固相组分的相互位置对其抗蚀性是非常重要的。固相组分的相互位置用水泥石孔隙参数表示最为方便。

第四级结构是指建筑结构构件。建筑结构构件的尺寸和不均匀的重力场(由于在结构不同部位腐蚀过程速度不同或温度场不均匀而形成)等诸因素对结构件在腐蚀介质中均产生影响。混凝土和钢筋的协同作用,对结构件的作用力以及结构件表面同周围环境接触的条件、腐蚀过程的发展等均有影响。

鉴于水泥石和混凝土的孔隙构造对于研究和描述腐蚀过程至关重要。混凝土结构中的孔隙形状是多种多样的,孔隙的孔径从近于分子的几埃到几毫米。在这些孔隙中的液体和气体性能各不相同,在分析腐蚀过程时,应考虑到这一点。

8.3.2 混凝土孔隙的结构

混凝土中的孔隙按所处的位置可以分为三类:水泥石的孔隙、骨料的孔隙以及水泥石与骨料交界面上的接触孔隙。在混凝土制备过程中水泥石孔隙和接触孔隙可以得到控制。虽然骨料孔隙的大小和数量对混凝土的抗蚀性有影响,可是传统的混凝土制备工艺无法改变骨料的孔隙。

除了在水泥石凝结硬化过程中形成孔隙之外,由于各种原因还可能在水泥石中出现裂缝以及在固相颗粒间出现间隙,这种间隙不能被水合物所填满。混凝土振捣不实,或是水泥浆或砂浆的数量不足,都能出现这种间隙。这也是造成混凝土蜂窝麻面和透水的原因。

多孔材料显微结构的特性一般可用比表面的面积,即全部孔隙的总表面积来表示。通常采用气体吸附法来测定。

根据吸附技术中所采用的方法将混凝土中的孔隙按其孔径进行分类。此时,按照孔隙内水的状况和性质,将孔隙划分成若干组。这种方法对于评价孔隙类别和孔径对液相中腐蚀过程的影响比较适用。

第一组孔隙,$r < 5$ nm 的超微孔。孔隙孔径近于分子尺寸,孔隙中的水受固相分子表面力的影响。

第二组孔隙，$r = 5 \sim 100$ nm 的微孔。对于这组孔隙，受到固相分子表面力影响的含水量与充填孔隙的水是等量齐观的。在各种物理和物理－化学因素影响下，孔隙渗透性取决于孔隙水的数量。

孔隙的存在对混凝土的湿度，进而对其腐蚀过程都有影响。由于外界进入孔隙的空气（相对湿度小于 100%）中所含的水，在常温下受毛细孔作用冷凝下来。$r < 100$ nm 的孔隙均属于毛细凝结孔。

第三组孔隙，$r > 100$ nm 的孔隙。在这组孔隙中，除了吸附水层以外，大部分水都不是结合水。这组孔隙成为混凝土中液相和气相转移的主要通道，主要取决于 W/C 和混凝土的养护（水化程度）。鲍尔斯（T. C. Powers）从数学的角度说明毛细管孔隙率主要取决于 W/C 和水化程度（α）：

$$V_P = 100 \frac{W}{C} - 36.15\alpha$$

式中　　V_P——每 100 kg 无水水泥中毛细管孔隙的体积，L。

孔隙按其孔径的分布值，可用于评价和比较各类胶凝材料的结构。

1. 水泥石的孔隙水对水泥石结构特性的影响

考虑到水泥石结构的复杂性以及表面力在结构中的作用，可以认为在周围环境的温度和湿度发生变化时，水泥石本身也发生变化。

如果不考虑水泥石所处的环境，就不可能确定水泥石孔隙结构及渗透方面的特性。不仅内部发生的反应过程对水泥石孔隙结构产生影响，而且外部介质的湿度和温度发生变化对其也有影响。在水中和干燥空气中，即便是完全定型的水泥石，孔隙也是各不相同的。一旦水泥石所处的外部环境发生变化，水泥石单位体积的固相质量将保持不变，但水泥石的表面和孔隙将发生变化。

根据水与固体表面的结合力，可将高扩散系统中的水划分成以下几种基本类型：

（1）物理结合水：充填在大孔隙内，在加热到一定温度（60 ℃）时，易于排出。

（2）物理－化学结合水：是一层吸附水，由于毛细孔凝结作用，全部填充在小直径的毛细孔内。

（3）化学结合水：一种水合结晶水，由于原子价力在矿物质晶格内结合形成的。

以上分类是不尽完美的，因为没有考虑如下中间状态的水，如受吸附力影响结合的松散多分子层水以及结晶水化物中松散结合的水。

混凝土中的孔隙水量和不被水填充的孔隙容积，对混凝土和钢筋在气体介质中的腐蚀过程有很大影响。研究混凝土在液体介质中的腐蚀机理时，被水（各种结合程度的）所填充的孔隙与固体表面积之间的比率是一个重要数据。在孔隙中，可能出现负吸附现象，那时孔隙将阻碍腐蚀性组分的原子和分子向水泥石表面渗透。还有这样的可能，就是腐蚀性离子在吸附液体薄膜上扩散，按双向迁移的机理向水泥石深处渗透。必须指出，在研究水泥石的腐蚀机理时，对于吸附水层的作用以及发生在吸附水层中的作用过程应引起重视。

2. 水泥石和水泥砂浆孔隙结构的特性及各种因素对其特性的影响

孔隙的特性就其本身并不重要，但在评价水、水溶液和气体通过混凝土中水泥石的能力时则是重要的,因为水、水溶液和气体可能含有对水泥石有腐蚀作用的成分。为此,需要引入一些有关胶凝材料(水泥石、砂浆和混凝土)结构方面的数据以及胶凝材料抗蚀性与结构参数关系方面的数据。

为了评价水泥石结构对混凝土抗蚀性的影响,孔隙的大小分布确实是很重要的。当水泥加水拌合时,水泥颗粒间的初始间隙尺寸为几微米至十几微米。在水化过程中,孔隙被新生成的胶体(粒径小于 $1\ \mu m$)所填充。可是,这种填充过程从水泥颗粒表面开始,并取决于初始的水灰比,也就是取决于颗粒间间隙的初始容积。孔隙中新生成物的填充量各不相同。新生成的集成物称之为水泥凝胶。水泥凝胶的内部孔隙体积一般占凝胶体本身体积的 28%,其孔径一般为 $1.5 \sim 3\ nm$,较水分子仅大一个数量级,而且其体积或形状不会改变,在很大程度上与 W/C 和水化进展无关,可由水泥石中蒸发水含量和吸附作用的数据来测定。在结构形成初期生成的水泥凝胶具有更大的孔隙率和不同的孔结构,且更多为封闭型的。水泥凝胶具有渗透性,但渗透系数是很小的(约为 $1 \times 10^{-14}\ cm/s$),属无害孔。

表 8-1 列出用水泥制成的水泥砂浆的孔隙率和透气性。试件是用砂浆拌合物压制而成,在不同湿度的空气中硬化的。不同水灰比的水泥砂浆的结构特点表明,当试件的水灰比较低,并在水中硬化时,其贯通孔隙对总孔隙量之比将下降(表 8-2)。

表 8-1　水泥砂浆的孔隙率和透气性

砂浆配合比(C:S)	水灰比	硬化砂浆中水泥石含量/%	在 50% 相对湿度条件下硬化			在水中硬化		
			总孔隙率/%	贯通孔隙率/%	透气性(毫达西)	总孔隙率/%	贯通孔隙率/%	透气性(毫达西)
1:3.5	0.46	37	66.2	23.2	183	59	14	40
1:1.8	0.28	47	42.2	12.9	2.2	33.2	7.3	2.8
1:1.3	0.23	53	37	12.7	4.5	32.2	4.4	1.4
1:1.0	0.20	58	35	9.8	2.6	30.2	2.9	1.2

表 8-2　贯通孔隙相对含量

砂浆配合比(水泥:砂)(以质量计)	贯通孔隙率(占硬化时总孔隙率)/%		砂浆中单位体积中的水量/%	相对数量	
	湿度为 50% 空气	在水中		硬化时贯通孔隙的相对量	
				湿度为 50% 空气	在水中
1:3.5	35.1	23.7	100	100	100
1:1.8	30.6	22.0	60.8	55.6	52.2
1:1.3	34.3	13.6	50.0	54.7	31.4
1:1.0	28.0	9.6	48.5	42.2	20.7

试件在空气中硬化时,砂浆中的含水量减少,导致砂浆密度按比例增大,而其渗透率则按比例下降。贯通孔隙含量的减少与搅拌水量的减少量成正比。当试件在水中硬化时,其贯通孔隙含量的减少不仅是总孔隙含量减少所致,而且还是因为超微孔隙含量

增多的缘故。

关于水泥砂浆硬化条件对总孔隙率、不同孔径的孔隙率的影响的试验结果见表8-3。

表 8-3　水泥砂浆的硬化条件对其孔隙率的影响

硬化条件	总孔隙含量 /%	不同孔隙半径(μm)的孔隙占总孔隙的比率 /%			
		$< 5 \times 10^{-3}$	$5 \times 10^{-3} \sim 1 \times 10^{-3}$	$1 \times 10^{-3} \sim 1 \times 10^{-2}$	$> 1 \times 10^{-2}$
潮湿空气中	17.4	15.0	20.8	25.8	38.4
在水中	16.6	17.8	40.2	30.5	11.5

注:砂浆配合比为1:2,水灰比为0.30,在20 ℃条件下硬化28天。

表 8-3 列出的数据证明,不仅总孔隙含量,而且各种孔径的孔隙比都取决于水泥砂浆的硬化条件。由此得出重要结论:在塑性水泥砂浆的真实结构中,多数孔隙的孔半径在 5×10^{-3} μm 和 1 μm 之间,超过了"凝胶孔隙"尺寸,但小于毛细孔的孔径。

水泥砂浆的硬化条件对其孔隙结构也有重要影响。试验研究时水泥砂浆采用了两种配合比,第一种配合比为1:4,水灰比为0.64;第二种配合比为1:3,水灰比为0.87。试验结果表明,当试件在潮湿条件下长期硬化时,细小孔隙(小于 1 μm)所占比例较大。在潮湿空气中硬化时,较密实的试件(第一种)在孔隙含量方面几乎没有变化,而在多孔试件(第二种)中,大孔径孔隙的数量都有所增加。密实试件含有8%～10%的孔隙,其孔半径小于 0.01 μm,而水灰比大于0.87的试件几乎没有这类孔隙。试验证明,水灰比大于0.7时,水泥石中易于形成毛细孔连续系统,毛细孔大得足以让水银通过。由此得出结论:高水灰比(大于0.7)的混凝土不能获得抗蚀性。这些混凝土中的水泥石内表面容易受环境介质的腐蚀而破坏。

表 8-4　在不同硬化温度下水泥砂浆试件孔隙率的比较

硬化条件	总孔隙含量 /%	不同孔隙半径(μm)的孔隙占总孔隙的比率 /%			
		$< 5 \times 10^{-3}$	$5 \times 10^{-3} \sim 1 \times 10^{-3}$	$1 \times 10^{-3} \sim 1 \times 10^{-2}$	$> 1 \times 10^{-2}$
潮湿空气中 20 ℃ 下	18.7	21.4	43.2	5.9	29.5
60 ℃ 下蒸汽养护	20.0	7.1	46.7	10.8	35.4
100 ℃ 下蒸汽养护	26.6	2.9	9.7	8.2	79.2

注:在通蒸汽前放置在空气中4 h,20 ℃维持1 h,升温到规定温度后恒温16 h。

硬化温度对水泥砂浆的结构有明显影响。水泥砂浆试件在不同温度下硬化时,其孔隙分布是不一样的(表8-4)。例如,在100 ℃条件下硬化的水泥砂浆,比在20 ℃时硬化的砂浆具有更多的粗大孔隙结构(大于1×10^{-2} μm的大孔占比达79.2%,是20 ℃条件下的2.7倍)。

对水泥砂浆孔隙率数据进行分析,可以根据多数孔隙的孔径对砂浆和混凝土的内部孔隙结构进行分类。主要可分成三种形式：

第一组孔隙结构(半径 $r < 5 \times 10^{-3}\ \mu m$)为密实的、不渗透结构。

第二组孔隙结构(半径 $r = 5 \times 10^{-3} \sim 0.1\ \mu m$)为扩散—可渗透结构。在这组孔隙中有扩散过程、毛细孔凝结(小于 $0.05\ \mu m$)及毛细孔缓慢渗透(吸收)等现象。

第三组结构(半径 $r \geqslant 1\ \mu m$)为渗透性结构。在这组孔隙中，毛细孔吸收水和水的渗透速度较快。

配合比小于 1∶3.5 或水灰比大于 0.6 的水泥砂浆属于第三组孔隙结构。这种结构的砂浆和混凝土在液体腐蚀性介质中易于饱和，并能从周围环境中吸附化学活性气体，因此要比仅有扩散渗透性能的密实材料更容易遭受腐蚀。

通过试验获得关于水泥砂浆结构的资料，能进一步深入研究材料的技术性能与其结构之间的关系。

8.3.3　混凝土结构形成的特点

在混凝土拌合物中，骨料会引起新孔隙的生成，这些新的孔隙对于混凝土的抗蚀性是很重要的，有时甚至是决定性的。由于过剩搅拌水的分离以及水泥净浆或砂浆的沉积，这些新的孔隙都在骨料表面出现。

在搅拌和浇筑混凝土拌合物时，不为人们所注意的是过剩水，一旦机械搅拌作用停止后，即开始分离。这时粗骨料的颗粒在水泥浆中沉淀，而水泥颗粒则在水中沉淀。这些过程完成之后，在混凝土的表面上留下一层水。在粗骨料下面也积聚一层水，在水泥浆硬化之后，骨料下面的积聚水层就变成了所谓的接触孔隙，成为水的迁移和腐蚀性液体进入混凝土的主要通道。

要制得一种密实不渗透的，同时又是抗蚀性最好、最经济的混凝土，基本要求就是采用空隙率最小的骨料，亦即选用一种最佳级配的骨料。

但是，成型良好的混凝土，如果在不适当的温度和湿度中硬化，就会使混凝土的结构发生变化，降低混凝土的抗蚀性。正如前所述，在硬化期间，如果缺少水分或温度过高，就会在水泥石中形成大孔隙结构，致使混凝土的渗透性增大，抗蚀性下降。由于混凝土干燥，混凝土表面产生龟裂现象，严重影响混凝土的抗蚀性。

混凝土拌合物的各种浇筑方法 —— 离心法、压实法、真空法、振动真空法、振动压实法等，都有助于提高混凝土的密实性，使其具有更高的抗蚀性。

骨料的种类对混凝土的结构是有影响的。在多孔骨料混凝土中，由于骨料吸水的缘故，水泥石在接触层中更加紧密。因此，多孔骨料混凝土比同样强度的密实骨料混凝土的抗渗透性更高。

8.4　混凝土的渗透性及抗蚀性

混凝土中水泥石的多孔结构，决定了混凝土在各种梯度下通过液体或气体的能力。在压力梯度作用下，液体和气体可以进入混凝土深部或穿过混凝土的整个厚度。例如储水池、建筑物的围护结构、水工构筑物等。在浓度梯度的作用下,气体或液体腐蚀性物质也可能通过混凝土扩散。液体或气体可能在建筑物两侧产生的温度梯度作用下流动。或在混凝土中产生的湿度梯度作用下移动。温度和湿度梯度还决定着混凝土中水分的转移,从而平衡混凝土中的含水量。液体流动时,溶解在液体中的物质也一起移动。

8.4.1 混凝土的渗透性

混凝土的渗透性与混凝土的耐久性有极其密切的关系。一般来说,渗透性小的混凝土,其密实性高,耐久性也较好。混凝土的渗透性直接关系到其抗碳化能力、抗冻性和抵抗各种侵蚀性介质的耐腐蚀性,而且,对混凝土的收缩与徐变也有很大影响。在钢筋混凝土结构中,若混凝土的密实性差,其渗透性也大,空气中 CO_2 容易渗透到混凝土内部,与水泥的某些水化产物起作用,即碳化。碳化会使混凝土的碱度降低,使钢筋钝化膜遭受破坏,在水和空气同时渗入的情况下,会导致钢筋生锈,使混凝土保护层开裂。在水工混凝土结构中,若渗透性大,水很容易渗入混凝土内部,在冬季使混凝土遭受冻害。还有些水工混凝土结构,如水坝,经常处在高压水的作用下,水渗入混凝土,易使其内部的某些水化产物,如 $Ca(OH)_2$ 析出,引起第 I 类腐蚀,最终可能导致混凝土的破坏。由此可见,在研究混凝土耐久性问题时,对其渗透性必须给予充分注意。

在环境条件已知的情况下,一种物质通过混凝土的速率取决于混凝土的结构。从渗透的角度来考虑,物质结构的特性可以用渗透系数来表示。渗透系数就是液体或气体在单位时间内,在单位水头下通过单位断面的流体量。

混凝土的渗透性在定量上可用流体的渗透系数表示。

$$K = \frac{Qd}{AtH} \tag{8-1}$$

式中　　K——渗透系数,cm/h;

Q——透水量,cm^3;

d——试件厚度,cm;

A——透水面积,cm^2;

t——时间,h;

H——静水压力水头,cm。

液体或气体能否渗透到固体结构中去,完全取决于渗透物质颗粒与固体物孔隙的粒径比率。该比率的大小不同,流体(液体或气体)在混凝土中的转移机理也不相同(表8-5)。

表 8-5　孔隙半径(r)对转移机理的影响

孔隙半径 $r/\mu m$	渗透系数 /$(cm \cdot s^{-1})$	转移机理
< 0.1	$< 10^{-8}$	分子扩散
$0.1 \sim 10$	$10^{-8} \sim 10^{-7}$	分子流动
> 10	$> 10^{-7}$	黏滞流动

1. 影响混凝土渗透性的主要因素

对混凝土渗透性的影响因素很多,现将主要影响因素分析如下:

(1) 水灰比。

水灰比对水泥石、水泥砂浆和混凝土的孔结构影响最大。水灰比越大,包围水泥颗粒的水层越厚。一部分拌合水在水泥石中形成互相连通的、无规则的毛细孔系统,使水泥石的总孔隙率增加。但是水泥的水化是不断地缓慢进行着的,随着硬化龄期的延长,由于某些水化产物填充了一部分初始拌合水占据的体积,混凝土的毛细孔和总孔隙率下降。

在相同条件下,随着水灰比增大,毛细孔径明显增大。试验表明,水泥石的水灰比越大,其积分孔隙率有规律地增大(表8-6)。有资料说明,当水灰比大于0.55时,将使混凝土的渗透性急剧增加。

表 8-6　水灰比与孔隙率的关系

序号	水灰比	积分孔隙率	
		cm^3/g	按体积 %
1	0.25	0.105	19.50
2	0.30	0.100	18.90
3	0.35	0.145	24.80
4	0.50	0.219	33.00

(2) 水泥细度。

在材料和工艺条件相同情况下,水泥细度及其颗粒组成对水泥石孔结构有很大影响。

试验证明,采用细度较小的水泥,水化后,水泥石主要是含凝胶孔($r < 0.3\ \mu m$)和大毛细孔($r = 10 \sim 100\ \mu m$),具有较高的渗透性。采用细度较大的水泥,除凝胶孔外,生成微毛细孔结构,毛细孔数量大大减少,从而提高水泥石的抗渗性。但是,使用较细的水泥时,需水量增加,从而可能导致收缩性增加,抗裂性降低,必须引起注意。

(3) 水泥品种。

在相同条件下,各种膨胀水泥和自应力水泥具有很小的渗透性,其次是矾土水泥、普通硅酸盐水泥。混合水泥在早期具有较高的渗透性,但是,在合理的养护条件下,随着龄期的延长,混合材料中的活性成分会持续与 $Ca(OH)_2$ 进行水化反应,生成物会不断填充混凝土内部的孔隙,从而使混凝土的密实性越来越高,最终混合水泥混凝土的抗渗性会更高,并且其抗蚀性更好。

(4) 成型质量。

混凝土的成型质量对其孔隙结构、渗透性有很大影响。在实际工程中,即使是配合比设计得很好的混凝土,浇筑成型时若有不慎,即可造成混凝土内部产生缺陷,降低其抗渗性。

（5）养护条件。

养护方法对混凝土的渗透性的影响也非常显著。采用水中养护或潮湿养护，水泥水化处于十分优越的条件下，水泥石的毛细孔被水所饱和，水泥水化较充分，毛细孔不断被水化生成物所填充，使水泥石中小于 10 μm 的毛细孔增加，大于 100 μm 的大毛细孔减少，总孔隙率降低，其渗透性明显减小。而且随着养护龄期的增加，混凝土的总孔隙率及毛细孔数量还会逐渐减少。

在采用加热养护时，其养护制度，包括静停时间与条件、升温速度、最高恒温温度、恒温时间和降温速度等，对水泥石的孔结构都有很大影响。静停时间短、升温速度太快、最高恒温温度太高或降温速度太快，都会导致混凝土渗透性加剧。这主要是由于增加了大毛细孔和出现由于温度梯度引起内部的微裂纹所造成的。所以，加热养护的混凝土的耐久性也将大大低于水中或潮湿养护的混凝土。

（6）周围介质。

混凝土渗透性能的变化与周围介质的品种有关。试验表明，气体、石油和水在混凝土中的渗透系数依次减小。

空气中的 CO_2 渗透到混凝土中，使混凝土碳化，生成的 $CaCO_3$ 堵塞毛细孔，使总孔隙率和小于 5 μm 的微毛细孔的含量降低，而大于 5 μm 的毛细孔的含量增大。但总体看来，混凝土的渗透性下降了。这也是混凝土碳化深度随时间延长而日益衰减的主要原因。

还有某些含有 —OH、—COOH 和 —NH$_2$ 基团的有机极性液体，渗入混凝土的毛细孔时，吸附到毛细孔壁上，除了能使毛细孔壁憎水化外，还能堵塞毛细孔，使混凝土的渗透性减小。

8.4.2 混凝土的抗蚀性

在水泥石、砂浆和混凝土的腐蚀过程中，扩散起着重要作用，在被地下水或地表水所浸湿的结构中，尤其如此。

原来就被自由流动水或地下水所浸泡，但未受到水头作用的混凝土和钢筋混凝土的损坏速度取决于下列过程的总速率：外部扩散速率（腐蚀性溶液对构筑物表面的供给率）和水泥石孔隙中（在混凝土结构中）电解质离子的内部扩散及化学反应速率。

在研究了腐蚀性离子向水泥石、砂浆或混凝土内部渗透过程以及水泥矿物质与这些离子的积聚速度之后，就可以弄清楚腐蚀过程的规律性，从而建立腐蚀性离子在扩散机理作用下的渗透动力学参数。苏联学者 Т. В. 鲁别茨卡（Т. В. Рубецка）和 Г. В. 柳芭尔斯卡娅（Г. В. Любарская）在他们所完成的研究中证明，腐蚀反应产物层在控制扩散中起着决定性的作用。这两位学者在试验研究中还取得了混凝土破坏程度与时间的关系式：

$$L = \sqrt{Kt} \qquad (8-2)$$

式中　　L—— 混凝土的破坏深度；

　　　　t—— 扩散过程的时间；

K—— 腐蚀系数。

腐蚀系数 K 可根据试验数据计算确定,并可用来预测建筑物在类似条件下的使用寿命。

在实践中,首先应该分析腐蚀性介质和结构之间相互作用的条件,然后规定出腐蚀类型(由腐蚀过程的机理和控制腐蚀过程因素所确定)。根据以上分析,就可以计算出腐蚀过程的强度。

思　　考　　题

1.水泥在混凝土的抗蚀性中有什么作用?在选择水泥时应注意哪些问题?

2.骨料对混凝土的抗蚀性有哪些影响?在选用骨料时应注意哪些问题?

3.腐蚀性介质对混凝土的腐蚀与混凝土的内部结构有什么联系?如何提高混凝土的抗蚀性?

4.在混凝土的内部孔隙中,对混凝土抗蚀性影响最大的有哪些孔隙?

5.水泥石的孔隙水对水泥石结构的特性有哪些影响?

6.在混凝土中有哪些类型的水?各有何特点?

7.影响混凝土渗透性的因素有哪些?采取哪些措施可以提高混凝土的抗渗性?

8.怎样预测混凝土的使用寿命?

第 9 章   混凝土的气相腐蚀

从本质上说,混凝土在气体介质中的腐蚀过程与其在液体介质中的过程基本相同,这是因为酸性气体与水泥石矿物质之间的化学反应是在水膜上进行的,气体必须首先溶解在水中,然后才能与溶解物发生反应。

在含有酸性气体的大气中,水泥石的所有矿物质,在热力学上都是不稳定的。更确切地说,就是当气体的分压比相应的气体浓度(对 CO_2 为 $10^{-8.27} \sim 10^{-27.6}$ 大气压)低得多时,水泥中的矿物质才是稳定的。

CO_2 是空气的组成部分,其体积约占 0.03%。通常,工业区内的 CO_2 含量较高,尤其是在生产过程中释放 CO_2 的车间,其室内含量更高。此外,生产厂房内还常常含有其他酸性气体(SO_2、HCl、HF、NO_2)、蒸汽和酸性气溶胶。环保标准对生产厂房空气中酸性气体的含量是有所限制的。例如,在呼吸区域内(地面以上 1.5 m 处),酸性气体的最高允许质量浓度如下:SO_2 为 10 mg/m^3;HCl 为 5 mg/m^3;Cl_2 为 1 mg/m^3;NO_2 为 5 mg/m^3;HF 为 0.5 mg/m^3;H_2S 为 10 mg/m^3。

在含硫燃料燃烧的地方,烟道气内含有 SO_2(0.05% $\sim$ 0.5%)和 SO_3(0.001% $\sim$ 0.006%)。因为 SO_3 在水中可以生成 H_2SO_4,所以烟道气内 SO_3 的存在提高了露点温度。当温度达 170 ℃ 时,发生冷凝过程,生成 H_2SO_4。当烟囱衬里的温度为 60 $\sim$ 140 ℃ 时,根据不同燃料,烟道气中 H_2SO_4 的浓度可高达 40% $\sim$ 80%。

由于气体的扩散作用,SO_2 可能会渗透到烟囱的混凝土筒身与衬里之间的缝隙中,并在温度达 30 $\sim$ 40 ℃ 时,生成 5% $\sim$ 7% H_2SO_3 的冷凝液。

在上述气体浓度和高温条件下,混凝土的破坏速度相当快。因此,除了在钢筋混凝土烟囱内安装耐酸砖衬里外,还应当在烟囱身和衬里之间的缝隙内采取通风措施。

总而言之,酸性气体对水泥混凝土是有侵蚀性的,即在一定的湿度、温度条件下,酸性气体与水泥混凝土的组分发生反应。但气体腐蚀的程度(破坏特点及其速度),则根据气体的种类、浓度、空气或混凝土的湿度而有所不同。显而易见,在排风道和烟囱内有高浓度气体存在的条件下,没有必要详细研究混凝土的腐蚀机理及其速度,因为试验和研究结果已经表明,在这种条件下,如果不对这些特殊用途结构的混凝土表面采取专门的和可靠的防护措施,它们的使用寿命就不会长久。

按照钢筋的完好性(即钢筋在使用期内不受腐蚀)预测钢筋混凝土结构的耐久性时,必须考虑混凝土破坏时的动力学特征。这样,混凝土腐蚀的设计范围就被限制在表层,即其厚度不大于钢筋的保护层(按负的允许误差考虑)。在预测耐久性时,应该考虑到保护混凝土结构表层不受任何侵蚀性气体腐蚀的必要性。

众所周知,如果混凝土保护层被破坏、中和或被盐类活化剂(包括氯化物)所渗透,都可能使钢筋在侵蚀性介质中受到破坏。这三种情况的任何一种都可能在混凝土的气相腐蚀中出现。

因此,研究气体与混凝土相互作用的机理是一项首要任务。

9.1 酸性气体与混凝土作用的机理

酸性气体与混凝土相互反应,生成的盐的可溶性、吸湿性以及盐对钢筋的侵蚀性等,对中和后的混凝土性能都有举足轻重的影响。

酸性气体可分成以下三类:

第一类气体:能生成不溶性和低溶性钙盐的气体。这些盐通常不含结晶水或含少量结晶水。当水泥石与这类气体发生化学反应时,其固相体积在大多数情况下都是收缩的,从而造成混凝土表层产生收缩裂纹。在这类气体的作用下,由于混凝土保护层被中性化,钢筋受到腐蚀,所以钢筋混凝土结构也会很快遭受破坏。

这类气体包括 CO_2、HF、SiF_4、P_2O_5 及草酸蒸汽等。

第二类气体:可以生成低溶膨胀性盐的气体。生成的盐中含有或多或少数量的结晶水,可以引起混凝土的固相体积膨胀,使混凝土密实。例如,SO_2 与混凝土中的 $Ca(OH)_2$ 反应后,生成的石膏体积比 $Ca(OH)_2$ 大 1.2 倍。这样,气体向密实混凝土内的进一步渗透实际上就已经停止了。但是由体积膨胀而产生的较大的内应力,原则上仍能引起混凝土的逐层破坏。

由于低溶性盐向混凝土深部的扩散受到了限制,因此钢筋在大气条件下的腐蚀,也只局限于混凝土的中和层内。混凝土结构浸湿后,结晶水合物的体积增大了,从而引起较高的内应力,导致混凝土强度降低。

在这类气体的作用下,当混凝土保护层中和后,钢筋受到腐蚀,引起钢筋混凝土结构的破坏。而在高湿度介质中,混凝土的强度损失和逐层破坏也促进了钢筋的腐蚀。

这类气体包括 SO_2、SO_3、H_2S 等。

第三类气体:可以生成易溶解的吸湿性盐的气体。在潮湿的空气中,吸湿性盐吸收水蒸气,形成溶液。该溶液可借助毛细孔的吸收作用和扩散作用,渗透到混凝土的深部。由于钙盐的溶解和结晶作用,固相体积膨胀,混凝土表层的强度初期时增高,随后又降低了,造成混凝土表层的逐步破坏。

对于钢筋而言,生成的盐可能是侵蚀性的,也可能是中性的,所以又可以分为两类。(1) 类气体生成的盐,即使在浓度很低的情况下,也能对混凝土中的钢筋造成腐蚀,即在混凝土保护层中和之前,其液相仍然是碱性的。这类气体都是含卤气体,例如 HCl、Cl_2、ClO_2 以及 Br、I 和 Cl 代乙酸的蒸汽。(2) 类气体,可以生成易熔性钙盐。该类气体对混凝土在碱性介质中的钢筋没有腐蚀作用。这类气体包括氧化氮、硝酸蒸汽及其他气体。

在环境湿度很大,或生成盐从混凝土内析出时,例如定期向混凝土洒水或在混凝土表面形成冷凝液时,气体对混凝土的腐蚀,很难与液体介质中的 Ⅱ 类或 Ⅲ 类腐蚀加以区别。这种腐蚀一直进行到水泥石中的主要矿物质完全分解,生成酸性盐时为止,从而使混凝土逐层破坏。

所以混凝土的气相腐蚀可以更确切地定义为:酸性气体在没有液相参与的情况下,造成混凝土腐蚀的过程。在这种腐蚀形式下,酸性气体的可溶性实际上并不影响它们与水泥石的反应速度,这种速度通常只是受酸性气体在混凝土中的扩散所限制。

应当对在空气中酸性气体腐蚀下,混凝土丧失保护钢筋能力这一过程的动力学加以研究。研究时应把水泥石中生成盐的性质考虑进去。只有当混凝土中和以后,第一类和第二类气体才会造成钢筋的腐蚀。混凝土保护钢筋的持续时间,取决于混凝土保护层的厚度和中和速度。研究表明,混凝土在气相介质中的中和作用是由表层逐渐向深部发展的,但这种进程又同时受到内部扩散速度的限制。如果中和层没有发生剥落或开裂,则中和层厚度的增加与时间的平方根成正比,即中和速度减慢了。

如果混凝土的中和层逐渐开裂,或从结构表面脱落,那么混凝土的中和速度就与时间无关了。

在工业厂房的侵蚀性气体中,CO_2 的含量占优势,其浓度超过其他酸性气体的 $100 \sim 1\,000$ 倍。因此,混凝土与 CO_2 的相互作用(碳化作用),在混凝土的中和反应过程中起主导作用。

酸性气体通常与早期碳化的混凝土表层起反应。有些气体生成的酸比碳酸气更强,这类气体可以分解 $CaCO_3$,生成相应的盐类。被分解出来的碳酸气一部分进入大气中,一部分渗入到混凝土深层,加速了碳化作用。因此,原来就处于 CO_2 大气中的混凝土,受到其他酸气(CO_2 除外)作用后,按其化学成分和渗透性能的差异一般可以分为以下三层:

外层 —— 受到比 CO_2 气体酸性更强气体作用的中和层;

中间层 —— 碳化层;

内层 —— 未受酸性气体腐蚀的混凝土层。

CO_2 和其他酸性气体与混凝土之间的化学反应发生在这些层次之间。如果第二类气体的影响不能忽略,那么在分析中和作用的动力学时,就应该把截面不同的混凝土的渗透性变化考虑进去。

当第三类气体生成的侵蚀性盐向混凝土深部扩散,造成钢筋腐蚀时,应当采用下列方法确定混凝土保护钢筋的时间。首先,采用电化学法,测定钢筋发生去钝化作用时混凝土中的临界含盐量。例如,对氯盐而言,以混凝土砂浆(水泥和砂子)的质量计,其临界含盐量约等于 0.2% 的 Cl^-。其次再测定盐的渗透速度及其在钢筋表面的积聚。混凝土的湿度越大,渗透性越强,盐的扩散速度就越快。混凝土的干湿交替作用,加速了溶液通过毛细孔吸收作用的迁移。在定量测定混凝土中的含盐量时,可以采用逐层化学分析的方法;定性测定时,则采用专门的比色指示剂。

由于钢筋的去钝化作用机理的差别,所以,必须采用不同的方法来保护钢筋混凝土结构不受第一类和第二类气体的腐蚀。只要保证混凝土有足够的设计保护层厚度和密实性,则混凝土表面不经处理就可以抵抗第一类气体的腐蚀。为了保护混凝土不受第三类气体的腐蚀,除了提高混凝土的密实性外,还应该向混凝土中加入钢筋缓蚀剂。在空气湿度较大的情况下,可以在混凝土表面涂刷油漆涂料和其他防护性材料。

9.1.1 第一类气体对混凝土的影响

在工业厂房的大气中,侵蚀性气体的成分和浓度取决于生产过程的类别、通风系统状况、工业文明生产的水平及气候和其他条件。如果生产工艺采用燃烧、氧化和发酵,则 CO_2 的浓度可能超过正常浓度的好几倍。由于混凝土的碳化是中和作用最普遍的形式,所以应当研究混凝土在 CO_2 作用下所发生的化学过程。

CO_2 溶解在混凝土液相中,生成碳酸:

$$CO_2 + H_2O \Longleftrightarrow H_2CO_3$$

碳酸又离解成碳酸氢根离子和碳酸根离子:

$$H_2CO_3 \Longleftrightarrow HCO_3^- + H^+$$

$$HCO_3^- \Longleftrightarrow CO_3^{2-} + H^+$$

离解常数分别等于 3×10^{-7} 和 6×10^{-11}。当 pH $<$ 4 时,溶液中不含 HCO_3^-;pH $=$ 7 $\sim$ 10 时,HCO_3^- 的数量占优势;当 pH $>$ 9 时,溶液中出现 CO_3^{2-}。

随着溶液 pH 的增高,碳酸盐的可溶性即降低,并逐渐从溶液中沉淀出来。相反,pH 降低时,碳酸钙反而由固相变为液相,并还原成碳酸氢根离子和钙离子。碳酸盐的平衡主要受大气中 CO_2 含量的控制。表 9－1 列出了 CO_2 在水中的可溶性及生成溶液的 pH。

溶液中其他盐类对碳酸盐可溶性的影响,大大低于 pH 的影响。混凝土碳化时,首先生成一种无定形碳酸钙,随后碳酸钙结晶。碱性复合盐可在混凝土的碱性环境中生成,但最终产品则为碳酸钙,常见的是方解石。

碳化作用改变了混凝土和水泥砂浆的许多物理－机械性能和物理－化学性能。特别是水泥砂浆的表观密度几乎增加了 100 kg/m^3,砂浆的总孔隙率和吸水性降低了 5%(以体积计)。有资料显示,配合比为 1∶3 的水泥砂浆经碳化后,其抗压强度提高 50% $\sim$ 70%,抗弯强度提高 40% $\sim$ 60%。

表 9－1 CO_2 在水中的可溶性及生成溶液的 pH

CO_2 含量		pH	$CaCO_3$ 饱和溶液	
大气中的含量 /%（体积分数）	1 L 水中的质量 /g（水温 18 ℃）		$CaCO_3$ 质量浓度 /(g · L^{-1})	pH
0	—	—	0.013 1	10.23
0.03(标准空气)	0.000 54	5.72	0.062 7	8.48
0.3	0.005 4	5.22	0.138 0	7.81
1	0.017 9	4.95	0.210 6	7.47
10	0.178 9	4.45	0.468 9	6.80
100(大气压下)	1.787 0	3.95	1.057 7	6.13

研究表明,碳化混凝土的强度提高或降低,主要取决于水泥的种类。例如,石膏矿

渣胶结料制成的混凝土,在自然条件下碳化 $4 \sim 10$ 年后,其强度降低。在 CO_2 含量为 9%(体积分数),温度为 $20\ ℃$、相对湿度为 65% 的大气中,用不同矿物组成的水泥制成的砂浆棱柱体进行快速碳化试验。结果表明,如果水泥中的熟料含量超过 40%(质量分数),碳化作用可提高砂浆强度约 70%;如果熟料含量低于 40%(质量分数),其强度则降低 50%。

混凝土碳化后,试件强度的提高(或降低)与其质量变化呈直线关系。试件强度提高,可能与碳酸钙的生成致使结构密实有关;强度降低则与三硫型水化硫铝酸三钙(密度为 $1.73\ g/cm^3$)碳化时转变为单硫型水化硫铝酸三钙(密度为 $1.95\ g/cm^3$),使孔隙率增加,密实度降低有关。

除了正常的干燥收缩之外,混凝土和砂浆还可能出现碳化收缩,其总收缩率是非碳化混凝土正常收缩率的两倍。

对钢筋混凝土结构的耐久性而言,在混凝土碳化过程的所有变化中,液相 pH 的变化和渗透性变化是最重要的。因为碳化的首要作用是改变了混凝土对钢筋的保护性能。试验表明,碳化混凝土液相的 pH 为 $8.5 \sim 9.0$,这实际上已低于钢筋钝化时所必需的 pH 了。当钢筋表面的电动势为 $+300\ mV$ 时,$CaCO_3$ 悬浮液中的腐蚀电流是 $Ca(OH)_2$ 悬浮液的 1 000 倍。

孔隙率和渗透性的变化是混凝土碳化后的另一重要结果。例如,在碳化混凝土中,孔径 $r = 0.005 \sim 0.05\ \mu m$ 和 $0.05 \sim 0.5\ \mu m$ 的孔隙约减少了一半,而孔径 $r \geqslant 6\ \mu m$ 的孔隙和毛细孔的数量则保持不变,而且没有反应产物生成。生成的碳酸钙充满了大孔隙周围的显微孔隙。显然,CO_2 与水泥石的相互反应是在有水的条件下进行的,即在潮湿空气中,在充满冷凝水的显微孔隙毛细孔内进行。在碳化作用时,孔径 $r < 0.05\ \mu m$ 的显微孔隙数量明显减少,这也与雪硅钙石(英文名为 tobermorite,化学式为 $4CaO \cdot 6SiO_2 \cdot Ca(OH)_2 \cdot 4H_2O$,放射状纤维集合体)的破坏有关。碳化混凝土试件的透气性随之降低。

目前,对这类气体中的其他酸性气体(HF、SiF_4、P_2O_5 和草酸蒸汽等)对混凝土的影响研究得还不够。HF 与 $Ca(OH)_2$ 起反应,生成基本上不溶于水的 CaF_2,其体积比 $Ca(OH)_2$ 小 25.7%。HF 作用于水泥石,破坏了结晶水合物,进一步增加了孔隙率。

由于混凝土的密实度不同,因而与第一类气体中各类气体的反应速度也大不相同。在一般情况下,这类气体的腐蚀可使混凝土生成无剥落的中和层。由于中和层厚度不断增加,气体通过该层的扩散路程延长了,因此与混凝土相互反应的速度就减缓了。

9.1.2　第二类气体对混凝土的影响

第二类气体可以生成含有大量结晶水的低溶膨胀性钙盐,即可以使混凝土体积增大。在工业大气中,最常见的是 SO_2 气体,偶尔也会出现 SO_3,但浓度很低。

SO_2 与混凝土相互反应的形式与碳化作用类似:气相中的 SO_2 溶解在混凝土液相中,生成亚硫酸和亚硫酸钙。亚硫酸钙又被空气氧化,生成硫酸钙。这时,硫酸钙晶体充满了孔隙,使混凝土密实,从而明显延缓了 SO_2 气体的扩散。

研究表明,只有在 SO_2 浓度较高和空气湿度较大的区域,混凝土才会腐蚀。在这种情况下,钢筋的腐蚀是一个次要过程。如果 SO_2 的浓度和空气湿度都较低,则混凝土的中性化不会引起明显破坏和强度损失。

SO_2 可以转变成 SO_3:

$$2SO_2 + O_2 = 2SO_3$$

按热力学计算,当氧气分压为 0.021 MPa 时,SO_2 和 SO_3 分压之间的关系式如下:

$$\lg p_{SO_3} = \lg p_{SO_2} + 11.56$$

也就是说,SO_2 应当全部转化成 SO_3,可是转化过程中的动力学特征至今还不明了。根据 B. Д. 特林克尔的资料记载,煤燃烧时主要放出 SO_2,而 SO_3 的数量仅占 SO_2 的 $3\% \sim 5\%$。

由于空气中 SO_3 的浓度极低,所以在混凝土的表层上不会形成硫酸冷凝液。在高浓度 SO_2 气体中进行试验时,即使 SO_3 的生成量大大高于自然界的生成量,在混凝土表面上也不会有硫酸冷凝液。目前,已知火力发电厂烟囱废气中 SO_2 的浓度为 $0.05\% \sim 0.5\%$,SO_3 的浓度为 $0.001\% \sim 0.01\%$ 时,硫酸就会在烟囱的内壁上冷凝。这说明烟道气的含水量和 SO_3 的浓度都很高。

这类气体中的其他代表性气体,即 H_2S 和 CS_2,与 $Ca(OH)_2$ 起反应的同时,还可以生成许多不稳定的中间化合物,其中包括 CaS、$CaSO_3$ 和 $Ca(HS)_2$ 等,这些化合物最后又都转变成硫酸盐。

热力学计算证明,水泥石组分与 H_2S 反应,最理想是生成二水石膏。CS_2 可以分解成 CO_2 和 H_2S。H_2S 氧化生成硫酸盐,造成水泥石腐蚀,生成的 CO_2 则促进了水泥石的碳化进程。

由此看来,H_2S 和 CS_2 对混凝土的影响可以与 SO_2 的影响相提并论。但必须指出,H_2S 对高强度钢筋有特殊的腐蚀作用,当在应力状态下腐蚀时,表现为钢筋的脆性断裂(应力腐蚀开裂)。

9.1.3 第三类气体对混凝土的影响

第三类气体与 $Ca(OH)_2$ 和 $CaCO_3$ 起反应,生成易溶解的吸湿性盐。

(1) 类气体中最常见的是 HCl 和 Cl_2。HCl 在混凝土液相中生成盐酸,盐酸与 $Ca(OH)_2$ 反应,生成 $CaCl_2$。$CaCl_2$ 向含碱量很高的混凝土内部迁移,生成碱性盐,即氢氧化物和水化氯铝酸盐。

试验证明,被 HCl 腐蚀的混凝土,由于含氯的碱式盐在混凝土结构内部沉淀,混凝土的强度在反应初期因密实化而提高,但后来随着水泥石矿物质的分解、碱浓度的降低,以及早期生成的碱式盐的溶解,混凝土的强度又下降了。结果,$CaCl_2$ 溶液通过毛细孔向混凝土深部渗透,或离开混凝土表面流出。由于大部分水泥石溶解了,混凝土表层变成多孔的了。在该表层只保留了无黏结性能的硅酸凝胶、$Al(OH)_3$ 和 $Fe(OH)_3$。这就是在释放大量 HCl 的生产车间内,钢筋混凝土结构表面会丧失强度而发生剥落的原因。在被 HCl 污染的环境中,钢筋混凝土结构的破坏最为严重。HCl 浓度越高,环境湿度越大,由此造成的破坏速度就越快。这主要是因为混凝土孔隙内充满了液体,从而更有利于溶解 $CaCl_2$ 向混凝土深部扩散。

Cl_2 对混凝土的腐蚀与 HCl 不同。当 Cl_2 与 $Ca(OH)_2$ 反应时,除生成 $CaCl_2$ 和结晶水合物外,还可生成 $Ca(ClO)_2$。在混凝土的碱性环境中,还可生成氯的复合物 $CaCl_2 \cdot 3Ca(OH)_2 \cdot 12H_2O$,$CaCl_2 \cdot Ca(OH)_2 \cdot H_2O$ 和 $3CaO \cdot Al_2O_3 \cdot CaCl_2 \cdot 10H_2O$ 与 $3CaO \cdot Fe_2O_3 \cdot CaCl_2 \cdot 10H_2O$。

对于暴露在 Cl_2 和 HCl 大气中的混凝土,其渗透性以及水泥的矿物质组分均影响氯化物对混凝土的渗透速度。研究表明,水泥中铝酸盐的含量越低,混凝土对盐电解车间大气的抗蚀性就越高。

(2)类气体中最常见的有氧化氮和硝酸蒸汽。它们以同样的形式腐蚀混凝土,但是在混凝土的碱性环境中,生成的盐类对钢筋并无腐蚀作用。但应当注意的是,生成的 $Ca(NO_3)_2$ 可引起高强度钢筋的腐蚀断裂(硝脆)。

9.1.4 酸性气体对混凝土的共同腐蚀

在洁净的空气中,CO_2 的含量一般约为 0.03%(体积分数);在工业大气中,其含量可能高许多。其他酸性气体在空气中的含量一般很低。所有的酸性气体都同 CO_2 一起腐蚀混凝土。在大多数情况下,碳化作用是超前的,是从混凝土结构完工时就开始的,但只有在结构投入使用以后,其他酸性气体才会腐蚀混凝土。

酸性气体中和了混凝土,生成盐向深部渗透的速度取决于它们的可溶性、渗透性以及混凝土的含水量。混凝土表面的水泥石薄层与空气中的 CO_2 和其他酸气起化学反应。很大一部分钙盐与较碳酸更强的酸性气体反应,使反应初期生成的部分碳酸盐受到破坏。在极限情况下,所有的碱式盐和碳酸盐同强酸性气体反应,生成酸性盐。此外,在该层中还留有硅酸凝胶、$Al(OH)_3$ 和 $Fe(OH)_3$。根据生成盐的性质和腐蚀阶段,混凝土的表层可能被加强,也可能被破坏(剥落)。

CO_2 和其他几种酸性气体共同对混凝土腐蚀的特点如下。

(1)CO_2 和 HF。由于空气中 HF 的最高允许浓度小于 0.1 mg/m^3,所以其对混凝土的腐蚀性极小。

(2)CO_2 和 SO_2。暴露在 CO_2 和 SO_2 中的混凝土,其碳化表层上的碳酸钙将被分解。由于生成的 $CaSO_4 \cdot 2H_2O$ 大大提高了混凝土的密实性,所以碳化速度比没有 SO_2 存在时缓慢。试验证明,预先用 SO_2 处理过的混凝土试件,其碳化速度大大低于未处理的试件。在自然条件下,已经碳化的混凝土表层不存在 $Ca(OH)_2$,因而在 SO_2 腐蚀下,一般不会生成水化硫铝酸钙。

(3)CO_2 和 HCl。HCl 能分解混凝土碳化层中的碳酸钙。在 HCl 浓度不高、空气湿度较小的条件下,混凝土中生成的 $CaCl_2$ 数量很少。由于混凝土中吸湿性盐的含量较低,故混凝土的湿度不会明显增大,但碳化作用并不减慢。只有当 HCl 浓度和空气湿度增高时,混凝土的湿度才急剧增高。在这种情况下,碳化作用就会减慢。但是,氯化物向混凝土的渗透,仍可能成为钢筋腐蚀的主要原因。

(4)CO_2 和 Cl_2。对在 Cl_2 车间使用 17 年的钢筋混凝土构件的混凝土层进行取样分析,取样深度为 $20 \sim 100$ mm。分析结果表明,化合的 CO_2 和氯化物的含量,随取样深度的增加而逐渐减少。化合 CO_2 的平均含量为试样质量的 3.2%(质量分数),氯化物则为 0.1%。这说明混凝土的中和作用主要受 CO_2 的影响。

酸性气体对混凝土共同作用的实例表明,在实际使用条件下,CO_2 在混凝土的中性化反应中起主导作用。其他酸性气体只是稍稍加快或减慢了这一过程而已。在正常的空气湿度下,混凝土表面上不存在冷凝水或各种液体,这种附加影响并不明显。如果空气湿度较大,特别是存在冷凝水时,这种作用就比较明显。这时,不仅混凝土的表层受到破坏,而且水泥石反应产物中的易溶性钙盐,也会加速渗透到混凝土中去。

在所有情况下,都可以采用提高混凝土密实度的方法,达到减缓混凝土中性化的过程,并减缓其破坏速度。在空气湿度正常时或偏高时,提高混凝土的密实性,是防止混凝土中性化腐蚀的唯一有效的方法。

9.2 气相腐蚀的动力学

研究了酸性气体对混凝土腐蚀作用的特点后,可得出结论:在侵蚀性气体含量较高的工业大气中,只有混凝土的表层受到腐蚀。随着腐蚀过程的发展,破坏层厚度逐渐增大。但在一定条件下,破坏层的厚度可长期限制在钢筋保护层的设计深度范围内。这样,对于较厚的结构物,混凝土截面的减小不会影响其承载力。所以,如果在结构的使用寿命期内,将混凝土的腐蚀深度设计得小于保护层厚度的话,那么在结构表层不使用防腐涂层的条件下,结构也可以在侵蚀性气体中良好地使用。

这样,就能节省表面防腐涂层所必需的、价格昂贵的涂层材料。为实现这一目的,必须制订一个方法,预测混凝土在气相腐蚀条件下对钢筋保护作用的有效期限。预测时必须把环境的影响机理、混凝土的物理机械性能变化和生产工艺考虑进去。此外,还应对混凝土的不均匀性、渗透性和保护层厚度的允许误差(略低于正常厚度)做出规定。

多年来,许多科研人员对混凝土保护钢筋作用时间的预测方法给予了极大的关注。这些方法是从研究酸性气体(主要是 CO_2)的腐蚀作用为基础的,即酸性气体使混凝土中性化的动力学规律。

混凝土的碳化过程由 CO_2 在混凝土气相中的扩散所控制,其特点是气体在反应薄层中完全被吸收,形成了一个从混凝土表面向其深部移动的前缘,前缘向深处发展时,留下了破坏层。随着破坏层厚度的增加,CO_2 的扩散阻力也越来越大,这样就保证了中性化作用逐渐延缓,直至自行中止。

假设混凝土孔隙中的 CO_2 浓度,由混凝土表面周围空气中的浓度值直线下降到化学反应区域内的零点,而且浓度梯度在短时间内固定不变,那么就可以采用菲克(Fick)第一定律方程式进行计算。当 CO_2 浓度为 c_0(相对单位)时,表示混凝土中和层厚度

$X(\mathrm{cm})$ 与时间 $t(\mathrm{d})$ 之间的关系式如下：

$$X = (2D'c_0 t/m_0)^{1/2} = \alpha'(c_0 t)^{1/2} \qquad (9-1)$$

$$= \alpha t^{1/2} \qquad (9-1')$$

式中　　X——碳化深度，cm；

D'——CO_2 有效扩散系数，$\mathrm{cm^2/d}$；

c_0——CO_2 浓度，相对单位，%；

t——碳化龄期，d；

m_0——单位体积混凝土所吸收的气体体积，$\mathrm{cm^3/d}$；

α'、α——碳化速度系数。

从式(9-1)可以看出，混凝土的碳化深度(X)与 CO_2 的浓度(c_0)和龄期(t)的平方根成正比。关系式中，碳化深度和碳化速度系数是用来表征混凝土特征的主要指标，称之为碳化特征值。X 和 α 越大，说明混凝土抗碳化性能越差。但如前所述，影响混凝土碳化的因素非常复杂，所以，X 和 α 是表示在某些综合条件下，混凝土碳化的平均特征值。

经过中国建筑科学研究院混凝土研究所和有关单位的科研人员的共同研究，首次提出了混凝土碳化的多影响系数方程式：

$$X = \eta_1 \eta_2 \eta_3 \eta_4 \eta_5 \eta_6 \alpha \cdot t^{1/2} \qquad (9-2)$$

式中　　η_1——水泥用量影响系数；

η_2——水灰比影响系数；

η_3——粉煤灰取代量影响系数；

η_4——水泥品种影响系数；

η_5——骨料品种影响系数；

η_6——养护方法影响系数。

混凝土碳化多影响系数关系式(9-2)是在式(9-1)的基础上，利用影响系数叠加原理而提出的。由此也可以引入一个混凝土碳化综合影响系数 η：

$$\eta = \eta_1 \eta_2 \eta_3 \eta_4 \eta_5 \eta_6 \qquad (9-3)$$

它主要用来表示在一定施工条件和周围介质条件下混凝土碳化的规律，在某些材料因素和环境因素变化的情况下，可以较具体地计算出对混凝土碳化的综合影响程度和碳化深度。

尽管有关 SO_2 对混凝土中性化作用动力学的影响资料极少，但根据中性化深度与时间平方根的理论关系式(9-1')，仍可计算出混凝土在 SO_2 某一浓度的空气中经过若干年后，其中性化的深度。

9.3　混凝土特性对碳化速度的影响

从上述混凝土碳化机理的阐述中可以知道，影响混凝土碳化的最主要因素是混凝土自身的密实性和碱含量的大小，即混凝土的渗透性和 $Ca(OH)_2$ 含量的大小。可以说,若混凝土的孔隙率越小,密实性越高,渗透性越小,$Ca(OH)_2$含量越大,则混凝土的抗碳化性能越好;反之,则越差。但是,因为影响混凝土密实性和碱含量的因素很多,所以,必须做具体分析。

归纳起来,影响混凝土碳化的因素可分为:周围环境因素、施工因素和材料因素等三方面。

周围环境因素主要指周围介质的相对湿度、温度、压力及CO_2的浓度等对混凝土碳化的影响。

环境介质的相对湿度直接影响混凝土的润湿状态和抗碳化性能。在大气非常潮湿,其相对湿度大于80%或100%的情况,混凝土毛细孔处于饱和状态,使其气体渗透性大大降低,导致混凝土碳化速度大大降低,甚至停止;在相对湿度为0~45%的条件下,混凝土处于干燥或含水率非常低的状态,空气中的CO_2无法溶解于毛细孔水或是溶解量非常有限,使之不能与碱性溶液发生反应,因而混凝土碳化也就无法进行;试验证明,当周围介质的相对湿度为50%~75%时,混凝土的碳化速度最快。所以,在我国GB/T 50082—2009标准中,规定混凝土快速碳化时介质的相对湿度控制在(70 ± 5)%。

环境温度对混凝土的碳化速度影响也很大,但是,从目前国内外的资料来看,温度对混凝土碳化速度影响的研究较少。所以,与国外的有关标准一样,我国国家标准规定,混凝土快速碳化应在(20 ± 5)℃条件下进行。

为了便于比较和计算,我国国家标准规定,混凝土快速碳化试验时CO_2的体积浓度为(20 ± 3)%。这样,可以较方便地得知,在正常大气条件下,混凝土存放龄期为50年的自然碳化深度,相当于按国家标准方法快速碳化28 d的碳化深度。

施工因素包括混凝土搅拌、振捣和养护等,主要影响混凝土质量。保证在施工中获得质量良好的混凝土对提高抗碳化性能非常重要。

在假设周围介质因素和工艺条件不变的条件下我国科研人员通过大量试验,研究了水泥用量、水灰比、粉煤灰取代量、水泥品种、骨料品种和养护方法等因素对混凝土碳化的影响,同时,根据式(9-2)的要求,确定相应的分项影响系数。

1. 水泥用量

水泥是混凝土最重要的组成材料,其品种和用量对混凝土的性能都有很大影响。同样,水泥用量也是影响混凝土碳化的主要因素之一。试验表明,在通常情况下,水泥用量越大,混凝土的强度越高,其抗碳化性能也越高。若以水泥用量为300 kg/m³时的混凝土碳化深度作为标准,与其他水泥用量时的碳化深度做比较,可得出不同水泥用量对混凝土碳化的影响系数(η_1),见表9-2。

水泥用量的影响系数(η_1)因混凝土品种不同而有较大差别。

轻骨料混凝土:

$$\eta_1 = 582C^{-1.107} \tag{9-4}$$

普通混凝土:

$$\eta_1 = 253C^{-0.954} \tag{9-5}$$

式中 C—— 水泥用量,kg/m^3。

表 9 − 2   水泥用量对混凝土碳化的影响系数(η_1)

混凝土品种	$C/(kg \cdot m^{-3})$				
	250	300	350	400	500
轻骨料混凝土	1.35	1	0.85	0.75	0.65
普通混凝土	1.40	1	0.90	0.80	0.70

从式(9−4)、(9−5)和表9−2可以看出,η_1与水泥用量成反比。为了提高混凝土的抗碳化性能,增加混凝土的水泥用量是非常必要的。因为增加水泥用量不仅可以改善混凝土的和易性,提高混凝土的密实性,还可以增加混凝土中碱含量,使其抗碳化性能大大增强。

2.水灰比

水灰比对混凝土的孔隙结构影响极大。在水泥用量保持不变的条件下,水灰比越大,混凝土内部的毛细孔隙率越大,密实性越差,渗透性越大,其碳化速度也越快。试验表明,在自然条件下,混凝土的碳化深度与水灰比之间近似于线性关系。H. K. 罗泽塔尔(H. K. Розентала)利用最小二乘法,对在相对湿度为60%的条件下存放的混凝土进行了 2 000 次的测定,得出了混凝土碳化深度的计算式:

$$X = 4.6(W/C) - 1.3 \tag{9−6}$$

由式(9−6)可以得出,$W/C = 0.3$ 时,混凝土不会碳化。

水灰比对混凝土碳化的影响系数(η_2)见表9−3。η_2 与 W/C 的关系可用直线方程式表示:

轻骨料混凝土:

$$\eta_2 = 0.017 + 2.06(W/C) \tag{9−7}$$

普通混凝土:

$$\eta_2 = -1.03 + 4.15(W/C) \tag{9−8}$$

表 9 − 3   水灰比对混凝土碳化的影响系数(η_2)

混凝土品种	W/C			
	0.4	0.5	0.6	0.7
轻骨料混凝土	0.85	1	1.30	1.45
普通混凝土	0.70	1	1.40	1.90

表9−3的数据表明,随着 W/C 的增大,轻骨料混凝土碳化速度的提高要比普通混凝土小得多。其主要原因是轻骨料的多孔性具有"微泵"作用,在混凝土硬化初期,轻骨料不断吸水,使轻骨料周围砂浆的 W/C 降低,导致混凝土的密实性提高,从而阻碍了 CO_2 的渗透。

3.粉煤灰取代量

混凝土掺加粉煤灰,对节约水泥、改善混凝土的某些性能有很大作用。由于粉煤灰具有火山灰活性,其活性成分会与水泥水化产生的 $Ca(OH)_2$ 进行化学反应,混凝土的碱度降低,从而减弱了混凝土的抗碳化性能。

试验表明,在 W/C 不变和采用等量取代法的条件下,粉煤灰取代水泥量越大,混凝土的抗碳化性能越差,因此,粉煤灰取代水泥量越大,对混凝土碳化的影响系数也越大(表 9—4)且呈明显的线性关系,其关系式为

轻骨料混凝土:

$$\eta_3 = 1.006 + 0.017F \tag{9—9}$$

普通混凝土:

$$\eta_3 = 0.968 + 0.032F \tag{9—10}$$

式中 F——粉煤灰。

表 9—4 粉煤灰取代水泥量对混凝土碳化影响系数(η_3)

混凝土品种	$F/\%$			
	0	10	20	30
轻骨料混凝土	1	1.20	1.30	1.50
普通混凝土	1	1.30	1.50	2.00

4.水泥品种

试验表明,不仅是水泥用量,水泥品种对混凝土的抗碳化性能也有明显影响。水泥品种的差异主要表现在水泥混合材和掺量的不同。如普通硅酸盐水泥允许采用粒化高炉矿渣、火山灰、粉煤灰等作为活性混合材,其掺量不大于 20%;但作为矿渣硅酸盐水泥,则其掺入量允许为 20%~70%。

普通硅酸盐水泥配制的混凝土比混合材含量较高的同强度等级的矿渣水泥和火山灰水泥混凝土有较好的抗碳化性能。但矿渣水泥配制的混凝土则与同强度等级的火山灰水泥混凝土的抗碳化性能基本相同。而对同一品种水泥来说,则是水泥强度等级越高,其抗碳化性能越好,见表 9—5。

表 9—5 水泥品种对混凝土碳化的影响系数(η_4)

混凝土品种	水泥品种		
	P. O42.5	P. S42.5 或 P. P42.5	P. S32.5
轻骨料混凝土	1	1.20	1.25
普通混凝土	1	1.35	1.50

5.骨料品种

由于骨料形成或生产条件不同,其内部孔隙结构差别较大。如普通骨料一般为岩浆岩、变质岩或沉积岩加工而成,其结构较致密,吸水率较小;天然轻骨料(如浮石、火山渣等)则为火山爆发时喷出的多孔岩石,属喷出岩,其结构多孔,呈海绵状或蜂窝状,吸水率较大;而人造轻骨料孔隙率较小,且多为圆形的封闭孔,吸水率较小,这些都必然给其混凝土的碳化带来不同的影响。

为确定骨料品种对混凝土碳化影响系数(η_5),试验以天然轻骨料作为粗骨料,以普通砂作为细骨料,配制成基准混凝土。选用卵石、粉煤灰陶粒、页岩陶粒等人造轻骨料

和破碎轻砂、膨胀珍珠岩砂等配制的混凝土。试验结果见表9－6。

表9－6的骨料品种影响系数说明,普通混凝土的抗碳化性能最好,在同等条件下,其碳化速度约为砂轻天然轻骨料混凝土的0.56倍。用普通砂做细骨料配制成的砂轻天然轻骨料,其抗碳化性能与普通混凝土较接近(约为砂轻天然轻骨料混凝土的0.6倍)。但若用膨胀珍珠岩砂做细骨料,则无论是天然或人造轻骨料混凝土,其碳化速度将成倍增长。

表9－6 骨料品种对混凝土碳化的影响系数(η_5)

混凝土品种	骨料品种					
	粗骨料			细骨料		
	天然轻骨料	人造轻骨料	普通骨料	普通砂	破碎轻砂	珍珠岩砂
轻骨料混凝土	1	0.60	—	1	1.40	2.00
普通混凝土		0.56	1			

注:使用时,粗、细骨料栏中系数的乘积即为η_5。

6.养护方法

在工程中,应用最多的是自然养护和蒸汽养护。由于自然养护的温度条件受季节和地区的影响较大,因此根据有关标准的规定,在实际施工质量检验时,常以标准养护条件(温度为(20±2)℃、相对湿度不小于95%)作为评定或比较的依据。

为确定养护方法对混凝土碳化的影响系数(η_6),选用标准养护与蒸汽养护方法相比较。蒸汽养护制度为静停4 h,升温3 h,恒温最高温度为90 ℃,恒温时间为6～8 h,降温2 h。试验结果见表9－7。

表9－7 养护方法对混凝土碳化的影响系数(η_6)

混凝土品种	养护方法	
	标准(自然)养护	蒸汽养护
轻骨料混凝土	1	1.50
普通混凝土	1	1.85

混凝土在硬化初期,结构强度较低,在采用蒸汽养护方法加速硬化时,在高温作用下,各相(混凝土是由固、液、气三相组成)膨胀系数不同,产生较大的内应力,使其内部结构遭受破坏,增加了CO_2渗透孔道,使碳化速度加剧。

9.4　混凝土碳化合格性指标

到现在为止,国内外尚无对混凝土碳化性能的评定标准,较流行的一种做法是把混凝土碳化至钢筋表面的时间(即混凝土保护层完全碳化的时间),规定为该结构的安全使用龄期。而一般钢筋混凝土结构通常以50年为使用期的,因此,也就形成这么一种概念,即在正常使用的大气条件下,暴露在大气中的钢筋混凝土结构,在50年内混凝土的碳化深度不允许超过其保护层的厚度。

　　但实际工程调查表明,情况往往比预料的要复杂得多。如在一些较干燥的地区(相对湿度小于 60%),大量钢筋混凝土结构的保护层已完全碳化,但钢筋尚未锈蚀或仅有轻微的锈蚀,并不影响结构的安全使用。又如在一些潮湿的地区(相对湿度大于75%),有的碳化尚未到达钢筋表面,钢筋已开始锈蚀;有的碳化已超过保护层,锈蚀十分严重,混凝土出现裂缝,危及结构安全。

　　显然,仅以混凝土保护层的碳化来评价混凝土对钢筋的保护作用是不够的。按国标《普通混凝土长期性能和耐久性能试验方法标准》(GB/T 50082)中混凝土快速碳化和钢筋锈蚀试验方法,通过大量试验研究,得出混凝土碳化与钢筋锈蚀的相关关系:

$$A = 0.003\ 69\ D^{1.34} \tag{9-11}$$

式中　A——混凝土保护层厚度为 20 mm 时的钢筋锈蚀失重率,%;

　　　　X——龄期 28 d 的混凝土碳化深度,mm。

　　由此可以得出当按国标 GB/T 50082 采用混凝土碳化试验方法时,混凝土 28 d 的最大碳化深度不应超过 40 mm(即相当于自然碳化龄期为 50 年的混凝土碳化深度)。以此作为在正常大气条件下混凝土碳化及其对钢筋保护作用的合格性指标。

　　由于水泥用量和水灰比是影响混凝土碳化的主要因素,所以,又根据标准《普通混凝土配合比设计规程》(JGJ55)对混凝土最大 W/C 和最小水泥用量的要求,建议按不同使用条件和不同混凝土品种,将混凝土碳化的合格性指标分为四个等级(表 9-8)。对室外的、潮湿的和水位变化条件下使用的混凝土作较严格的规定,以保证其钢筋混凝土结构使用的绝对安全。该建议已为《轻骨料混凝土技术规程》所采用。

表 9-8　混凝土碳化合格性指标

级别	使用条件	允许碳化深度 /mm	
		轻骨料混凝土	普通混凝土
Ⅰ	正常湿度、室内	40	35
Ⅱ	正常湿度、室外	35	30
Ⅲ	潮湿的、室外	30	25
Ⅳ	水位变化区域	25	20

注:(1) 正常湿度指相对湿度为 55% ~ 65%;(2) 潮湿条件指相对湿度为 70% ~ 80%。

　　从表 9-8 的指标中可以看出,在正常湿度的室内条件下,混凝土允许的碳化深度最大,一般已超过其保护层厚度;但在潮湿条件下,特别是水位变化的部位,其混凝土的碳化深度则限制更严格一些,可能已大大小于其保护层厚度,即为了保证混凝土对钢筋的保护作用,在这些部位的混凝土保护层应大于合格性指标规定的允许碳化深度。由此可见,碳化合格性指标是与混凝土保护层完全不同的两个概念。

9.5　混凝土碳化深度的预测

　　混凝土碳化多系数方程式(9-2)是一个多用途的实用经验公式,不仅可用来预测混凝土快速碳化和自然碳化的深度,还可用来检验混凝土配合比的碳化耐久性。

混凝土碳化深度的测定,无论是用快速试验方法或是在结构上作自然碳化的长期观测,都是一项烦琐而又费时的工作。毫无疑问,用简便的计算方法来预测混凝土的碳化深度将会受到广泛欢迎。

利用多系数方程式可以在不同情况下预测混凝土的碳化深度。

1. 预测快速碳化深度

预测快速碳化深度是最基本的预测混凝土碳化深度的方法。这个方法主要是利用式(9−1)、(9−1′)、(9−2)和一系列碳化影响系数,了解各因素对混凝土碳化的综合影响程度(用混凝土碳化综合影响系数 η 表示)及在了解早期快速碳化深度的条件下,预测后期的(快速)碳化深度。

【实例 9.1】 某室外钢筋混凝土储水池工程,混凝土强度等级为 C40,采用 P.O42.5 水泥,水泥用量为 $360\ kg/m^3$,水灰比为 0.55,掺入水泥用量为 10% 的粉煤灰以等量取代 10% 的水泥,花岗岩碎石 $5\sim31.5\ mm$,河砂。该工程为现浇结构,标准养护。已知按国标 GB/T 50082—2009 进行快速碳化试验的 3 d 碳化深度为 1.2 mm,要求确定碳化对混凝土的综合影响程度,并预测 28 d 快速碳化深度,确定该混凝土配合比的碳化合格性。

计算步骤:

(1) 通过查表或计算确定有关影响系数:

按式(9−5),$\eta_1 = 253C^{-0.954} = 253 \times 360^{-0.954} = 0.92$;

按式(9−8),$\eta_2 = -1.03 + 4.15(W/C) = -1.03 + 4.15 \times 0.55 = 1.25$;

查表 9−4、9−5、9−6 和 9−7 可得 $\eta_3 = 1.30,\eta_4 = 1,\eta_5 = 0.56,\eta_6 = 1$。

所以,$\eta = \eta_1 \eta_2 \eta_3 \eta_4 \eta_5 \eta_6 = 0.92 \times 1.25 \times 1.30 \times 1 \times 0.56 \times 1 = 0.84 < 1$,

计算结果说明在各项因素对混凝土的综合作用下不会降低混凝土的抗碳化性能。

当 $t_1 = 3$ d 时,$X_1 = 1.2$ mm,

按式(9−1),$X = \alpha t^{1/2}$,

即 $1.2 = \alpha \times 3^{1/2}$,得 $\alpha = 1.2/3^{1/2}$,

当 $t_2 = 28$ d 时,$X_2 = \alpha t_2^{1/2} = 1.2/3^{1/2} \times 28^{1/2} = 3.7(mm)$。

(2) 结果评定:

根据表 9−8,合格性指标 Ⅲ 级的要求:

$$X_2 = 3.7\ mm < 25\ mm$$

由此可以得出结论,经预测计算,该工程快速碳化 28 d 的碳化深度满足 Ⅲ 级合格性指标的要求。

2. 用快速碳化预测长期自然碳化

对某一工程的混凝土来说,其快速碳化与自然碳化的差别在于周围介质中 CO_2 的浓度不同。因此,根据式(9−1′):

$$X = \alpha'(c_0 t)^{1/2}$$

式中 c_0——快速碳化时 CO_2 的浓度,取 $c_0 = 0.20$。

在自然条件下，预测对象周围介质 CO_2 的平均浓度，在正常大气中一般可取 $c = 0.0003$。

【实例9.2】　设某处水位变化的海上工程采用C30轻骨料混凝土，P.S42.5水泥和粉煤灰陶粒、河砂，其水泥用量为 $400\ kg/m^3$，水灰比为 0.60，粉煤灰取代水泥量为 10％，混凝土施工后采用自然养护。在浇筑混凝土的同时制作试件，脱模后进行 28 d 快速碳化试验，测得碳化深度为 21 mm。要求预测该工程 50 年时的自然碳化深度。

计算步骤：

利用式 $(9-1')$：

$$X_0 = \alpha'(c_0 t)^{1/2}$$
$$\alpha' = X_0/(c_0 t)^{1/2} = 21/(0.20 \times 28)^{1/2} = 8.87$$
$$X = \alpha'(ct)^{1/2} = 8.87 \times (0.0003 \times 50 \times 365)^{1/2} = 20.8(\text{mm})$$

9.6　减少混凝土碳化的措施

如前所述，在正常的非侵蚀性大气中，混凝土的碳化会使其碱度降低，使之失去对钢筋的保护作用，从而影响其结构的耐久性。在混凝土硬化影响因素的讨论中，我们清楚地知道，周围介质、施工条件和原材料等因素都对混凝土碳化有明显影响。但归纳起来，若混凝土具有较好的密实性，则可能获得较好的抗碳化性能。因此，为了减少混凝土的碳化，一般可采取如下措施：

（1）合理设计混凝土配合比。选择抗碳化性能较好的硅酸盐水泥或普通硅酸盐水泥，并有足够的水泥用量（一般不少于 $300\ kg/m^3$）；同时应尽量降低水灰比或掺入减水剂，尽可能在满足施工和易性要求的前提下，降低用水量；有要求时要掺入合乎标准规定的优质粉煤灰，并应符合《用于水泥和混凝土的粉煤灰》（GB/T 1596）的要求，其掺量应符合标准《粉煤灰混凝土应用技术规范》（GB/T 50146）的要求。

（2）在混凝土施工时，应采用机械搅拌，以保证混凝土的密实性。同时，应尽可能避免采用加热养护，当采用自然养护时，应按有关规程的要求，经常喷水养护，使混凝土表面保持潮湿状态，或覆盖塑料薄膜，或喷涂养护液，以减少水分蒸发和表面开裂。

（3）采用表面涂层或表面覆盖层的方法，隔绝混凝土与大气的直接接触，对减少或防止混凝土的碳化有明显效果。

实践表明，无机或有机的各种外墙涂料，各种砂浆抹灰层都会不同程度地减少混凝土的碳化深度。若采用抗渗性能良好的防水水泥砂浆抹面层（1～1.5 cm），可以完全隔绝 CO_2 的渗透，保护混凝土表面不被碳化。

若采用低分子聚乙烯或石蜡浸渍混凝土表面，可完全隔绝 CO_2 渗透的毛细孔通道，使混凝土不遭受碳化。

（4）考虑钢筋混凝土结构有足够的保护层厚度，这是最常用的保护钢筋不遭锈蚀的一种方法。如前所述，在一般情况下，虽然混凝土遭受碳化，但尚未超过保护层厚度，对钢筋仍有很好的保护作用。但若周围介质的相对湿度较大，或是其他酸性气体含量较高时,特别是 Cl_2 的含量较高时,则可能效果较差。

思 考 题

1. 酸性气体可分为哪几类? 它们对混凝土的腐蚀特点如何?
2. 影响混凝土碳化速度的因素有哪些? 怎样预测混凝土的长期碳化深度?
3. 混凝土结构的钢筋保护层厚度是如何确定的?
4. 如何判断粉煤灰掺加量对混凝土碳化程度的影响?
5. 减小混凝土碳化深度的措施有哪些?
6. 碳化对钢筋混凝土的性能有何影响?

第 10 章　　混凝土的腐蚀

10.1　第 Ⅰ 类腐蚀

在以硅酸盐水泥为主要成分的水泥石中，$Ca(OH)_2$ 是最容易溶解的组分，所以腐蚀过程通常取决于 $Ca(OH)_2$ 的"浸析"过程。混凝土的浸析破坏即为第 Ⅰ 类腐蚀。混凝土对这类腐蚀的抗蚀能力，取决于水泥石矿物质的水解稳定性。

对第 Ⅰ 类腐蚀的抗蚀性，在很大程度上取决于水泥石及混凝土整体的结构和安全性。因此，在对混凝土的抗蚀性进行比较分析时，必须考虑到化学因素和物理因素的相互关系。

10.1.1　水泥石的可溶性

首先研究硅酸盐水泥石的腐蚀过程，该水泥石是由硅酸盐水泥熟料的矿物质水化物和部分未水化的水泥颗粒所组成。在这些矿物组分中，$Ca(OH)_2$ 是水泥石—水系统中最主要的平衡调节物。$Ca(OH)_2$ 的数量，在硬化一个月以后的硅酸盐水泥石中为水泥质量的 $9\%\sim11\%$；而在硬化三个月以后则为水泥质量的 15%。

$Ca(OH)_2$ 在水中的饱和浓度为 $1.8\ g/L$，但是，如果水中溶解了某些离子或盐类，将影响 $Ca(OH)_2$ 在其中的溶解度：一些离子（如 Ca^{2+}、OH^-）可降低 $Ca(OH)_2$ 的溶解度，而另一些离子（如 SO_4^{2-}、Na^+、K^+）却能提高其溶解度。例如，在 1 L 质量分数为 1% 的 Na_2SO_4 溶液中，可溶解 $Ca(OH)_2$ $2.14\ g$，而在 1 L 质量分数为 2% 的 Na_2SO_4 溶液中则可溶解 3 g。在 1 L 质量浓度为 $5\ g/L$ 的 NaOH 溶液中，可溶解 $Ca(OH)_2$ $0.18\ g$。提高 $Ca(OH)_2$ 和水泥石其他成分的溶解度，能促使第 Ⅰ 类腐蚀的发展，并加速混凝土的破坏。

如果具备了 $Ca(OH)_2$ 从水泥石中逐渐浸析的条件，那么，游离 $Ca(OH)_2$ 将开始向溶液内转移。在游离 $Ca(OH)_2$ 大部分被从水泥石溶解出来后，随着 $Ca(OH)_2$ 的析出，水化硅酸钙和水化铝酸钙开始水解。随着与水泥石接触的溶液中 $Ca(OH)_2$ 浓度的降低，其他水化物将受到破坏（水解）。这些水化物只有在一定浓度的 $Ca(OH)_2$ 溶液中才能稳定地存在。

当 $Ca(OH)_2$ 的浓度进一步下降时，导致水化硅酸钙不断被破坏：在固相中剩下 $Si(OH)_4$ 凝胶。然而，在水泥石还未完全破坏之前，混凝土就早已完全丧失机械强度并遭受破坏了。

在水化铝酸盐中，水化铝酸四钙 $4CaO \cdot Al_2O_3 \cdot 13H_2O$ 是最不稳定的，它仅仅在 $Ca(OH)_2$ 浓度不低于 $1.15\ g/L$ 的溶液中才能稳定存在，水化铁酸一钙 $CaO \cdot Fe_2O_3 \cdot$

H_2O 也只有在一定浓度的 $Ca(OH)_2$ 溶液中才能稳定地存在，否则它们便随着 $Ca(OH)_2$ 的析出而分解。

水泥石组分对于水解作用的相对稳定性数据，应作为评价用各种矿物成分的硅酸盐水泥制作的混凝土抵抗第 Ⅰ 类腐蚀破坏的基本原则。

10.1.2 对混凝土抗蚀性的影响

1.水泥组分

在第 Ⅰ 类腐蚀逐渐发展时，影响水泥石破坏速度和破坏顺序的因素不仅取决于水泥石中 $Ca(OH)_2$ 的含量，而且还取决于水泥熟料的矿物成分、水泥的基本组分（矿物掺合料的成分和数量），以及由水泥生产技术（熟料的冷却速度、磨细度等等）所决定的熟料显微结构。

为了提高水工构筑物混凝土的耐久性，采用向硅酸盐水泥组分中加入活性水硬性掺合料的方法，以提高混凝土的抗浸析性。试验证明，在水泥掺入能与氢氧化钙反应的活性水硬性掺合料，不仅改变了水泥石的化学成分，大大降低了 $Ca(OH)_2$ 的含量和浸出率，而且也提高了混凝土的密实性（降低了混凝土的渗透性），从而大大提高了混凝土对第 Ⅰ 类腐蚀的抗蚀性。

矾土水泥石的密实性比硅酸盐水泥高得多，正是这种物理因素，提高了矾土水泥混凝土的抗蚀性。

2.硬化条件

对于含有水硬性掺合料的混合水泥，水硬性掺合料的活性随着温度的升高而大大提高，因此其与 $Ca(OH)_2$ 的水化反应更趋完全和迅速，从而提高水泥石的抗蚀性。

水泥石的硬化延续时间（混凝土的龄期）对第 Ⅰ 类腐蚀的抗蚀性也有影响，尤其是混合水泥，水硬性掺合料与 $Ca(OH)_2$ 之间的相互作用，一般进行得比较缓慢，掺合料的活性越小，反应过程就越慢。所以，掺合料的活性越小，时间因素（即混凝土的龄期）的作用就越大。

10.2 第 Ⅱ 类腐蚀

第 Ⅱ 类腐蚀主要与两方面因素有关，一是周围环境中的酸或盐；二是水泥石的组分。它们之间的反应越强烈，新生成物越容易溶解，混凝土的破坏就越迅速，越彻底。

如果新生成物不具备阻止侵蚀性介质进一步渗透的胶结性和足够的密实性，而是被溶解掉或被机械地冲洗掉，那么混凝土的较深层就会裸露出来。较深层破坏后，腐蚀过程继续进行，直至整块混凝土完全破坏为止。

如果新生成物不溶解，或者在可溶性反应产物被排走后，仍留下足够牢固的反应产物层，这些薄层在侵蚀性介质与混凝土接触的具体条件下没有脱落，而是保留在原处，那么这些反应产物薄层将决定混凝土发生第 Ⅱ 类腐蚀时的破坏强度。

10.2.1 酸类腐蚀

绝大多数的天然水中都或多或少地存在着碳酸。只有在 pH > 8.5 的情况下，碳酸在水中的含量才微不足道，而且实际上也很难觉察到。无论在水中，还是在与水接触的土壤中的生物化学过程，都为天然水提供了 CO_2 的来源。其中，埋藏在各种深度的植物残根腐败时，微生物的作用过程与释放 CO_2 有关。碳酸盐沉积岩与地下水相互作用也会释出 CO_2。

碳酸离解有两个阶段：

$$H_2CO_3 \rightleftharpoons H^+ + HCO_3^-；$$
$$HCO_3^- \rightleftharpoons H^+ + CO_3^{2+}。$$

第一阶段的离解常数 K_1 和第二阶段的离解常数 K_2：

$$K_1 = \frac{[H^+][HCO_3^-]}{[H_2CO_3]} = 3.04 \times 10^{-7}$$

$$K_2 = \frac{[H^+][CO_3^{2-}]}{[HCO_3^-]} = 4.01 \times 10^{-11}$$

显然，各种特定形式 CO_2 之间的相互关系取决于 H^+ 的浓度。每种形式的碳酸化合物与不同 pH 时的含量关系见表 10 - 1。

表 10 - 1　H_2CO_3、HCO_3^- 和 CO_3^{2-} 与水 pH 的关系

碳酸的形式	不同 pH 时的含量							
	4	5	6	7	8	9	10	11
$H_2CO_3/\%$	99.7	97	76.7	24.99	3.22	0.32	0.02	—
$HCO_3^-/(mol \cdot L^{-1})$	0.3	3	23.3	74.98	96.7	95.84	71.43	20
$CO_3^{2-}/(mol \cdot L^{-1})$	—	—	—	0.03	0.08	3.84	28.55	80

如果水中的碳酸与 H^+、HCO_3^-、CO_3^{2-} 等离子处于平衡状态，那么水就不能反过来再溶解混凝土的碳酸盐薄层，因此，这种水对混凝土无侵蚀性。

如果 CO_2 含量增高，超过了平衡数量，便创造了溶解碳酸盐薄层的条件，因此这种水具有侵蚀性。超过平衡状态的过量 CO_2 可称为侵蚀性碳酸。其对水泥石的腐蚀作用是通过下面的方式进行的：

开始时 CO_2 与水泥石中的 $Ca(OH)_2$ 作用生成 $CaCO_3$：

$$Ca(OH)_2 + CO_2 + H_2O = CaCO_3 + 2H_2O$$

在 $Ca(OH)_2$ 碳化时，生成的 $CaCO_3$ 体积比原来 $Ca(OH)_2$ 体积大 12% 左右。从而使混凝土的密实度得到提高。

但是，生成的 $CaCO_3$ 会再与含碳酸的水作用转变成重碳酸钙，是可逆反应：

$$CaCO_3 + CO_2 + H_2O \rightleftharpoons Ca(HCO_3)_2$$

当混凝土表面存在静水或者是水沿其表面缓慢流动时，$Ca(HCO_3)_2$ 随水流流失，或者在水中建立碳酸盐的平衡。如果水流动速度很快，特别是出现湍流时，就不能建立溶液中的平衡状态了，这时，混凝土将不断被溶蚀。随着上述反应的持续进行，混凝土

内的 OH⁻ 将不断向表面扩散。水泥石中 OH⁻ 的浓度越高,扩散速度就越快,当水泥石表面的侵蚀性水迅速更换时,水泥石的破坏也就越快。同时,还会导致水泥石中其他水化物的分解,使腐蚀作用进一步加剧。由此可以预料:在这种条件下,掺活性混合材料硅酸盐水泥石的破坏速度要比普通硅酸盐水泥石慢的多。

在工业废水、地下水、沼泽水中常含无机酸和有机酸,工业窑炉和烟囱中的烟气常含有 SO_2,遇水后即生成 H_2SO_3,各种酸类对水泥石都有不同程度的腐蚀作用。它们首先与水泥石中的 $Ca(OH)_2$ 作用,生成的化合物,或者易溶于水,或者体积膨胀,在水泥石内造成内应力而导致破坏。腐蚀作用最快的是无机酸中的盐酸、氢氟酸、硝酸、硫酸和有机酸中的醋酸、蚁酸和乳酸。

例如,盐酸与水泥石中的 $Ca(OH)_2$ 作用:

$$2HCl + Ca(OH)_2 = CaCl_2 + 2H_2O$$

生成的氯化钙易溶于水。

硫酸首先与水泥石中的 $Ca(OH)_2$ 作用:

$$H_2SO_4 + Ca(OH)_2 = CaSO_4 \cdot 2H_2O$$

生成的二水石膏或者直接在水泥石孔隙中结晶产生膨胀,或者再与水泥石中的水化铝酸钙作用,生成三硫型水化硫铝酸钙,产生更大的体积膨胀,引起水泥石开裂破坏(第 Ⅲ 类腐蚀)。然后与水化硅酸钙和水化铝酸钙起反应,生成钙盐:

$$nCaO \cdot mSiO_2 \cdot xH_2O + nH_2SO_4 + yH_2O =$$
$$nCaSO_4 \cdot 2H_2O + mSi(OH)_4 + zH_2O$$

钙盐的可溶性和以硅胶形式而存在的水化硅酸钙分解残留物的可溶性,决定着反应产物层的结构和扩散渗透性,因而也决定着腐蚀发展的速度。反应产物的可溶性越高,被侵蚀性溶液带走的数量越多,水泥石的破坏速度就越快。

醋酸、蚁酸和乳酸都能与 $Ca(OH)_2$ 和 C—S—H 凝胶反应,使浆体浸出,产生侵蚀作用。

10.2.2 各种水泥的耐酸性

为建造受酸液作用的地上、地下构筑物,在设计混凝土配合比时,必然会遇到评价各种水泥对酸类侵蚀性介质的抗蚀性问题。当 pH < 4 时,对混凝土的侵蚀就非常严重,必须采用防酸薄膜进行保护,以免 C—S—H 凝胶及其他混凝土胶结成分浸出。研究和实践表明,除了耐酸混凝土之外,浓酸溶液会很快破坏各种水泥制成的混凝土和钢筋混凝土。在稀酸溶液中,水泥的抗蚀性还不太清楚,需要进行专门研究。

在评价混凝土对含酸侵蚀性环境的抗蚀性时,不仅需要考虑水泥石的抗蚀性,而且还必须考虑骨料的抗蚀性,因为含碳酸盐的岩石骨料在这种条件下也能迅速遭受破坏。因此,在连续遭受酸腐蚀的条件下,从混凝土抗蚀性的观点出发,不应采用含碳酸盐的岩石作为骨料。

10.2.3 镁盐的腐蚀

地下水中通常含有以硫酸镁、氯化镁为主的镁盐,含量一般不高,但在某些情况下也可能很高。

海水中含有大量的镁盐（$MgSO_4$ 和 $MgCl_2$）。在每千克含盐量为 3.5% 的海水中，含有 1.3 g 的 Mg^{2+}。镁盐占海水中总盐量的 15.5% ~ 18%，其中 $MgCl_2$ 占 2/3，$MgSO_4$ 占 1/3。

在高浓度 SO_4^{2+} 和 Mg^{2+} 侵蚀介质中，$Ca(OH)_2$ 首先与镁盐反应：

$$MgSO_4 + Ca(OH)_2 + 2H_2O = CaSO_4 \cdot 2H_2O + Mg(OH)_2$$

$$MgCl_2 + Ca(OH)_2 = CaCl_2 + Mg(OH)_2$$

生成的水镁石 $Mg(OH)_2$ 使水泥石表面变得密实，这对于侵蚀起到一定延缓作用。由于水镁石的溶解度极低，只有 0.018 g/L，其饱和溶液 pH 为 10.5，随着腐蚀反应的进行，水泥石的碱度不断降低，导致 CSH 脱钙，以期提高碱度，但是进入溶液中的 Ca^{2+} 很快和腐蚀介质反应生成更多石膏，同时 CSH（或 SiO_4^{2-}）和腐蚀介质反应生成 MSH：

$$3CaO \cdot 2SiO_2 \cdot 3H_2O + MgSO_4 + 8H_2O \longrightarrow$$

$$3(CaSO_4 \cdot 2H_2O) + Mg(OH)_2 \downarrow + 2SiO_2 \cdot 3H_2O$$

$$SiO_4^{2-} + 3Mg^{2+} + 3H_2O \longrightarrow 3MgO \cdot 2SiO_2 \cdot 2H_2O + Mg(OH)_2 \downarrow$$

在此时较低的 pH 条件下，二次钙矾石无法形成，并且先前在高 pH 条件下生成的钙矾石也无法稳定存在。

混凝土在镁盐溶液的长期作用下，可以观察到混凝土的破坏状态和特征。首先，在混凝土的表面及其缝隙内形成白色的薄膜，然后才有白色的无定形物质积聚。对于遭受海水作用的构筑物，其混凝土的孔隙内，通常都可以看到这种现象。混凝土被海水渗透得越严重，水泥石中 $Ca(OH)_2$ 的相对含量越高，这些白色无定形物质的生成量就越多，混凝土强度的损失程度也就越高。

醋酸钙镁盐可以和氯盐一样用作除冰盐，特别是用于机场跑道，可以避免引起混凝土中的钢筋，汽车和飞机中的金属部件锈蚀。

10.2.4 碱溶液的腐蚀

碱类溶液如浓度不大时一般是无害的。但铝酸盐含量较高的硅酸盐水泥遇到强碱（如 NaOH）作用后也会破坏。NaOH 与水泥熟料中未水化的铝酸盐作用，生成易溶的铝酸钠：

$$3CaO \cdot Al_2O_3 + NaOH = 3Na_2O \cdot Al_2O_3 + 3Ca(OH)_2$$

当水泥石被 NaOH 浸透后，在毛细孔中与空气中的 CO_2 作用而生成 Na_2CO_3：

$$NaOH + CO_2 = Na_2CO_3 + H_2O$$

在干燥作用下，Na_2CO_3 在水泥石毛细孔中结晶（$Na_2CO_3 \cdot 10H_2O$）沉积，产生体积膨胀，导致水泥石开裂。

10.2.5 铵（NH_4^+）盐的腐蚀

铵盐溶液对混凝土的浸出侵蚀是基于以下反应，将 $Ca(OH)_2$ 转变为可溶性的钙盐和氨气，从而加速水泥石的腐蚀：

$$NH_4^+ + Ca(OH)_2 \longrightarrow Ca^{2+} + NH_3\uparrow + H_2O$$

在钢筋混凝土结构中,铵盐的腐蚀性较高,因为 NH_4^+ 能够和 Fe^{2+} 生成络离子,从而减少阳极极化,加速钢筋的腐蚀。

10.3　第 Ⅲ 类腐蚀

第 Ⅲ 类腐蚀的主要特征是:盐积聚在混凝土的孔隙和毛细孔内,产生结晶作用,从而造成固相体积膨胀。这些盐的形成,或者由于侵蚀性介质与水泥石组分相互作用的化学反应;或者从外部带入的,随着水的蒸发,盐从溶液中析出。

在腐蚀发展到一定阶段,结晶作用造成的固相体积膨胀,能够在孔隙和毛细孔壁上引起很大的张力,并使混凝土结构破坏。

已经查明,当某些单体渗透到混凝土孔隙内,发生聚合作用,使体积膨胀时,混凝土也能按照第 Ⅲ 类腐蚀的机理受到破坏(如氯丁橡胶的单体聚合后就会产生这种破坏作用)。

10.3.1　第 Ⅲ 类腐蚀的机理

1.硫酸盐对混凝土的腐蚀

大多数天然水都含有硫酸盐。在工业侵蚀性介质中也经常含有硫酸盐。例如,硫酸铵是炼焦生产中的主要副产品之一;硫酸钾和硫酸镁都是钾矿加工的产品;硫酸产品在基本化学工业中占有重要地位,并广泛应用于各种工业生产中,如化肥工业、纤维工业、金属加工业等。因而,这些溶液与混凝土建筑构件的接触是不可避免的。

混凝土内部和外界环境中的硫酸盐与硬化水泥浆基体中的水化铝酸钙反应,生成具有膨胀性的钙矾石,即为硫酸盐侵蚀。

钙矾石的形成也未必会产生损伤作用。当钙矾石均匀、快速(最初的几小时或几天内)地在拌合物或尚可变形的混凝土内形成,即早期钙矾石形成(Early Ettringite Formation,EEF),与此相关的膨胀不会引起任何开裂破坏。这通常发生在磨细石膏与水化铝酸钙反应的几个小时内(凝结正常),或发生在产生钙矾石的最初几天,形成很小的、均匀的、无害的甚至有用的应力(补偿收缩)。

另外,当钙矾石不均匀地在后期(数月或数年后)形成,即延迟钙矾石形成(Delayed Ettringite Formation,DEF),与此相关的在硬化混凝土中的膨胀将引起开裂、剥落和强度损失。因此,只有延迟钙矾石形成属于破坏性的硫酸盐侵蚀。

根据硫酸盐来源不同,引起损伤的延迟钙矾石形成有两种不同类型:外来或内部硫酸盐侵蚀。当外部环境中的硫酸盐(来自海水或土壤)渗入混凝土结构时,就会发生外来硫酸盐侵蚀(External Sulphate Attack,ESA)。内部硫酸盐侵蚀(Internal Sulphate Attack,ISA)发生在不含硫酸盐的环境中,硫酸盐来自被石膏污染的骨料或钙矾石的热分解。

外来硫酸盐侵蚀产生的损伤与以下共存条件有关:

① 渗透性。

② 环境中硫酸盐的含量。

③ 水的存在。

通过掺用高效减水剂可以减小水胶比,进而降低水泥浆基体的渗透性,对控制外来硫酸盐侵蚀具有重要意义,因为这种作用能显著延缓外部 SO_4^{2-} 渗入混凝土,减少延迟钙矾石形成引起的损伤。另外,即使掺用高效减水剂使混凝土的水胶比降至很低,由于硫酸盐已经在混凝土内部存在,并且可能因钙矾石的分解而增加,内部硫酸盐侵蚀仍将发生。

(1) 外来硫酸盐侵蚀。

外来硫酸盐侵蚀的第一步是来自外部环境中的 SO_4^{2-} 与 $Ca(OH)_2$ 反应生成石膏:

$$SO_4^{2-} + Ca(OH)_2 + H_2O = CaSO_4 \cdot 2H_2O$$

由于石膏相对 $Ca(OH)_2$ 的密度更小,因此该反应过程还伴随着体积增大。更重要的是,由于水化铝酸钙与石膏反应生成钙矾石时,体积将进一步增大,从而导致混凝土结构产生体积膨胀:

$$4CaO \cdot Al_2O_3 \cdot 12H_2O + CaSO_4 \cdot 2H_2O + 18H_2O =$$
$$3CaO \cdot Al_2O_3 \cdot 3CaSO_4 \cdot 31H_2O + Ca(OH)_2$$

生成的三硫型水化硫铝酸钙含有大量的结晶水,比原有体积增加 1.5 倍以上,由于是在已经有相当高强度的水泥石中发生上述反应,因此对水泥石产生极大的破坏作用。三硫型水化硫铝酸钙是长形晶体(六面棱柱体),通常称为"水泥杆菌"。

为了区别于一次钙矾石(一次钙矾石作为调凝剂形成,不会引起任何开裂,因为此时还处于硬化前的塑性状态),将此种钙矾石称为二次钙矾石(延迟钙矾石)。

在某些环境中,寒冷气候(0 ~ 15 ℃)将促使如下反应,生成硅灰石膏(Thaumasite),而非钙矾石:

$$C-S-H + CaSO_4 \cdot 2H_2O + CaCO_3 + H_2O \longrightarrow$$
$$CaSiO_3 \cdot CaSO_4 \cdot CaCO_3 \cdot 15H_2O$$

硅灰石膏形成的同时伴随着一个分解过程,这比钙矾石形成引起开裂更为重要。根据上面的反应式,由于消耗了 C—S—H 凝胶,使硬化混凝土中的胶凝材料量减少,从而产生损伤效应。

(2) 内部硫酸盐侵蚀。

在不含硫酸盐的外界环境中,硫酸盐来自混凝土内部由于被石膏污染的骨料,或由高于 70 ℃ 的温度(T)下养护使一次钙矾石($3CaO \cdot Al_2O_3 \cdot 3CaSO_4 \cdot 31H_2O$)热分解释放而得,随后反应生成延迟钙矾石(DEF),产生内部硫酸盐侵蚀:

$T \geqslant 70\ ℃$ 时

$$3CaO \cdot Al_2O_3 \cdot 3CaSO_4 \cdot 31H_2O \longrightarrow C-A-H + CaSO_4 \cdot 2H_2O$$

$T \approx 20\ ℃$ 时

$$C-A-H + CaSO_4 \cdot 2H_2O + H_2O \longrightarrow 3CaO \cdot Al_2O_3 \cdot 3CaSO_4 \cdot 31H_2O$$

如果使用的骨料不含石膏,只要避免进行热处理(蒸养)或加热(现场浇筑大体积混凝土水化热温升所致),则内部硫酸盐侵蚀就不会发生;特别强调,混凝土的最高温度必须低于 70 ℃。

2. 盐在孔隙中的结晶作用对混凝土的腐蚀

影响混凝土结构工作条件的因素可分为两种:一是结构永久性地部分浸泡在侵蚀性溶液中;二是结构受侵蚀性介质周期性干湿交替作用的影响。

(1) 混凝土结构部分浸泡在侵蚀性溶液中。

当混凝土或钢筋混凝土结构部分浸泡在盐溶液中时,其腐蚀的强度取决于侵蚀性组分渗透到混凝土中的动力学。部分浸泡的渗透动力学则取决于水的蒸发强度和混凝土毛细孔的渗透性。混凝土的外露表面积、侵蚀性溶液液面到混凝土外露表面的距离、以及外部条件(空气的温度和湿度)等,都对侵蚀性溶液在混凝土内部的运动起重要作用,而且在许多情况下,决定着腐蚀过程的强度。在混凝土内部,溶液按照毛细孔迁移作用的机理而运动。在已知侵蚀性溶液组分的情况下,腐蚀过程的特点将取决于混凝土的渗水率与水在外露表面上蒸发强度之间的比例关系。

由于水的蒸发,混凝土孔隙中的侵蚀性溶液浓度逐渐提高,并产生结晶盐时,混凝土破坏的原因不是单一的。盐在混凝土孔隙中积聚,能够产生结晶压力,而且在一定条件下,结晶压力会超过材料的抗拉强度,因而造成裂缝。表 10-2 中列出了盐结晶时膨胀计算数据。

表 10-2   盐结晶时膨胀计算数据

原始盐	结晶水合物	转变温度 /℃	膨胀率 /%
$NaCl$	$NaCl \cdot 2H_2O$	0.15	130
Na_2SO_4	$Na_2SO_4 \cdot 10H_2O$	32.3	311
$MgSO_4 \cdot H_2O$	$MgSO_4 \cdot 6H_2O$	73	145
$MgSO_4 \cdot 6H_2O$	$MgSO_4 \cdot 7H_2O$	47	11
Na_2CO_3	$Na_2CO_3 \cdot 10H_2O$	33	148

对于混凝土抗蚀性最危险的情况并不是单纯的盐的干燥和结晶作用,而是盐在高于物相转变点温度时干燥后,又在低于物相转变点温度时被浸湿,这时就会生成固体体积膨胀的结晶水合物。例如,在温度高于 32.3 ℃ 时,混凝土孔隙中充满了无水硫酸钠,后来混凝土在较低温度下被浸湿,从而生成了一种稳定的十水结晶水合物($Na_2SO_4 \cdot 10H_2O$)。这种结晶水合物的体积比无水盐大 3 倍,结果产生很大压力,造成混凝土破坏。

(2) 盐溶液对混凝土的干湿交替作用。

由于毛细力作用的结果,在混凝土被浸湿时,侵蚀性介质就被吸入混凝土深处,而干燥时侵蚀性介质又向混凝土的蒸发表面转移,这种干湿交替的腐蚀过程反复发生,再加上温度的变化影响和液相运动,使这种腐蚀过程更加强烈,更加复杂。

在自然界中,含有各种盐尤其是 NaCl 的水分布很广,对处于这种环境中的构筑物的混凝土的影响很大。在干湿交替作用下,水泥石孔隙中除了发生结晶($NaCl \cdot 2H_2O$)

作用外,Na^+ 和 Cl^- 既可能起化学作用,又可能起吸附作用。此时可能发生如下反应过程:

$$2NaCl + Ca(OH)_2 \rightleftharpoons 2NaOH + CaCl_2$$

该过程减弱了与 $Ca(OH)_2$ 晶体接触的作用,同时,氯盐对 $Ca(OH)_2$ 有助溶作用,导致混凝土的强度有一定程度的降低。如果在氯化钠溶液中的是钢筋混凝土结构,那么其对钢筋的危害要比对混凝土的危害更大。

10.3.2 防止第 Ⅲ 类腐蚀的技术措施

(1) 混凝土的抗硫酸盐性能随着水泥中 C_3A 含量的降低而增高。美国波特兰水泥协会经过 20 年的试验研究证明,C_3A 含量低于 5.5%(质量分数)时,具有足够的抗硫酸盐腐蚀性。

(2) 在混凝土中掺加引气剂,能改善经受盐溶液干湿交替作用的混凝土的抗蚀性。在混凝土中掺加抗侵蚀防腐剂能量显著提高混凝土抗镁盐和硫酸盐的侵蚀能力。

(3) C_3A 含量低于 8%(质量分数)的水泥允许用于制造遭受 $150 \sim 1\,000$ mg/L(以 SO_4^{2-} 计)硫酸盐溶液腐蚀的混凝土构件,还可用于制造在 $0.1\% \sim 0.2\%$(以土壤中的 SO_4^{2-} 计)水溶性硫酸盐中使用的混凝土构件。C_3A 的最高含量不大于 5%(质量分数)的水泥可在硫酸盐含量超过 $1\,000$ mg/L 的水或含有 0.2%(以 SO_4^{2-} 计)水溶性硫酸盐的土壤中使用。混凝土抗硫酸盐性能的变化,与水泥中 C_3S 和 C_2S 的含量关系不大。

火山灰硅酸盐水泥和矿渣硅酸盐水泥的抗硫酸盐性能,取决于水泥组分的化学性质。硅酸盐水泥熟料必须是低铝酸盐的,同时矿渣也应该满足对 Al_2O_3 含量提出的附加要求。

采用 BaO 取代部分 CaO 的熟料制成的硅酸盐水泥,具有比抗硫酸盐水泥更高的抗硫酸盐腐蚀性能。该水泥的抗硫酸盐性能,取决于熟料组分中 BaO 掺加量。用 BaO 含量为 5% 的水泥制成的混凝土,在质量浓度为 10 g/L(以 SO_4^{2-} 计)以下的硫酸盐溶液中是耐蚀的;当 BaO 含量为 10%(质量分数)时,水泥的抗硫酸盐性能更高,可用于配制受到质量浓度为 20 g/L 的硫酸盐(以 SO_4^{2-} 计)侵蚀性水腐蚀的混凝土。因为 BaO 与硫酸盐反应,生成很难溶的化合物 —— $BaSO_4$,它使水泥石结构更加密实。

矾土水泥混凝土的抗硫酸盐性能比硅酸盐水泥混凝土高得多,不应归功于没有 C_3A 存在,而应归功于矾土水泥本身所具有的和被腐蚀时附带析出的凝胶体使水泥石更加密实,阻止侵蚀性溶液向水泥石和混凝土深处渗透。但是抗硫酸钠溶液的性能则例外,因为在该溶液中,阳离子与铝酸钙反应,加剧了硫酸盐的腐蚀作用,结果生成铝酸钠。

试验研究表明,第 Ⅲ 类腐蚀在很大程度上取决于混凝土的密实性,因为混凝土的损坏程度是由从周围环境渗透到混凝土中的侵蚀性物质的数量来决定的。因此,为了提高混凝土的密实性(不渗透性),在配制混凝土时采用以下工艺方法:① 降低水灰比;② 采用湿养护以保证在水泥石中形成细小孔隙结构;③ 选择良好颗粒级配的骨料来减少混凝土的总孔隙率;④ 掺加高效减水剂来减少混凝土的用水量;⑤ 采用先进的振捣密实方法等,都能提高混凝土对第 Ⅲ 类腐蚀的抗蚀性。

在局部或周期性干湿交替作用致使混凝土受到第 Ⅲ 类腐蚀的特殊条件下,混凝土渗水性通道憎水化是提高混凝土抗蚀性的另一个好方法。憎水性阻止了溶液在混凝土毛细孔中的渗透通道,因而也就消除了溶解盐在混凝土中的迁移及其在局部的积聚。

当混凝土遭受侵蚀性溶液干湿交替作用时,很难保证混凝土的抗蚀性,采用普通防水法也是无效的。在这种情况下,只有考虑混凝土本身的抗蚀性,并采用聚合物涂料或聚合物混凝土比较可靠。

10.4　碱－骨料反应

斯坦顿(Stanton)首先发现并阐述了混凝土由于水泥中的碱与骨料中的活性 SiO_2 相互反应而引起的破坏,并于 1940 年发表了自己的考查和研究结果。

碱－骨料反应(Alkali－aggregate Reaction,AAR)是混凝土中的碱与骨料中的活性组分之间发生的膨胀性化学反应。AAR 按活性组分类型可分为碱－硅反应(Alkali－silica Reaction,ASR)和碱－碳酸盐反应(Alkali－carbonate Reaction,ACR)。

碱－骨料反应之所以引起人们关注,是因为水泥厂生产的水泥中,碱的含量越来越高。原因是水泥厂为了保护环境,将回收的粉尘(碱含量可达30％)再掺加到水泥中,从而使水泥的碱含量从0.3％～0.5％提高到1.0％～1.5％,有时甚至更高。在前一种碱含量情况下,碱与骨料的活性成分相互反应相当小;而在后一种碱含量情况下,如果骨料中存在能与水泥中的碱发生反应的无定形 SiO_2,那么该含量的碱便会引起混凝土的破坏。

在沉积岩中(有时也在变质岩中),由化学和生物过程而形成的 SiO_2 具有水合 SiO_2 的特点,其主要形式为硅胶,其随时间而聚合、密实和硬化。

蛋白石是一种水合 SiO_2($SiO_2 \cdot nH_2O$),含有 2％～15％ 的水,在聚合和脱水时,SiO_2 密实而形成玉髓。在一定条件下,还可以结晶形成石英。硅藻石是另一种岩石,其主要成分是水合 SiO_2,纯净硅藻石含 85％ 的 SiO_2 和 10％ 的水。

在变质岩中,SiO_2 主要以石英的形式存在;在页岩中,主要以石英、玉髓的形式存在,有时也以蛋白石的形式存在。以结晶 SiO_2 为主要成分的最坚硬的岩石是鳞石英、方石英和石英等。此外,SiO_2 也是其他许多岩石的成分。SiO_2 在这些岩石中的反应能力,既取决于其组成成分,又取决于岩石的结构和密实度。

混凝土发生碱－骨料反应后,会在混凝土表面形成凝胶,干燥后为白色的沉淀物。碱－骨料反应多在混凝土浇筑几个月或几年后发生。

10.4.1　碱－骨料反应的作用机理

一般来说,碱－骨料反应的第一阶段,OH^- 使活性 SiO_2 发生水解形成碱－硅酸凝胶,接下来水被凝胶吸附,使体积增大。水泥是混凝土中碱的主要来源。拌合水、海水、骨料中可能的活性矿物组分如伊利石、云母或长石、地下水、除冰盐以及外加剂都是碱的来源。混凝土中的活性组分可分为硅质活性组分(硅质活性骨料)和碳酸盐活性组分(碳酸盐岩活性骨料)。具有碱活性的天然矿物包括蛋白石、玉髓(图 10－1)、火山性玻璃、微晶石英(图 10－2)和白云石(图 10－3)等活性岩石。

 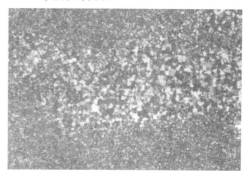

图 10－1   玉髓   图 10－2   微晶石英

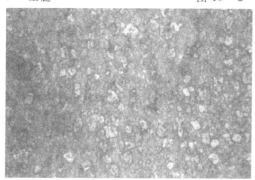

图 10－3   碳酸岩活性组分－白云石晶体

发生碱－骨料反应破坏的必要条件是:① 混凝土中含有足量的碱;② 混凝土中的骨料含有活性;③ 湿度。三者缺一不可。

(1) 碱－硅反应。

碱－硅反应是混凝土中的碱与含有活性 SiO_2 的骨料发生反应,在骨料周围形成胶状物质碱－硅凝胶(alkali－silica gel),吸湿膨胀并向周围混凝土施加作用力。当膨胀应力超过混凝土抗拉强度时,混凝土开裂。当裂缝延伸到混凝土表面时,将在表面形成龟裂(map cracking)。

(2) 碱－碳酸盐反应。

碱－碳酸盐反应是泥质石灰石质白云岩与混凝土中的碱反应,生成物的膨胀可能是由氢氧化镁晶体在脱白云石作用发生的受制空间中长大和重排所致,使混凝土呈网状开裂破坏。

10.4.2   碱－骨料反应的影响因素

无论岩石的类型如何,膨胀的增加受碱含量、水分、温度和暴露时间的影响。有时,由于种种原因,混凝土工程不得不使用含有活性(或部分活性)的骨料。对这样的骨料,采用低碱水泥或掺加相应的外加剂是必需的。众所周知,由活性骨料制成的混凝土,其每立方米混凝土碱含量低于一个特定值时(通常取 3 kg/m³ 作为安全界限),膨胀很小。碱 $R_2O(Na_2O+0.658K_2O)$ 含量低于 0.6%(质量分数)的水泥是低碱水泥。粉煤灰、高炉矿渣、硅灰或稻壳灰代替部分硅酸盐水泥也能使膨胀减小。较低的水灰比使混凝土的强度增加、孔隙率降低、抗蚀性能提高、碱迁移率降低。引入空气可能会降低膨胀,同时应避免使用碱含量高的外加剂,使用低碱水泥;在干燥足够时间后密封混凝土;在骨料颗粒上涂覆不透水的物质等避免碱－骨料反应破坏的三种措施。有些外加剂,特别是锂盐可以降低碱－骨料反应膨胀。

综合国外关于混凝土碱含量的计算方法提出如下公式:

$$R_2O = (R_C + 0.1\%)(C + 10) + KR_{a1}A_1 + R_{a2}A_2 + R_{a3}A_3 + R_wW \quad (10-1)$$

式中　　R_2O——混凝土碱含量,kg/m³;

R_C、R_{a1}、R_{a2}、R_{a3}、R_w——水泥、混合材、外加剂、骨料、水的含碱量;

C、A_1、A_2、A_3、W——1 m³ 混凝土的水泥、混合材、外加剂、骨料、水的用量,kg/m³;

K——系数,当混合材分别为粉煤灰、矿渣、硅灰时,K 分别取值 0.15、0.5、0.5。

我国在新疆、甘肃、陕西、河南、北京、江苏、中南和西南等地都分布有安山岩、流纹岩、千枚岩、隐晶质石英、硅质石灰岩和泥质白云岩等活性骨料。蛋白石、玉髓、燧石等含活性 SiO_2 的矿物都是典型的活性骨料。

活性骨料的数量与颗粒大小会对膨胀量产生影响。碱－骨料反应破坏作用不是简单地随着活性骨料数量的增加而增加,而是当骨料中活性成分的比例达到某一值时产生最大的膨胀量,如蛋白石骨料,它的含量为某个比例时会产生最大的膨胀。但安山岩则不存在这个比值,而是随着活性骨料数量的增加,其膨胀量也增加。

活性骨料的颗粒在 0.075 mm 以下或颗粒很大时,膨胀量都很小。以活性骨料的颗粒在 0.15～0.3 mm 时膨胀量最大。

10.4.3　测试方法

ASTM C295－90 是岩相检测方法。该方法测定物质的物理和化学特性,分类并评估组分的数量。

在 ASTM C227－90 中,测定骨料潜在碱活性的标准试验方法是砂浆棒法。通常认为,如果 3 个月内长度变化超过 0.05% 或 6 个月内长度变化超过 0.1%,膨胀就过大了。

ASTM C289－87 是通过 24 h 内 80 ℃ 下 NaOH 和骨料的反应量来测试硅酸盐水泥混凝土中骨料对碱的活性。其中,骨料经过破碎应通过 300 μm 筛,取 150 μm 筛的筛余部分作为试验材料。此方法必须同其他方法共同使用。尽管该方法能很快得到结果,但该法并非完全可靠。

测试碳酸盐骨料的潜在碱活性的 ASTM 方法有两种:ASTM C586－92 中,通过在室温下将碳酸盐岩石浸入 NaOH 溶液来测试其膨胀值；ASTM C1105－89 的名称是"碱－碳酸盐反应导致的混凝土长度变化"，可由此预测由碱－碳酸盐反应引起的混凝土体积膨胀。

ASTM C441－89 是关于矿物外加剂或粒化高炉矿渣对阻止由碱－硅反应引起的过度膨胀的有效性。

10.4.4 碱－骨料反应的工程实例

如图 10－4 ～ 10－16 所示为混凝土发生碱－骨料反应破坏的典型图片。在骨料和水泥基材界面处，因 AAR 形成了具有膨胀性的凝胶，并导致开裂。图 10－4 和图 10－5 清晰可见界面开裂部位的胶环。

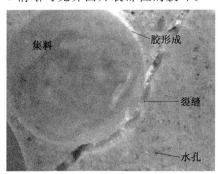

图 10－4 ASR 开裂与胶状物形成

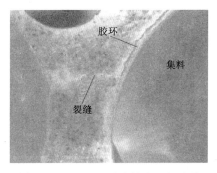

图 10－5 ASR 导致的胶环与开裂

图 10－6 ASR 造成弓形结构破坏

图 10－7 ASR 导致表面严重开裂的情形

图 10－8 日本见内桥 ASR 破坏情况之一

图 10－9 日本见内桥 ASR 破坏情况之二

图 10－10　加拿大魁北克城公路桥 ASR 破坏情况

图 10－11　加拿大蒙特利尔地区船闸 AAR 破坏情况

图 10－12　北京建国门立交桥 AAR 破坏情况

图 10－13　天津八里台立交桥 AAR 破坏情况

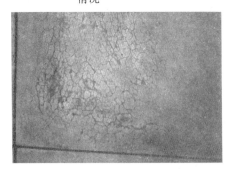

图 10－14　某空军机场跑道 ACR 开裂情况

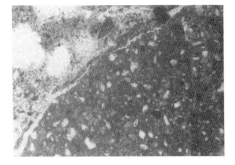

图 10－15　某空军机场混凝土微观结构

图 10－16　山东潍坊水闸混凝土 ASR 开裂情况

10.4.5　抑制 AAR 作用的外加剂

1.化学外加剂

(1)锂盐化合物。

使用碱—骨料反应抑制剂时,必须注意:所选用的外加剂不能影响混凝土的其他物理或化学性能。表10-3是部分盐类对抑制碱—骨料反应引起的膨胀试验数据。由表10-3的数据可见,锂盐对抑制碱—骨料反应引起的膨胀最为有效。

一些有机化合物对抑制碱—骨料反应产生的膨胀也有作用,见表10-4。有机化合物中,最有效的膨胀抑制剂是甲基纤维素和水解蛋白,相反,乳酸则会加大膨胀。

表 10－3　盐类物质对降低砂浆膨胀的作用　　　　　　　　%

盐类名称	用量	膨胀下降量	盐类名称	用量	膨胀下降量
铝粉	0.25	75	氟化锂	0.50	82
碳酸钙	10.0	−6	硝酸锂	1.00	20
硫酸铜	1.00	46	硫酸锂	1.00	48
氯化锂	0.50	34	碳酸钠	1.00	44
氯化锂	1.00	88	碳酸铵	1.00	38
碳酸锂	0.50	62	碳酸锌	0.50	34
碳酸锂	1.00	91			

表 10－4　一些有机物对降低碱—骨料反应膨胀的作用　　　　%

有机物	用量	膨胀下降量	有机物	用量	膨胀下降量
乳酸	1.0	−59.0	硬脂酸甘油酯	1.0	20.0
亚油酸	1.0	37.0	甲基纤维素	1.0	52.0
豆油	1.0	26.0	甲基纤维素	2.0	60.0
丙酮酸盐	1.0	16.0	糖精	0.5	19.0
乙酸乙酯	1.0	31.0	水解蛋白质	1.0	56.0～76.0

表10-3、表10-4的数据和研究表明,锂盐、铝粉、某些蛋白质和引气剂可以显著降低 AAR 膨胀。

氟化锂和碳酸锂对水泥砂浆(含有1%的碱)膨胀的影响,试验结果见表10-5。

表10-5的数据表明,掺加0.50%的 LiF 或1.00%的 Li_2CO_3 能大幅度降低碱—硅反应产生的膨胀。

(2)非锂盐化合物。

研究表明,在混凝土中掺加引气剂,能提高混凝土抵御 AAR 膨胀的能力,可能是由于混凝土中引入的微小气泡可容纳反应产物,从而减小膨胀应力发展。引气3.6%可以使膨胀值降低60%。由此可以推断,混凝土中的多孔骨料也能减小 AAR 膨胀。

表 10－5　氟化锂和碳酸锂对水泥砂浆（含有 1％ 的碱）膨胀的影响

试样	用量 /%	膨胀值 /%				
		6 月	12 月	18 月	24 月	36 月
基准样	0	0.54	0.62	0.62	0.63	0.63
基准样＋LiF	0.25	0.43	0.64	0.64	0.68	0.71
	0.50	0.04	0.06	0.06	0.06	0.06
	1.00	0.02	0.02	0.02	0.02	0.02
基准样＋Li$_2$CO$_3$	0.25	0.46	0.62	0.62	0.62	0.63
	0.50	0.30	0.54	0.54	0.55	0.58
	1.00	0.03	0.04	0.04	0.04	0.05

　　蔗糖对 AAR 膨胀的降低极具戏剧性。柠檬酸、蔗糖等缓凝剂与引气剂共同使用使膨胀的降低量比它们任何一种单独使用的效果显著。

　　Na 和 K 的硫酸盐、氯化物和碳酸盐对抑制 AAR 膨胀无任何效果，而 Na 和 K 的硝酸盐则是有效的膨胀抑制剂。

　　奥哈玛（Ohama）等还发现，硅烷可以显著地降低碱－骨料反应膨胀。

2.矿物外加剂

（1）硅灰。

　　关于硅灰对 AAR 膨胀的抑制作用，存在相互矛盾的试验结果。尽管在水泥水化早期，少量的硅灰可有效防止 AAR 膨胀，但在长期使用中，当硅灰掺量较高时，硅灰本身也将成为混凝土中发生碱－骨料反应的碱的来源。硅灰的有效性依赖于其组成（SiO$_2$ 和碱含量）、用量、碱－骨料反应的类型以及水泥的品种、细度和碱含量。

　　但是，在混凝土中掺加硅灰还存在技术和经济问题：硅灰的掺量通常在 10％ 左右，由于硅灰的粒径在 0.1～2 μm，具有巨大的比表面积（约 20 000 m^2/kg），一方面对混凝土的需水量有较大影响，只有与高效减水剂协同使用，才能获得较好的施工性能；另一方面，硅灰使混凝土的收缩增大，需要加强潮湿养护。硅灰具有高度松散性，储运较困难，价格较高，使用时对混凝土的成本增加很多，若非不得已（如配制超高强混凝土），一般不宜选用硅灰。

（2）粉煤灰。

　　粉煤灰的火山灰活性依赖于其细度和玻璃体含量。粉煤灰在混凝土中能降低 AAR 膨胀。

　　粉煤灰的有效性与碱浓度有关。粉煤灰中无定形的玻璃体含量也是影响碱－硅反应的一个关键因素。

　　为评价粉煤灰作为碱－骨料反应膨胀抑制剂的作用，应考虑以下几个因素：粉煤灰中的 R$_2$O 含量有加速碱－骨料反应的趋势。库巴亚西（Kobayashi）等提出了一个经验公式来评价易受碱侵蚀的混凝土中粉煤灰的有效性：

$$\sum CA + 0.83 \sum FA - 0.046 \sum F \leqslant 4.2 (\text{kg/m}^3) \qquad (10-2)$$

式中 $\sum CA$、$\sum FA$ 和 $\sum F$——水泥总碱含量、粉煤灰总碱含量和粉煤灰总量，kg/m^3。

若满足上述公式，粉煤灰就可控制 AAR 膨胀。

（3）粒化高炉矿渣。

矿渣中含有硅酸盐、铝硅酸盐等物质。粒化高炉矿渣是一种玻璃体物质，由熔融的矿渣急冷而得，其化学成分依赖于所炼生铁的类型及铁矿石的类型。

众多的试验研究证实了矿渣对 AAR 膨胀控制能力的有效性。矿渣的存在能使 AAR 膨胀降低，在掺量为 60% 时膨胀降低最显著。如果要求 1 年膨胀量小于 0.1%，那么至少需要 60% 的矿渣来控制 AAR 膨胀。矿渣的作用机理可能是由稀释作用、矿渣本身的固有性质以及矿渣的碱含量决定。

（4）其他硅质外加剂。

密塔（Mehta）测试了稻壳灰防止 AAR 破坏的有效性。试验所用稻壳灰的比表面积为 $50 \sim 60 \ m^2/g$。试验结果见表 10—6。

表 10—6 稻壳灰对砂浆膨胀的影响

稻壳灰 /%	膨胀下降（控制量的百分比）		
	14 天	3 个月	6 个月
5	52.2	50.2	49.3
10	90.4	87.8	86.6
15	97.4	95.0	94.0
20	98.6	96.6	95.8

烧黏土具有火山灰活性。安卓鲁（Andriolo）和斯格拉布泽（Sgaraboza）在一项研究中发现，掺入 15% 的烧黏土后，ASR 膨胀可以从 0.18% 降低到 0.02%。

偏高岭土具有降低 ASR 膨胀的能力。ASR 膨胀随偏高岭土用量增加而降低。掺加 10% ~ 15% 偏高岭土的混凝土在 6 ~ 9 个月的膨胀值由 0.45% 降低到 0.01% 以下。偏高岭土的加入还对早期及后期抗压强度发展有益。

10.4.6 预防 AAR 膨胀破坏的措施

在活性骨料、碱（即 Na_2O 和 K_2O）和水共同存在的情况下才发生 AAR 膨胀破坏，所以排除三个条件中的任何一条即可达到控制的目的。预防措施是：

（1）在可能的条件下，最安全的措施是采用非活性骨料。

（2）当骨料中含有活性成分时，水泥的碱含量应小于 0.6%（质量分数）。

（3）控制混凝土中碱质量浓度小于 $3.0 \ kg/m^3$；对于重要工程，在不得已时混凝土中的碱质量浓度要小于 $2.1 \ kg/m^3$，同时防止外部有碱侵入（如除冰盐）；对于特别重要的工程，应选用非活性骨料。

（4）掺加 60%（质量分数）的矿渣、30%（质量分数）的粉煤灰或 10%（质量分数）的硅灰，可以有效地抑制 AAR。

（5）选用低碱含量的外加剂，掺加引气剂可以减小 AAR 引起的膨胀。

10.5　混凝土的冻融破坏

混凝土因冻融循环(Freezing and Thawing Cycles, F&T) 而劣化与混凝土本身复杂的微观结构有关。然而，破坏作用不仅取决于混凝土性能，而且与混凝土所处的外部条件有关。因此，在给定条件下抗冻的混凝土，在另一种环境条件下就可能因受冻而失效。混凝土受冻破坏的形式多种多样，最为常见的是由水泥基材料经反复冻融循环后累计的开裂和裂散。暴露在负温下的混凝土板，在有水分和除冰盐存在下，易于分层剥落。

混凝土抗冻性即混凝土在饱水状态下抵御冻融破坏的能力。抗冻性是评价严寒地区混凝土及钢筋混凝土结构耐久性的重要指标之一。即使在温和地区，冬季混凝土的冻融问题仍很突出。

在负温地区，处于饱水状态下的混凝土结构，其内部孔隙中的水结冰膨胀产生应力，使混凝土结构内部因胀力而损伤，在多次冻融循环作用后，损伤逐步加剧，最终导致混凝土结构开裂或裂散。

10.5.1　混凝土冻害机理

一般认为，混凝土中的毛细管在结冰温度下，存在结冰水和过冷水，结冰的水产生体积膨胀及过冷的水发生迁移，形成各种内压，使混凝土结构破坏。

混凝土是由水泥和粗、细骨料组成的毛细孔多孔体。在进行混凝土配合比设计时，为了获得满足施工要求的和易性，混凝土用水量总是高于水泥水化所需的水。多余的水以游离水的形式存在于混凝土中，可形成连通的毛细孔，并占有一定的体积。

毛细孔的自由水是导致混凝土遭受冻害的内在因素。因为水遇冷结冰会发生体积膨胀，引起混凝土内部结构的破坏。

混凝土早期受冻有以下两种情况：① 混凝土在浇筑后即受冻。在这种情况下，水泥水化被中断，混凝土的冰冻作用类似于饱和黏土冻胀的情况，即拌合水结冰使混凝土体积膨胀。直到气温回升，混凝土拌合水融化，水泥继续水化。此时应重新振捣混凝土，确保混凝土正常水化硬化，混凝土强度将正常发展。否则，混凝土中就会残留因水结冰而形成的大量空隙，对混凝土强度和耐久性不利。② 混凝土凝结后但未获得足够强度时受冻，受冻的混凝土强度损失最大，因为与毛细孔水结冰相关的膨胀将使混凝土内部结构严重受损，造成不可恢复的强度损失，这种早期冻害对混凝土及钢筋混凝土结构的危害最大，必须尽量避免。

水由液相变为固相后，体积膨胀 9%。水泥石毛细管中的水由于结冰膨胀，向临近的毛细孔排出多余水分时，所产生的压力为

$$p_{max} = \frac{\eta\left(1.09 - \frac{1}{S}\right)\mu Q\varphi(L)}{3K} \tag{10-3}$$

式中　　η—— 水的黏性系数；

　　　　S—— 水泥石毛细管的含水率；

　　　　μQ—— 水的冻结速率。

$$\mu Q = \frac{\mathrm{d}W_{\mathrm{f}}}{\mathrm{d}t} = \frac{\mathrm{d}W_{\mathrm{f}}}{\mathrm{d}T}\frac{\mathrm{d}T}{\mathrm{d}t} \qquad (10-4)$$

式中　　W_{f}—— 单位体积的水泥石平均结冰水量；

　　　　T—— 温度，K；

　　　　t—— 时间，s；

　　　　μ—— 每降低 1 ℃，结冰水的增加率；

　　　　Q—— 温度降低速度；

　　　　K—— 与水泥石渗透有关的系数；

　　　　$\varphi(L)$—— 与气孔大小、分布有关的函数。

　　除了水的冻结膨胀引起压力外，当毛细管水结冰时，凝胶孔水处于过冷状态，过冷水的蒸气压比同等温度下冰的蒸气压高，将发生凝胶水向毛细管中冰的界面渗透，直至平衡。由热力学推导得渗透压力与蒸气压之间的关系式：

$$\Delta p = \frac{RT}{V}\ln\left(\frac{p_{\mathrm{w}}}{p_{\mathrm{i}}}\right) \qquad (10-5)$$

式中　　Δp—— 渗透压力，atm；

　　　　p_{w}—— 凝胶水在温度 T 时的蒸气压，Pa；

　　　　p_{i}—— 在温度 T 时毛细管内冰的蒸气压，Pa；

　　　　V—— 水的摩尔体积；

　　　　T—— 温度，K；

　　　　R—— 气体常数。

　　由于渗透达到平衡时需要一定时间，因而水泥石即使保持在一定的冻结温度上，由渗透压力引起的水泥石的膨胀将持续一定的时间。

　　研究结果表明，高性能混凝土具有抵御冻融循环的能力。在高性能混凝土中，掺用微细活性材料置换部分水泥，经冻融循环后，混凝土强度降低很少，甚至略有提高（在低温下仍继续水化）。

　　混凝土冻融循环后，其表面可能剥落和开裂。通常情况下，剥落发生在混凝土表面 $2\sim 3\ \mathrm{cm}$ 尺寸范围内。混凝土开裂后，裂缝形状与骨料的性质有关，可能呈 D 状也可能呈龟裂状。

　　采用适宜的配合比和优质原材料可以提高混凝土的抗冻性。在这些参数中，除了水胶比、骨料性质、适当的引气外，混凝土的抗冻性主要取决于外部条件。干混凝土抵抗冻融循环破坏的能力高于饱水的混凝土。

　　硅酸盐水泥混凝土的孔结构决定了孔隙水的结冰状态。当毛细管孔径大于 $100\ \mu\mathrm{m}$，低于临界饱和度的孔隙能够缓解最初冰晶体体积膨胀对还未结冰的液态水产生的压力。孔径分布也起着重要作用，当水泥浆中毛细管孔隙很小（孔径小于 $0.1\ \mu\mathrm{m}$）

时,只有大大低于 0 ℃ 的温度下,水才能在孔隙中结冰。孔径为 10 ~ 0.1 μm 的毛细管孔隙受到冻融循环损伤的风险最大。

10.5.2　引气作用

鲍尔斯(Powers)对引气抗冻的机理阐述如下:当毛细孔中的水结冰后,需要相当于毛细孔体积 9% 的空间容纳水由液相转化为固相发生的体积膨胀,或者向外排出等体积的水,或者兼而有之。

泡可分为气泡、泡沫、溶胶性气孔三种。气泡是单独存在的;泡沫是具有共同膜的泡与泡的聚集体;溶胶性气泡各自独立存在,其周围被黏稠液体、半固态或固体所包裹而不易消失。混凝土中的泡属于溶胶性气泡范畴。由离子型引气剂引入混凝土中的泡带电,彼此相斥而增加稳定性,这时混凝土中的气泡大小均匀(多为 20 ~ 200 μm),形状也较规则,一般呈球形。

但是,过大的含气量对混凝土性能也会产生不良作用,例如强度降低,而且过多的空气易形成连续孔,对混凝土耐久性、抗渗性反而不利。

Powers 认为,除了大孔水结冰引起的静水压(Hydraulic Pressure)外,毛细孔中溶液部分结冰产生渗透压(Osmotic Pressure)是另一种破坏因素。毛细孔中的水不是纯化的,其中含有多种可溶性物质,例如碱、氯化物、$Ca(OH)_2$ 等。溶液比纯水冰点低,溶液中盐的浓度越高,其冰点就越低。毛细孔间存在的浓度梯度被认为是渗透压产生之源。

静水压是由于大孔中结冰水的表观体积增加产生的,而渗透压是由孔溶液中盐浓度的差别引起的,两者都不会成为水泥混凝土产生冻融膨胀的唯一原因。与土壤中的毛细作用类似,水分从小孔中向大孔迁移,被认为是造成多孔物质膨胀的首要因素。水泥浆体中存在三种类型的刚性水:细孔(10 ~ 50 nm)中的毛细水、胶孔中的吸附水和 C—S—H 中的层间水。通常认为,胶孔水在 −78 ℃ 以上不会结冰,因而当饱和水泥浆体处于负温条件时,仅大孔水结冰,胶孔水以过冷水形式存在。这构成了毛细结冰水(处于低能量状态)与胶孔过冷水(处于高能量状态)之间的热力学不平衡,冰与过冷水熵的差别促使过冷水向低能量状态(大孔)迁移,从胶孔迁移到毛细孔中的水,持续增加毛细孔中冰的体积,直至空间用完。这种水分迁移的结果将明显增加体系的内压和膨胀。

并非含气量,而是气泡间距(不大于 300 μm)可有效防止混凝土遭受冻融破坏。在给定含气量时,随气泡大小而异,气泡数量、气泡间距以及抗冻能力都会因所用引气剂品种不同而有很大差别。用五种品牌的引气剂做试验,给定混凝土含气量为 6%,1 cm³ 硬化水泥浆体中的气泡数量分别为 24 000(个)、49 000(个)、55 000(个)、170 000(个)和 800 000(个),混凝土产生 0.1% 膨胀所达到的冻融循环次数分别为 29 次、39 次、82 次、100 次和 550 次。尽管混凝土含气量不是控制混凝土抗冻能力的有效参数,但它是进行混凝土配合比质量控制时易于控制的指标。由于水泥用量与粗骨料最大尺寸有关,粗骨料尺寸大的贫混凝土比粗骨料尺寸小的混凝土中水泥浆量少,因而为达到相同的抗冻能力,后者的引气量应适当提高。骨料级配也会影响含气量,以特细砂配制的混凝土含气量低于使用中砂的混凝土。掺用矿物外加剂或使用极细的水泥,也会使含气量低于正常情况。搅拌不充分或过度搅拌、新拌混凝土时间过长以及过分振捣,都会降低混凝土含气量。

掺用粉煤灰或矿渣的混凝土,在同时掺用引气剂时,混凝土也具有良好的抗冻融循环性能。

通常,对于未掺引气剂的混凝土,也有 $0.5\% \sim 2\%$ 的含气量,但气泡大小很不均匀,形状也不规则。而引气剂引入的气泡,还具有润滑作用,使混凝土的和易性改善,尤其对骨料形状不好的碎石、特细砂、人工砂混凝土和易性改善更为显著。

一般情况下,与空白混凝土相比,每增加 1% 含气量,保持水泥用量不变时,混凝土 28 d 抗压强度下降 $2\% \sim 3\%$;保持水胶比不变时,混凝土 28 d 抗压强度下降 $4\% \sim 6\%$。

引气剂使混凝土用水量减少,同时使施工后的混凝土泌水沉降率降低。大量微小的气泡占据了混凝土中的自由空间,破坏了毛细管的连续性,从而使抗渗性得以改善,并且与此有关的抗化学腐蚀作用和对碳化的抵抗作用也同时改善。

在混凝土中掺入引气剂后,由于引入大量微细气泡,均匀分布在混凝土体内,可以容纳自由水的迁移,从而大大缓和静水压力,使混凝土承受反复冻融循环的能力提高。当混凝土处于饱和状态时,引入的气泡形成空间,有利于水的迁移和结冰,产生的内应力不超过混凝土的抗拉强度。

在混凝土中引气应遵循以下原则:

(1) 引气量根据混凝土耐久性、强度和降低沉降泌水的要求设定,一般为 $4.5\% \pm 0.5\%$,特殊情况不超过 7.0%。

(2) 由于非离子型引气剂引入的气泡具有触变性,使控制含气量的难度增加,应尽量选用阴离子型引气剂。

(3) 在引气量相同的条件下,不同的引气剂引入的气泡孔结构差别较大,应通过试验,控制气泡间距系数在合适的范围内,以此确定引气剂品种和用量。

10.5.3 抗冻性试验

通常情况下,抗冻等级是以 28 d 龄期的标准试件经快冻法或慢冻法测得的混凝土能够经受的最大冻融循环次数确定的。

快冻法是将试件在 $2 \sim 4$ h 冻融循环后,每隔 25 次循环做一次横向基频测量,计算其相对动弹性模量和质量损失值,进而确定其经受快速冻融循环的次数。

慢冻法试验的评定指标为质量损失不超过 5%、强度损失不超过 25%;快冻法试验的评定指标为质量损失不超过 5%,相对动弹性模量不低于 60%。此时试件所经受的冻融循环次数即为混凝土的抗冻等级。

以快冻法试验时,可用混凝土的抗冻耐久性指数 DF 来表示混凝土的抗冻性:

$$DF = \frac{pN}{300} \qquad\qquad (10-6)$$

式中　　N——混凝土能经受的冻融循环次数;

　　　　p——N 次冻融循环后混凝土的相对动弹性模量。

相对动弹性模量为混凝土经受 N 次冻融循环后及受冻前的横向自振频率(Hz)之比。这种方法是利用混凝土相对动弹性模量对其内部结构破坏比较敏感这一原理制定的。

通常认为 DF < 40% 的混凝土抗冻性能较差;DF > 60% 的混凝土抗冻性能较高;40% ≤ DF ≤ 60% 的混凝土抗冻性能一般。对引气混凝土,一般要求经 300 次冻融循环后,相对动弹性模量保留值大于 80%。

10.5.4　影响混凝土抗冻性的因素

混凝土的抗冻性与其内部孔结构、水饱和程度、受冻龄期、强度等许多因素有关。而混凝土的孔结构及强度又主要取决于其水胶比、有无外加剂及养护方法等。

1.水胶比

水胶比直接影响混凝土的孔隙率及孔结构。随着水胶比的增大,不仅可饱水的开孔总体积增加,而且平均孔径也增大,因而混凝土的抗冻性必然降低。

2.含气量

含气量也是影响混凝土抗冻性的主要因素,特别是加入引气剂形成的微细气孔对提高混凝土抗冻性尤为重要。因为这些互不连通的微细气孔在混凝土受冻初期能使毛细孔中的静水压力减少,即起到减压作用。

除了必要的含气量之外,要提高混凝土的抗冻性,还必须保证气孔在混凝土中分布均匀。通常用气泡间隔系数来控制其分布均匀性。

混凝土的含气量和气泡间隔系数应符合表 13 - 13 的规定。

3.混凝土的饱水状态

混凝土的冻害与其孔隙的饱水程度密切相关。一般认为含水量小于孔隙总体积的91.7% 就不会产生冻结膨胀压力。该数值被称为极限饱水度。在混凝土完全饱水状态下,其冻结膨胀压力最大。

混凝土的饱水状态主要与混凝土结构的部位及其所处自然环境有关。一般来讲,在大气中使用的混凝土结构,其含水量均达不到该极限值,而处于潮湿环境的混凝土,其含水量要明显增大。最不利的部位是水位变化区,此处的混凝土经常处于干湿交替变化条件下,受冻时极易破坏。另外,由于混凝土表层的含水率通常大于其内部的含水率,且受冻时表层的温度均低于其内部的温度,所以冻害往往是由表层开始逐步深入发展的。

4.混凝土受冻龄期

混凝土的抗冻性随其龄期的增长而增高。因为龄期越长,水泥水化越充分,混凝土强度越高,抵抗膨胀的能力越强。这一点对早期受冻的混凝土更为重要。初次受冻时龄期小于 8 h 的混凝土经几次冻融循环即已损坏。因此,防止混凝土早期受冻至关重要。

5. 水泥品种及骨料质量

混凝土的抗冻性随水泥活性增高而提高。普通硅酸盐水泥混凝土的抗冻性优于混合水泥混凝土,更优于火山灰水泥混凝土。这是因为混合水泥需水量大。

骨料对混凝土抗冻性的影响主要体现在骨料吸水量的影响及骨料本身抗冻性的影响。一般的碎石和卵石都能满足混凝土抗冻性的要求(即骨料抗冻性不会低于水泥砂浆的抗冻性)。只有风化岩等坚固性差的骨料才会影响混凝土的抗冻性。在严寒地区室外使用或经常处于潮湿或干湿交替作用状态下的混凝土则应注意选用优质骨料(指无软弱颗粒及风化岩的骨料)。

6. 外加剂及掺合料的影响

减水剂、引气剂及引气减水剂等外加剂均能提高混凝土的抗冻性。引气剂能增加混凝土的含气量且使气泡均匀分布,而减水剂则能降低混凝土的水胶比,从而减少孔隙率,最终都能提高混凝土的抗冻性。

粉煤灰掺合料对混凝土抗冻性的影响,则主要取决于粉煤灰本身的质量与掺量。掺入适量的优质粉煤灰,只要保持混凝土等强、等含气量就不会对其抗冻性有不利影响。如果掺入质量不合格的粉煤灰或掺入过量的粉煤灰,则会增大混凝土的需水量和孔隙率,降低混凝土的强度,同时也必然降低其抗冻性。

思　　考　　题

1. 混凝土的腐蚀有哪几类? 其腐蚀机理各是怎样的?

2. 防止第 Ⅲ 类腐蚀的技术措施有哪些? 如何避免发生第 Ⅲ 类腐蚀?

3. 何谓碱－骨料反应? 发生碱－骨料反应破坏的必要条件有哪些? 怎样才能避免发生碱－骨料反应破坏?

4. 哪些外加剂能有效抑制碱－骨料反应产生的破坏作用?

5. 混凝土发生冻融破坏的机理是什么? 怎样提高混凝土的抗冻性?

6. 简述引气剂提高混凝土抗冻性的机理?

7. 影响混凝土抗冻性的因素有哪些?

8. 为什么混凝土必须经过若干次冻融循环作用以后,才会导致冰冻破坏? 如果混凝土处于长年冰冻的地区,对其是否应有抗冻要求? 若混凝土虽处于冻融地区,但一直位于地面上,对其是否应有抗冻要求?

第11章　混凝土中钢筋的锈蚀

在任何情况下,混凝土都是保护钢筋的唯一切实可行的方法。但是,混凝土对钢筋的保护作用并非总能持久,因而必须考虑到结构中钢筋腐蚀的可能后果。所以,应当了解钢筋腐蚀性能的特点。

埋置于密实、无氯、未碳化混凝土中的钢筋可以永不生锈,因为混凝土孔隙溶液具有碱性(pH>12.5),在这种pH范围内,钢筋表面生成一层氧化膜,阻止阳极的铁的溶解。由于碳化混凝土pH<10,或钢筋表面氯离子量超过临界值、保护膜破坏,如果此时能供给O_2和H_2O,就会发生钢筋锈蚀。

混凝土保护层可以使钢筋与外界隔开,但却不能将其完全隔绝。因此,混凝土的保护作用和不透气性是不一样的。这里可以肯定地指出,钢筋发生电化学腐蚀所必需的两种物质——水和氧气都能渗透到混凝土中。

钢筋混凝土结构外部的介质首先腐蚀混凝土,然后通过混凝土影响钢筋。实际上,对钢筋而言,混凝土也是外部介质。因此,必须确定混凝土的特性,从制备钢筋混凝土结构的时刻起,混凝土即是决定钢筋性能的一种介质。

众所周知,钢筋腐蚀通常是依据电化学机理进行的,电化学作用所必备的条件是:

(1)钢筋表面各区段之间存在电位差,即电化学不均匀性。

(2)除钢筋外,阳极与阴极之间还必须有电解质溶液,这意味着混凝土必须具有一定的湿度,有氯离子时,导电性显著增加。

(3)阳极产生铁溶解是在钢筋钝化膜破坏之后,阴极过程则在钢筋仍处于钝化状态时即可进行,有氯离子时钝化膜易受到破坏。氯离子在自然界广泛存在,所以,混凝土中各组成材料都或多或少存在氯离子。同时,外界氯离子也可渗透到混凝土中,如海岸钢筋混凝土结构和受到除冰盐作用的桥梁等就常常因氯离子侵入引起钢筋锈蚀破坏。

(4)氧能够从混凝土表面扩散到阴极活化钢筋表面,有足够的氧生成氢氧根离子。

11.1　钢筋锈蚀机理

11.1.1　钢筋锈蚀理论

1.钝化膜破坏理论

钢筋在碱性介质中生成钝化膜,可以保护钢筋不锈蚀。大多数钝化膜是介于半导体和绝缘体之间的弱的电子导体,这是因为钝化膜很薄时,氧化还原反应可通过电子的隧道效应(隧道效应是由微观粒子波动性所确定的量子效应,又称势垒贯穿。换言之,当微观粒子的总能量小于势垒高度时,量子力学证明它仍有一定的概率穿过势垒,实际也正是如此,这种现象称为隧道效应)来完成,即电子可在隧道效应的作用下穿过钝化膜,使钢筋发生阳极极化,钝化膜中的电场强度增加,吸附在钝化膜表面上的腐蚀性氯离子因其离子半径较小而在电场的作用下进入钝化膜,使钝化膜局部变成了强烈的感应离子导体,于是钝化膜在这点上出现了高的电流密度,并使 Fe^{2+} 杂乱移动而活跃起来。当钝化膜－溶液界面的电场强度达到某一临界值时,就发生了局部腐蚀。

钝化金属的溶解是通过钝化膜来进行的。钝化膜的溶解过程可表示为

$$M \longrightarrow M^{n+}(\text{钝化膜}) + ne^-$$

$$M^{n+}(\text{钝化膜}) \longrightarrow M^{n+}(\text{水溶液})$$

2.吸附理论

金属表面生成氧或含氧离子的吸附层而引起钝化。与其对应,吸附理论认为钢筋表面蚀孔的形成是由于溶液中的卤素离子 X^- 等阴离子与氧竞争吸附的结果。X^- 与金属离子形成络合离子,取代稳定的氧化物离子,破坏吸附膜,从而加速阳极溶解,反应式为

$$M^{n+} \cdot ne^- + mX^- + yH_2O \longrightarrow (MX_m)^{n-m} \cdot yH_2O + ne^-$$

11.1.2   钢筋的锈蚀过程

混凝土中钢筋锈蚀是一个电化学过程。外界杂散电流会引起钢筋锈蚀。但钢筋混凝土结构中更常见的是内部发生的电流引起钢筋锈蚀,在钢筋－混凝土体系中由于各种原因会形成微电池或宏电池,产生阳极过程和阴极过程(图 11－1)。腐蚀过程可用下式表示:

阳极过程:$Fe \longrightarrow Fe^{2+} + 2e^-$

阴极过程:$O_2 + 2H_2O + 4e^- \longrightarrow 4OH^-$

在溶液中:$Fe^{2+} + 2OH^- \longrightarrow Fe(OH)_2$

进一步氧化:

$$4Fe(OH)_2 + O_2 + 2H_2O \longrightarrow 4Fe(OH)_3 \tag{11－1}$$

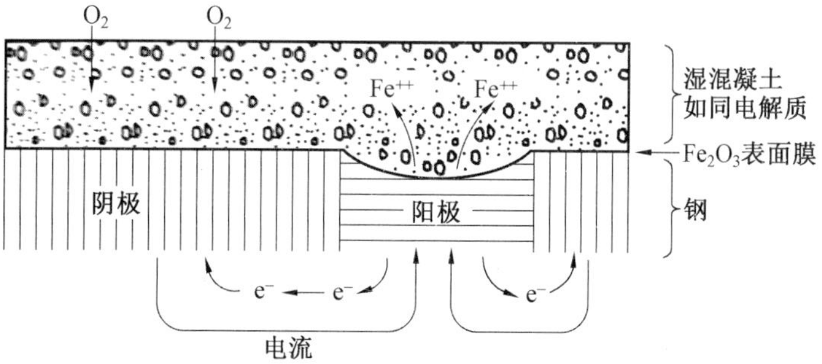

图 11－1   钢筋锈蚀的电化学过程

在阳极 Fe^{2+} 进入溶液，自由电子到达阴极被电解质成分吸收生成氢氧根离子，铁离子转化成铁锈，根据氧化程度的不同，铁锈体积要增大到 $3\sim6$ 倍，如图 $11-2$ 所示。

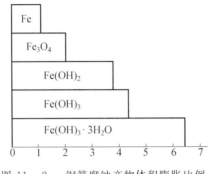

图 $11-2$　钢筋腐蚀产物体积膨胀比例

11.2　钢筋锈蚀的主要影响因素

在含有 H_2O 和 O_2 的潮湿空气存在的条件下，锈蚀反应（式（$11-1$））便发生了。H_2O 和 O_2 是钢筋生锈的两个必要条件。钢筋锈蚀造成的破坏形式为膨胀、开裂、保护层剥落，钢筋与混凝土的黏结破坏，钢筋断面减小以至造成结构破坏。钢筋锈蚀速度至少为20 $\mu m/$ 年。而且，钢筋锈蚀反应还可能通过以下原因加速进行。

11.2.1　混凝土碳化对钢筋锈蚀的加速作用

在钢筋混凝土结构中，钢筋由其表面一层几纳米厚的特殊氧化铁（FeOOH）保护着，使钢筋免受腐蚀。该氧化物非常致密，O_2 和 H_2O 都不能渗透通过与钢筋接触并按式（$11-1$）发生反应。该保护层稳定的基本环境条件是 $pH > 11.5$。由于水泥石中含有大量的 $Ca(OH)_2$，因而水泥石中的毛细孔溶液的 $pH > 12.5$，这种环境能够保护钢筋，这种情况称为钝化。

但是，混凝土发生碳化后，钢筋表面的 pH 降到9，该值低于钝化要求值。由此将破坏 FeOOH 保护层。

混凝土碳化本身没有危险，因为它对混凝土和钢筋都不会产生损伤。真正对钢筋锈蚀的侵蚀介质是 O_2 和 H_2O（潮湿空气），只有它们能使式（$11-1$）发生。亦即，在干燥空气中，即使 CO_2 含量较多，也不会引起钢筋锈蚀，因为没有水，水是式（$11-1$）中钢筋锈蚀的必备条件之一。水下的钢筋混凝土结构也不会发生锈蚀，因为氧气不能穿过水进入毛细孔隙中。

11.2.2　氯化物对钢筋锈蚀的加速作用

钢筋的去钝，即失去了表面具有保护特性的氧化铁薄膜。当混凝土与氯化物接触时，如海水或冬季在高速公路使用除冰盐，钢筋表面便可能存在 Cl^-。Cl^- 能加速钢筋表面的氧化铁薄膜发生局部腐蚀，某些部位的腐蚀会很深，称为坑蚀（pitting corrosion),严重影响钢筋的物理机械性能,特别是韧性。

与CO_2对锈蚀的加速作用一样,只有在O_2和H_2O存在时,氯化物才能加速钢筋锈蚀。这意味着由于缺少氧气,海水下面的钢筋混凝土结构不可能锈蚀;由于缺水,干燥地面上的钢筋混凝土结构也不会锈蚀。

另一方面,海事工程中,潮汐区和浪溅区处于干湿循环状态,由于氧气(干燥时期)和水(潮湿时期)能同时与钢筋接触,这种状态将加速锈蚀过程(图11-3)。相似的情况也发生在泼洒除冰盐的结构中。

图11-3　海事工程中钢筋的锈蚀

氯化物通过两种方式渗过混凝土保护层:

① 毛细管吸水:水能溶解和运输盐(包括氯化物),吸水率与混凝土的干燥程度(或饱水程度)和吸水的相对时间的长短有关,如图11-4所示。毛细升高现象可以用杨-拉普拉斯(Young-Laplace)公式进行处理。当液体湿润毛细管壁时,由于混凝土内毛细管壁是亲水性的,所以,与毛细管壁接触的溶液表面在表面张力的作用下,被强制地沿着管壁向上提升,整个液面的形态必定是个凹液面。此时毛细管内外必定存在压差Δp,假设液面与毛细管壁之间的润湿边角为θ,则:

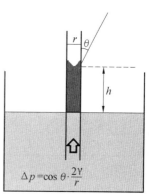

$$\Delta p = \frac{2\gamma}{r}\cos\theta \qquad (11-2)$$

图11-4　毛细管压力促使水进入毛细管孔隙中

② 当毛细管中的水已经饱和时,氯化物并不是通过水的移动扩散进入混凝土,而是氯离子沿x轴方向的浓度梯度$\left(\frac{\partial c}{\partial x}\right)$促使其扩散,即Fick定律,见式(11-3)。

$$J = -D\frac{\partial c}{\partial x}, \quad \frac{\partial c}{\partial t} = D\frac{\partial^2 c}{\partial x^2} \qquad (11-3)$$

式中　J——一定时间内,通过某断面的Cl^-量;

　　　D——扩散系数,取决于水灰比、水泥品种及新拌混凝土的密实度。

在长期潮湿养护的条件下($W/C < 0.55$时,至少两个月;$W/C = 0.50 \sim 0.45$时,至

少一个月；$W/C < 0.35$ 时，至少 3 d），此时暴露在 Cl^- 下的混凝土微结构不再改变，D 为常数。

式（11－3）中水泥浆或混凝土的扩散系数 D 可按下式计算：

$$\frac{C_x}{C_s} = 1 - \text{erf}\left(\frac{x}{2\sqrt{Dt}}\right) \tag{11-4}$$

这是不稳定状态条件下的 Fick 第二定律，边界条件为

$$t = 0 \text{ 时}，C_x = 0；且 0 < x < 8$$
$$x = 0 \text{ 时}，C_x = C_s；且 0 < t < 8$$

$\text{erf}\left(\dfrac{x}{2\sqrt{Dt}}\right)$ 值可参见相关数值表，因此，当 C_x、C_s、x 和 t 已知时，就能计算出扩散系数 D。D 值与水泥品种、水灰比、混凝土的密实度及温度有关，特别是温度高时会加速，见表 11－1。

表 11－1 水泥浆和混凝土中氯离子的扩散系数

试样	$D/(\text{cm}^2 \cdot \text{s}^{-1} \times 10^{-8})$	温度 /℃
硅酸盐水泥浆	1.23	10
硅酸盐水泥浆	2.51	25
硅酸盐水泥浆	4.85	40
火山灰硅酸盐水泥浆	0.83	10
火山灰硅酸盐水泥浆	0.90	25
火山灰硅酸盐水泥浆	0.97	40
硅酸盐水泥混凝土（振捣）	1.65	25
硅酸盐水泥混凝土（不振捣）	3.24	25
火山灰硅酸盐水泥混凝土（振捣）	1.05	25
火山灰硅酸盐水泥混凝土（不振捣）	2.26	25

如图 11－5 所示，当混凝土表面氯离子浓度 C_s 为常数时，氯离子浓度沿 x 轴的变化：三个不同扩散时间（t_1、t_2 和 t_3）对应的曲线中，x_1、x_2 和 x_3 对应的氯离子浓度为 0。如果将 x_1、x_2 和 x_3 值表示为时间的平方根（$\sqrt{t_1}$、$\sqrt{t_2}$ 和 $\sqrt{t_3}$）函数，则两者为线性关系，直线的斜率即为氯离子渗透系数 K：

$$x = K\sqrt{t}$$

与氯离子渗透前沿（此处氯离子浓度为 0）相对应的 x 值的测量，可以通过荧光素＋硝酸银进行比色试验测得，如图 11－6 所示：黑色区域为氯

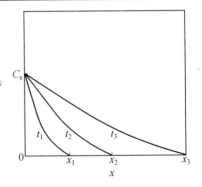

图 11－5 氯离子浓度随时间的变化
（$t_1 < t_2 < t_3$）

离子还未扩散到的区域,因而可以确定扩散深度 x。K 值可以通过图 $11-7$ 中直线斜率求得,K 与 D 之间存在的相关关系使得 D 值很容易求出:

$$K = 4\sqrt{D} \tag{11-5}$$

图 $11-6$　比色试验测试氯离子的扩散深度

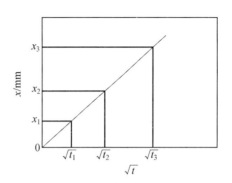

图 $11-7$　氯离子扩散深度随时间的变化关系

粉煤灰和硅灰对氯离子扩散有减小作用,这种作用是由于毛细孔径减小所致。但是,当火山灰部分取代硅酸盐水泥且毛细管孔隙率相同时,也能看到火山灰材料对降低氯离子扩散的作用,见表 $11-1$,这种作用是由于使用火山灰或矿渣时,水泥浆表面的化学性质不同,氯离子被吸附在水化水泥浆基体上,氯离子扩散速度减慢。实际上,为了减小氯离子在混凝土保护层中的扩散速度,必须减小水灰比、使用火山灰或矿渣水泥、新浇筑的混凝土完全振捣密实、延长与氯离子接触之前的养护时间。

只有在以下条件成立后才能按照式 $(11-3) \sim (11-5)$ 计算氯离子扩散深度 x:

① 混凝土结构表面的氯离子浓度(C_s)为常数;

② 氯离子扩散期间,温度为常数;

③ 养护时间足够长,使得在氯离子扩散期间混凝土的微结构不变;

④ 氯离子源和混凝土总保持接触,没有毛细管吸力。

实际中,只有在长期处于海水下面的海工混凝土结构符合这些条件。在所有的其他条件下,可以采用不同的、更复杂的数学模型,使计算结果与实际尽量相符。当氯离子扩散中断或其他情况(如毛细管吸力)出现时,即使是这些复杂的模型也并不成立。例如,在泼洒了除冰盐的混凝土结构中,氯离子只在一年中的某些日子会扩散进入混凝土。在这种情况下,氯离子扩散过程是迂回的。再如,在高速公路的混凝土结构中,混凝土表面断断续续地与除冰盐接触,8 年后氯离子扩散深度为 15 mm。如果每年使用除冰盐的天数与过去 8 年相同,那么需要多久氯离子才能穿过 40 mm 的混凝土保护层抵达钢筋表面呢?

采用式 $(11-5)$ 可以计算出渗透系数 K:

$$K = \frac{x}{\sqrt{t}} = \frac{15}{\sqrt{8}} = 5.3 \text{ mm}/\text{年}^{1/2}$$

假设随后氯离子扩散的条件与前 8 年相同,则可计算出氯离子抵达钢筋表面的时间为

$$t = \left(\frac{x}{K}\right)^2 = \left(\frac{40}{5.3}\right)^2 = 56 \text{ 年}$$

11.2.3 钢材化学成分对钢筋抗蚀性的影响

在有氧化去极化作用的中性介质中,含碳量对碳钢的腐蚀并不重要。如果钢材的化学成分基本相同,那么冶炼方法(平炉法、碱性转炉法和酸性转炉法)对钢筋的抗蚀性毫无影响。

Mn 对低含 Cu 量钢筋的抗蚀性有良好影响,当含 Cu 量较高(0.5%)时,这种影响就消失了。含 Mn 量达 0.3% 的钢材对海洋气候有特殊的抗蚀性,长期在海洋中使用更是如此。含 Si 量小于 0.3% 的钢筋,对盐溶液的抗蚀性明显提高,但当含量提高到 1% 时,则会促进钢筋的腐蚀。

钢筋的抗蚀性与 Cr 的含量成正比:在含 C 量为 0.1% 的碳钢中加入 1% 的 Cr,可使钢筋的抗蚀性提高 0.5 倍;而加入 2.2% 的 Cr,其抗蚀性则提高 1 倍。Cr 与 Cu 一起使用效果最好。

许多试验研究证明,总体来说,低合金钢的抗蚀性比低碳钢高得多。在工业大气中,添加少量 Cr、Cu、Ni 和 P 的低合金钢的抗蚀性,比低碳钢高 1～2 倍。采用天然合金矿石(含 Ni、Cr、Cu)冶炼的低合金钢的抗蚀性则高 1 倍或 1 倍以上。如果将 C 和 Si 含量较高的钢,放置在被 SO_2 污染的潮湿大气中,如添加 $Cu(w(C) = 0.20\%; w(Si) = 0.19\%; w(Cu) = 0.16\%)$,则其抗蚀性可提高 0.5～1 倍。

含 Cr 和 Cu 钢($w(Cr) = 0.50\%; w(Si) = 0.75\%; w(Cu) = 0.20\%$)在海洋环境中的抗蚀性,比碳钢高 1～2 倍。而 CuP、NiCu 或 NiCr 合金钢的抗蚀性效果更佳。

11.2.4 应力对钢筋腐蚀的影响

应力金属比无应力金属的腐蚀更普遍更快速。资料显示,当应力比较小时,对钢筋的腐蚀微不足道。因为从电化学上来说,钢筋的表面并未改变(电位移动 2～3 mV)。而当应力比较大,尤其是 $\sigma \geqslant \sigma_s$ 时,对钢筋的腐蚀有明显影响。这与天然氧化膜的破坏和钢筋表面的电位减少有关。

在 $Ca(OH)_2$ 饱和溶液、3% NaCl 溶液和混凝土中,应力达到极限强度 70% 的钢筋,其电极电位减少到 68～100 mV。显然,这是由于钢筋在塑性变形时,造成氧化膜破坏的缘故。在 $Ca(OH)_2$ 饱和溶液或 NaCl 溶液中,由于电位的变化,就增加了应力钢筋钝化的困难。

在含有氯化物的混凝土中,发生腐蚀时,应力对钢筋机械性能的影响,特别是对处于高应力低韧性的高强预应力钢筋的影响十分明显,很容易产生脆断腐蚀。这种断裂不形成颈缩,事先没有明显的征兆,所以往往造成灾难性的后果。

11.3　防止钢筋锈蚀的措施

混凝土中钢筋的锈蚀是多种因素综合作用的结果。因此防止钢筋锈蚀也必须从多方面入手采取综合措施。合理选材和提高混凝土的密实度属一般性的防腐措施,而采用环氧涂层钢筋等耐蚀钢筋及阻锈剂等则属特殊防腐措施。

1.合理选材

合理选用水泥品种、骨料质量及钢筋类别等能保证混凝土对钢筋的保护作用及钢筋自身的抗腐蚀能力。因此,必须根据钢筋混凝土结构的使用条件合理选用混凝土原材料及钢筋类别。例如,在腐蚀性介质中使用的钢筋混凝土结构应优先选用普通硅酸盐水泥或其他耐腐蚀水泥。骨料质量也应确保并应在施工前严加检验,特别是外加剂的选用更应慎重。

2.提高混凝土的密实度

首先应从选择混凝土最佳配合比入手,并应尽量降低水胶比。为此常采用各种减水剂,特别是近年来发展起来的高性能减水剂。

硅灰也可提高混凝土的密实度。这已是国内外许多试验研究所证实的。由于硅灰颗粒极细,掺入混凝土后能改善混凝土的孔结构,原来开放的孔变成封闭的微孔,因而可提高混凝土的密实度,降低其透水性及透气性。但掺硅灰时必须同时掺入高效减水剂,否则将增大混凝土的需水量或严重影响混凝土的和易性。

在混凝土中掺加粒化高炉矿渣和(或)粉煤灰能有效降低氯离子的渗透扩散。当水胶比低至 0.30 时,混凝土的孔隙率很低,如果再对新拌混凝土完全振捣密实,并在 28 d 以前进行足够的湿养,则混凝土抗氯离子渗透性能将更高。

3.增加保护层的厚度,确保保护层完好性

适当增加混凝土保护层厚度,避免保护层开裂,能防止在使用期内碳化到钢筋表面,并能阻止腐蚀介质渗到钢筋表面,这是保护钢筋免遭锈蚀的重要措施。特别是海洋构筑物和近海建筑物的混凝土保护层厚度更应严格控制,确保其 $\geqslant 50$ mm。一般的钢筋混凝土结构的保护层厚度也应大于 50 年的碳化深度。

4.采用耐腐蚀钢筋

在强腐蚀介质中使用的钢筋混凝土结构应考虑使用耐腐蚀钢筋。常用的耐腐蚀钢筋有环氧涂层钢筋、镀锌钢筋。

(1)环氧涂层钢筋。

美国从 1973 年开始在北美公路桥桥面板中使用环氧涂层钢筋。因冬季在桥面上常喷洒氯盐融化冰雪,普通钢筋极易锈蚀,改用环氧涂层钢筋后,延长了钢筋混凝土公路桥的使用寿命。到 1982 年美国环氧涂层钢筋的年使用量已达 7.3 万 t。1981 年美国已将这种钢筋正式列入国家标准(ASTM A775-81)。

日本从 1977 年开始研究环氧涂层钢筋,新日铁已批量生产,其涂层厚度为 $100 \sim 300~\mu m$。环氧涂层钢筋即使长期处于含氯盐的腐蚀介质中也不生锈,但其耐磨及耐冲

击性不高,在施工过程中极易受损。例如从 2 m 高度浇灌混凝土时,平均每米长度上即可能出现 3～7 个面积为 0.5～2 mm² 的涂层破损。另外,钢筋焊接时也易损伤涂层,必须做相应的焊后修补。这是影响环氧涂层钢筋大量使用的原因之一。

（2）镀锌钢筋。

这种钢筋的耐蚀性介于环氧涂层钢筋与无涂层钢筋之间。镀锌层的厚度约为 70 μm(相当于 5.50 g/m²)。镀锌钢筋的耐冲击性优于环氧涂层钢筋。

（3）不锈钢钢筋。

英国已有近 50 年的生产历史,苏联也研究过用于强腐蚀介质中的镍铬高合金钢钢筋(含 Cr18%、含 Ni8%)及含 Cu 及 W 的合金钢钢筋。由于不锈钢钢筋价格昂贵,因此只能用于特种钢筋混凝土结构。不锈钢钢筋在低温及高温下的强度及韧性均较高,因而其使用范围还可能增大。

5.对钢筋混凝土结构喷刷防腐涂层

在钢筋混凝土结构表面涂刷或喷涂防腐层能防止腐蚀介质浸透到钢筋表面,从而提高结构耐久性。常用的防腐涂层有聚合物水泥砂浆、油漆、沥青及环氧树脂等。苏联对各种腐蚀介质中使用的钢筋混凝土结构防腐层提出了不同的要求(表 11－2)。

表 11－2　钢筋混凝土结构的表面防护

介质	推荐的表面防护方法
腐蚀性大气介质	氟化处理、油漆涂层
相对湿度大于 60% 的无腐蚀介质车间	氟化处理、抗化学腐蚀漆,高密实度漆层,环氧树脂涂层
酸性水或含有可溶性盐的水介质	沥青涂层,在强腐蚀性水中的结构应在底漆上涂沥青绝缘层及耐酸面层
弱腐蚀性工业废水	底漆上做沥青绝缘层或合成树脂耐酸面层
强腐蚀性工业废水	底漆上做沥青绝缘层及耐化学腐蚀面层;合成树脂绝缘层及耐化学腐蚀面层;合成树脂专用涂层
无腐蚀性大气介质或水介质	不防护或做水泥砂浆抹面

6.采用特种混凝土

常用的特种混凝土有聚合物水泥混凝土、聚合物浸渍混凝土及水玻璃耐酸混凝土等。这些混凝土在强腐蚀性介质中也有很高的抗腐蚀性,因而也能防止钢筋生锈。但上述特种混凝土主要还是用作耐腐蚀、防渗混凝土使用,必要时可作为钢筋混凝土结构的罩面材料使用,如作为钢筋混凝土屋面板或桥面板的防渗面层等。

7.采用钢筋阻锈剂

为防止氯盐对钢筋的腐蚀,常采用钢筋阻锈剂。特别是在采用海砂或掺有氯盐防冻剂的混凝土中阻锈剂更是不可缺少的。常用的钢筋阻锈剂有以下几种类型:

（1）阳极型阻锈剂。

阳极型阻锈剂主要有铬酸盐、亚硝酸盐、苯甲酸盐等氧化剂。这类阻锈剂能与

Fe^{2+} 形成 Fe_2O_3 沉淀于铁的表面形成钝化膜,控制了阳极 Fe^{2+} 的移动,因此,这种阻锈剂也称为钝化剂。

（2）阴极型阻锈剂。

阴极型阻锈剂主要有碳酸盐、磷酸盐、硅酸盐、聚磷酸盐等。这种阻锈剂能在阴极部位形成难溶性的膜,从而抑制 Fe 的溶解起到阻锈作用,所以阴极型阻锈剂也被称为反应抑制剂。这种阻锈剂的防锈能力不如阳极型阻锈剂,因而掺量也较阳极型的高。

（3）吸附型阻锈剂。

吸附型阻锈剂主要有含 N、S、OH^- 等极性分子的高分子化合物,如高分子脂肪酸及多元醇等。这种阻锈剂能吸附在钢筋表面,防止腐蚀介质接近钢筋表面,从而防止其生锈。

（4）复合型阻锈剂。

复合型阻锈剂主要有木质素磺酸盐减水剂与亚硝酸钠及引气剂与亚硝酸钠的复合型。这种复合外加剂既能提高混凝土的密实度又能阻锈。另外,阳极型及吸附型阻锈剂复合使用也能收到更好的阻锈效果。复合型阻锈剂的防锈效果见表 11 - 3。

表 11 - 3　复合型阻锈剂的防锈效果

试件部位	外加剂种类	试验龄期 / 年	钢筋锈蚀面积 /%
海岸	引气剂	1	0.03
		5	34.3
		10	33.7
	引气剂 + 阻锈剂	1	0
		5	5.9
		10	4.0

11.4　钢筋锈蚀的检测方法

最简单的钢筋锈蚀状况检测方法是剔凿法,剔凿出钢筋,直接测定钢筋的剩余直径。

常用的钢筋锈蚀情况非破损检测及监控方法有以下几种。

11.4.1　自然电位法

钢筋在混凝土中相当于在饱和的 $Ca(OH)_2$ 溶液中。金属在介质溶液中会因其相互作用在界面处形成双电层,并于界面两侧产生电位差。利用这一原理可借助测得的电位差了解金属在介质中的情况。但到目前为止尚无办法直接测得该电位差值,只能通过参比电极与所测金属的电位差相比较得出一个相对值。此相对值即为金属在介质中的相对电位。测定钢筋自然电位的波动范围及其经时变化规律即能判明钢筋的状态。一般来说,自然电位在 $-300 \sim -100$ mV 时钢筋处于钝化状态,而自然电位低于 -300 mV,则说明钝化膜已被破坏,钢筋有被腐蚀的可能。

测定电位时通常使用高内阻伏特计,而作为参比电极则常使用 $Cu/CuSO_4$ 电极或甘汞电极。为减少界面电阻可使用汞/氧化汞或钼/氧化钼电极。

测定时可用单电极法及双电极电位梯度法,前者适用于钢筋端头外露的结构,后者则适用于钢筋不外露的结构。以单电极法测定时需将电极及钢筋分别连在伏特计上,并令参比电极沿钢筋混凝土结构表面不断移动,测出各点钢筋的电位值,并画出自然电位图。然后再依据判断标准判定钢筋是否锈蚀。电化学测试结果的判定可参考下列建议。

钢筋自然电位与钢筋锈蚀状况判别见表 11 — 4。

表 11 — 4 钢筋自然电位与钢筋锈蚀状况判别

序号	钢筋电位状况 /mV	钢筋锈蚀状况判别
1	$-700 \sim -400$	锈蚀
2	$-400 \sim -300$	不确定
3	$-300 \sim 0$	不锈蚀

注:低于 -700 mV 阳极杂散电流影响高于 500 mV 阴极杂散电流影响。

钢筋锈蚀电流与钢筋锈蚀速率及构件损伤年限判别见表 11 — 5。

表 11 — 5 钢筋锈蚀电流与钢筋锈蚀速率及构件损伤年限判别

序号	锈蚀电流 $I_{corr}/(\mu A \cdot cm^{-2})$	锈蚀速率	保护层出现损伤年限
1	< 0.2	钝化状态	—
2	$0.2 \sim 0.5$	低锈蚀速率	> 15 年
3	$0.5 \sim 1.0$	中等锈蚀速率	$10 \sim 15$ 年
4	$1.0 \sim 10$	高锈蚀速率	$2 \sim 10$ 年
5	> 10	极高锈蚀速率	不足 2 年

11.4.2 混凝土电阻率法

混凝土的导电性是水泥浆体孔隙液中离子流动时发生的电解过程。有研究者发现混凝土的电阻率与钢筋的腐蚀速率成反比。混凝土电阻率的测量必须要有两个电极,其中一个电极可以是钢筋。混凝土电阻率试验通过施加外部电压测量电流,两者的比值为混凝土的电阻。电阻率检测法设备简单、适用范围广,但是容易受环境条件的影响,而且混凝土电阻率法所测数据的离散性高。

用双电极法测定时,则需用两个参比电极沿钢筋混凝土结构表面移动。若两处钢筋处于相同状态,则两参比电极间无电位差;若处于不同状态,例如一处锈蚀,一处未锈,则可测出电位差,并可以此判断各处钢筋是否锈蚀。此法比较简单,适于现场探测,但误差较大,需用其他方法辅助探测。混凝土电阻率与钢筋锈蚀状态判别见表11—6。

表 11－6　混凝土电阻率与钢筋锈蚀状态判别

序号	混凝土电阻率 /(kΩ · cm)	锈蚀状态判别
1	＞ 100	钢筋不会锈蚀
2	50 ～ 100	低锈蚀速率
3	10 ～ 50	钢筋活化时,可出现中高锈蚀速率
4	＜ 10	电阻不是锈蚀的控制因素

11.4.3　电化学法

自然电位法只能定性地判断钢筋是否锈蚀,不能定量地测定钢筋锈蚀速度。电化学方法则能测出钢筋的锈蚀速度。当前该法已被一些国家用来监控钢筋锈蚀进展情况。常用的电化学方法有:

(1) 极化棒法。

在新建的钢筋混凝土工程中将标准钢筋试棒预先埋入有关部位,并使其与结构中的钢筋处于相同条件。该试棒有导线引出与电表相连。在建(构)筑物投入使用后可用外加电流极化法随时测定试棒的极化曲线或极化电阻,然后换算出钢棒的腐蚀速度。在不同时间进行测量还可测出钢棒的经时变化规律,但使用该法需要埋设相当数量的试棒,费工费料,很不经济。

(2) 交流阻抗法。

交流阻抗技术的基础是:对电极施加强度很小的交流信号,并且不会改变原电极体系的性质,则可以认为输入与输出信号之间呈线性关系。交流阻抗法所用的交流信号对钢筋锈蚀体系的影响较小,且可确定电极过程的电化学参数和控制步骤。这是一种能反映钢筋的电化学行为和材料本身性质的方法,比较适合用于钢筋锈蚀机理的研究。

该方法是利用预埋试棒的交流阻抗值换算其腐蚀速度的一种方法。使用该方法也需事先在施工过程中埋设一定数量的试棒,这与前一种方法相似。该法比前一种方法更准确,也较方便。

(3) 电阻棒法。

电阻棒法是利用试棒的导电原理 $(R = \rho L / S)$ 来测定其腐蚀状况的一种方法。当试棒受腐蚀时,其截面积及表面状态均发生变化,电阻值也相应变化,随即可测出试棒的腐蚀速度。该法简单易行,测值也比较准确。

上述三种方法均适用于新建工程。对已有建筑物中钢筋腐蚀状态的测定,该法不太适用。

11.4.4　线性极化法

斯哥德(Skold)和拉尔森(Larson)在 1957 年发现,极化电位与外加极化电流在电流极化密度低的情况下近似为线性关系,这条直线的斜率与锈蚀速率成反比关系。线性极化法是定量研究混凝土中钢筋腐蚀速率的一种最简单的电化学方法,所用仪器简便,测量速度快,而且结果容易处理,适合实验室和现场检测使用,其缺点是对仪器的精度要求高。

11.4.5　综合分析判定法

该法检测的参数可包括裂缝宽度、混凝土保护层厚度、混凝土强度、混凝土碳化深度、混凝土中有害物质含量以及混凝土含水率等,根据综合情况判定钢筋的锈蚀状况。

思　考　题

1.钢筋锈蚀的基本理论有哪些? 其主要内容是什么?

2.混凝土中钢筋锈蚀的过程是如何进行的?

3.混凝土结构中的钢筋锈蚀会产生怎样的后果?

4.影响钢筋锈蚀的因素有哪些?

5.避免钢筋锈蚀的有效措施有哪些?

6.应力是怎样影响钢筋腐蚀的? 发生应力腐蚀的钢筋的破坏特点是什么?

7.钢筋锈蚀有哪些常用的检测方法?

第 12 章　混凝土结构在海水中的腐蚀

前面几章已经研究了混凝土腐蚀的一般条件和作用形式。混凝土的腐蚀取决于侵蚀性介质和混凝土的性质,同时还取决于混凝土和腐蚀介质相互作用的条件。腐蚀过程分为三种主要类型,这便于对混凝土在各种天然和工业侵蚀性介质中的腐蚀现象进行分析,对遭受侵蚀性介质腐蚀的混凝土结构,便于采取措施,以延长其使用寿命。

本章将重点对混凝土结构在典型的常见天然侵蚀性介质 —— 海水中的腐蚀原因进行分析。

关于混凝土结构对海水的抗蚀性,目前尚有许多分歧。造成分歧的主要原因是,研究人员只是从单方面考虑混凝土结构的腐蚀过程和使用条件,而忽略了混凝土结构与海洋环境的相互作用。例如,在实验室中,把混凝土试件浸泡在细菌培养液中,混凝土很容易全部腐蚀掉;如果把混凝土试件放入一种酸性的细菌培养液中,生物腐蚀是完全可以发生的。这类细菌生命活动的排泄物同所有酸类一样,均能迅速破坏水泥石。在海水中的混凝土,其表面上存在着大量的丁酸细菌,但是尚未发现这类细菌生命活动的排泄物对混凝土产生的比较典型的破坏现象。因为在海水中,混凝土的表面上有大量不同种类的细菌,它们相互之间能保持平衡,即一种细菌的生命活动排泄物能被其他几种细菌所利用。天然条件下的海水在细菌生物区与混凝土相接触时,呈弱碱性反应($pH \approx 8$),而不是酸性反应。仅在个别情况下,当海水的条件有利于生物繁殖(任何种类或有关种类的细菌),或有利于植物(藻类)的生长,此外海水之间不相混合,这时海水的性质才发生巨大变化。在一般条件小,海水中的生物是均衡繁殖的,再加上海水之间经常混合,所以任何一种细菌的生命活动排泄物都不可能在一处大量积聚。因此,在研究海上混凝土结构的使用条件时,无须过多地考虑生物作用的因素。但从另一方面来看,完全忽视生物因素对海水中混凝土结构的有害影响,也是不对的。

12.1　海水的化学成分

海洋中含盐量的变化微不足道,为 $32 \sim 37.5$ g/L。海水中各种盐的含量比例非常稳定,表 12－1 列出了大洋海水中的盐离子成分。

表 12－1　大洋海水中的盐离子成分占总含盐量的百分比

离子	Na^+	K^+	Ca^{2+}	Mg^{2+}	Cl^-	Br^-	SO_4^{2-}	CO_3^{2-}	总含盐量 /(g·L^{-1})
百分比 /%	30.59	1.0	1.2	3.72	55.29	0.19	7.69	0.21	35

海水的总含盐量和各种盐的含量比例在不同海水里的变化范围很大。例如,在淡水流入量较少而蒸发量较大的地中海,其海水的含盐量比大洋高;在河水或冰雪融化水

汇集量较大的海中,其含盐量要比大洋低得多。在内海(如里海)和与大洋连通的海中,其各种盐的比例也各不相同。海水中含盐量最高的是 NaCl(占总盐量的 77% ~ 79%),$MgCl_2$ 占第二位(占总盐量的 10.5% ~ 10.9%),第三位是 $MgSO_4$(占总盐量的 4.4% ~ 4.8%),第四位是 $CaSO_4$(占总盐量的 3.4% ~ 3.6%)。碳酸氢盐和碳酸盐占总盐量不大于 2.1%。氯化物的总量比较稳定,占 88% ~ 89%,而硫酸盐则为 10.5%。

此外,海水中还含有其他化学物质,如硝酸盐、亚硝酸盐,磷酸盐、二氧化硅,以及溴盐、碘盐、铁盐和碳酸盐等。

海水的 pH 为 8.2 ~ 8.3。海岸附近动物群落繁殖地带,pH 下降,而植物群落丛生地带,则有所上升。

海水中硝酸盐、亚硝酸盐、磷酸盐和氧气的含量变化与生物的生命活动有关。例如,在春、秋两季,由于光合作用,海水上层的含氧量比正常含量高 10% ~ 12%。

在静止海水中的混凝土表面(如接缝处和凹进处)上,海水的成分会发生暂时变化。在分析海上混凝土结构中混凝土的破坏条件以及选择提高混凝土耐久性的措施时,必须把海水成分可能发生的化学变化和海水的特性等因素考虑进去。

12.2　气候对海上混凝土结构抗蚀性的影响

在气候影响方面,冻融交替和年循环次数起决定性作用。气候对混凝土结构的影响程度,取决于冻融循环次数和全年的平均最低温度。冰融交替得越频繁,气候对混凝土耐久性的危害就越大。因此,气候的影响程度必须用冰融循环次数和最低温度(使混凝土冷却的温度)来表示。

对于海工混凝土构筑物,在水位变化区(浪溅区、潮汐区),混凝土受到多次冰融的影响,故海上混凝土结构的损坏也都集中在这一带。在该地带,甚至大体积的海上构筑物也都会遭到严重破坏。

钢筋混凝土薄壁构件,例如钢筋混凝土柱,如果不对其表面采取某种保护措施,则会遭受严重破坏,从而对整个构筑物的耐久性构成极为严重的威胁。

北方某钢筋混凝土桩码头,在水位变化高度 2.5 m 的区域,由于对混凝土桩没有采取保护措施,在海水和严寒的共同作用下,经一年后,混凝土表面严重破坏,以致不得不对码头进行大修。现场勘查发现,混凝土表面破坏系钢筋锈蚀所致。但有意思的是,在水位变化区以下的混凝土情况良好。在码头大修时,有些混凝土桩采用矾土水泥修复。用这种水泥制作的混凝土,其性能是良好的。

上面的论述表明,气候因素对海上混凝土结构的耐久性有决定性的影响。当然,这对于那些频繁遭受干湿交替和冻融循环作用的结构物及其构件,即处于水位变化区混凝土结构,无疑是完全正确的。但是,把这一结论推广应用到完全处于水位变化区之上或之下的混凝土构件,那就不合适了。因此,在研究海上混凝土结构的破坏条件并保证其耐久性的问题时,应当根据外部环境的条件,把结构物明确地划分为不同区段。

目前,对于处在矿化水中,其中包括海水中的混凝土结构,主要按使用条件将其划分成以下几个区段:

(1) 水位变化区以上的结构,受一般大气腐蚀的影响。

(2) 水位经常变化区(包括浪溅区和潮汐区),如果在零下气温时水域尚未冻结,那么混凝土就会受到多次的冻融循环作用;在气候炎热时,则经常受到干湿交替作用。该区段处于结构冻结上限和结构水湿线下线之间。混凝土在这一区段会发生最严重的破坏。

(3) 永远处于水位线以下的区段。地下结构也属于该区段。

就混凝土、钢筋和外界环境相互作用的特点而论,水位变化区是最为复杂的区段。在浪溅区的结构,由于混凝土逐渐被氯化物所饱和,钢筋失去钝化,因而钢筋受腐蚀的危险性最大。另外,氧气和水分的自由渗入也为钢筋腐蚀创造了有利条件。在潮汐区,海水长年侵蚀着混凝土。由于冻融循环作用,该区段的中上部破坏最为严重。

在设计海上混凝土结构时,可以将混凝土结构划分成具有不同腐蚀特性的混凝土区段。采用这种方法,有可能获得最经济的方法来保证混凝土结构的耐久性。

12.3　海上混凝土结构的腐蚀状况

关于混凝土在海水作用下破坏的实质性问题,长期以来一直为人们所关注,同时也是广大科研人员的研究课题。研究这一课题是十分复杂的,因为混凝土的破坏,正如许多科研人员和建设者所观察到的那样,是由众多因素造成的,而其中许多因素至今还无法了解。

从目前来看,对海上混凝土结构性能的研究资料及对腐蚀混凝土的分析资料,有助于对混凝土在海水作用下发生的化学反应进行研究。根据前人的研究资料,可以对混凝土的破坏原因和条件进行总体分析。

В. И. 恰尔诺姆斯基和 А. А. 巴伊科夫系统地研究了港口混凝土和砌体的破坏事故。他们于 1904 年对 19 世纪 80 年代在法国布伦建成的防水堤进行了考察,在潮汐区砌体的砖缝内发现了水泥砂浆的腐蚀迹象和一种白色液体。经分析证明,这种白色液体基本上是由氢氧化钙和碳酸钙所组成的。另外,还对使用了 32 年的里海海岸港口构筑物中一个遭受腐蚀的块体深部的物质进行了分析,分析结果与上述情况相似。

在分析的试样中,一般只发现有 SO_4^{2-} 存在的痕迹,这似乎证明只生成了一种低溶性水化硫铝酸钙物质。而 А. А. 巴伊科夫在其研究工作中则发现,在生成水化硫铝酸钙的同时,混凝土的体积增加很多,因此产生了内应力,使混凝土变得疏松了,黏结性完全消失,渗透性增大。浸没在海水中的混凝土块体都具备发生此类现象的条件,因而波特兰水泥混凝土块体的使用寿命很少超过 25 ~ 30 年。

在对海水中使用 9 年的毛石混凝土块体中产生的白色腐蚀产物进行分析,得到其化学成分,见表 12 - 2。

根据表 12 - 2 的分析结果,白色腐蚀产物的主要成分是氢氧化钙和碳酸钙。氢氧化镁的含量也较高。

表 12－2　毛石混凝土块体中白色腐蚀产物的化学成分

化学成分	灼烧损失(H_2O、CO_2、有机物)	SiO_2	$Al_2O_3 + Fe_2O_3$	CaO	MgO	SO_3
质量分数 /%	41.72	5.37	0.68	40.72	10.35	1.47

В. И. 恰尔诺姆斯基和 А. А. 巴伊科夫根据调查结果,得出结论:海水对现有砂浆的化学作用如果没有受到其他因素的限制,必然导致混凝土破坏,这是无法避免的。但同时也存在某些化学和机械特性,使构筑物在较长时间内保持完整无损。这些有利因素是因为海水中含有 CO_2、淤泥、冲积物、贝壳和一些能使混凝土生成阻止内部发生分解反应的外壳类的物质。他们的结论是:在里海地区,波特兰水泥砂浆 10 年内就发生了明显的腐蚀现象,构筑物表面上的砂浆出现明显流失和膨胀的现象,边棱变得平缓了,平整的混凝土表面坑洼不平,砂浆内部沿裂缝则出现局部白色腐蚀产物和白色纹路。

Д. Х. 扎费里也夫(Д. Х. Завриев)对海上混凝土结构的混凝土状况调查研究发现,对腐蚀处进行的详细检查证实,有些地方是由于碰撞引起的机械损坏,碰撞造成的混凝土裂缝使得海水渗入内部,引起水泥腐蚀,有时使整个船坞壁渗漏。多孔混凝土破坏严重的区段可能是混凝土浇筑质量不好、施工缝处理不当的部位,而这常常造成混凝土的局部破坏,乃至整体破坏。

从波特兰水泥浇筑的腐蚀混凝土桩中采集的试样,其中含有大量的硫酸盐,比原波特兰水泥的含量高出很多(按石膏计,硫酸盐含量约为 11%,而原水泥中硫酸钙的质量分数不超过 5%)。毫无疑问,试样中硫酸盐的含量之所以高,是因为水泥石成分与海水中的盐类,首先是硫酸镁相互作用的结果。

如果混凝土是高密实性的,海水中各种盐在混凝土中的扩散速度很慢,这时在混凝土表层,硫酸镁与氢氧化钙发生反应,沉积在混凝土表层的氢氧化镁形成一层薄膜,SO_4^{2-} 和 Cl^- 通过该薄膜扩散到混凝土的深处。因此,在混凝土的深处硫酸盐含量增高,而镁含量则变化不大。

从腐蚀和未腐蚀的混凝土块体中同时采集试样,并进行化学分析,分析结果见表 12－3,其结果无明显差异。保存完好、外观上无太大损坏的混凝土结构(如桩、毛石混凝土块体)所含硫酸盐和镁的数量,大致与表面有损坏的混凝土相同。由此推测,在上述条件下,混凝土损坏的原因是结构在水饱和状态下受冰冻所致。发生损坏的部位都是在海水水位变化区,这进一步证实了上述论断。由于在海水冷却时,海水中的盐浓度增高,加之在冰冻过程中混凝土的渗透性增大,故冰冻作用会加剧混凝土的化学腐蚀。

表 12-3 一些构筑物混凝土中 Mg^{2+} 和 SO_4^{2-} 的积聚量

试样编号	构筑物与构件	试样所处位置和海水作用条件	使用期/年	离子积聚量(水泥质量%)	
				SO_4^{2-}	Mg^{2+}
1	装卸石油用码头	潮湿区,海水水位经常变化	25	7.65	1.3
2	毛石混凝土(砂浆)码头,靠近底部	潮湿区段有腐蚀部位	30	7	2.08
			30	4.25	2.08
3		潮湿区无腐蚀部位	35	2.54	0.85
4		潮湿区有腐蚀部位	30	2.06	0.65
5	码头,混凝土短桩	潮湿区,靠近海水最低水位	35	4.3	4.92
6	钢筋混凝土码头	海水水位以上 1 m 处无腐蚀部位	27	2.91	1.16
7				7.8	3.12
8	岸墩	海水水位以上 1 m 处无腐蚀部位	27	11.4	5.7
9	栈桥	在海水水位以上 5 m 处	27	4.11	1.01

对遭受破坏的和保持完好的结构(在同一构筑物中)进行化学分析,以及对海水水位变化区发生损坏的资料进行研究,得出以下结论:在上述条件下造成混凝土结构破坏的主要因素是混凝土结构在海水中经多次冻融,加剧了化学腐蚀。研究资料还表明,当混凝土中的 Mg^{2+} 和 SO_4^{2-} 含量分别增至 3.12% 和 7.8%(质量分数)时,不会使混凝土强度下降。而从码头破坏部位采集到的试样中,Mg^{2+} 和 SO_4^{2-} 含量分别高达 6% 和 11.4%(质量分数)。

码头结构中除了镁盐之外,还含有硫酸盐,其原因是结构定期被海水所浸湿。在此期间,镁盐和硫酸盐共同腐蚀混凝土。

码头外观差异很大,混凝土结构的腐蚀也不均匀,例如有一些混凝土块体保持完好,而有一些则严重腐蚀,这一现象与试样的化学分析结果相符合。码头混凝土的腐蚀差异,唯一的原因是混凝土结构在制作时由于施工质量不佳造成的。但是这类码头的部分结构,在使用 27 年后也没有被破坏,这一事实可以证明,如果整个码头构筑物的混凝土材料是均匀的,那么完全可以浇筑出符合耐久性要求的混凝土结构,以适合于在海上这样恶劣的条件下使用。

目前,对从不同状况的混凝土构筑物上采集的试样进行分析,已获得了许多数据。在同一种海水作用下,一部分混凝土具有抗蚀性,长期以来没有发现破坏现象;而另一部分混凝土则无抗蚀性,在短期内即完全破坏。因此,混凝土的破坏原因不仅取决于海水的作用,而且还取决于混凝土本身的性能。

实践证明,多孔的和渗水性高的混凝土,即使采用耐硫酸盐水泥浇筑,用于海上混凝土结构中是不能耐久的。同时,经验乃至研究数据还证明,仅仅增加混凝土的密实性,是无法完全解决提高混凝土的抗蚀性问题和保证海上混凝土结构的使用寿命的。只有满足两个条件——采用防腐胶结料和提高混凝土的密实性,才能建造耐久性构筑物。

为了获得有关混凝土的渗透性对用于海上混凝土结构时的抗蚀性影响方面的定量特性数据,通过从不同使用年限的各种构筑物中采集混凝土试样,并对其进行吸水性试验(表12-4)。如果受破坏的和完好无损的混凝土(或水泥砂浆)是由同一种材料制作的,那么完全有可能对混凝土和水泥砂浆的密实性对其耐久性的影响进行评价。

现采用混凝土和水泥砂浆在10 min和6 h内的吸水量来表示它们的渗透性。6 h的吸水量表示总吸水量,而6 h和10 min内的吸水量之差,则表示吸水速度,差额越小,吸水速度越快。

表12-4 不同腐蚀程度混凝土试件的吸水量

试件采集部位	使用期/年	吸水量/%		混凝土状况
		10 min	6 h	
从实体构筑物中采集的火山灰波特兰水泥混凝土。海水水位变化区(水位变化不经常)	5	3.33	4.06	未破坏
		7.17	8.53	轻微破坏
		11.71	14.14	破坏较重
		14.17	14.86	严重破坏
从钢筋混凝土桩采集的波特兰水泥混凝土	7	15.2	16.0	严重破坏
从海水水位变化区的毛石砌体第二层采集的砂浆	14	14.3	14.5	严重破坏
		4.2	5.48	未破坏
从防波堤毛石砌体中采集的砂浆: 海水水位变化区	64	9.55	12.2	破坏较重
		6.55	9.0	轻微破坏
水下部分	64	3.28	5.69	未破坏
从防波堤海水水位以上1 m处堤壁中采集的混凝土	64	14.5	16.1	破坏较重
从高于海水水位0.1 m的防水堤砌体中采集的砂浆	44	16.0	17.8	破坏较重
从防水堤水下部分壁上采集的混凝土	30	2.94	4.46	未破坏
		4.81	7.63	轻微破坏
从高出水面0.15 m处的巨型块体中采集的混凝土	30	2.91	5.48	未破坏
从海水水位变化区的桩中采集的混凝土	18	4.17	6.74	未破坏
从海水水位变化区钢筋混凝土板中采集的混凝土	18	8.17	10.56	破坏

续表12—4

试件采集部位	使用期 / 年	吸水量 /%		混凝土 状况
		10 min	6 h	
从海水水位变化区的壁顶冠石下采集的混凝土	42	10.76	13.03	破坏
从有海水浸湿的壁中采集的混凝土	42	3.16	5.22	未破坏
从以下海水深处的砌体中采集的砂浆:				
0.5 m	14	12.0	13.1	破坏
3.5 m	24	10.25	11.5	破坏
从海水周期浸润的砌体中采集的砂浆(相距 25 cm 采集的试件)	42	5.17	8.55	轻微破坏
		14.96	16.32	破坏

必须指出,在腐蚀速度和吸水量之间,存在着一定的关系(表 12－4)。完好无损的混凝土或砂浆的吸水量不超过 6%。有可见的破坏迹象,但并不严重(腐蚀的初期阶段)的混凝土和砂浆的吸水量在 6% ～ 10%。腐蚀严重的混凝土和砂浆的吸水量,在大多数情况下为 12% ～ 13%。遭受腐蚀的混凝土的吸水速度,要比完好无损的混凝土快得多。因此,局部损坏的混凝土在周期性干湿交替作用下,能从外界迅速吸入大量的水,从而腐蚀速度加快了。根据表 12－4 中列出的数据可以确定,吸水量小于 5% ～ 6% 的密实混凝土和砂浆,能较长时间地抵抗海水和冰冻的共同作用,其腐蚀速度非常缓慢。

美国的研究资料报道了佛罗里达州圣奥古斯丁地区暴露在海水中的许多混凝土试件的抗蚀性。在无冻融作用的条件下(平均气温为 22 ℃)进行试验,经过 12 年后仅有个别混凝土试件(所用水泥的 C_3A 质量分数大于 12%)被破坏了。用 19 种波特兰水泥制成 35 cm × 35 cm,长 10 m 的混凝土桩(水泥最大用量为 390 kg/m³)进行了同样试验。经过 33 年,仅有个别混凝土桩(C_3A 质量分数为 13%)的表面有剥落的痕迹。

1958 年美国弗吉尼亚州的诺福克市,对 1945 年投入使用的大量混凝土桩进行了研究,这些桩在海水水位以下 6 m 处的腐蚀最为严重。对腐蚀产物进行岩相学分析,发现所生成的腐蚀产物是钙矾石。混凝土桩是用 C_3A 质量分数为 13% 的波特兰水泥制成的。虽然在诺福克市,海上构筑物经受了季节性的冰冻和融化,但是这一过程并没有实际作用,因为结构腐蚀的主要部位都在海水水位以下。他们所获得的试验数据为人们提供了依据,即用于海上构筑物的水泥,其 C_3A 质量分数不得超过 8%。

总结海上构筑物混凝土和砂浆的腐蚀资料,得出结论:在恶劣的气候条件下,位于水位变化区的海上混凝土结构的破坏最为严重,因为那里的混凝土是被海水饱和的,并且频繁地受到冻融循环作用。在海水水位变化区的混凝土,其腐蚀的主要形式是蜂窝状。但在水位变化区以下的混凝土,其破坏特征却有所不同。深部的破坏是在海水大面积的作用下,混凝土本身发生的极为缓慢的变质。混凝土的多孔结构会促进腐蚀过程向深部的发展。

在恶劣的气候条件下,海水和冰冻的共同作用是水位变化区的重要过程,混凝土被海水腐蚀,是水下混凝土结构破坏的主要原因。在温和的气候条件下,海水腐蚀也是水位变化区混凝土结构破坏的主要原因。腐蚀程度越严重,混凝土对海水的渗透性越大,则混凝土沉积的腐蚀产物越多(呈白色奶油状的液体),这种产物干燥后,在混凝土的孔隙壁上和骨料的颗粒上生成略带白色的薄膜。

12.4　海水对混凝土腐蚀的特点

在一定条件下,海水中的硫酸盐可以引起混凝土的第 Ⅲ 类腐蚀。这类腐蚀的特点是结晶状腐蚀产物的体积增大,在混凝土的孔隙壁上和裂缝处产生断裂应力。海水中含有高浓度的硫酸盐,这为混凝土的第 Ⅲ 类腐蚀创造了必要的条件。

海水中含有镁盐时,会引起混凝土的第 Ⅱ 类腐蚀,其特点是腐蚀过程中发生交换反应,这时海水中的硫酸盐和氯化物中的镁离子被 $Ca(OH)_2$ 饱和溶液中的 Ca^{2+} 所取代,生成不溶性 $Mg(OH)_2$,并沉淀下来。这种交换反应几乎会造成水泥石所有结构成分的完全破坏。

在考虑侵蚀性碳酸造成第 Ⅱ 类腐蚀的可能性时,必须注意到海水中的 CO_2 — HCO_3^- — CO_3^{2-} 系统一般是平衡的,而侵蚀性碳酸是不存在的。当然,在海水中到处活动着的生物群的影响下,主要是受繁殖活动的影响,这种系统的平衡会向一个方向或另一个方向移动。因此,某些侵蚀性碳酸会破坏水泥石的碳化层,造成碳酸腐蚀。但是,海水迅速流动,将阻碍侵蚀性碳酸在一个地方大量积聚,所以因 CO_2 造成的第 Ⅱ 类腐蚀是不可能经常发生的。

初看起来,与水泥石水解产物的溶解和迁移有关的第 Ⅰ 类腐蚀,好像不可能发生在海水中的混凝土结构上,因为海水中所含的盐类首先会引起其他类型的腐蚀。由于水泥石与海水的相互作用,同混凝土接触的海水,特别是渗入混凝土内部的海水,其成分发生了剧烈的变化。在表层中的 Mg^{2+} 和 CO_3^{2-} 呈结合状态,从过饱和溶液中沉淀出来的大量石膏,也在发生交换反应的地方积聚。渗入混凝土深部的海水含有大量的 $NaCl$,以及一些 $CaCl_2$、$CaSO_4$ 和少量未直接参加反应的其他盐类,如亚硝酸盐和硝酸盐等。这种成分的海水能够溶解水泥石的大多数组分,换言之,也就是已经形成了发生第 Ⅰ 类腐蚀过程的条件。但是,只要海水不渗入混凝土,这类腐蚀就不可能发生。只有当单方面压头造成海水对混凝土的渗透时,第 Ⅰ 类腐蚀的潜在可能性才成为破坏混凝土的因素。

根据海水中盐类的成分(表12—1),假设 $MgCl_2$ 和 $MgSO_4$ 转化成 $Mg(OH)_2$,所有的碳酸氢盐和平衡 CO_2 转化为碳酸盐(以全部 CO_2 呈平衡状态和碳酸氢盐形式为条件),即可判断出海水的总反应能力。

当水泥石和海水之间的全部反应完成之后,海水成分(质量浓度,g/L)大致如下:$NaCl = 27.22$;$CaSO_4 = 3.16$;$CaCl_2 = 4.51$;$K_2SO_4 = 0.86$。这种成分的海水就是渗入到混凝土内部,并逐渐被水泥石的水解产物所饱和的海水。这时,每升海水与水泥石发生反应,析出的固相物质如下:$Mg(OH)_2 = 3.07$ g;$CaCO_3 = 0.28$ g。在腐蚀过程中,水泥石中的 $Ca(OH)_2$ 和 C_3A 直接参加反应,而其他组分则间接参加反应(有时也直接参加反应)。

初看起来,液相(海水)中 $CaSO_4$ 的浓度似乎很高,可使 $CaSO_4 \cdot 2H_2O$ 固体立即析出。但是,海水中 NaCl 的存在将大大提高 $CaSO_4$ 的可溶性。可以认为,对于含盐量为 35 g/L 和 NaCl 含量为 26.8 g/L 的海水,$CaSO_4$ 的溶解度约为 3.81 g/L。这里顺便提一下,在遭受腐蚀的混凝土及其腐蚀产物中,Mg^{2+} 和 SO_4^{2-} 之比常大于 1,而在海水中则为 0.48,这种现象是因为 $CaSO_4$ 的溶解度比 $Ca(OH)_2$ 高所造成的。因此,在海水与被水泥石水解产物所饱和的溶液之间发生交换反应时,还不具备 $CaSO_4$ 转化为固相的条件,因为 $CaSO_4$ 还没有达到溶解度的极限值。$CaSO_4$ 转化为固相的条件要晚一些时候才具备,即当渗入到混凝土内部,并失去 Mg^{2+} 的海水开始逐渐溶解水泥石,并被水泥石的水解产物,首先是 $Ca(OH)_2$ 所饱和时才具备。随着 Ca^{2+} 浓度的逐渐增高,$CaSO_4$ 的可溶性将相应下降。只有在这种条件下,$CaSO_4$ 才开始从海水中析出,并生成 $CaSO_4 \cdot 2H_2O$ 结晶物。

图 12—1 所示为密实性混凝土在海水中的腐蚀过程顺序。在初始阶段,混凝土中 $Ca(OH)_2$ 的数量还很多,在孔隙中的浓度,甚至在混凝土表层中的浓度都接近于饱和点。在混凝土表面及下层中发生以下反应:

$$MgSO_4 + Ca(OH)_2 \longrightarrow Mg(OH)_2 + CaSO_4$$
$$MgCl_2 + Ca(OH)_2 \longrightarrow Mg(OH)_2 + CaCl_2$$
$$Ca(HCO_3)_2 + Ca(OH)_2 \longrightarrow 2CaCO_3 + 2H_2O$$

$Ca(OH)_2$ 渗入混凝土的表层,形成独特的缓冲带,该缓冲带阻止了 Mg^{2+} 向混凝土深部渗透,但允许 SO_4^{2-}、Cl^- 和其他离子进入混凝土。

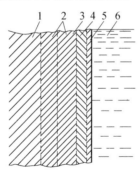

图 12—1 被海水腐蚀的混凝土破坏区
1— 浸出区(第 Ⅰ 类腐蚀);2— 硫酸盐腐蚀区(第 Ⅲ 类腐蚀);3— 硫酸盐腐蚀区主要生成石膏;4— 氧化镁腐蚀区(第 Ⅱ 类腐蚀);5— 碳化层;6— 海水

随着腐蚀过程的进一步发展,$Ca(OH)_2$ 停止向混凝土表层渗透,而含有各种离子的海水逐渐向混凝土深部渗透。对海水中腐蚀的混凝土可以分成以下几个有特点的腐蚀区。混凝土表层下面是以氧化镁腐蚀为主的腐蚀区,该区域发生交换反应,交换反应完成之后,生成的 $CaSO_4$、$CaCl_2$ 和 $NaCl$ 仍留在溶液中,氧化镁则转化为固相。氧化镁腐蚀区还包括在空气中已部分碳化的混凝土,这部分碳化混凝土与其他各层相比,在化学上更稳定,而且也更密实。

氧化镁腐蚀区(第 Ⅱ 类腐蚀)位于混凝土较深处。更深处则为硫酸钙和硫铝酸钙的腐蚀区(第 Ⅲ 类腐蚀)。

如上所述,只有在交换反应完成之后,$Ca(OH)_2$ 从混凝土深处扩散到溶液中,而且水泥石的矿物质进一步水解,这时,才能从液相中析出 $CaSO_4 \cdot 2H_2O$ 结晶体。同时,大部分石膏沉淀在直接与氧化镁腐蚀区相邻的第一区段,该区段甚至与氧化镁腐蚀区部分重叠。如果这一区段有 C_3A,还会生成水化硫铝酸钙。

在腐蚀区的第二区段,渗入的海水即使与水泥石氢氧化物呈平衡状态,也不可能生成 $CaSO_4 \cdot 2H_2O$ 结晶体。在第二区段仅能生成水化硫铝酸钙。在已知的 $CaSO_4$ 浓度下,结晶体的数量首先取决于水泥中 C_3A 的含量,其次也与 $Ca(OH)_2$ 的浓度和其他因素有关。必须指出,由于海水中含有高浓度的 $NaCl$,因此不可能生成大量的水化硫铝酸钙。

混凝土的更深一层是浸出区,即第 Ⅰ 类腐蚀区。在该区段,混凝土的单面压头现象已不复存在,海水不会渗透混凝土,也不会对混凝土进行周期性的干湿交替作用,因此水泥石中的溶解部分仅靠扩散带走,致使第 Ⅰ 类腐蚀过程的速度非常缓慢。如果存在渗透现象,第 Ⅰ 类腐蚀过程的速度则会加快,并对混凝土的耐久性产生影响。

各类腐蚀区之间的界线不是固定不变的,而是随着混凝土的逐渐破坏,区域界线不断变化,从表面向内层移动。但腐蚀区的先后顺序不变。

各类腐蚀区域经常发生变化,其原因可能是混凝土中水化硫铝酸盐晶体的数量太少所致。因为在镁盐溶液中,这种晶体很快就被破坏了。因此,随着氧化镁腐蚀区向硫酸盐腐蚀区的发展,$Ca(OH)_2$ 从混凝土内层析出的速度减慢,含镁盐海水开始向混凝土深层渗透,这时水化硫铝酸钙晶体就被破坏了。

海上混凝土结构水下部位属于氧化镁腐蚀区。当密实性较差和渗透性较高的混凝土,不仅增加了反应表面积,加速了混凝土的破坏速度,而且在混凝土的总腐蚀过程中还将发生巨大的质的变化。这时混凝土主要受到氧化镁的腐蚀,使混凝土的破坏更加严重。由于混凝土的孔隙率和渗透性增加,其破坏速度也相继加快。但是,这一规律并非对所有种类的混凝土都适用。例如,一种结构均匀,吸水率低于 5%,采用耐蚀水泥和骨料制备的密实混凝土,在海水中的腐蚀速度就极为缓慢。这种混凝土使用 10 年后,腐蚀深度也很小。但是采用抗蚀性较差的水泥制成的多孔混凝土,使用 10～15 年后,腐蚀深度可达几十厘米之多。

分析海水对混凝土的腐蚀作用以及海上混凝土结构在海水中长期使用状况的资料,可以为提高海上混凝土结构抗蚀性的方法提供依据。在恶劣的气候条件下,应对海水水位变化区和高水位以上的混凝土结构采取抗冻措施。为了防止硫酸盐对混凝土的腐蚀,对于在各种气候条件下使用的海上混凝土结构的水下部分,都应当采用 C_3A 含量低的混凝土浇筑。

对混凝土的密实性和构筑物的整体性都必须有一定的要求。在施工时,必须将混凝土振实,防止水分离析,并为养护提供良好的条件。在设计大型海上混凝土结构时,必须计算温度应力,并采取措施防止出现温度裂缝。

在早期施工时,要求混凝土块体在浸入海水之前,必须先在空气中长期养护,以期混凝土表面碳化,从而提高对海水的抗蚀性。现在则采用磨细水泥,在混凝土搅拌过程中掺加抗侵蚀防腐剂,使混凝土在短期内即具有所需要的强度和抗侵蚀性。加之密实混凝土在空气中碳化过程非常缓慢,而且碳化对混凝土的抗蚀性已不起决定性作用了,因此,混凝土块体在放入海水之前,在空气中的养护时间,就以混凝土达到设计强度为标准。而设计强度则是用来确定混凝土中水泥石结构形成过程的。

在恶劣的气候条件下,为了提高混凝土的抗冻性,可以向混凝土拌合物中加入引气剂和减水剂。过去曾试图采用各种涂料提高海上混凝土结构的使用寿命,但效果并不理想,其原因是涂料的抗蚀性差,而且在使用期间不易修复。采用沥青和其他热塑性材料浸渍,是提高海上混凝土结构抗蚀性的可靠方法。总之,正确选择制备混凝土的材料、采用最佳的工艺方法以及必要时对混凝土采取保护措施等,都可以使海上混凝土结构对海水具有长期的抗蚀性。

思　　考　　题

1. 在实验室研究细菌对混凝土的腐蚀时,与在实际海水中相比会有相当大的不同,为什么?

2. 海水的 pH 会受到哪些因素的影响?

3. 海上混凝土结构遭受海水腐蚀时,不管混凝土与海水的接触部位在哪里,腐蚀的原因基本相同? 混凝土破坏的程度也相差不大?

4. 混凝土结构在海水中的抗蚀性与混凝土的吸水性之间有没有相关性? 为什么?

5. 提高混凝土的抗冻性的有效措施有哪些? 抗冻机理是什么?

6. 只要采用了抗硫酸盐水泥,混凝土就能抗海水腐蚀,对吗? 为什么?

7. 混凝土在海水中发生第 Ⅰ 类腐蚀时,首先从混凝土表面开始,对吗? 为什么?

第13章 混凝土结构的耐久性

13.1 概　述

在国内外相关的混凝土结构耐久性标准中,通常将环境按其作用的严重程度划分类别和等级。混凝土结构的耐久性应根据结构的设计使用年限、结构所处的环境类别及作用等级进行设计。而混凝土结构构件耐久性极限状态应按正常使用下的适用性极限状态考虑,且不应损害到结构的承载力和可修复性要求。

对于氯化物环境下的重要混凝土结构,混凝土结构构件的耐久性极限状态尚应根据具体情况满足如下三种极限状态:

(1)钢筋开始发生锈蚀的极限状态。

该状态应为混凝土碳化发展到钢筋表面,或氯离子侵入混凝土内部并在钢筋表面积累的浓度达到临界浓度。

对锈蚀敏感的预应力钢筋、冷加工钢筋或直径不大于 6 mm 的普通热轧钢筋作为受力主筋时,应以钢筋开始发生锈蚀状态作为极限状态。

(2)钢筋发生适量锈蚀的极限状态。

该状态应为钢筋锈蚀发展导致混凝土构件表面开始出现顺筋裂缝,或钢筋截面的径向锈蚀深度达到 0.1 mm。

普通热轧钢筋(直径不大于 6 mm 的细钢筋除外)可按发生适量锈蚀状态作为极限状态。

(3)混凝土表面发生轻微损伤的极限状态。

该状态应为不影响结构外观、不明显损害构件的承载力和表层混凝土对钢筋的保护。

与耐久性极限状态相对应的结构设计使用年限应具有规定的保证率,并应满足正常使用下适用性极限状态的可靠度要求。根据适用性极限状态失效后果的严重程度,保证率宜为 90% ~ 95%,相应的失效率宜为 5% ~ 10%。

混凝土结构耐久性定量设计的材料劣化数学模型,其有效性应经过验证并应具有可靠的工程应用经验。定量计算得出的保护层厚度和使用年限应满足上述保证率规定。

采用定量方法计算环境氯离子侵入混凝土内部的过程,可采用 Fick 第二定律的经验扩散模型。模型所选用的混凝土表面氯离子浓度、氯离子扩散系数、钢筋锈蚀的临界氯离子浓度等参数的取值应有可靠的依据。其中,表面氯离子浓度和扩散系数应为其表观值,氯离子扩散系数、钢筋锈蚀的临界浓度等参数还应考虑混凝土材料的组成特性、混凝土构件使用环境的温、湿度等因素的影响。

混凝土结构的耐久性设计应包括下列内容:

① 结构的设计使用年限、环境类别及其作用等级。

②有利于减轻环境作用的结构形式、布置和构造。

③混凝土结构材料的耐久性质量要求。

④钢筋的混凝土保护层厚度。

⑤混凝土裂缝控制要求。

⑥防水、排水等构造措施。

⑦严重环境作用下合理采取防腐蚀附加措施或多重防护策略。

⑧耐久性所需的施工养护制度与保护层厚度的施工质量验收要求。

⑨结构使用阶段的维护、修理与检测要求。

13.1.1　环境类别与作用等级

结构所处环境按其对钢筋和混凝土材料的腐蚀机理可分为五类,并应按表 13－1 确定。

环境对配筋混凝土结构的作用程度应采用环境作用等级表达,并应符合表 13－2 的规定。

表 13－1　环境类别

环境类别	名称	腐蚀机理
Ⅰ	一般环境	保护层混凝土碳化引起钢筋锈蚀
Ⅱ	冻融环境	反复冻融导致混凝土损伤
Ⅲ	海洋氯化物环境	氯盐引起钢筋锈蚀
Ⅳ	除冰盐等其他氯化物环境	氯盐引起钢筋锈蚀
Ⅴ	化学腐蚀环境	硫酸盐等化学物质对混凝土的腐蚀

注:一般环境系指无冻融、氯化物和其他化学腐蚀物质作用。

表 13－2　环境作用等级

环境类别	A 轻微	B 轻度	C 中度	D 严重	E 非常严重	F 极端严重
一般环境	Ⅰ－A	Ⅰ－B	Ⅰ－C	—	—	—
冻融环境	—	—	Ⅱ－C	Ⅱ－D	Ⅱ－E	—
海洋氯化物环境	—	—	Ⅲ－C	Ⅲ－D	Ⅲ－E	Ⅲ－F
除冰盐等其他氯化物环境	—	—	Ⅳ－C	Ⅳ－D	Ⅳ－E	—
化学腐蚀环境	—	—	Ⅴ－C	Ⅴ－D	Ⅴ－E	—

一般环境(Ⅰ类)是指仅有正常的大气(CO_2、O_2 等)和温、湿度(水分)作用,不存在冻融、氯化物和其他化学腐蚀物质的影响。一般环境对混凝土结构的腐蚀主要是碳化引起的钢筋锈蚀。混凝土呈高度碱性,钢筋在高度碱性环境中会在表面生成一层致密的钝化膜,使钢筋具有良好的稳定性。当空气中的 CO_2 扩散到混凝土内部,会通过化学反应降低混凝土的碱度(碳化),使钢筋表面失去稳定性并在氧气与水分的作用下发生锈蚀。所有混凝土结构都会受到大气和温湿度作用,所以在耐久性设计中都应予以考虑。

冻融环境(Ⅱ类)主要会引起混凝土的冻蚀。当混凝土内部含水量很高时,冻融循环的作用会引起内部或表层的冻蚀和损伤。如果水中含有盐分,还会加重损伤程度。因此冰凉地区与雨、水接触的露天混凝土构件应按冻融环境考虑。另外,反复冻融造成混凝土保护层损伤还会间接加速钢筋锈蚀。

海洋、除冰盐等氯化物环境(Ⅲ 和 Ⅳ 类)中的氯离子可从混凝土表面迁移到混凝土内部。当到达钢筋表面的氯离子积累到一定浓度(临界浓度)后,也能引发钢筋的锈蚀。氯离子引起的钢筋锈蚀程度要比一般环境(Ⅰ类)下单纯由碳化引起的锈蚀严重得多,是耐久性设计的重点问题。

化学腐蚀环境(Ⅴ类)中混凝土的劣化主要是土、水中的硫酸盐、酸等化学物质和大气中的硫化物、氮氧化物等对混凝土的化学作用,同时也有盐结晶等物理作用所引起的破坏。

与各个环境作用等级相对应的具体环境条件,可分别参考本章 13.2.1 ~ 13.2.4 中的规定。由于环境作用等级的确定主要依靠对不同环境条件的定性描述,当实际的环境条件处于两个相邻作用等级的界限附近时,就有可能出现难以判定的情况,这就需要设计人员根据当地环境条件和既有工程劣化状况的调查,并综合考虑工程重要性等因素后确定。在确定环境对混凝土结构的作用等级时,还应充分考虑环境作用因素在结构使用期间可能发生的演变。

上述环境作用是指直接与混凝土表面接触的局部环境作用,所以同一结构中的不同构件或同一构件中的不同部位,所承受的环境作用等级可能不同。例如,外墙板的室外一侧会受到雨淋或干湿交替为 Ⅰ-B 或 Ⅰ-C,但室内一侧则处境良好为 Ⅰ-A,此时内外两侧钢筋所需的保护层厚度可取不同。在实际工程设计中,还应从施工方便和可行性出发,例如海上桥梁的同一墩柱可能分别处于水中区、水位变动区、浪溅区和大气区,局部环境作用最严重的应是干湿交替的浪溅区和水位变动区,尤其是浪溅区,这时整个构件中的钢筋保护层最小厚度和混凝土的最大水胶比与最低强度等级,一般就要按浪溅区的环境作用等级 Ⅲ-E 或 Ⅲ-F 确定。

一般环境(Ⅰ类)的作用是所有结构构件都会遇到和需要考虑的。当同时受到两类或两类以上的环境作用时,通常由作用程度较高的类别决定或控制混凝土构件的耐久性要求,但对冻融环境(Ⅱ类)或化学腐蚀环境(Ⅴ类)有例外,例如在严重作用等级的冻融环境下可能必须采用引气混凝土,同时在混凝土原材料选择、结构构造、混凝土施工养护等方面也有特殊要求。所以当结构构件同时受到多种类别的环境作用时,原则上均应考虑,需满足各自单独作用下的耐久性要求。

在长期潮湿或接触水的环境条件下,混凝土结构的耐久性设计应考虑混凝土可能发生的碱-骨料反应、钙矾石延迟反应和软水对混凝土的溶蚀,在设计中采取相应的措施。

混凝土中的碱(Na_2O 和 K_2O)与砂、石骨料中的活性硅会发生化学反应,称为碱-硅反应(Alkali-Silica Reaction,ASR);某些碳酸盐类岩石骨料也能与碱起反应,称为碱-碳酸盐反应(Alkali-Carbonate Reaction,ACR)。这些碱-骨料反应在骨料界面生成的膨胀性产物会引起混凝土开裂。环境作用下的化学腐蚀反应大多从表面开始,但碱-骨料反应却是在内部发生的。碱-骨料反应是一个长期过程,其破坏作用需要若干年后才会出现，而且一旦在混凝土表面出现开裂，往往已严重到无法修复的程度。

发生碱－骨料反应的充分条件是：混凝土有较高的碱含量；骨料有较高的活性；要有水的参与。限制混凝土含碱量、在混凝土中加入足够掺量的粉煤灰、矿渣或沸石岩等掺合料，能够抑制碱－骨料反应；采用密实的低水胶比混凝土也能有效地阻止水分进入混凝土内部，有利于阻止反应的发生。

混凝土钙矾石延迟生成（Delayed Ettringite Formation，DEF）也是混凝土内部成分之间发生的化学反应。混凝土中的钙矾石是硫酸盐、铝酸钙与水反应后的产物，正常情况下应该在混凝土拌合后水泥的水化初期形成。如果混凝土硬化后内部仍然剩有较多的硫酸盐和铝酸三钙，则在混凝土的使用中如与水接触可能会再起反应，延迟生成钙矾石。钙矾石在生成过程中体积会膨胀，导致混凝土开裂。混凝土早期蒸养过度或内部温度较高会增加延迟生成钙矾石的可能性。防止延迟生成钙矾石反应的主要途径是降低养护温度、限制水泥的硫酸盐和铝酸三钙（C_3A）含量以及避免混凝土在使用阶段与水分接触。在混凝土中引气也能缓解其破坏作用。

流动的软水能将水泥浆体中的$Ca(OH)_2$溶出，使混凝土密实性下降并影响其他含钙水化物的稳定。酸性地下水也有类似的作用。增加混凝土密实性有助于减轻$Ca(OH)_2$的溶出。

当混凝土结构构件受到多种环境类别共同作用时，应分别满足每种环境类别单独作用下的耐久性要求。

混凝土结构的耐久性设计尚应考虑高速流水、风沙以及车轮行驶对混凝土表面的冲刷、磨损作用等实际使用条件对耐久性的影响。

13.1.2　设计使用年限

混凝土结构的设计使用年限按建筑物的合理使用年限确定，不应低于现行国家标准《工程结构可靠性设计统一标准》（GB 50153）的规定，对于城市桥梁等市政工程结构应按照表 13－3 的规定确定。

表 13－3　混凝土结构的设计使用年限

设计使用年限	适用范围
不低于 100 年	城市快速路和主干道上的桥梁以及其他道路上的大型桥梁、隧道，重要的市政设施等
不低于 50 年	城市次干道和一般道路上的中小桥梁，一般市政设施

一般环境下的民用建筑设计使用年限内无须大修，其结构构件的设计使用年限应与结构整体设计使用年限相同。

严重环境作用下的桥梁、隧道等混凝土结构，其部分构件可设计成易于更换的形式，或能够经济合理地进行大修。可更换构件的设计使用年限可低于结构整体的设计使用年限，并应在设计文件中明确规定。

13.1.3　混凝土材料要求

1.混凝土胶凝材料

混凝土材料应根据结构所处的环境类别、作用等级和结构设计使用年限,按同时满足混凝土最低强度等级、最大水胶比和混凝土原材料组成的要求确定,见表13－4。

表13－4　混凝土的最大水胶比及胶凝材料用量限值

混凝土强度等级	最大水胶比	最小用量/(kg·m⁻³)	最大用量/(kg·m⁻³)
C25	0.60	260	400
C30	0.55	280	
C35	0.50	300	
C40	0.45	320	450
C45	0.40	340	
C50	0.36	360	480
≥C55	0.36	380	500

注：① 表中数据适用于最大骨料粒径为20 mm的情况,骨料粒径较大时宜适当降低胶凝材料用量,骨料粒径较小时可适当增加;

② 引气混凝土的胶凝材料用量与非引气混凝土要求相同;

③ 对于强度等级达到C60的泵送混凝土,胶凝材料最大用量可增大至530 kg/m³。

配筋混凝土的胶凝材料中,矿物掺合料用量占胶凝材料总量的比值应根据环境类别及作用等级、混凝土水胶比、钢筋的混凝土保护层厚度以及混凝土施工养护期限等因素综合确定,并应符合下列规定:

（1）长期处于室内干燥Ⅰ－A环境中的混凝土结构构件,当其钢筋(包括最外侧的箍筋、分布钢筋)的混凝土保护层不大于20 mm,水胶比大于0.55时,不应使用矿物掺合料或粉煤灰硅酸盐水泥、矿渣硅酸盐水泥;长期湿润Ⅰ－A环境中的混凝土结构构件,可采用矿物掺合料,且厚度较大的构件宜采用大掺量矿物掺合料混凝土。

（2）Ⅰ－B、Ⅰ－C环境和Ⅱ－C、Ⅱ－D、Ⅱ－E环境中的混凝土结构构件,可使用少量矿物掺合料,并可随水胶比的降低适当增加矿物掺合料用量。当混凝土的水胶比不小于0.4时,不应使用大掺量矿物掺合料混凝土。

（3）氯化物环境和化学腐蚀环境中的混凝土结构构件,应采用较大掺量矿物掺合料混凝土,Ⅲ－D、Ⅳ－D、Ⅲ－E、Ⅳ－E、Ⅲ－F环境中的混凝土结构构件,应采用水胶比不大于0.4的大掺量矿物掺合料混凝土,且宜在矿物掺合料中再加入胶凝材料总重的3%～5%的硅灰。

用作矿物掺合料的粉煤灰应选用游离氧化钙含量≤10%(质量分数)的低钙灰。冻融环境下用于引气混凝土的粉煤灰,其含碳量不宜大于1.5%。氯化物环境下不宜使用抗硫酸盐硅酸盐水泥。硫酸盐化学腐蚀环境中,当环境作用为Ⅴ－C和Ⅴ－D级时,水泥中的铝酸三钙含量应分别低于8%(质量分数)和5%(质量分数);当使用大掺量矿物掺合料时,水泥中的铝酸三钙含量可分别不大于10%(质量分数)和8%(质量分数);当环境作用为Ⅴ-E级时,水泥中的铝酸三钙含量应低于5%(质量分数),并应同时掺加矿物掺合料。

硫酸盐环境中使用抗硫酸盐水泥或高抗硫酸盐水泥,宜掺加矿物掺合料。当环境作用等级超过Ⅴ-E时,应根据当地的大气环境和地下水变动条件,进行专门试验研究和论证后确定水泥的种类和掺合料用量,且不应使用高钙粉煤灰。硫酸盐环境中的水泥和矿物掺合料中,不得加入石灰石粉。

对可能发生碱-骨料反应的混凝土,宜采用大掺量矿物掺合料:单掺磨细矿渣的用量占胶凝材料总重 $\alpha_s \geqslant 50\%$,单掺粉煤灰 $\alpha_f \geqslant 40\%$,单掺火山灰质材料 $\alpha_p \geqslant 30\%$,并应降低水泥和矿物掺合料中的含碱量和粉煤灰中的游离氧化钙含量。

2. 混凝土中氯离子、三氧化硫和碱含量

配筋混凝土中氯离子的最大含量(用单位体积混凝土中氯离子与胶凝材料的质量比表示)不应超过表13-5的规定。

表13-5　混凝土中氯离子的最大含量(水溶值)

环境作用等级	构件类型	
	钢筋混凝土/%	预应力混凝土/%
Ⅰ-A	0.3	0.06
Ⅰ-B	0.2	
Ⅰ-C	0.15	
Ⅲ-C、Ⅲ-D、Ⅲ-E、Ⅲ-F	0.1	
Ⅳ-C、Ⅳ-D、Ⅳ-E	0.1	
Ⅴ-C、Ⅴ-D、Ⅴ-E	0.15	

注:对重要桥梁等基础设施,各种环境下氯离子含量均不应超过0.08%。

混凝土中 SO_3 的最大含量不应超过胶凝材料总量的4%。

混凝土含碱量(水溶碱,等效 Na_2O 当量)应满足以下要求:

(1)对骨料无活性且处于干燥环境条件下的混凝土构件,含碱量不应超过3.5 kg/m³,当设计使用年限为100年时,混凝土的含碱量不应超过3 kg/m³。

(2)对骨料无活性但处于潮湿环境(相对湿度不小于75%)条件下的混凝土结构构件,含碱量不超过3 kg/m³。

(3)对骨料有活性且处于潮湿环境(相对湿度不小于75%)条件下的混凝土结构构件,应严格控制混凝土含碱量并掺加矿物掺合料。

3. 混凝土骨料

配筋混凝土中的骨料最大粒径应满足表13-6的规定。

表13-6　配筋混凝土中骨料最大粒径　　　　mm

混凝土保护层最小厚度/mm		20	25	30	35	40	45	50	≥60
环境作用	Ⅰ-A、Ⅰ-B	20	25	30	35	40	40	40	40
	Ⅰ-C、Ⅱ、Ⅴ	15	20	20	25	25	30	35	35
	Ⅲ、Ⅳ	10	15	15	20	20	25	25	25

混凝土骨料应满足骨料级配和粒形的要求,并应采用单粒级石子两级配或三级配

投料。

混凝土用砂在开采、运输、堆放和使用过程中,应采取防止遭受海水污染或混用海砂的措施。

4. 混凝土性能

对重要工程或大型工程,应针对具体的环境类别和作用等级,分别提出抗冻耐久性指数、氯离子在混凝土中的扩散系数等具体量化耐久性指标。

结构构件的混凝土强度等级应同时满足耐久性和承载能力的要求。配筋混凝土结构满足耐久性要求的混凝土最低强度等级应符合表 13－7 的规定。

表 13－7 满足耐久性要求的混凝土最低强度等级

环境类别与作用等级	设计使用年限		
	100 年	50 年	30 年
Ⅰ－A	C30	C25	C25
Ⅰ－B	C35	C30	C25
Ⅰ－C	C40	C35	C30
Ⅱ－C	Ca35、C45	Ca30、C45	Ca30、C40
Ⅱ－D	Ca40	Ca35	Ca35
Ⅱ－E	Ca45	Ca40	Ca40
Ⅲ－C、Ⅳ－C、Ⅴ－C、Ⅲ－D、Ⅳ－D	C45	C40	C40
Ⅴ－D、Ⅲ－E、Ⅳ－E	C50	C45	C45
Ⅴ－E、Ⅲ－F	C55	C50	C50

注：① 预应力混凝土构件的混凝土最低强度等级不应低于 C40;

② 如能加大钢筋的保护层厚度,大面积受压墩、柱的混凝土强度等级可以低于表中规定的数值,但不应低于素混凝土最低强度等级。

素混凝土结构满足耐久性要求的混凝土最低强度等级,一般环境不应低于 C15;氯化物环境、冻融环境和化学腐蚀环境下应根据相关规范规定的混凝土材料与钢筋的保护层最小厚度(c,mm) 确定。

直径为 6 mm 的细直径热轧钢筋作为受力主筋,应只限在一般环境(Ⅰ 类)中使用,且当环境作用等级为轻微(Ⅰ－A)和轻度(Ⅰ－B)时,构件的设计使用年限不得超过 50 年;当环境作用等级为中度(Ⅰ－C)时,设计使用年限不得超过 30 年。

冷加工钢筋不宜作为预应力筋使用,也不宜作为按塑性设计构件的受力主筋。公称直径不大于 6 mm 的冷加工钢筋应只在 Ⅰ－A、Ⅰ－B 等级的环境作用中作为受力钢筋使用,且构件的设计使用年限不得超过 50 年。 预应力筋的公称直径不得小于 5 mm。同一构件中的受力钢筋,宜使用同材质的钢筋。

13.1.4 构造规定

(1) 不同环境作用下的钢筋主筋、箍筋和分布筋,其混凝土保护层厚度应满足钢筋防锈、耐火以及与混凝土之间黏结力传递的要求,且混凝土保护层厚度设计值不得小于钢筋的公称直径。

（2）具有连续密封套管的后张预应力钢筋，其混凝土保护层厚度可与普通钢筋相同且不应小于孔道的 1/2，否则应比普通钢筋增加 10 mm。

先张法构件中预应力钢筋在全预应力状态下的保护层厚度可与普通钢筋相同，否则应比普通钢筋增加 10 mm。

直径大于 16 mm 的热轧预应力钢筋保护层厚度可与普通钢筋相同。

（3）工厂预制的混凝土构件，其普通钢筋和预应力钢筋的混凝土保护层厚度可比现浇构件减少 5 mm。

（4）在荷载作用下，配筋混凝土构件的表面裂缝最大宽度计算值不应超过表 13-8 中的限值。对裂缝宽度无特殊外观要求的，当保护层设计厚度超过 30 mm 时，可将厚度取为 30 mm 计算裂缝的最大宽度。

表 13-8　表面裂缝计算宽度限值

环境作用等级	钢筋混凝土构件	有黏结预应力混凝土构件
A	0.40	0.20
B	0.30	0.20(0.15)
C	0.20	0.10
D	0.20	按二级裂缝控制或按部分预应力 A 类构件控制
E、F	0.15	按一级裂缝控制或按全预应力类构件控制

注：① 括号中的宽度适用于采用钢丝或钢绞线的先张预应力构件；

② 裂缝控制等级为二级或一级时，按现行国家标准《混凝土结构设计规范》(GB 50010) 计算裂缝宽度；部分预应力 A 类构件或全预应力构件按现行行业标准《公路钢筋混凝土及预应力混凝土桥涵设计规范》(JTG D62) 计算裂缝宽度；

③ 有自防水要求的混凝土构件，其横向弯曲的表面裂缝计算宽度不应超过 0.20 mm。

（5）混凝土结构构件的形状和构造应有效地避免水、汽和有害物质在混凝土表面的积聚，并应采取以下构造措施：

① 受雨淋或可能积水的露天混凝土构件顶面，宜做成斜面，并应考虑结构挠度和预应力反拱对排水的影响；

② 受雨淋的室外悬挑构件侧边下沿，应做滴水槽、鹰嘴或采取其他防止雨水淌向构件底面的构造措施；

③ 屋面、桥面应专门设置排水系统，且不得将水直接排向下部混凝土构件的表面；

④ 在混凝土结构构件与上覆的露天面层之间，应设置可靠的防水层。

（6）当环境作用等级为 D、E、F 级时，应减少混凝土结构构件表面的暴露面积，并应避免表面的凹凸变化；构件的棱角宜做成圆角。

（7）施工缝、伸缩缝等连接缝的设置宜避开局部环境作用不利的部位，否则应采取有效的防护措施。

（8）暴露在混凝土结构构件外的吊环、紧固件、连接件等金属部件，表面应采用可靠的防腐措施。

13.1.5　施工质量的附加要求

（1）根据结构所处的环境类别与作用等级，混凝土耐久性所需的施工养护应符合

表 13－9 的规定。

（2）处于Ⅰ－A、Ⅰ－B环境下的混凝土结构构件,其保护层厚度的施工质量验收要求按照现行国家标准《混凝土结构工程施工质量验收规范》(GB 50204) 的规定执行。

（3）环境作用等级为 C、D、E、F 的混凝土结构构件,应按下列要求进行保护层厚度的施工质量验收：

① 对选定的每一配筋构件,选择有代表性的最外侧钢筋 8～16 根进行混凝土保护层厚度的无破损检测;对每根钢筋,应选取 3 个代表性部位测量。

表 13－9　施工养护制度要求

环境作用等级	混凝土类型	养护制度
Ⅰ－A	一般混凝土	至少养护 1 d
	大掺量矿物掺合料混凝土	浇筑后立即覆盖并加湿养护,至少养护 3 d
Ⅰ－B、Ⅰ－C、Ⅱ－C、Ⅲ－C、Ⅳ－C、Ⅴ－C、Ⅱ－D、Ⅴ－D、Ⅱ－E、Ⅴ－E	一般混凝土	养护至现场混凝土的强度不低于 28 d 标准强度的 50％,且 ≥3 d
	大掺量矿物掺合料混凝土	浇筑后立即覆盖并加湿养护,养护至现场混凝土的强度不低于 28 d 标准强度的 50％,且 ≥7 d
Ⅲ－D、Ⅳ－D、Ⅲ－E、Ⅳ－E、Ⅲ－F	大掺量矿物掺合料混凝土	浇筑后立即覆盖并加湿养护,养护至现场混凝土的强度不低于 28 d 标准强度的 50％,且 ≥7 d。加湿养护结束后应继续用养护液喷涂或覆盖保湿、防风一段时间至现场混凝土的强度不低于 28 d 标准强度的 70％

注：① 表中要求适用于混凝土表面大气温度不低于 10 ℃ 的情况,否则应延长养护时间;

② 有盐的冻融环境中混凝土施工养护应按 Ⅲ、Ⅳ 类环境的规定执行;

③ 大掺量矿物掺合料混凝土在 Ⅰ－A 环境中用于永久浸没于水中的构件。

② 对同一构件所有的测点,如有 95％ 或以上的实测保护层厚度 c_1 满足以下要求,则认为合格：

$$c_1 \geq c - \Delta$$

式中　c——保护层设计厚度;

Δ——保护层施工允许负偏差的绝对值,对梁柱等条形构件取 10 mm,板墙等面形构件取 5 mm。

③ 当不能满足第 ② 款的要求时,可增加同样数量的测点进行检测,按两次测点的全部数据进行统计,如仍不能满足第 ② 款的要求,则判定为不合格,并要求采取相应的补救措施。

13.2　腐蚀环境

13.2.1　一般环境

一般环境下混凝土结构的耐久性设计,应控制在正常大气作用下混凝土碳化引起的内部钢筋锈蚀。当混凝土结构构件同时承受其他环境作用时,应按环境作用等级较高的有关要求进行耐久性设计。

1.环境作用等级

一般环境对配筋混凝土结构的环境作用等级应根据具体情况按表13-10确定。

表13-10　一般环境对配筋混凝土结构的环境作用等级

环境作用等级	环境条件	结构构件示例
I-A	室内干燥环境	常年干燥、低湿度环境中的室内构件;
	永久的静水浸没环境	所有表面均永久处于静水下的构件
I-B	非干湿交替的室内潮湿环境	中、高湿度环境中的室内构件;
	非干湿交替的露天环境	不接触或偶尔接触雨水的室外环境;
	长期湿润环境	长期与水或湿润土体接触的构件
I-C	干湿交替环境	与冷凝水、露水或与蒸汽频繁接触的室内构件; 地下室顶板构件; 表面频繁淋雨或频繁与水接触的室外构件; 处于水位变动区的构件

注:① 环境条件系指混凝土表面的局部环境;
② 干燥、低湿度环境指年平均湿度低于60%,中、高湿度环境指年平均湿度大于60%;
③ 干湿交替指混凝土表面经常交替接触到大气和水的环境条件。

正常大气作用下表层混凝土碳化引发的内部钢筋锈蚀,是混凝土结构中最常见的劣化现象,也是耐久性设计中的首要问题。在一般环境作用下,依靠混凝土本身的耐久性质量、适当的保护层厚度和有效的防排水措施,就能达到所需的耐久性,一般不需要考虑防腐蚀附加措施。

确定大气环境对配筋混凝土结构与构件的作用程度,需要考虑的环境因素主要是湿度(水)、温度和 CO_2 与 O_2 的供给程度。对于混凝土的碳化过程,如果周围大气的相对湿度较高,混凝土的内部孔隙充满溶液,则空气中的 CO_2 难以进入混凝土内部,碳化就不能或只能非常缓慢地进行;如果周围大气的相对湿度很低,混凝土内部比较干燥,孔隙溶液的量很少,碳化反应也很难进行。对于钢筋的锈蚀过程,电化学反应要求混凝土有一定的电导率,当混凝土内部的相对湿度低于70%时,由于混凝土电导率太低,钢筋锈蚀很难进行;同时,锈蚀的电化学过程需有 H_2O 和 O_2 参与,当混凝土处于水下或湿度接近饱和时, O_2 难以到达钢筋表面,锈蚀会因为缺氧而难以发生。

室内干燥环境对混凝土的耐久性最为有利。虽然混凝土在干燥环境中容易碳化,但由于缺少水分使钢筋锈蚀非常缓慢甚至难以进行。同样,水下构件由于缺乏 O_2 ,钢筋基本不会锈蚀。因此,表13-10将这两类环境作用归为 I-A 级。在室内外潮湿环境或者偶尔受到雨淋、与水接触的条件下,混凝土的碳化反应和钢筋的锈蚀过程都有条件进行,环境作用等级归为 I-B 级。在反复的干湿交替作用下,混凝土碳化有条件进行,同时钢筋锈蚀过程由于 H_2O 和 O_2 的交替供给而显著加强,因此对钢筋锈蚀最不利的环境条件是反复干湿交替,其环境作用等级归为 I-C 级。

如果室内构件长期处于高湿度环境,即使年平均湿度高于60%,也有可能引起钢筋锈蚀,故宜按Ⅰ-B级考虑。在干湿交替环境下,如混凝土表面在干燥阶段周围大气相对湿度较高,干湿交替的影响深度很有限,混凝土内部仍会长期处于高湿度状态,内部混凝土碳化和钢筋锈蚀程度都会受到抑制。在这种情况下,环境对配筋混凝土构件的作用程度介于Ⅰ-C与Ⅰ-B之间,具体作用程度可根据当地既有工程的实际调查确定。

与湿润土体或水接触的一侧混凝土饱水,钢筋不易锈蚀,可按环境作用等级Ⅰ-B考虑;接触干燥空气的一侧,混凝土容易碳化,又可能有水分从临水侧迁移供给,一般应按Ⅰ-C级环境考虑。如果混凝土密实性好、构件厚度较大或临水表面已作可靠防护层,临水侧的水分供给可以被有效隔断,这时接触干燥空气的一侧可不按Ⅰ-C级考虑。

2.材料与保护层厚度

一般环境中的配筋混凝土结构构件,其普通钢筋的保护层最小厚度与相应的混凝土强度等级、最大水胶比应符合表13-11的要求。

表 13-11 一般环境中混凝土材料与钢筋的保护层最小厚度 c mm

环境作用等级		设计使用年限								
		100 年			50 年			30 年		
		混凝土强度等级	最大水胶比	c	混凝土强度等级	最大水胶比	c	混凝土强度等级	最大水胶比	c
板、墙等面形构件	Ⅰ-A	≥C30	0.55	20	≥C25	0.60	20	≥C25	0.60	20
	Ⅰ-B	C35	0.50	30	C30	0.55	25	C25	0.60	25
		≥C40	0.45	25	≥C35	0.50	20	≥C30	0.55	20
	Ⅰ-C	C40	0.45	40	C35	0.50	35	C30	0.55	30
		C45	0.40	35	C40	0.45	30	C35	0.50	25
		≥C50	0.36	30	≥C45	0.40	25	≥C40	0.45	20
梁、柱等条形构件	Ⅰ-A	C30	0.55	25	C25	0.60	25	≥C25	0.60	20
		≥C35	0.50	20	≥C30	0.55	20			
	Ⅰ-B	C35	0.50	35	C30	0.55	30	C25	0.60	30
		≥C40	0.45	30	≥C35	0.50	25	≥C30	0.55	25
	Ⅰ-C	C40	0.45	45	C35	0.50	40	C30	0.55	35
		C45	0.40	40	C40	0.45	35	C35	0.50	30
		≥C50	0.36	35	≥C45	0.40	30	≥C40	0.45	25

注:①Ⅰ-A环境中使用年限低于100年的板、墙,当混凝土骨料最大公称粒级不大于15mm时,保护层最小厚度可降为15mm,但最大水胶比不应大于0.55;

②年平均气温大于20℃且年平均湿度大于75%的环境,除Ⅰ-A环境中的板、墙构件外,混凝土最低强度等级应比表中规定提高一级,或将保护层最小厚度增大5mm;

③直接接触土体浇筑的构件,其混凝土保护层厚度不应小于70mm;有混凝土垫层时,可按上表确定;

④处于流动水或同时受水中泥砂冲刷的构件,其保护层厚度宜增加10~20mm;

⑤预制构件的保护层厚度可比表中规定减少5mm;

⑥当胶凝材料中粉煤灰和矿渣等掺量小于20%时,表中水胶比低于0.45的,可适当增加;

⑦预应力钢筋的保护层厚度按13.1.4中第2条的规定执行。

大截面混凝土墩柱在加大钢筋的混凝土保护层厚度的前提下,其混凝土强度等级可低于表13-11中的要求,但降低幅度不应超过两个强度等级,且设计使用年限为100年和50年的构件,其强度等级不应低于C25和C20。

当采用的混凝土强度等级比表13-11的规定低一个等级时,混凝土保护层厚度应增加5 mm;当低两个等级时,混凝土保护层厚度应增加10 mm。

在Ⅰ-A、Ⅰ-B环境中的室内混凝土结构构件,如考虑建筑饰面对于钢筋防锈的有利作用,则其混凝土保护层最小厚度可比表13-11的规定适当减小,但减小幅度不应超过10 mm;在任何情况下,板、墙等面型构件的最外侧钢筋保护层厚度不应小于10 mm;梁、柱等条形构件最外侧钢筋的保护层厚度不应小于15 mm。

在Ⅰ-C环境中频繁遭遇雨淋的室外混凝土结构构件,如考虑防水饰面的保护作用,则其混凝土保护层最小厚度可比表13-11的规定适当减小,但不应低于Ⅰ-B环境的要求。

采用直径6 mm的细直径热轧钢筋或冷加工钢筋作为构件的主要受力钢筋时,应在表13-11规定的基础上将混凝土强度提高一个等级,或将钢筋的混凝土保护层厚度增加5 mm。

13.2.2　冻融环境

冻融环境下混凝土结构的耐久性设计,应控制混凝土遭受长期冻融循环作用引起的损伤。长期与水体直接接触并会反复冻融的混凝土结构构件,应考虑冻融环境的作用。最冷月平均气温高于2.5 ℃的地区,混凝土结构可不考虑冻融环境作用。

1.环境作用等级

冻融环境对混凝土结构的环境作用等级应按表13-12确定。

表13-12　冻融环境对混凝土结构的环境作用等级

环境作用等级	环境条件	结构构件示例
Ⅱ-C	微冻地区的无盐环境 混凝土高度饱水	微冻地区的水位变动区构件和频繁受雨淋的构件水平表面
	严寒和寒冷地区的无盐环境 混凝土中度饱水	严寒和寒冷地区受雨淋构件的竖向表面
Ⅱ-D	严寒和寒冷地区的无盐环境 混凝土高度饱水	严寒和寒冷地区的水位变动区构件和频繁受雨淋的构件水平表面
	微冻地区的有盐环境 混凝土高度饱水	有氯盐微冻地区的水位变动区构件和频繁受雨淋的构件水平表面
	严寒和寒冷地区的有盐环境 混凝土中度饱水	有氯盐严寒和寒冷地区受雨淋构件的竖向表面

续表13—12

环境作用等级	环境条件	结构构件示例
Ⅱ—E	严寒和寒冷地区的有盐环境混凝土高度饱水	有氯盐严寒和寒冷地区的水位变动区构件和频繁受雨淋的构件水平表面

注:① 冻融环境按当地最冷月平均气温划分为微冻地区、寒冷地区和严寒地区,其平均气温分别为 $-3\sim2.5$ ℃、$-8\sim-3$ ℃和 -8 ℃以下;

② 中度饱水指冰冻前偶受水或受潮,混凝土内饱水程度不高;高度饱水指冰冻前长期或频繁接触水或湿润土体,混凝土内高度饱水;

③ 无盐或有盐指冻结的水中是否含有盐类,包括海水中的氯盐、除冰盐或其他盐类。

位于冰冻线以上土中的混凝土结构构件,其环境作用等级可根据当地实际情况和经验适当降低。可能偶然遭受冻害的饱水混凝土结构构件,其环境作用等级可按表 13—12 的规定降低一级。直接接触积雪的混凝土墙、柱底部,宜适当提高环境作用等级,并宜增加表面防护措施。

2. 材料与保护层厚度

环境作用等级为 Ⅱ—D 和 Ⅱ—E 的混凝土结构构件应采用引气混凝土,引气混凝土的含气量与平均气泡间隔系数应符合表 13—13 的规定。

表 13—13 引气混凝土含气量(％)和平均气泡间隔系数

骨料最大粒径 /mm	环境条件		
	混凝土高度饱水	混凝土中度饱水	盐或化学腐蚀下冻融
10	6.5	5.5	6.5
15	6.5	5.0	6.5
25	6.0	4.5	6.0
40	5.5	4.0	5.5
平均气泡间隔系数 /μm	250	300	200

注:① 含气量从运至施工现场的新拌混凝土中取样用含气量测定仪(气压法)测定,允许绝对误差为 $\pm1.0\%$,测定方法应符合现行国家标准《普通混凝土拌合物性能试验方法标准》(GB/T 50080);

② 气泡间隔系数为从硬化混凝土中取样(芯)测得的数值,用直线导线法测定,根据抛光混凝土截面上气泡面积推算三维气泡平均间隔,推算方法可按国家现行标准《水工混凝土试验规程》(DL/T 5150)的规定执行。

③ 表中含气量:C50 混凝土可降低 0.5%,C60 混凝土可降低 1%,但不应低于 3.5%。

冻融环境中的配筋混凝土结构构件,其普通钢筋的混凝土保护层最小厚度与相应的混凝土强度等级、最大水胶比应符合表 13—14 的规定。其中,有盐冻融环境中钢筋的混凝土保护层最小厚度,应按氯化物环境的有关规定执行。

表 13 － 14　　冻融环境中混凝土材料与钢筋的保护层最小厚度 c　　　　　mm

环境作用等级			设计使用年限								
			100 年			50 年			30 年		
			混凝土强度等级	最大水胶比	c	混凝土强度等级	最大水胶比	c	混凝土强度等级	最大水胶比	c
板、墙等面形构件	Ⅱ－C 无盐		C45	0.40	35	C45	0.40	30	C40	0.45	30
			≥C50	0.36	30	≥C50	0.36	25	≥C45	0.40	25
			Ca35	0.50	35	Ca30	0.55	30	Ca30	0.55	25
	Ⅱ－D	无盐	Ca40	0.45	35	Ca35	0.50	35	Ca35	0.50	30
		有盐									
	Ⅱ－E 有盐		Ca45	0.40		Ca40	0.45		Ca40	0.45	
梁、柱等条形构件	Ⅱ－C 无盐		C45	0.40	40	C45	0.40	35	C40	0.45	35
			≥C50	0.36	35	≥C50	0.36	30	≥C45	0.40	30
			Ca35	0.50	35	Ca30	0.55	35	Ca30	0.55	30
	Ⅱ－D	无盐	Ca40	0.45	40	Ca35	0.50	40	Ca35	0.50	35
		有盐									
	Ⅱ－E 有盐		Ca45	0.40		Ca40	0.45		Ca40	0.45	

注：① 如采取表面防水处理的附加措施,可降低大体积混凝土对最低强度等级和最大水胶比的抗冻要求;

② 预制构件的保护层厚度可比表中规定减少 5 mm;

③ 预应力钢筋的保护层厚度按照 13.1.4 中第 2 条的规定执行。

重要工程和大型工程,混凝土的抗冻耐久性指数不应低于表 13 － 15 的规定。

表 13 － 15　　混凝土抗冻耐久性指数 DF　　　　　　　　　%

设计使用年限	100 年			50 年			30 年		
环境条件	高度饱水	中度饱水	盐或化学腐蚀下冻融	高度饱水	中度饱水	盐或化学腐蚀下冻融	高度饱水	中度饱水	盐或化学腐蚀下冻融
严寒地区	80	70	85	70	60	80	65	50	75
寒冷地区	70	60	80	60	50	70	60	45	65
微冻地区	60	60	70	50	45	60	50	40	55

注：① 抗冻耐久性指数为混凝土试件经 300 次快速冻融循环后混凝土的动弹性模量 E_1 与其初始值 E_0 的比值,$DF = E_1/E_0$;如在达到 300 次循环之前 E_1 已降至初始值的 60% 或试件质量损失已达到 5%,以此时的循环次数 N 计算 DF 值,$DF = 0.6 \times N/300$。

② 对于厚度小于 150 mm 的薄壁混凝土构件,其 DF 值宜增加 5%。

13.2.3　氯化物环境

氯化物环境中配筋混凝土结构的耐久性设计,应控制氯离子引起的钢筋锈蚀。

海洋和近海地区接触海水氯化物的配筋混凝土结构构件,应按海洋氯化物环境进行耐久性设计。降雪地区接触除冰盐(雾)的桥梁、隧道、停车库、道路周围构筑物等配筋混凝土结构的构件,内陆地区接触含有氯盐的地下水、土以及频繁接触含氯盐消毒剂的配筋混凝土结构的构件,应按除冰盐等其他氯化物环境进行耐久性设计。

降雪地区新建的城市桥梁和停车库楼板,应按除冰盐氯化物环境作用进行耐久性设计。

重要配筋混凝土结构的构件,当氯化物环境作用等级为 E、F 时应采用防腐蚀附加措施。

氯化物环境作用等级为 E、F 的配筋混凝土结构,应在耐久性设计中提出结构使用过程中定期检测的要求。重要工程尚应在设计阶段做出定期检测的详细规划,并设置专供检测取样用的构件。

氯化物环境中配筋混凝土桥梁结构的构造要求除应符合相关规范规定外,尚应符合下列规定:

(1)遭受氯盐腐蚀的混凝土桥面、墩柱顶面和车库楼面等部位应设置排水坡。

(2)遭受雨淋的桥面结构,应防止雨水流到底面或下部结构构件表面。

(3)桥面排水管道应采用非钢质管道,排水口应远离混凝土构件表面,并应与墩柱基础保持一定距离。

(4)桥面铺装与混凝土桥面板之间应设置可靠的防水层。

(5)海水水位变动区和浪溅区,不宜设置施工缝与连接缝。

(6)伸缩缝及附近部位的混凝土宜局部采取防腐蚀附加措施,处于伸缩缝下方的构件应采取防止渗漏水侵蚀的构造措施。

1.环境作用等级

海洋氯化物环境对配筋混凝土结构构件的环境作用等级,应按表 13 — 16 确定。

表 13 — 16　海洋氯化物环境的作用等级

环境作用等级	环境条件	结构构件示例
Ⅲ—C	水下区和土中区; 周边永久浸没于海水或埋于土中	桥墩,基础
Ⅲ—D	大气区(轻度盐雾); 距平均水位 15 m 高度以上的海上大气区; 涨潮岸线以外 100～300 m 内的陆上室外环境	桥墩,桥梁上部结构构件; 靠海的陆上建筑外墙及室外构件
Ⅲ—E	大气区(重度盐雾); 距平均水位上方 15 m 高度以内的海上大气区; 涨潮岸线以外 100 m 以内、低于海平面以上 15 m 的陆上室外环境	桥梁上部结构构件; 靠海的陆上建筑外墙及室外构件
	潮汐区和浪溅区,非炎热地区	桥墩,码头

续表13—16

环境作用等级	环境条件	结构构件示例
Ⅲ—F	潮汐区和浪溅区,炎热地区	桥墩,码头

注：① 海水激流中构件的作用等级宜提高一级；

② 轻度盐雾区与重度盐雾区界限的划分,宜根据当地的具体环境和既有工程调查确定；靠近海岸的陆上建筑物,盐雾对室外混凝土构件的作用尚应考虑风向、地貌等因素；密集建筑群,除直接面海和迎风的建筑物外,其他建筑物可适当降低作用等级；

③ 炎热地区指年平均温度高于 20 ℃ 的地区；

④ 内陆盐湖中氯化物的环境作用等级可比照上表规定确定。

一侧接触海水或含有海水土体,另一侧接触空气的海中或海底隧道配筋混凝土结构构件,其环境作用等级不宜低于 Ⅲ—E。江河入海口附近水域的含盐量应根据实测确定,当含盐量明显低于海水时,其环境作用等级可根据具体情况低于表 13—16 的规定。

除冰盐等其他氯化物环境对于配筋混凝土结构构件的环境作用等级宜根据调查确定；当无相应的调查资料时,可按表 13—17 确定。

表 13—17　除冰盐等其他氯化物环境的作用等级

环境作用等级	环境条件	结构构件示例
Ⅳ—C	受除冰盐盐雾轻度作用	离开行车道 10 m 以外接触盐雾的构件
	四周浸没于含氯化物水中	地下水中构件
	接触较低浓度氯离子水体,且有干湿交替	处于水位变动区,或部分暴露于大气、部分在地下水土中的构件
Ⅳ—D	受除冰盐水溶液轻度溅射作用	桥梁护墙,立交桥桥墩
	接触较高浓度氯离子水体,且有干湿交替	海水游泳池壁；处于水位变动区,或部分暴露于大气、部分在地下水土中的构件
Ⅳ—E	直接接触除冰盐溶液	路面,桥面板,与含盐渗漏水接触的桥梁帽梁、墩柱顶面
	受除冰盐水溶液重度溅射或重度盐雾作用	桥梁护栏、护墙,立交桥桥墩；车道两侧 10 m 以内的构件
	接触高浓度氯离子水体,且有干湿交替	处于水位变动区,或部分暴露于大气、部分在地下水土中的构件

注：① 水中氯离子浓度(mg/L)的高低划分为：较低100～500；较高500～5 000；高＞5 000；土中氯离子质量比(mg/kg)的高低划分为：较低 150～750；较高 750～7 500；高＞7 500；

② 除冰盐环境的作用等级与冬季喷洒除冰盐的具体用量和频度有关,可根据具体情况调整。

除冰盐对混凝土的作用机理很复杂。对钢筋混凝土(如桥面板)而言,一方面,除冰盐直接接触混凝土表层,融雪过程中的温度骤降以及渗入混凝土的含盐雪水的蒸发结晶都会导致混凝土表面的开裂剥落；另一方面,雪水中的氯离子不断向混凝土内部迁移,会引起钢筋锈蚀。前者属于盐冻现象;后者属于钢筋锈蚀问题。

在确定氯化物环境对钢筋混凝土结构构件的作用等级时,不应考虑混凝土表面普通防水层对氯化物的阻隔作用。

2.材料与保护层厚度

氯化物环境中应采用掺有矿物掺合料的混凝土。配筋的混凝土结构构件,其普通钢筋的保护层最小厚度及其相应的混凝土强度等级、最大水胶比应符合表13-18的规定。

海洋氯化物环境作用等级为Ⅲ-E和Ⅲ-F的配筋混凝土,宜采用大掺量矿物掺合料混凝土,否则应提高表13-18中的混凝土强度等级或增加钢筋的保护层最小厚度。

对大截面柱、墩等配筋混凝土受压构件中的钢筋,宜采用较大的混凝土保护层厚度,且相应的混凝土强度等级不宜降低。对于受氯化物直接作用的混凝土墩柱顶面,宜加大钢筋的混凝土保护层厚度。

在特殊情况下,对处于氯化物环境作用等级为E、F中的配筋混凝土构件,当采用可靠的防腐蚀附加措施并经过专门论证后,其混凝土保护层最小厚度可适当低于表13-18中的规定。

对于氯化物环境中的重要配筋混凝土结构工程,设计时应提出混凝土的抗氯离子侵入性指标,并应满足表13-19的要求。

表13-18　氯化物环境中混凝土材料与钢筋的保护层最小厚度c　　mm

环境作用等级		设计使用年限								
		100年			50年			30年		
		混凝土强度等级	最大水胶比	c	混凝土强度等级	最大水胶比	c	混凝土强度等级	最大水胶比	c
板、墙等面形构件	Ⅲ-C、Ⅳ-C	C45	0.40	45	C40	0.42	40	C40	0.42	35
	Ⅲ-D、Ⅳ-D	C45 ≥C50	0.40 0.36	55 50	C40 ≥C45	0.42 0.40	50 45	C40 ≥C45	0.42 0.40	45 40
	Ⅲ-E、Ⅳ-E	C50 ≥C55	0.36 0.36	60 55	C45 ≥C50	0.40 0.36	55 50	C45 ≥C50	0.40 0.36	45 40
	Ⅲ-F	≥C55	0.36	65	C50 ≥C55	0.36 0.36	60 55	C50	0.36	55

续表13—18

环境作用等级		设计使用年限								
		100 年			50 年			30 年		
		混凝土强度等级	最大水胶比	c	混凝土强度等级	最大水胶比	c	混凝土强度等级	最大水胶比	c
梁、柱等条形构件	Ⅲ－C，Ⅳ－C	C45	0.40	50	C40	0.42	45	C40	0.42	40
	Ⅲ－D，Ⅳ－D	C45 ≥C50	0.40 0.36	60 55	C40 ≥C45	0.42 0.40	55 50	C40 ≥C45	0.42 0.40	50 40
	Ⅲ－E，Ⅳ－E	C50 ≥C55	0.36 0.36	65 60	C45 ≥C50	0.40 0.36	60 55	C45 ≥C50	0.40 0.36	50 45
	Ⅲ－F	C55	0.36	70	C50 ≥C55	0.36 0.36	65 60	C50	0.36	55

注：① 可能出现海水冰冻环境与除冰盐环境时，宜采用引气混凝土。当采用引气混凝土时，表中混凝土强度等级可降低一个等级，相应的最大水胶比可提高 0.05，但引气混凝土的强度等级和最大水胶比仍应满足表 13－14 的规定。

② 对于流动海水中或同时受水中泥砂冲刷腐蚀的混凝土构件，其钢筋的混凝土保护层厚度应增加 10 ～ 20 mm。

③ 预制构件的保护层厚度可比表中规定减少 5 mm。

④ 当满足表 13－19 中规定的扩散系数时，C50 和 C55 混凝土所对应的最大水胶比可分别提高到 0.40 和 0.38。

⑤ 预应力钢筋的保护层厚度按照 13.1.4 中第 2 条的规定执行。

表 13 － 19　混凝土的抗氯离子侵入性指标

设计使用年限	100 年		50 年	
作用等级	D	E	D	E
28 d 龄期氯离子扩散系数 $D_{RCM}/(10^{-12}\,m^2 \cdot s^{-1})$	≤ 7	≤ 4	≤ 10	≤ 6

注：① 表中的混凝土抗氯离子侵入性指标与表 13－18 中规定的混凝土保护层厚度相对应，如实际采用的保护层厚度高于表 13－18 的规定，可对本表中数据做适当调整；

② 表中的 D_{RCM} 值适用于较大或大掺量矿物掺合料混凝土，对于胶凝材料主要成分为硅酸盐水泥的混凝土，应采取更为严格的要求。

氯化物环境中配筋混凝土构件的纵向受力钢筋直径应 ≥ 16 mm。

13.2.4　化学腐蚀环境

化学腐蚀环境下混凝土结构的耐久性设计，应控制混凝土遭受化学腐蚀性物质长期侵蚀引起的损伤。

严重化学腐蚀环境下的混凝土结构构件，应结合当地环境和对既有建筑物的调查，必要时可在混凝土表面施加环氧树脂涂层、设置水溶性树脂砂浆面层或铺设其他防腐蚀面层,也可加大混凝土构件的截面尺寸。对于配筋混凝土结构薄壁构件宜增加其厚度。

当混凝土结构构件处于硫酸根离子质量浓度大于 1 500 mg/L 的流动水或 pH < 3.5 的酸性水中时,应在混凝土表面采取专门的防腐蚀附加措施,或在混凝土中掺加抗侵蚀防腐剂。

1. 环境作用等级

水、土中的硫酸盐和酸类物质对混凝土结构构件的环境作用等级可按表 13-20 确定。当有多种化学物质共同作用时,应取其中最高的作用等级作为设计的环境作用等级。如其中有两种及以上化学物质的作用等级相同且可能加重化学腐蚀时,其环境作用等级应再提高一级。

部分接触硫酸盐的水、土且部分暴露于大气中的混凝土结构构件,可按表 13-20 确定环境作用等级。当混凝土结构构件处于干旱、高寒地区,其环境作用等级应按表 13-21 确定。

表 13-20 水、土中硫酸盐和酸类物质环境作用等级

环境作用等级	作用因素				
	水中硫酸根离子浓度 /(mg·L⁻¹)	土中硫酸根离子浓度 (水溶值) /(mg·L⁻¹)	水中镁离子浓度 /(mg·L⁻¹)	水中酸碱度 (pH)	水中侵蚀性 CO_2 浓度 /(mg·L⁻¹)
V-C	200~1 000	300~1 500	300~1 000	6.5~5.5	15~30
V-D	1 000~4 000	1 500~6 000	1 000~3 000	5.5~4.5	30~60
V-E	4 000~10 000	6 000~15 000	≥3 000	<4.5	60~100

注：① 表中与环境作用等级相应的硫酸根浓度,所对应的环境条件为非干旱高寒地区的干湿交替环境,表示质量浓度;当无干湿交替(长期浸没于地表或地下水中)时,可按表中的作用等级降低一级,但不得低于 V-C 级;对于干旱、高寒地区的环境条件可按表 13-20 和表 13-21 确定。

② 当混凝土结构构件处于弱透水土体中时,土中硫酸根离子、水中镁离子、水中侵蚀性 CO_2 及水的 pH 的作用等级可按相应的等级降低一级,但不低于 V-C 级。

③ 对含有较高浓度氯盐的地下水、土,可不单独考虑硫酸盐的作用。

④ 高水压条件下,应提高相应的环境作用等级。

表 13-21 干旱、高寒地区硫酸盐环境作用等级   mg/L

环境作用等级	作用因素	
	水中硫酸根(SO_4^{2-})离子浓度	土中硫酸根离子浓度(水溶值)
V-C	200~500	300~750
V-D	500~2 000	750~3 000
V-E	2 000~5 000	3 000~7 500

注:我国干旱区指干燥度系数大于 2.0 的地区,高寒地区指海拔 3 000 m 以上的地区。

污水管道、厕舍、化粪池等接触 H_2S 气体或其他腐蚀性液体的混凝土结构构件,可将环境作用确定为 Ⅴ－E 级,当作用程度较轻时也可按 Ⅴ－D 级确定。

大气污染环境对混凝土结构的作用等级可按表 13－22 确定。

处于含盐大气中的混凝土结构构件环境作用等级可按 Ⅴ－C 级确定,对气候常年湿润的环境,可不考虑其环境作用。

表 13－22　　大气污染环境作用等级

环境作用等级	环境条件	结构构件示例
Ⅴ－C	汽车或机车废气	受废气直射的结构构件,处于封闭空间内受废气作用的车库或隧道构件
Ⅴ－D	酸雨(雾、露)pH $\geqslant$ 4.5	遭酸雨频繁作用的构件
Ⅴ－E	酸雨 pH $<$ 4.5	遭酸雨频繁作用的构件

2. 材料与保护层厚度

水、土中的化学腐蚀环境、大气污染环境和含盐大气环境中的配筋混凝土结构构件,其普通钢筋混凝土保护层最小厚度及相应的混凝土强度等级、最大水胶比应按表 13－23 确定。

表 13－23　　化学腐蚀环境下混凝土材料与钢筋的保护层最小厚度 c　　mm

		设计使用年限					
环境作用等级		100 年			50 年		
		混凝土强度等级	最大水胶比	c	混凝土强度等级	最大水胶比	c
板、墙等面形构件	Ⅴ－C	C45	0.40	40	C40	0.45	35
	Ⅴ－D	C50	0.36	45	C45	0.40	40
		$\geqslant$ C55	0.36	40	$\geqslant$ C50	0.36	35
	Ⅴ－E	C55	0.36	45	C50	0.36	40
梁、柱等条形构件	Ⅴ－C	C45	0.40	45	C40	0.45	40
		$\geqslant$ C50	0.36	40	$\geqslant$ C45	0.40	35
	Ⅴ－D	C50	0.36	50	C45	0.40	45
		$\geqslant$ C55	0.36	45	$\geqslant$ C50	0.36	40
	Ⅴ－E	C55	0.36	50	C50	0.36	45
		$\geqslant$ C60	0.33	45	$\geqslant$ C55	0.36	40

注：① 预制构件的保护层厚度可比表中规定减少 5 mm;

　　② 预应力钢筋的保护层厚度按照 13.1.4 中第 2 条的规定执行。

水、土中的化学腐蚀环境、大气污染环境和含盐大气环境中的素混凝土结构构件,其混凝土的最低强度等级、最大水胶比应与配筋混凝土结构构件相同。

在干旱、高寒硫酸盐环境和含盐大气环境中的混凝土结构,宜采用引气混凝土,引气要求可按冻融环境中度饱水条件下的规定确定,引气后混凝土强度等级可按表 13－23 的规定降低一级或两级。

13.3　后张预应力混凝土结构

后张预应力混凝土结构除应满足钢筋混凝土结构的耐久性要求外,尚应根据结构所处环境类别和作用等级对预应力体系采取相应的多重防护措施。

在严重环境作用下,当难以确保预应力体系的耐久性达到结构整体的设计使用年限时,应采用可更换的预应力体系。

1. 预应力筋的防护

预应力筋(钢绞线、钢丝)的耐久性能可通过材料表面处理、预应力套管、预应力套管填充、混凝土保护层和结构构造措施等环节提供保证。预应力筋的耐久性防护措施应按表 13－24 的规定选用。

不同环境作用等级下,预应力筋的多重防护措施可根据具体情况按表 13－25 的规定选用。

表 13－24　预应力筋的耐久性防护工艺和措施

编号	防护工艺	防护措施
PS1	预应力筋表面处理	油脂涂层或环氧涂层
PS2	预应力套管内部填充	水泥基浆体、油脂或石蜡
PS2a	预应力套管内部特殊填充	管道填充浆体中加入阻锈剂
PS3	预应力套管	高密度聚乙烯、聚丙烯套管或金属套管
PS3a	预应力套管特殊处理	套管表面涂刷防渗涂层
PS4	混凝土保护层	满足相关规定
PS5	混凝土表面涂层	耐腐蚀表面涂层和防腐蚀面层

注:① 预应力筋钢材质量需要符合现行国家标准《预应力混凝土用钢丝》(GB/T 5223)、《预应力混凝土用钢绞线》(GB/T5224)与现行行业标准《预应力钢丝及钢绞线用热轧盘条》(YB/T 146)的技术规定;

② 金属套管仅可用于体内预应力体系,并符合构造与施工质量的附加要求的规定。

表 13－25　预应力筋的多重防护措施

环境类别与作用等级		体内预应力体系	体外预应力体系
Ⅰ 大气环境	Ⅰ－A、Ⅰ－B	PS2、PS4	PS2、PS3
	Ⅰ－C	PS2、PS3、PS4	PS2a、PS3
Ⅱ 冻融环境	Ⅱ－C、Ⅱ－D(无盐)	PS2、PS3、PS4	PS2a、PS3
	Ⅱ－D(有盐)、Ⅱ－E	PS2a、PS3、PS4	PS2a、PS3a

续表13—25

环境类别与作用等级		体内预应力体系	体外预应力体系
Ⅲ 海洋环境	Ⅲ－C、Ⅲ－D	PS2a、PS3、PS4	PS2a、PS3a
	Ⅲ－E	PS2a、PS3、PS4、PS5	PS1、PS2a、PS3
	Ⅲ－F	PS1、PS2a、PS3、PS4、PS5	PS1、PS2a、PS3a
Ⅳ 除冰盐	Ⅳ－C、Ⅳ－D	PS2a、PS3、PS4	PS2a、PS3a
	Ⅳ－E	PS2a、PS3、PS4、PS5	PS1、PS2a、PS3
Ⅴ 化学腐蚀	Ⅴ－C、Ⅴ－D	PS2a、PS3、PS4	PS2a、PS3a
	Ⅴ－E	PS2a、PS3、PS4、PS5	PS1、PS2a、PS3

2.锚固端的防护

预应力锚固端的耐久性应通过锚头组件材料、锚头封罩、封罩填充、锚固区封填和混凝土表面处理等环节提供保证。锚固端的防护工艺和措施应按表13－26的规定选用。

表 13－26　预应力锚固端耐久性防护工艺与措施

编号	防护工艺	防护措施
PA1	锚具表面处理	锚具表面镀锌或镀氧化膜工艺
PA2	锚头封罩内部填充	水泥基浆体、油脂或石蜡
PA2a	锚头封罩内部特殊填充	填充材料中加入阻锈剂
PA3	锚头封罩	高耐磨性材料
PA3a	锚头封罩特殊处理	锚头封罩表面涂刷防渗涂层
PA4	锚固端封端层	细石混凝土材料
PA5	锚固端表面涂层	耐腐蚀表面涂层和防腐蚀面层

注：① 锚具组件材料需要符合现行国家标准《预应力筋用锚具、夹具和连接器》(GB/T 14370)、《预应力筋用锚具、夹具和连接器应用技术规程》(JGJ 85) 的技术规定；

② 锚固端封端层的细石混凝土材料应符合构造与施工质量的附加要求的规定。

不同环境作用等级下，预应力锚固端的多重防护措施可根据具体情况按表13－27的规定选用。

表 13－27　预应力锚固端的多重防护措施

环境类别与作用等级		锚固端类型	
		埋入式锚头	暴露式锚头
Ⅰ 大气环境	Ⅰ－A、Ⅰ－B	PA4	PA2、PA3
	Ⅰ－C	PA2、PA3、PA4	PA2a、PA3
Ⅱ 冻融环境	Ⅱ－C、Ⅱ－D(无盐)	PA2、PA3、PA4	PA2a、PA3
	Ⅱ－D(有盐)、Ⅱ－E	PA2a、PA3、PA4	PA2a、PA3a

续表13—27

环境类别与作用等级		锚固端类型	
		埋入式锚头	暴露式锚头
Ⅲ 海洋环境	Ⅲ－C、Ⅲ－D	PA2a、PA3、PA4	PA2a、PA3a
	Ⅲ－E	PA2a、PA3、PA4、PA5	不宜使用
	Ⅲ－F	PA1、PA2a、PA3、PA4、PA5	不宜使用
Ⅳ 除冰盐	Ⅳ－C、Ⅳ－D	PA2a、PA3、PA4	PA2a、PA3a
	Ⅳ－E	PA2a、PA3、PA4、PA5	不宜使用
Ⅴ 化学腐蚀	Ⅴ－C、Ⅴ－D	PA2a、PA3、PA4	PA2a、PA3a
	Ⅴ－E	PA2a、PA3、PA4、PA5	不宜使用

3. 构造与施工质量的附加要求

当环境作用等级为 D、E、F 时,后张预应力体系中的管道应采用高密度聚乙烯套管或聚丙烯塑料套管。分节段施工的预应力桥梁结构,节段间的体内预应力套管不应使用金属套管。

高密度聚乙烯和聚丙烯预应力套管应能承受不小于 $1 \ N/mm^2$ 的内应力。采用体内预应力体系时,套管的厚度不应小于 2 mm;采用体外预应力体系时,套管的厚度不应小于 4 mm。

用水泥基浆体填充后张预应力管道时,应控制浆体的流动度、泌水率、体积稳定性和强度等指标。

在冰冻环境中灌浆,灌入的浆料必须在 $10 \sim 15 \ ℃$ 环境温度中至少保存 24 h。

后张预应力体系的锚固端应采用无收缩高性能细石混凝土封锚,其水胶比不得大于基体混凝土的水胶比,且不应大于 0.4;保护层厚度不应小于 50 mm,且在氯化物环境中不应小于 80 mm。

位于桥梁梁端的后张预应力锚固端,应设置专门的排水沟和滴水沿;现浇节段间的锚固端应在梁体顶板表面涂刷防水层;预制节段间的锚固端除应在梁体上表面涂刷防水涂层外,尚应在预制节段间涂刷或填充环氧树脂。

13.4　混凝土耐久性参数与腐蚀性离子测定方法

(1)混凝土抗冻耐久性指数 DF 和氯离子扩散系数 D_{RCM} 的测定方法应符合表 13－28 的规定。

表 13－28　混凝土材料耐久性参数及其测定方法

耐久性能参数	试验方法	测试内容	参照规范/标准
耐久性指数 DF	快速冻融试验	混凝土试件动弹模损失	《水工混凝土试验规程》(DL/T5150)

续表13—28

耐久性能参数	试验方法	测试内容	参照规范/标准
Cl^- 扩散系数 D_{RCM}	Cl^- 外加电场快速迁移 RCM 试验	非稳态 Cl^- 扩散系数	《公路工程混凝土结构防腐蚀技术规范》(JTG/T B07—1—2006)

（2）混凝土及其原材料中 Cl^- 含量（质量分数）的测定方法应符合表 13—29 的规定。

表 13—29　氯离子含量测定方法

测试对象	试验方法	测试内容	参照规范/标准
新拌混凝土	硝酸银滴定水溶 Cl^-，1 L 新拌混凝土溶于 1 L 水中，搅拌 3 min，取上部 50 mL 溶液	Cl^- 含量/%	《水质　氯化物的测定硝酸银滴定法》(GB 11896)
	Cl^- 选择电极快速测定，取 600 g 砂浆，用 Cl^- 选择电极和甘汞电极进行测量	砂浆中 Cl^- 的选择电位电势	《水运工程混凝土试验规程》(JTJ270)
硬化混凝土	硝酸银滴定水溶 Cl^-，5 g 粉末溶于 100 mL 蒸馏水，磁力搅拌 2 h，取 50 mL 溶液	Cl^- 含量/%	《水质　氯化物的测定　硝酸银滴定法》(GB 11896)
	硝酸银滴定水溶 Cl^-，20 g 混凝土硬化砂浆粉末溶于 200 mL 蒸馏水，搅拌 2 min，浸泡 24 h，取 20 mL 溶液	Cl^- 含量/%	《混凝土质量控制标准》(GB 50164)《水运工程混凝土试验规程》(JTJ 270)
砂	硝酸银滴定水溶 Cl^-，水砂比2∶1，10 mL 澄清溶液稀释至 100 mL	Cl^- 含量/%	《普通混凝土用砂、石质量及检验方法标准》(JGJ 52)
外加剂	电位滴定法测水溶 Cl^-，固体外加剂 5 g 溶于 200 mL 水中；液体外加剂 10 mL 稀释至 100 mL	Cl^- 含量/%	《混凝土外加剂匀质性试验方法》(GB/T 8077)

（3）混凝土及水、土中 SO_4^{2-} 含量（质量分数）的测定方法应符合表13—30的规定。

表 13—30　SO_4^{2-} 含量的测定方法

测试对象	试验方法	测试内容	参照规范/标准
硬化混凝土	重量法测量 SO_4^{2-} 含量，5 g 粉末溶于 100 mL 蒸馏水	SO_4^{2-} 含量/%	《水质　硫酸盐的测定　重量法》(GB/T 11899)
水	重量法测量 SO_4^{2-} 含量	SO_4^{2-} 浓度/(mg·L^{-1})	

续表

测试对象	试验方法	测试内容	参照规范／标准
土	重量法测量 SO_4^{2-} 含量	SO_4^{2-} 含量 /(mg·kg^{-1})	《森林土壤水溶性盐分分析》 (GB 7871)

思 考 题

1. 建筑结构所处的环境分为哪几类？

2. 环境对建筑结构的作用等级包括哪些？

3. 在氯化物环境下的重要混凝土结构,在设计时其耐久性应满足什么条件？

4. 混凝土结构的耐久性设计应包括哪些基本内容？

5. 海洋氯化物环境有哪几个作用等级？

6. 严重环境作用下的混凝土结构,在设计时应遵循哪些基本原则？

7. 混凝土结构在进行耐久性设计时,选用混凝土材料应满足哪些依据和原则？

8. 混凝土氯离子含量限值是如何规定的？

第 14 章　玻陶类材料的腐蚀

烧结无机非金属材料是以地球表层 20 km 左右的地壳中的岩石及岩石风化而成的黏土、砂砾为原料,经加工而成,因而其主要成分为各种氧化物,如 SiO_2、Al_2O_3、TiO_2、Fe_2O_3、CaO、MgO、K_2O、Na_2O、PbO 等。现代陶瓷材料对性能有很高的要求,采用人工合成的碳化物、氮化物、硅化物等来制造。

14.1　玻陶类材料腐蚀的基本原理

14.1.1　腐蚀特点

玻陶类材料通常具有良好的耐腐蚀性能,但因其化学成分、结晶状态、结构以及腐蚀介质的性质等原因,在某些情况下玻陶类材料也会发生比较严重的腐蚀现象。玻陶类材料在与电解质溶液接触时不像金属那样形成原电池,故其腐蚀不是由电化学过程引起的,而往往是由化学作用或物理作用引起。

14.1.2　影响因素

耐蚀玻陶类材料大多属于硅酸盐材料,以下因素会影响硅酸盐材料的耐蚀性能。

1. 材料的化学成分和矿物组成

硅酸盐材料成分中以酸性氧化物 SiO_2 为主,它们耐酸而不耐碱。当 SiO_2(尤其是无定形 SiO_2)与碱液接触时发生如下反应而受到腐蚀:

$$SiO_2 + 2NaOH \longrightarrow Na_2SiO_3 + H_2O$$

所生成的硅酸钠易溶于水及碱液中。

对于 SiO_2 含量较高的耐酸材料,除 HF 和高温 H_3PO_4 外,它能耐所有无机酸的腐蚀。温度高于 300 ℃ 的 H_3PO_4、任何浓度的 HF 都会对 SiO_2 发生作用,如:

$$SiO_2 + 4HF \longrightarrow SiF_4 + 2H_2O$$

$$SiF_4 + 2HF \longrightarrow H_2[SiF_6]$$

$$H_3PO_4 \xrightarrow{\text{高温}} HPO_3 + H_2O$$

$$2HPO_3 \longrightarrow P_2O_5 + H_2O$$

$$SiO_2 + P_2O_5 \longrightarrow SiP_2O_7 \text{(焦磷酸硅)}$$

一般来说,材料中 SiO_2 的含量越高,耐酸性越强。SiO_2 的质量分数低于 55% 的天然及人造硅酸盐材料是不耐酸的,但也有例外,例如铸石中只含质量分数为 55% 左右的 SiO_2,而它的耐蚀性却很好;红砖中 SiO_2 的含量很高,质量分数达 60%～80%,却没有耐酸性。这是因为硅酸盐材料的耐酸性不仅与化学组成有关,而且与结构和组成有关。铸石中的 SiO_2 与 Al_2O_3、Fe_2O_3 等在高温下形成耐腐蚀性很强的矿物 —— 普通辉石,所以虽然 SiO_2 的质量分数低于 55%,却有很强的耐腐蚀性。红砖中 SiO_2 的含量尽管很高,但是以无定型状态存在,因此没有耐酸性。如将红砖在较高的温度下煅烧,使之烧结,就具有较高的耐酸性。这是因为在高温下 SiO_2 与 Al_2O_3 形成具有高度耐酸性的新矿物 —— 硅线石($Al_2O_3 \cdot 2SiO_2$)与莫来石($3Al_2O_3 \cdot 2SiO_2$),并且其密度也增大。

含有大量碱性氧化物(CaO、MgO)的材料属于耐碱材料。它们与耐酸材料相反,完全不能抵抗酸类的作用。例如,由钙硅酸盐组成的硅酸盐水泥,可被所有的无机酸腐蚀,而在一般的碱液(浓的烧碱液除外)中却是耐蚀的。

2. 材料孔隙和结构

除熔融制品(如玻璃、铸石)外,硅酸盐材料或多或少总具有一定的孔隙率。孔隙会降低材料的耐腐蚀性,因为孔隙的存在会使材料受腐蚀作用的面积增大,侵蚀作用也就显得强烈,使得腐蚀不仅发生在表面上而且也发生在材料内部。当化学反应生成物出现结晶时还会造成物理性的破坏,例如制碱车间的水泥地面,当间歇地受到苛性钠溶液的浸润时,由于渗透到孔隙中的苛性钠吸收 CO_2 后变成含水碳酸盐结晶,体积增大,在水泥内部膨胀,材料产生内应力破坏。

如果在材料的表面及孔隙中腐蚀生成的化合物为不溶性的,则在某些场合能保护材料不再受到破坏,水玻璃耐酸胶泥的酸化处理就是一例。

当孔隙为闭孔时,受腐蚀性介质的影响要比开口的孔隙为小。

硅酸盐材料的耐蚀性还与其结构有关。晶体结构的化学稳定性较无定型的高。例如结晶的 SiO_2(石英),虽属耐酸材料但也有一定的耐碱性,而无定型的 SiO_2 就易溶于碱液中。具有晶体结构的熔铸辉绿岩也是如此,它比同一组成的无定型化合物具有更高的化学稳定性。

3. 腐蚀介质

硅酸盐材料的腐蚀速度似乎与酸的性质无关(除 HF 和高温 H_3PO_4 外),而与酸的浓度有关。酸的电离度越大,对材料的破坏作用也越大。酸的温度升高,电离度增大,其破坏作用也就增强。此外酸的黏度会影响它们通过孔隙向材料内部扩散的速度。例如盐酸比同一浓度的硫酸黏度小,在同一时间内渗入材料的深度就大,其腐蚀作用也较硫酸强。同样,同一种酸的浓度不同,黏度也就不同,因而对材料的腐蚀速度也不相同。

14.2　玻璃的腐蚀

玻璃是非晶的无机非金属材料。与金属相比,人们总认为它是惰性的。实际上,许多玻璃在大气、弱酸等介质中,都可用肉眼观察到表面污染、粗糙、斑点等腐蚀现象。

14.2.1 玻璃的结构

玻璃是以 SiO_2 为主要组成,并含有碱金属氧化物、碱土金属氧化物、Al_2O_3、B_2O_3 等多种氧化物。实践证明,玻璃具有很好的耐酸性,而耐碱性相对差些,这与其组成和结构密切相关。

玻璃的结构如图 14 - 1 所示。玻璃是缺乏对称性及周期性的三维网络(图 14 - 1(b)),其结构单元不像同成分的晶体结构那样进行长期性的重复排列,如图 14 - 1(a) 所示。其结构是以硅氧四面体[SiO_4]为基本单元的空间连续的无规则网络所构成的牢固骨架,此为材料中化学稳定的组成部分;被网络外的阳离子如 K^+、Na^+、Ca^{2+}、Mg^{2+} 等所打断而又重新集聚的脆弱网络,它是材料中化学不稳定的组成部分,如图 14 - 1(c) 所示。

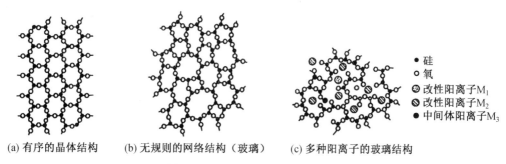

- ● 硅
- ○ 氧
- ⊗ 改性阳离子M_1
- ◐ 改性阳离子M_2
- ● 中间体阳离子M_3

(a) 有序的晶体结构   (b) 无规则的网络结构（玻璃）   (c) 多种阳离子的玻璃结构

图 14 - 1   玻璃结构二维示意图

14.2.2 腐蚀类型和机理

玻璃与水及水溶液接触时,可以发生溶解和化学反应。这些化学反应包括水解及在酸、碱、盐水溶液中的腐蚀。除了玻璃的风化这种普遍性的腐蚀外,还有由于相分离所导致的选择性腐蚀。

1. 溶解

SiO_2 是玻璃最主要的组元。如图 14 - 2 所示为 pH 对可溶性 SiO_2 的影响。当 $pH < 8$,SiO_2 在水溶液中的溶解量很小;而当 $pH > 9$ 以后,溶解量则迅速增大。这种效应可从图 14 - 3 所显示的模型得以说明。

(1) 在酸性溶液中,要破坏所形成的酸性硅烷桥困难,因而溶解少而慢。

(2) 在碱性溶液中,Si—OH 的形成容易,故溶解度大。

2. 水解与腐蚀

含有碱金属或碱土金属离子 R(Na^+、Ca^{2+} 等)的硅酸盐玻璃与水或酸性溶液接触时不是"溶解",而是发生了"水解",这时,所要破坏的是 Si—O—R,而不是 Si—O—Si。

这种反应起源于 H^+ 与玻璃中网络外阳离子(主要是碱金属离子)的离子交换:

$$\equiv Si—O—Na + H_2O \longrightarrow \equiv Si—OH + NaOH$$

此反应实质上是弱酸盐的水解。由于 H^+ 减少,pH 提高,从而开始了 OH^- 对玻璃的侵

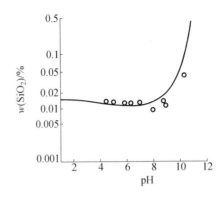

图 14－2　SiO₂ 与 pH 之间的关系(25 ℃)

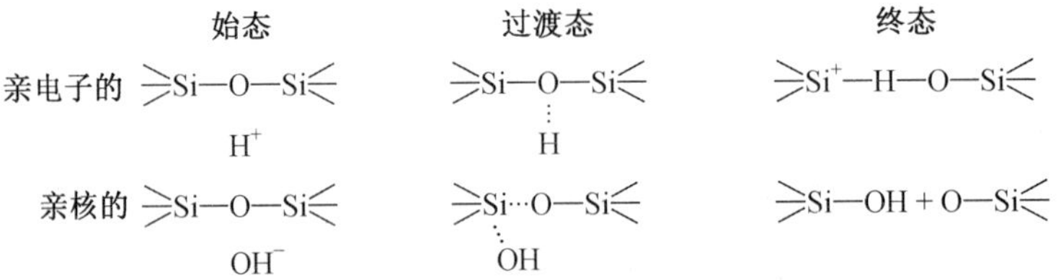

	始态	过渡态	终态
亲电子的	$\geqslant$Si—O—Si$\leqslant$ H⁺	$\geqslant$Si—O—Si$\leqslant$ H	$\geqslant$Si⁺—H—O—Si$\leqslant$
亲核的	$\geqslant$Si—O—Si$\leqslant$ OH⁻	$\geqslant$Si···O—Si$\leqslant$ OH	$\geqslant$Si—OH + O—Si$\leqslant$

图 14－3　H⁺ 及 OH⁻ 对 Si—O—Si 键破坏示意图

蚀。上述离子交换产物可进一步发生水化反应：

$$\equiv \text{Si—OH} + 3/2\text{H}_2\text{O} \longrightarrow \text{HO}\overset{\overset{\textstyle \text{OH}}{|}}{\underset{\underset{\textstyle \text{OH}}{|}}{\text{Si}}}\text{OH}$$

随着这一水化反应的进行，玻璃中脆弱的硅氧网络被破坏，从而受到侵蚀。但是反应产物 Si(OH)_4 是一种极性分子，它能使水分子极化，而定向地附着在自己的周围，成为 $\text{Si(OH)}_4 \cdot n\text{H}_2\text{O}$。这是一个高度分散的 $\text{SiO}_2\text{—H}_2\text{O}$ 系统，称为硅酸凝胶，除一部分溶于溶液外，大部分附着在材料表面，形成硅胶薄膜。随着硅胶薄膜的增厚，H⁺ 与 Na⁺ 的交换速度越来越慢，从而阻止腐蚀继续进行，此过程受 H⁺ 向内扩散的控制。

因此，在酸性溶液中，R⁺ 为 H⁺ 所置换，但 Si—O—Si 骨架未动，所形成的胶状产物又能阻止反应继续进行，故腐蚀较少。

但是在碱性溶液中则不然，OH⁻ 通过如下反应：

$$\equiv \text{Si—O—Si} \equiv + \text{OH}^- \longrightarrow \equiv \text{SiOH} + \equiv \text{SiO}^-$$

使 Si—O—Si 链断裂，非桥氧 $\equiv$SiO⁻ 群增大，结构被破坏，SiO₂ 溶出，玻璃表面不能生成保护膜。因此腐蚀较水或酸性溶液为重，并不受扩散控制。

表 14－1 中的腐蚀数据证实了上述分析，其中耐碱玻璃由于含有 ZrO₂，故在碱中的腐蚀速度也很低。

表 14 − 1 各类玻璃在酸及碱中的腐蚀数据

编号	玻璃类型	腐蚀失重 /(mg·cm^{-2})	
		$w(\text{HCl}) = 5\%$, 100 ℃, 24 h	$w(\text{NaOH}) = 5\%$, 100 ℃, 5 h
7900	96% 高硅氧玻璃	0.000 4	0.9
7740	硼硅酸盐玻璃	0.005	1.4
0080	钠钙灯泡玻璃	0.01	1.1
0010	电真空铅玻璃	0.02	1.6
7050	硼硅酸盐钨封接玻璃	选择性腐蚀	3.9
8870	高铅玻璃	崩解	3.6
1710	铝硅酸盐玻璃	0.35	0.35
7280	耐碱玻璃	0.01	0.09

一般来说,含有足够量 SiO_2 的硅酸盐玻璃是耐酸蚀的。但是,在为了获得某些光学性能的光学玻璃中,降低了 SiO_2 的量,加入了大量 Ba、Pb 及其他重金属氧化物,正是由于这些氧化物的溶解,这类玻璃易为醋酸、硼酸、磷酸等弱酸腐蚀。此外由于 F^- 的作用,HF 极易破坏 Si—O—Si 键而腐蚀玻璃:

$$\equiv \text{Si—O—Si} \equiv + \text{HF} \longrightarrow \equiv \text{Si—F} + \text{HO—Si} \equiv$$

3. 玻璃的风化

玻璃和大气的作用称为风化。玻璃风化后,在表面出现雾状薄膜,或者点状、细线状模糊物,有时出现彩虹。风化严重时玻璃表面形成白霜,因而失去透明,甚至产生平板玻璃黏片现象。

风化大都发生于玻璃储藏、运输过程中温度、湿度比较高及通风不良的情况下;化学稳定性比较差的玻璃在大气和室温条件也能发生风化。

玻璃在大气中风化时,首先吸附大气中的水,在表面形成一层水膜。通常,湿度越大,吸附水分越多。然后,吸附水中的 H_3O^+ 或 H^+,与玻璃中网络外阳离子进行上面的离子交换和碱侵蚀,破坏硅氧骨架。由于风化时表面产生的碱不会移动,故风化始终在玻璃表面上进行,随时间增加而变得严重。

在不通风的仓库储存玻璃时,若湿度高于 75%,温度达到 40 ℃ 以上,玻璃风化严重,大气中含有的 CO_2 和 SO_2 气体会加速玻璃的风化。

4. 选择性腐蚀

如图 14 − 4 所示的 $SiO_2 − B_2O_3 − Na_2O$ 三元体系中的"影线区"的成分,通过热处理(例如 580 ℃, 3 ~ 168 h)可以形成双向组织 —— 孤立的硼酸盐相弥散在高 SiO_2 基体之中。这种双相组织的玻璃在酸中发生选择性腐蚀,富 B_2O_3 的硼酸盐相受侵,而高 SiO_2 的基体没有变化,从而形成疏松的玻璃。孔洞的直径在 3 ~ 6 nm 之间,孔洞的体积可达 28%。再通过弱碱处理,由于溶去孔洞内部的高 SiO_2 的残存区,可扩大孔洞直径。

其他不少玻璃也具有这种相分离及选择性腐蚀的性能。例如,简单的钠玻璃也可通过上述的热处理 —— 腐蚀工艺,获得孔洞直径为 0.7 nm 的疏松玻璃,显示分子筛的功能。

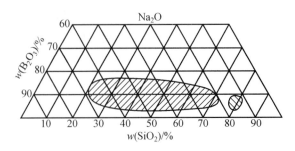

图 14 — 4　通过侵蚀可获得疏松玻璃的成分范围(影线区)

14.3　常用硅酸盐材料的耐蚀性能

14.3.1　天然耐蚀硅酸盐材料

天然耐蚀硅酸盐材料是化工防腐的重要材料之一,用它制成的粉料、砂子、石子是耐酸胶泥和混凝土中的主要填料。用天然耐蚀硅酸盐材料制成的块石在化工上用作地面、地沟和设备的防腐蚀面层。

按化学组成来说,天然硅酸盐材料是由各种硅酸盐类、铝硅酸盐或杂有其他氧化物的 SiO_2 所组成,其耐蚀性能主要取决于其中 SiO_2 的含量、矿物组成以及岩石的密度。一般耐酸材料中 SiO_2 的含量在 60%(质量分数)以上。

1. 花岗岩

花岗岩中平均含有 70% ~ 75% 的 SiO_2、13% ~ 15% 的 Al_2O_3 以及 7% ~ 10% 的碱性、碱土金属氧化物(Na_2O、CaO、MgO 等)。其主要矿物组成为长石和石英,其他还有少量云母、磁铁矿等,石英是最有用的组成部分,云母是有害的,它会降低花岗岩的机械强度。

花岗岩对硫酸(小于 98%)、硝酸(小于 65%) 和盐酸(小于 35%) 都有良好的耐蚀性,但不耐 HF 和高温磷酸的腐蚀。另外,花岗岩结构致密,孔隙少,耐碱性能也较好,并具有较高的耐风雨能力和耐冻性。

花岗岩的缺点是热稳定性不高,这是由于其密度大和各组分的线膨胀系数差别较大的缘故,所以使用温度不能超过 200 ~ 250 ℃。其次花岗岩的硬度很高(莫氏硬度 6.5 ~ 7),开采加工都较困难,再者是质地不够均匀,不同产地甚至同一矿区的岩石性能差异也很大。

在化工生产中,花岗岩常用来砌筑硝酸和盐酸的吸收塔、储槽、电解槽、碘和溴生产中的设备,以及作为耐酸地面、沟槽的面层和设备的基础。小块和粉状的花岗岩用作耐酸水泥和混凝土的填充物。

2. 石英岩

石英岩是由结晶形 SiO_2(石英) 被非晶形 SiO_2 胶结而成的一种变质岩,特点是 SiO_2 含量很高(质量分数为 90% ~ 99%)。

石英岩非常致密，几乎没有孔隙，因此是很优良的耐酸材料，耐酸度大于 98%，也有一定的耐碱性，并且因所含石英的线膨胀系数很小，其热稳定性亦较高。但石英岩的硬度很高，不易加工，因而未能很好应用。破碎及粉碎的石英岩是耐酸水泥和混凝土的良好材料。

3. 安山岩

安山岩是由中性斜长石和角闪石及少量石英所组成，含 SiO_2 为 52%～65%(质量分数)。安山岩的特点是耐酸性强、热稳定性好、硬度较小、加工比较容易。在化工防腐上可用作块材衬里材料及铺设地面表层，它的碎石和粉料是耐酸水泥和混凝土的优良填料。

4. 文石

文石主要含 SiO_2，耐酸度高，常温时能耐各种黏度的硫酸、硝酸、盐酸、磷酸、溴水等的腐蚀。但当温度高达 90 ℃ 时，对盐酸和碱液不耐腐蚀。文石的硬度小、质软、容易加工，可用作设备衬里(如电解槽顶盖的衬里层)。

5. 石棉

常用的石棉分为温石类石棉和闪石类石棉两种，它们都是纤维状结构。

温石类石棉的蕴藏量大，占石棉开采量的 95% 以上，其化学组成主要是含水硅酸镁，SiO_2 含量为 38%～44%(质量分数)。它不耐酸，在硫酸、盐酸和硝酸中的溶解度达 60%，对碱稳定，脆性较大，一般用作绝热和耐火材料。

闪石类石棉的化学组成主要是含水钙镁硅酸盐，SiO_2 含量为 51%～61%(质量分数)，其纤维有伸缩性及韧性，具有耐火性、耐酸性，能耐质量分数为 65% 的硝酸(沸腾)和 95% 的硫酸(100 ℃)，对沸腾的盐酸(质量分数为 38%)亦有较好的耐蚀性，但不耐HF 和氟硅酸，缺点是纤维太短。

石棉的使用温度为 600～800 ℃，超过 800 ℃ 就会丧失弹性和强度。

由于石棉耐火、耐酸(闪石类石棉)、耐碱(温石类石棉)，导热系数小，纤维强度高，可加工成织物，所以在工业上应用很广，用它可制成板、线绳。在很多场合下它们是机器和设备密封时最好的填料和衬垫物。石棉织物是过滤腐蚀性介质最好的材料之一。"法奥利特"就是酚醛树脂和石棉组成的耐腐蚀材料。

14.3.2 铸石

铸石是利用分布广泛的天然岩石——玄武岩、辉绿岩或某些工业废渣为主要原料，经配料、熔化、浇筑成型、结晶、退火工艺过程形成的一种工业材料。铸石中含有 SiO_2、Al_2O_3、CaO、Ti_2O_3、FeO 和少量的 TiO_2、K_2O、Na_2O、MnO_2 和 Cr_2O_3 等。它的特性是耐磨、耐腐蚀，并且具有优良的绝缘性和很高的抗压强度，可以广泛地应用于许多工业生产设备中，特别是在那些承受剧烈磨损和酸碱侵蚀的部位，以此代替各种黑色金属、有色金属、合金材料及橡胶等。其耐磨性比锰钢高 5～15 倍，比一般碳钢高十几倍，耐腐蚀性比不锈钢、铅和橡胶高得多，使用铸石制品不仅可以节约大量金属材料，而且还能延长设备寿命，效果十分显著。

作为一种工业材料,铸石制品在物理力学性能方面尚有许多缺点,例如它的抗冲击强度较差,在受到较大负荷的冲击下有被击破的可能。它的热稳定性差,在急冷急热的条件下容易炸裂。

铸石制品的品种很多,有板材、管材、粉、球以及各种异型产品。除了大量用于化工、冶金、矿山等工业部门外,还可用于纺织、食品、造纸等轻工业部门。

铸石的突出的特性表现在其耐腐蚀性方面。例如生产氨基乙酸的稀释锅,衬 4 mm 厚的铅板只能用 3 ~ 5 个月,改用辉绿岩铸石做衬里后,使用 10 年还完好。

14.3.3 化工陶瓷

陶瓷一般为陶器、炻器、瓷器等黏土制品的统称,其坯体主要由黏土、长石、石英配制而成。随着技术的发展,不断出现新的陶瓷品种,因此陶瓷制品的定义也在不断地扩大,凡以矿物或纯化合物为原料,采用制瓷的生产方法得到的硬度较大的制品都称为陶瓷。

陶瓷不但在日用品的生产中占有重要的地位,在工业上也是一种重要材料,广泛用于建筑、电器、化工、轻工等部门。陶瓷在化工防腐蚀上占有一定的地位,化工陶瓷设备除了要求耐腐蚀外,往往还要求尺寸较大,能够耐一定的温度急变、一定的压力等,所以和日用陶瓷及其他工业陶瓷有不同的特点,一般称为化工陶瓷。由于陶瓷的耐蚀性能较好而耐碱性差,所以又称为耐酸陶瓷。

化工陶瓷的原料大致可以分为三大类:

(1) 可塑性原料。主要是黏土,它赋予泥料以成型性能。

(2) 瘠性原料。主要是长石、石英,降低干燥、烧成收缩。

(3) 熔封原料。主要是长石,降低烧成温度。

将黏土、长石、石英等原料分别进行清洗,除去杂质并粉碎至一定细度,再按规定配比混合,然后用机械或手工做成所需要的形状,即为陶瓷生坯。生坯干燥后在高温下煅烧,可使坯体成为质地坚硬的陶瓷制品。

化工陶瓷的抗拉强度低,冲击韧性小,是典型的脆性材料,它的热稳定性不高。因此化工陶瓷的使用压力和使用温度都较低,一般在常压或一定真空度的场合,耐酸设备、管道推荐使用温度不大于 90 ℃,耐温设备、管道的使用温度不大于 150 ℃。

典型的化工陶瓷有高铝陶瓷和氮化硅陶瓷。

所谓高铝陶瓷就是以 Al_2O_3 和 SiO_2 为主要成分的瓷坯中,Al_2O_3 含量在 46%(质量分数)以上者。Al_2O_3 含量为 90% ~ 99.5%(质量分数)时称刚玉质瓷。Al_2O_3 含量越高,陶瓷的性能越好。

高铝陶瓷一般可制作如下部件:

(1) 泵用零件。密封滑环、泵的护袖套和叶轮都可以用 Al_2O_3 陶瓷制造。对于护袖套来说,主要利用材料的高耐腐蚀性来保护位于其中的钢轴,对叶轮而言,还利用了材料的耐磨性和高机械强度。

(2) 轴承。用 Al_2O_3 陶瓷制造轴承优点很突出,尤其是当轴承需要与水或其他腐蚀性介质接触、并且间歇使用时更是如此。

（3）活塞。用 Al_2O_3 陶瓷制造的活塞可以达到相当高的精度和表面质量。

（4）阀。由于能达到很低的表面粗糙度，Al_2O_3 陶瓷制造的阀座和阀球具有良好的密封性。又因为耐腐蚀性强，所以阀的寿命相当长。

反应烧结氮化硅陶瓷是一种新型的工程陶瓷材料。氮化硅陶瓷的原料丰富、加工方便、性能优良、用途广泛。因为它具有较好的加工性和无收缩性，所以，可以用较低的成本生产各种尺寸精确的部件，特别是形状复杂的部件。成品率高也是一般陶瓷所不具备的。

氮化硅陶瓷可制作泵的机械密封环。机械密封中的密封环有的要求在强腐蚀介质中工作。现在采用的机械密封环主要是用石墨、氧化铝、金属陶瓷、不锈钢、聚四氟乙烯等材料做的。这些材料有的不耐磨，有的不耐腐蚀，因此解决泵的机械密封就显得十分迫切。由于氮化硅的耐磨性、耐腐蚀性和耐温度急变性等性能都很好，所以是一种较理想的密封材料。

氮化硅陶瓷还可制作化工用的球阀。化工厂用的阀门大多在强腐蚀性介质中工作，有的还要经受较高的温度和压力。过去生产的球阀有的用铸铁制作，有的使用合金钢，寿命比较短。用反应烧结氮化硅做球阀的阀芯效果较好。

此外，氮化硅陶瓷可用作炼钢生产上的铁水流量计、农药喷雾器的某些部件、高温热电偶套管等。

14.3.4 玻璃

凡熔融体通过一定方式冷却，因黏度逐渐增加而具有固体的机械性质与一定结构特征的非晶体物质，不论其化学组成及硬化温度范围如何，都称为玻璃。

玻璃工业一般用多种无机矿物为原料，通过高温熔融，使其成为液体，然后按照需要制造成各种各样的玻璃制品。玻璃随所用原料配比的不同，其制品用途也各异。目前在化学、食品、医药、石油等工业中应用的玻璃为硼硅酸盐玻璃、低碱无硼玻璃以及石英玻璃和高硅氧玻璃。它们具有优良的耐化学腐蚀性，除 HF、热磷酸、热浓碱液外，几乎能耐所有的腐蚀性介质。同时，它的表面光滑，不易挂料，输送流体时阻力小，并具有能保持产品高纯度和便于观察生产过程等特点。工业上用来制作分馏塔、吸收塔、蒸发器、换热器以及管道、阀门和玻璃泵等，此外，还用作管道和设备的衬里。

玻璃的缺点和陶瓷一样，是典型的脆性材料，又因受到熔制技术的限制，其尺寸不能过大，因此在一定程度上限制了它的广泛使用。为了克服和弥补玻璃脆性的特点，现已着手从玻璃的组成、结构设计等方面进行改进，例如微晶玻璃的生产、钢衬玻璃管道、钢制设备喷涂等方法，从而大大地扩大了玻璃的应用范围。

14.3.5 化工搪瓷

搪瓷就是将瓷釉涂搪在金属底材上，经过高温烧制而成的，它是金属和瓷釉的复合材料。

　　化工搪瓷是将硅含量高的耐酸瓷釉涂敷在钢（铸铁）制设备的表面上，经高温煅烧使之与金属密着，形成致密的、耐腐蚀的玻璃质薄层（厚度一般为 0.8～1.5 mm）。这样的设备称为化工搪瓷设备。化工搪瓷设备兼具有金属设备的力学性能和瓷釉的耐腐蚀性的双重优点，除 HF 和含有 F⁻ 的介质、高温磷酸以及强碱外，能耐各种浓度的无机酸、有机酸、盐类、有机溶剂和弱碱的腐蚀，表面光滑易清洗，并有防止金属离子干扰化学反应和沾污产品的作用。因此广泛应用于化学工业各个部门，特别对有机和制药工业来说，是一种不可缺少的设备。

　　搪瓷釉是一种化学成分复杂的碱－硼－硅酸盐玻璃。与一般玻璃有着显著的差别。

　　一般玻璃是一种独立的结构材料，可以制成各种玻璃制品，而且制品仍保持原有的成分和性质。搪瓷釉则是用来涂盖各种金属制品，烧结后在制品表面形成瓷釉层。瓷釉层的化学成分及其结构和原来的瓷釉不同，它是由瓷釉颗粒和添加物颗粒组成的不均匀玻璃层。对于玻璃来说，要求透明，故结晶是一种缺陷，而对瓷釉则常有意让它结晶，即在其组成中引入相应的组分 —— 乳浊剂（氟化物和锡、锑等氧化物）使它结晶成不透明状以遮盖金属表面。玻璃的热膨胀系数要求越小越好，这样热稳定性好，但对瓷釉则要求它与所涂金属的热膨胀系数尽量一致，以便与金属能够密着。为此，要在瓷釉组成中引入密着剂（Co、Ni、Cu、Mn 等的氧化物），并且对瓷釉的熔融温度和在此温度下黏度、表面张力等也要有一定的要求。通常的玻璃在瓷釉的烧成温度下（900 ℃ 左右）黏度很高，热膨胀系数很小，不能用作瓷釉。

　　制造瓷釉的原料种类很多。所有的瓷釉都是由石英砂、长石等天然岩石加上助熔剂（如硼砂、纯碱、碳酸钾、氟化物等）以及少量能使瓷釉起牢固密着和给瓷釉以其他性能的物质（Co、Ni、Cu、Sb、Sn 等金属氧化物）构成。这些原料经粉碎后，按所需比例混合，在 1 130～1 150 ℃ 的高温下熔融而成玻璃状物质。通常将上述熔融物加水、黏土、石英、乳浊剂等（总称为磨加物）在研磨机内充分磨细，即成瓷釉浆。将这些瓷釉浆以均匀的薄层涂覆在钢铁表面上，经烘干，并在 800～900 ℃ 温度下烧结，即成黏附在钢铁表面上的致密的玻璃质层。

　　实践证明，为了获得良好的搪瓷效果，必须在钢铁表面上涂覆两层组成不同的瓷釉。第一层是直接涂覆在钢铁表面上的称为底釉。它是金属底材与瓷釉之间的一种固体化合物的涂层，直接搪烧在钢铁表面上。底釉的配料要求是：瓷釉熔融物的表面张力要小，黏度适当，并与钢铁有尽可能一致的热膨胀系数，此外还要求底釉的熔融温度与范围要适当。用于铸铁的底釉与钢板的不同，一般采用黏度特别大的不熔化的烧结底釉或半熔化的半熔底釉，以使底釉层呈多孔结构让气体顺利逸出。另一层是涂覆在已烧成的底釉层上的称为面釉，面釉烧成后，在使用时就直接与腐蚀性介质相接触。所以它具有耐腐蚀性和耐磨性，并赋予搪瓷设备以光泽和一定的色调，以遮盖深色底釉和钢铁的颜色。使钢铁不受腐蚀主要是底釉的作用。

　　由于面釉是涂搪在已烧成的底釉上，故要求面釉要比底釉略为易熔，否则，常会从钢铁中析出新的气体，并在面釉上形成气孔。面釉的黏度也应比底釉低，其热膨胀系数与底釉相近，以便形成与底釉密合的、光滑平整和致密的瓷釉层。面釉一般涂覆两次或三次,每涂一次就要烧成一次。

化工搪瓷设备的金属底材,一般都采用低碳钢焊制,也有的用铸铁及钛钢,金属底材选择恰当与否直接影响搪瓷的质量。钢坯材料的化学成分对搪瓷质量有很大的影响,必须严格要求。考虑到搪瓷用钢需在 700 ~ 900 ℃ 高温下多次搪烧,因此一般都采用低碳钢。

化工搪瓷设备必须很好维护才能延长使用寿命。搪瓷设备不能用金属锤或其他硬物锤击敲打,搬运安装等要避免碰撞。化工搪瓷设备应妥善保管,如在室外放置时,应遮盖好,防止雨淋,特别是温度计套管要遮盖好防止水灌入,防止冬季结冰将瓷层胀裂。

化工搪瓷设备在每次物料反应完毕出料后,必须进行详细检查,如发现有裂纹、爆瓷等损坏,必须及时修补,方可使用。

要定期进行清洗,严禁酸液进入夹套内。不应该在搪瓷设备的外壁直接焊接,必要时在夹套上焊接接管,而且要特别小心,一定要用电焊,速度要快,并采取冷却措施。加热时注意勿直接用火,要用蒸汽、油浴等加热。加料和出料时均需缓慢升温、降温。操作时要求缓慢升压降压,使用时要尽量避免设备受振动,并应尽量避免酸碱介质交替使用等。

14.3.6   水玻璃耐酸胶凝材料

水玻璃耐酸胶凝材料包括水玻璃耐酸胶泥、砂浆和混凝土,它们是以水玻璃(硅酸钠水溶液)为胶结剂,氟硅酸钠为硬化剂,以及耐酸粉料,或再加上耐酸砂和碎石(总称为耐酸填料)按一定比例调制而成,最后在空气中凝结硬化成石状材料。

通常先将耐酸粉料和固态硬化剂(氟硅酸钠)按比例均匀混合(一般氟硅酸钠为粉料质量的 4% ~ 6%)以待使用,这种混合料即为水玻璃耐酸水泥,简称耐酸水泥或耐酸灰。又常按所用耐酸粉料的种类分别命名,如辉绿岩粉耐酸水泥、粉状石英耐酸水泥以及其他耐酸水泥等。

将耐酸水泥与适当量的水玻璃溶液混合后,所得胶泥状的物料称为耐酸胶泥。将耐酸水泥配以适量的砂,或再加入一定粒度级别的耐酸碎石,与水玻璃均匀混合,即得水玻璃耐酸砂浆或耐酸混凝土。

除 HF、热磷酸、高级脂肪酸及碱性介质外,它对其他无机酸和有机酸都具有良好的耐酸稳定性,特别适用于耐强氧化性酸。此外,它的原料资源丰富,价格较低。因此在化工及其他工业部门中广泛采用。此种耐酸胶泥可以作为砌衬设备的耐酸块材时的黏结剂。采用水玻璃耐酸混凝土、砂浆作为结构材料,浇注整体式设备(耐酸池、槽)和耐酸地坪,还可以用作整体衬里设备材料,防止腐蚀和代替金属材料。

思   考   题

1.试述硅酸盐材料的腐蚀特点及影响因素?

2.玻璃的腐蚀有哪几种形式? 其腐蚀机理是什么?

3.化工搪瓷是如何制成的? 其组成特点是什么? 是否能耐受各种酸、碱、盐的腐蚀?

第3篇　有机材料的腐蚀

第15章　有机高分子材料的腐蚀

通常,有机高分子材料(在本篇后述内容中简称高分子材料)具有较好的耐腐蚀性能,但是由于高分子材料的成分、结构、聚集态和添加物以及腐蚀介质的多样性,高分子材料的腐蚀行为和机理与金属材料明显不同,特别是由于高分子材料普遍应用的历史不长,对高分子材料腐蚀的研究远不如对金属材料腐蚀研究得深入和透彻。考虑到高分子材料在工程领域中的应用越来越重要,迫切需要加强对高分子材料腐蚀的研究。

15.1　高分子材料

高分子材料是由分子质量特别大的高分子化合物构成的一类材料。通常高分子化合物的分子质量高达50万～60万。一般低分子化合物的分子所含的原子数为几个、几十个,甚至是几百个,很少有几千个以上的,而高分子化合物的分子所含的原子数,却少有几千以下的,大都是几万到几百万,甚至更大。所以,高分子材料是分子量特别大的化合物,而且它们又大都是由小分子以一定方式重复连接起来的。

高分子材料有天然和人工合成两大类:天然高分子材料包括纤维素、淀粉、蛋白质等;人工合成高分子材料包括热固性塑料、热塑性塑料和弹性体三类。人工合成高分子材料称为高分子合成材料,一般具有天然高分子材料不具备的优异性能,是高分子化工生产和研究的主要对象。其中,热固性塑料具有网状的立体结构,经过一次受热软化(或熔化)及冷却凝固成型后,再进行加热就不再软化,强热可使其分解破坏,因此不能反复塑制;热塑性塑料具有链状的线性立体结构,受热软化,可反复塑制;弹性体是具有高弹性(弹性应变可高达500%)的橡胶。热塑性塑料又可分为普通塑料和工程塑料两类:前者仅能作为非结构材料,而后者具有较好的性能,可作为结构材料使用。

15.1.1　高分子材料腐蚀的定义

高分子材料在加工、储存和使用过程中,由于内因和外因的综合作用,其物理化学性能和力学性能逐渐变坏,以致最后丧失使用价值,这种现象称为高分子材料的腐蚀,通常称之为老化。这里,内因指高聚物的化学结构、聚集态结构及配方条件等。外因则比较复杂,包括物理因素,如光、热、高能辐射、机械作用力等;化学因素,如氧、臭氧、水、酸、碱等;生物因素,如微生物、海洋生物等。

高分子材料的老化主要表现在:

(1) 外观的变化。出现污渍、斑点、银纹、裂缝、喷霜、粉化及光泽、颜色的变化。

(2) 物理性能的变化。包括溶解性、溶胀性、流变性能,以及耐寒、耐热、透水、透气等性能的变化。

(3) 力学性能的变化。如抗张强度、弯曲强度、抗冲击强度等的变化。

(4) 电性能的变化。如绝缘电阻、电击穿强度、介电常数等的变化。

15.1.2 高分子材料腐蚀的类型

高聚物的老化可分为化学老化与物理老化两类。

(1) 化学老化。

化学老化是指化学介质或化学介质与其他因素(如力、光、热等)共同作用下所发生的高分子材料破坏现象,主要发生主键的断裂,有时次价键的破坏也属化学老化。因此,化学老化又可分为化学过程和物理过程引起的两种老化形式。主要是大分子的降解和交联作用。

降解是高聚物的化学键受到光、热、机械作用力、化学介质等因素的影响,分子链发生断裂,从而引发的自由基链式反应。如:

$$—CH_2—CH_2—CH_2—CH_2— \longrightarrow —CH_2\overset{\bullet}{—}CH_2 + \overset{\bullet}{C}H_2—CH_2—$$

交联是指断裂了的自由基再互相作用产生交联结构,如:

$$
\begin{array}{c}
—CH_2—CH—CH_2— \\
\overset{\bullet}{} \\
+ \\
—CH_2—CH—CH_2— \\
\overset{\bullet}{}
\end{array}
\longrightarrow
\begin{array}{c}
—CH_2—CH—CH_2— \\
| \\
—CH_2—CH—CH_2—
\end{array}
$$

降解和交联对高聚物的性能都有很大的影响。降解使高聚物的分子量下降,材料变软发黏,抗张强度和模量下降;交联使材料变硬,变脆,伸长率下降。物理过程引起的化学老化没有化学反应发生,多数是次价键被破坏,主要有溶胀与溶解、环境应力开裂、渗透破坏等。溶胀和溶解是指溶剂分子渗入材料内部,破坏大分子间的次价键,与大分子发生溶剂化作用,环境应力开裂指在应力与介质(如表面活性物质)共同作用下,高分子材料出现银纹,并进一步生长成裂缝,直至发生脆性断裂;渗透破坏指高分子材料用作衬里,当介质渗透穿过衬里层而接触到被保护的基体(如金属)时所引起的基体材料的破坏。

（2）物理老化。

高聚物的物理老化仅指由于物理作用而发生的可逆性的变化,不涉及分子结构的改变。

15.2　高分子材料的腐蚀机理

15.2.1　介质的渗透

高分子材料的耐蚀性与其抗渗透能力直接有关。腐蚀介质渗入高分子材料内部会引起反应。高分子材料的大分子及腐蚀产物的热运动较困难,难于向介质中扩散。所以,腐蚀反应速度主要取决于介质分子向材料内部的扩散速度。

1.增重率

在高分子材料受介质侵蚀时,经常通过测定浸渍增重率来评定材料的耐腐蚀性能。增重率实质上是介质向材料内渗入扩散与材料组成物质、腐蚀产物逆向溶出的总和。因此,在溶出量较大的情形,仅凭增重率来表征材料的腐蚀行为常导致错误的结论。由于在防腐蚀领域中使用的高分子材料耐腐蚀性较好,大多数情况下向介质溶出的量很少,可以忽略,所以,可将浸渍增重率看作是介质向材料渗入引起的。但在实际的腐蚀实验中,因腐蚀条件的多样性,必须考虑溶出这一因素。

增重率是指渗入的介质质量 q 与试样原始质量的比值,其意义是单位质量的试样所吸收的介质量。但是,介质是通过试样表面渗入的,渗入速度在很大程度上依赖于试样的总表面积 A。使用单位表面积的渗入量 q/A 来描述高聚物的渗透规律,在浸渍初期比增重率更符合实际。单位时间内通过单位面积渗透到材料内部的介质质量,定义为渗透率,以 J 表示,即

$$J = \frac{q}{At}$$

2.菲克定律

由浓度梯度引起的扩散运动,若经历一定时间后,介质的浓度分布只与介质渗入至高聚物内的距离 x 有关,而不随时间变化,即 $dC/dt = 0$,则就达到了稳定扩散,此时扩散运动服从菲克第一定律:

$$J = \frac{dq}{dAdt} = D\frac{dC}{dx}$$

式中　　J——渗透率;

　　　　D——扩散系数;

　　　　dC——浓度梯度。

若 D 为定值,则有

$$J = \frac{D(C_0 - C)}{l}$$

式中　　l——试样厚度；

　　　　C——介质浓度。

由上式可知，对于稳态扩散过程，渗透率 J 只与扩散系数 D、试样厚度 l 以及浓度差 ΔC 有关，而与浓度分布形式无关。因此，只要测出试样的厚度 l、面积 A、浓度差 ΔC 及一定时间内的渗透量 q，即可求得 J 与 D。

当渗透介质呈气态时，可用蒸汽压 p 表示其浓度

$$C = Sp$$

式中　　S——溶解度系数。

设与浓度 C_0、C 相应的蒸汽压分别为 p_0、p，则

$$J = \frac{DS(p_0 - p)}{l} = \frac{P(p_0 - p)}{l}$$

式中　　$P = DS$——渗透系数。

因此，气体在高分子材料内的渗透能力也可以用渗透系数 P 来表征。气体的渗透速率与扩散系数、溶解能力有关。介质的扩散系数大，溶解能力强，渗透就容易，材料就易于腐蚀。

对于 $dC/dt \neq 0$ 的非稳态扩散情况，可用菲克第二定律来描述。

$$\frac{C}{t} = D\,\frac{\partial^2 C}{\partial X^2}$$

15.2.2　溶胀与溶解

1.高聚物的溶解过程

高聚物的溶解过程一般分为溶胀和溶解两个阶段。溶胀和溶解与高聚物的聚集态结构是非晶态还是晶态结构有关，也与高分子是线形还是网状、高聚物的分子质量大小及温度等因素密切相关。

（1）非晶态高聚物的溶解。

非晶态高聚物聚集得比较松散，分子间隙大，分子间的相互作用力较弱，溶剂分子易于渗入到高分子材料内部。若溶剂与高分子的亲和力较大，就会发生溶剂化作用，使高分子链段间的作用力进一步削弱，间距增大。但是，由于高聚物分子很大，又相互缠结，因此，即使已被溶剂化，仍极难扩散到溶剂中去。所以，虽有相当数量的溶剂分子渗入到高分子内部，并发生溶剂化作用，但也只能引起高分子材料在宏观上产生体积与质量的增加，这种现象称为溶胀。大多数高聚物在溶剂的作用下都会发生不同程度的溶胀。

高聚物发生溶胀后是否发生溶解，则取决于其分子结构，若高聚物为线形结构，则溶胀可以一直进行下去。大分子充分溶剂化后，也可缓慢地向溶剂中扩散，形成均一的溶液，完成溶解过程。但如果高聚物是网状体型结构，则溶胀只能使交联键伸直，难以使其断裂，所以这类高聚物只能溶胀不能溶解。而且，随着交联程度的增加，其溶胀度下降。

线型非晶态高聚物随着温度的变化呈现玻璃态、高弹态和黏流态等三种物理状态。在这几种状态下,高聚物分子链段的热运动的能力有极大的差别。在玻璃态下,基本上没有分子链段的热运动;在高弹态下,分子链段可以比较自由地进行热运动;在黏流态下,分子链段甚至整个大分子都在进行运动。因此,与分子链段相关的溶胀和溶解过程在这三种状态下也不同,如图 15－1 所示。其中,在玻璃化温度 T_g 以下对应玻璃态;在黏流温度 T_f 以上,对应黏流态;在 T_g 和 T_f 之间为高弹态。

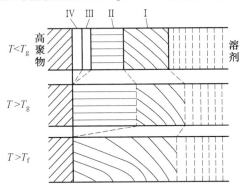

图 15－1　非晶态高聚物溶胀层的结构示意图

在 $T < T_g$ 时,非晶态高聚物的溶胀层由四部分组成,在大多数情况下,这四个区域的总厚度为 0.01 ~ 0.1 cm。在 Ⅰ 区中,高分子已经全部溶剂化,呈黏液状,称液状层;Ⅱ 区中,有大量溶剂,呈透明凝胶状,称凝胶层;Ⅲ 区中,虽含有溶剂,但较少,高聚物层呈溶胀状,仍处于玻璃态,称为固体溶胀层;Ⅳ 区中含溶剂很少,且溶剂主要存在于高聚物的微裂纹及空洞中,称为渗透层。上述四层中,Ⅰ 和 Ⅱ 区所占比例最大。由于它们的存在(特别是 Ⅱ 区)妨碍了小分子的进一步渗透,所以是影响溶解速度的主要障碍。高聚物的分子质量增大,溶胀层的厚度增加,导致高聚物的溶解速度明显下降。由图中可以看出,随温度增加,分子链热运动加剧,溶胀层的层次变少,表明溶胀和溶解加快了。在 $T > T_f$ 时就只有 Ⅰ 区,这时高聚物呈黏流态,溶解过程实际上变为两种液体的混合过程。

(2) 结晶态高聚物的溶解。

结晶态高聚物的分子链排列紧密,分子链间作用力强,溶剂分子很难渗入并与其发生溶剂化作用,因此,这类高聚物很难发生溶胀和溶解。即使可能发生一定的溶胀,也只能从其中的非晶区开始,逐步进入晶区,所以速度要慢得多。当溶剂不能使大分子充分溶剂化时,即使对于线型高聚物来说,也只能溶胀到一定程度,而不能发生高分子材料的溶解,此时,可通过升高温度和介质的浓度来使之逐渐溶解。

溶胀的结果使得高聚物宏观上体积显著膨胀,虽仍保持固态性能,但强度、伸长率急剧下降,甚至丧失其使用性能。如图 15－2 所示为硬聚氯乙烯因水分的渗入使力学性能下降的情况。可见,溶胀和溶解对材料的力学性能有很强的破坏作用。所以在防腐使用中,应尽量防止和减少溶胀和溶解的发生。

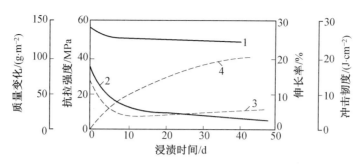

图 15 − 2　硬聚氯乙烯中水的渗入量及其对性能的影响
1— 抗拉强度；2— 伸长率；3— 冲击韧度；4— 质量变化

2. 高分子材料的耐溶剂性

为避免高分子材料因溶胀、溶解而受到溶剂的腐蚀，在选用耐溶剂的高分子材料时，可依据以下几条原则：

（1）极性相近原则。

极性大的溶质易溶于极性大的溶剂，极性小的溶质易溶于极性小的溶剂。这一原则在一定程度上可用来判断高分子材料的耐溶剂性能。

天然橡胶、无定型聚苯乙烯、硅树脂等非极性高聚物易溶于汽油、苯和甲苯等非极性溶剂中，而对于醇、水、酸碱盐的水溶液等极性介质，耐蚀性较好，对中等极性的有机酸、酯等有一定的耐蚀能力。

极性高分子材料如聚醚、聚酰胺、聚乙烯醇等不溶或难溶于烷烃、苯、甲苯等非极性溶剂中，但可溶解或溶胀于水、醇、酚等强极性溶剂中。

中等极性的高分子材料如聚氯乙烯、环氧树脂、氯丁橡胶等对溶剂有选择性的适应能力，但大多数不耐酯、酮、卤代烃等中等极性的溶剂。

一般来说，溶剂与大分子链节结构类似时，常具有相近的极性，并能相互溶解。

极性相近原则并不严格，如聚四氟乙烯为非极性，但却不能溶于任何冷、热溶剂。

（2）溶度参数相近原则。

溶度参数是纯溶剂或纯聚合物分子间内聚力强度的度量。对非极性或弱极性而又未结晶的高聚物来说，要使溶解过程自动进行，通常要求高聚物与溶剂的溶度参数尽量接近。一般地，溶剂溶度和高聚物溶度的差值 $|\delta_1-\delta_2|>3.5\sim4.1\ \mathrm{J}^{1/2}\cdot\mathrm{cm}^{-3/2}$，高聚物就不溶解。有人建议，将耐溶剂性按溶度参数差分为三级：

$|\delta_1-\delta_2|>5.1\ \mathrm{J}^{1/2}\cdot\mathrm{cm}^{-3/2}$　　　　　　耐腐蚀

$|\delta_1-\delta_2|>3.5\sim5.1\ \mathrm{J}^{1/2}\cdot\mathrm{cm}^{-3/2}$　　　尚耐腐蚀，或有条件耐蚀

$|\delta_1-\delta_2|<3.5\ \mathrm{J}^{1/2}\cdot\mathrm{cm}^{-3/2}$　　　　　　不耐蚀

因此，从溶剂与高聚物的溶度参数即可判断非极性高分子材料的耐溶剂能力，差值大时耐溶剂好。

必须指出，溶度参数相近原则只适用于非极性体系，对于极性较强或能生成氢键的体系则不完全适用。

（3）溶剂化原则。

高聚物的溶胀和溶解与溶剂化作用相关。所谓溶剂化作用，就是指溶质和溶剂分子之间的作用力大于溶质分子之间的作用力，以致溶质分子彼此分离而溶解于溶剂中。研究表明，当高分子与溶剂分子所含的极性基团分别为亲电基团和亲核基团时，就能产生强烈的溶剂化作用而互溶。常见的亲电、亲核基团的强弱次序为

亲电基团：

$-SO_2OH > -COOH > -C_6H_4OH > -CHCN > =CHNO_2 > =CHONO_2 > -CHCl_2 > =CHCl$

亲核基团：

$-CH_2NH_2 > -C_6H_4NH_2 > -CON(CH_3)_2 > -CONH- > \equiv PO_4 > -CH_2COCH_2- > -CH_2OCOCH_2- > -CH_2-O-CH_2-$

具有相异电性的两个基团，极性强弱越接近，彼此间的结合力就越大，溶解性也就越好。如硝酸纤维素含亲电基团硝基，故可溶于含亲核基团的丙酮、丁酮等溶剂中。如果溶质所带基团的亲核或亲电能力较弱，即在上述序列中比较靠后，则溶解不需要很强的溶剂化作用，可溶解它的溶剂较多。如聚氯乙烯，$=CHCl$ 基团只有弱的亲电性，可溶于环己酮、四氢呋喃中，也可溶于硝基苯中。如果聚合物含有很强的亲电或亲核基团时，则需要选择含相反基团系列中靠前的溶剂。例如，聚酰胺－66 含有强亲核基团酰胺基，要以甲酸、甲酚、浓硫酸等做溶剂。含亲电基团$=CH-CN$ 的聚丙烯腈，则要用含亲核基团 $-CON(CH_3)_2$ 的二甲基甲酰胺做溶剂。

氢键的形成是溶剂化的一种重要的形式。形成氢键有利于溶解。

将上述三原则结合起来考虑，以判断高聚物的耐溶剂性，准确性可达 95% 以上。

15.2.3　应力腐蚀开裂

1.应力腐蚀开裂现象

当高分子材料处于某种环境介质中时，往往会比在空气中的断裂应力或屈服应力低得多的应力下发生开裂，这种现象称为高分子材料的应力腐蚀开裂（或环境应力开裂）。同样，诱导应力腐蚀开裂的应力包括外加应力和材料内部的残余应力。虽然广义的介质包括液体、气体和固体，但是对高分子材料来说，液态介质环境更具实际意义。

高分子材料应力腐蚀开裂的特点：

① 高分子材料应力腐蚀开裂是一种从表面开始发生破坏的物理现象，从宏观上看呈脆性破坏，但若用电子显微镜观察，则属于韧性破坏。

② 不论负载应力是单轴或多轴方式，总是在比空气中的屈服应力更低的应力下发生龟裂滞后破坏。

③ 在裂缝的尖端部位存在着银纹区。

④ 与金属材料的应力腐蚀开裂不同，材料并不发生化学变化。

⑤ 在发生开裂的前期状态中，屈服应力不降低。

研究高分子材料在特定介质中产生的应力腐蚀开裂，可检测材料的内应力和耐开

裂性能,用以对材料性能进行评价及质量管理。

2.应力腐蚀开裂机理

(1)银纹与裂缝。

高聚物的开裂首先从银纹开始。所谓银纹就是在应力与介质的共同作用下高聚物表面所出现的众多发亮的条纹。银纹是由高聚物细丝和贯穿其中的空洞所组成,如图15-3所示。在银纹内,大分子链沿应力方向高度取向,所以银纹具有一定的力学强度和密度。介质向空洞加剧渗透和应力的作用,又使银纹进一步发展成裂缝,如图15-4所示。裂缝的不断发展,可能导致材料的脆性破坏,使长期强度大大降低。

(a) 银纹　　　　　　　　　　　(b) 裂缝

图 15-3　银纹和裂缝的示意图

(2)应力腐蚀开裂机理。

化学介质种类不同,其应力腐蚀开裂机理也不同。

① 非溶剂型介质。包括醇类和非离子型表面活性剂等表面活性介质。这类介质对高聚物的溶胀作用不严重。介质能渗入材料表面层中的有限部分,产生局部增塑作用。于是在较低应力下被增塑的区域产生局部取向,形成较多的银纹。这种银纹初期几乎是笔直的,末端尖锐,为应力集中物。试剂的进一步侵入,使应力集中处

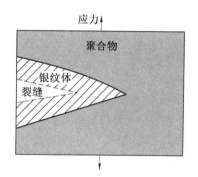

图 15-4　银纹发展成裂缝示意图

的银纹末端进一步增塑,链段更易取向、解缠,于是银纹逐步成长、汇合,直至开裂。这是一种典型的应力腐蚀开裂。可用表面能降低的理论来解释这种现象。

② 溶剂型介质。其溶度参数与高聚物的相近,因此对材料有较强的溶胀作用。这类介质进入大分子之间起到增塑作用,使链段易于相对滑移,从而使材料强度严重降低,在较低的应力作用下可发生应力开裂。这种开裂为溶剂型开裂,在开裂之前产生的银纹很少,强度降低是由于溶胀或溶解引起的。对这类介质,若作用时间较短,介质来不及渗透很深,这时也能在一定的应力作用下产生较多银纹,出现应力腐蚀开裂现象。但若作用时间较长,应力较低,则介质浸入会较充分,易出现延性断裂,即不是应力腐蚀开裂。

③ 强氧化性介质。如浓硫酸、浓硝酸等。这类介质与高聚物发生化学反应,使大分子链发生氧化降解,在应力作用下,就会在少数薄弱环节处产生银纹,银纹中的空隙又会进一步加快介质的渗入,继续发生氧化裂解。最后在银纹尖端应力集中较大的地方使大分子断链,造成裂缝,发生开裂。这类开裂产生的银纹极少,甚至比上一类还少,

但在较低的应力作用下可使极少的银纹迅速发展,导致脆性断裂。这类开裂称为氧化应力开裂,严格地说,不属于环境应力开裂范畴。

15.2.4 氧化降解与交联

1. 高聚物的氧化机理

高聚物在加工和使用时通常都要接触空气,因此氧的作用非常重要。在室温下,许多高聚物的氧化反应十分缓慢,但在热、光等作用下却使反应大大加速,因此氧化降解是一个非常普遍的现象。高聚物的氧化反应有自动催化行为,属于自由基链式反应机理。反应分为链的引发、增长(具有自由基增多的含义)和终止等几个阶段。

(1) 链引发。

对大多数高聚物,引发反应为

$$RH \longrightarrow R \cdot + H \cdot \tag{15-1}$$

这步反应通常主要由物理因素引发,如紫外辐射、离子辐射、热、超声波及机械作用等,也可由化学因素引发,如催化作用,直接与氧、单线态氧、原子氧或臭氧反应。不过,通过分子氧与高聚物直接反应夺走一个氢原子来引发反应是不可能的,因为这是一个吸热反应,需要 $12.5 \sim 16.7$ kJ/mol 的热量。

对于商品高聚物,在合成和加工期间引入的少量氢过氧化物杂质的热解,是最主要的引发方式。此反应可在较低温度下进行,产生自由基 $R \cdot$:

$$ROOH \longrightarrow RO \cdot + \cdot OH \tag{15-2}$$

$$RH + \cdot OH \longrightarrow R \cdot + H_2O \tag{15-3}$$

$$RH + RO \cdot \longrightarrow ROH + R \cdot \tag{15-4}$$

(2) 链增长。

引发过程生成的大分子自由基($R \cdot$)很容易通过加成反应与 O_2 作用,生成高分子自由基($ROO \cdot$),$ROO \cdot$ 能从其他高聚物分子或同一分子上夺取氢生成高分子氢过氧化物($\cdot ROOH$):

$$R \cdot + O_2 \longrightarrow ROO \cdot \tag{15-5}$$

$$ROO \cdot + RH \longrightarrow ROOH + R \cdot \tag{15-6}$$

式(15-5)和式(15-6)的反应不断进行,使 ROOH 浓度增大。

(3) 链支化。

高分子氢过氧化物分解产生自由基,并参与链式反应:

$$ROOH \longrightarrow RO \cdot + \cdot OH \tag{15-7}$$

$$RO \cdot + RH \longrightarrow ROH + R \cdot \tag{15-8}$$

$$HO \cdot + RH \longrightarrow H_2O + R \cdot \tag{15-9}$$

因 RO—OH、R—OOH 和 ROO—H 键的解离能分别为 175 kJ/mol、290 kJ/mol 和 370 kJ/mol,所以在热或波长大于 300 nm 的紫外光照射条件下,ROOH 的分解以式(15-7)为主。

（4）链终止。

当上述反应形成的自由基达到一定浓度时，因彼此碰撞而终止：

$$\left.\begin{array}{l} ROO\cdot+ROO\cdot \\ ROO\cdot+R\cdot \\ R\cdot+R\cdot \end{array}\right\}\longrightarrow 不活泼产物 \tag{15-10}$$

当氧的压力高（如与空气中相等或更高）时，$R\cdot$ 与 O_2 的结合速率非常快，以致 $[R\cdot]\ll[RO_2\cdot]$，终止反应几乎完全按式（15-10）中的第一个反应进行。在氧压力很低（小于 100 mmHg）或温度较高且碳氢化合物的反应活性极强时，稳定时 $R\cdot$ 浓度增大，三种终止反应均起作用。

因自由基在高分子链上所处的位置不同，最终得到的是既有降解又有交联的稳定产物。

2. 热氧老化与稳定

单纯热即可使高聚物降解，但热氧老化是高聚物最主要的老化形式。热氧老化是由于高聚物引发产生自由基而发生式（15-1）、式（15-5）～ 式（15-10）的自动氧化反应。

对于热氧老化，最方便、最经济的稳定化措施就是在高聚物中添加稳定剂，组成合理的配方。抗热氧老化的稳定剂，依其作用机理分为链式反应终止剂和抑制性稳定剂两类。

（1）链式反应终止剂（主抗氧剂）。

抗氧剂（AH）主要是通过与自由基作用，而使之被捕获或失去反应活性。这类抗氧剂有苯醚、叔胺、仲胺和受阻酚等。

链转移

$$R\cdot+AH\longrightarrow RH+A\cdot \tag{15-11}$$

$$RO_2\cdot+AH\longrightarrow ROOH+A\cdot \tag{15-12}$$

链终止

$$A\cdot+RO_2\cdot\longrightarrow 稳定产物 \tag{15-13}$$

$$2A\cdot\longrightarrow 稳定产物 \tag{15-14}$$

（2）抑制性稳定剂（辅助抗氧剂）。

抑制性稳定剂主要有过氧化物分解剂和金属离子钝化剂。前者与氢过氧化物作用，使氢过氧化物分解为非活性物质，如长链脂肪族含硫酯、亚磷酸酯等；后者是基于金属离子催化 ROOH 分解产生自由基：

$$M^{n+}+ROOH\longrightarrow RO\cdot+M^{n+1}+OH^- \tag{15-15}$$

$$M^{n+}+ROOH\longrightarrow RO_2\cdot+M^{n+}+H^+ \tag{15-16}$$

需将残留的金属离子加以钝化。芳香胺和酰胺类化合物是比较有效的金属离子钝化剂。

3. 臭氧老化与稳定

大气中臭氧质量分数约为 0.01×10^{-6}，严重污染时可达 1×10^{-6}，但这些微量 O_3 却可使某些结构高聚物如聚乙烯、聚苯乙烯、橡胶和聚酰胺等发生降解。在应力作用下，高聚物表面会产生垂直于应力的裂纹，称为臭氧龟裂。

臭氧与含不饱和双键聚合物（如橡胶）反应生成臭氧化物，接着发生主键破裂：

$$—CH_2—CH=CR—CH_2— \xrightarrow{O_3} —CH_2—\underset{\underset{\displaystyle O}{\displaystyle |}}{CH}—\underset{\underset{\displaystyle O}{\displaystyle |}}{CR}—CH_2— \longrightarrow 断键$$

裂解产物为端部含醛的短链及聚过氧化物或异臭氧化物，后者可进一步降解。产物中的氧化物结构为有效的生色团，吸光后可发生光氧化降解反应。相反，臭氧与饱和高聚物的反应要缓慢得多。臭氧老化可用抗氧化剂及抗臭氧剂来防护。

15.2.5　光氧老化

高分子材料在户外使用，经常受到日光照射和氧的双重作用，发生光氧老化，出现泛黄、变脆、龟裂、表面失去光泽、机械强度下降等现象，最终失去使用价值。光氧老化是重要的老化形式之一，反应的发生与光线能量和高分子材料的性质有关。

1. 光氧化机理

光线的能量与波长有关，波长越短，能量越大。太阳光的波长从 200 nm 一直延续到 1×10^4 nm 以上，当通过大气时，短波长部分被大气吸收，照射到地面上的光波长大于 290 nm。

光波要引发反应，首先需有足够的能量，使高分子激发或价键断裂；其次是光波能被吸收。通常，典型共价键的解离能为 300 ～ 500 kJ/mol，与之对应的波长为 400 ～ 240 nm，波长为 290 ～ 400 nm（400 ～ 300 kJ/mol）的近紫外光波有足够能量使某些共价键断裂。如图 15－5 所示为能打断相应化学键的光能量的相对分数。可以看到，C—H、C—F、O—H、C=C、C=O 的键能很高，照到地面上的近紫外光不能将其破坏；约有 5% 的太阳光可打断 C—C 键；有 50% 以上的太阳光可使 O—O 和 N—N 键断裂；C—O、C—Cl 和 C—Br 也可被破坏。但是暴露在大气中的高聚物并没有引发"爆发"式的光氧化反应。这是因为正常高聚物的分子结构对于紫外光吸收能力很低；另外高聚物的光物理过程消耗了大部分被吸收的能量，导致光化学量子效率很低，不易引起光化学反应。

不同分子结构的高聚物对于紫外线吸收是有选择性的。如醛和酮的羰基 C=O 吸收的波长范围是 280 ～ 300 nm；双键 C=C 吸收的波长是 230 ～ 250 nm；羟基 —OH 是 230 nm；单键 C—C 是 135 nm。所以照到地面的近紫外光只能被含有羰基或双键的高聚物所吸收，引起光氧化反应，而不被羟基或 C—C 单键的高聚物所吸收。

可见，照到地面的近紫外光并不能使多数高聚物离解，只使其呈激发态。一方面，处于激发态的大分子，通过能量向弱键的转移，尤其是羰基的能量转移作用，导致弱键的断裂；另一方面，若此激发能不被光物理过程消散，则在有氧存在时，被激发的化学键可被氧脱除，产生自由基，发生与热氧老化同一形式的自由基链式反应：

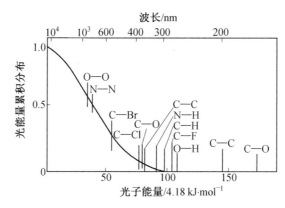

图 15－5　日光的能量分布与化学键的键强度

$$RH \xrightarrow{h\nu} R \cdot \text{ 或 } R^* H (激发态分子)$$

$$R^* H + O_2 \longrightarrow R \cdot + \cdot OOH$$

有水存在时,则

$$R^* H + O_2 + H_2O \longrightarrow H_2O_2 + RH$$

H_2O_2 可能引起大分子发生氧化裂解。

　　此外,高聚物在聚合和加工时,常会混入一部分杂质,如催化剂残渣,或生成某些基团,如羰基、过氧化氢基等,它们在吸收紫外光后,能引起高聚物光氧化反应。

　　高聚物光氧化反应一旦开始后,一系列新的引发反应可以取代原来的引发反应。因为在光氧化反应过程中所产生的过氧化氢、酮、羧酸和醛等吸收紫外光后,可再引发新的光氧化反应。

　　必须指出,尽管光氧化与热氧老化机理相同,都是自由基链式反应,但两者是有区别的,如图 15－6 所示。热氧化反应经过诱导期和自催化阶段,而光氧化反应没有自催化阶段,这种现象可以用光氧化过程的高引发速率和短动力学链长来解释。在光氧条件下,ROOH 的分解迅速,不存在积累到一定浓度才大量分解的过程。

2. 光氧老化的防护

　　光氧老化的稳定化,可采取以下几种途径:

　　(1)光屏蔽剂。

　　加入光屏蔽剂是使紫外光不能进入高

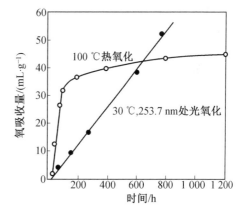

图 15－6　线型聚乙烯在 100 ℃ 热氧化和 253.7 nm 光照下 30 ℃ 光氧化的氧吸收

聚物内部,限制光氧老化反应,使反应停留在高聚物的表面上,从而使高聚物得到保护。许多颜料如炭黑、氧化锌等都是很好的光屏蔽剂。

（2）光吸收剂。

紫外光吸收剂对紫外光有强烈的吸收作用，它能有选择性地将对高聚物有害的紫外光吸收，并将激发能转变为对高聚物无害的振动能释放出来。

（3）猝灭剂。

猝灭剂是把受光活化的大分子激发能通过碰撞等方式传递出去，用物理方式消耗掉，也称能量转移剂。二价镍络合物是目前广泛使用的一类猝灭剂。

（4）受阻胺。

受阻胺已成为当今效能最优良的光稳定剂（受阻胺也表现出良好的抗热氧老化性能）。它具有多种功能如猝灭功能、氢过氧化物分解功能、捕获活性自由基功能、使金属离子钝化功能等。

15.2.6　高能辐射降解与交联

1. 高能辐射降解与交联机理

高能辐射源有 α、β、γ、X 射线，中子，加速电子等。波长为 $1 \times 10^{-4} \sim 10$ nm，能量巨大。当高分子材料受到这些高能射线作用时，如辐射剂量很大，可以彻底破坏其结构，甚至使它完全变成粉末；在一般剂量的辐射下，高分子材料的性质也有不同程度的变化。辐射化学效应是大分子链的交联与降解。对大多数高聚物来说，交联与降解是同时发生的，只是何者占优而已。

一般来说，碳链大分子的 α —碳上若有氢原子时，如 $\pm CH_2—CHX\pm_n$，则辐射交联占优势，如聚乙烯、聚丙烯、聚苯乙烯、聚氯乙烯及大多数橡胶、尼龙、涤纶等；若 α —碳位置上没有氢原子时，如 $\pm CH_2—CRX\pm_n$，则主键断裂，发生降解，如聚四氟乙烯、聚甲基丙烯酸甲酯、聚异丁烯等。

在高能辐射作用下，高聚物首先发生电离或激发作用，然后进一步发生降解与交联反应。例如，聚乙烯等的辐射交联作用多按自由基型进行：

$$—CH_2—CH_2—CH_2— \xrightarrow{h\nu} —CH_2—\overset{*}{C}H_2—CH_2—$$
（激发的聚乙烯分子）

$$—CH_2—\overset{*}{C}H_2—CH_2— \longrightarrow —CH_2—\overset{\bullet}{C}H—CH_2—+H\cdot$$

$$H\cdot+—CH_2—CH_2— \longrightarrow —CH_2—\overset{\bullet}{C}H—CH_2—+H\cdot$$

$$\begin{array}{c} —CH_2—\overset{\bullet}{C}H—CH_2— \\ + \\ —CH_2—\overset{\bullet}{C}H—CH_2— \end{array} \longrightarrow \begin{array}{c} —CH_2—CH—CH_2— \\ | \\ —CH_2—CH—CH— \end{array}$$

交联使高聚物分子质量增加，硬度与耐热性提高，耐溶剂性大为改善。

辐射降解反应过程：对聚异丁烯首先发生 C—C 断裂，即

$$-CH_2-CRR'-CH_2-CRR' \xrightarrow{h\nu} -CH_2-\overset{\bullet}{C}RR'+\bullet CH_2-CRR'-$$

然后生成的自由基以歧化反应或从其他分子中夺取 H 而稳定,即

$$-CH_2-\overset{\bullet}{C}RR'+\bullet CH_2-CRR'- \longrightarrow CH_3-CRR'-+CRR'=CH-$$

$$-CH_2-\overset{\bullet}{C}RR'+RH \longrightarrow -CH_2-CRR'H+R\bullet$$

$$-CH_2-CRR'-\overset{\bullet}{C}H_2+RH \longrightarrow CH_3-CRR'-+R\bullet$$

聚合物的高能辐射降解稳定性有如下次序:聚苯乙烯 > 聚乙烯 > 聚氯乙烯 > 聚丙烯腈 > 聚三氟氯乙烯 > 聚四氟乙烯。即仅含有碳氢原子的聚合物的辐射稳定性较高,分子链上再含有芳香基团时稳定性更好,而含有其他原子时稳定性变差。具有优良的光、热氧化稳定性的含氟聚合物的耐辐射性能最差。

2. 高能辐射降解与交联的防护

辐射破坏的防护方法有两类:一类是通过聚合物本身的化学结构修饰以增加材料的辐射稳定性,称为内部防护;另一类是外加防护剂,称为外部防护。防护作用方式有三种:一种是局部牺牲式,使添加剂或防护结构优先发生活化乃至破坏,降低辐射对聚合物主体结构的破坏作用,从而达到保护材料基本性能的目的;再一种是缓冲式或海绵式,使辐射激发的活性聚合物的能量转移到防护物质上,在不引起化学反应的情况下由防护剂将所接受的能量耗散掉;第三种方式是补偿式,是高聚物在降解过程中同时发生交联作用,或使已降解的聚合物再通过适当方式重新偶联,使性能不发生明显改变。

15.2.7 化学腐蚀

化学介质与大分子因发生化学反应而引起的腐蚀,除前面介绍的氧化反应外,水解反应也很普遍。此外,还有侧基的取代、卤化等,大气污染物对大分子的腐蚀也应重视。

1. 溶剂分解反应

溶剂分解反应通常指 C—X 链断裂的反应,这里 X 指杂(非碳)原子,如 O、N、Si、P、S、卤素等。发生在杂链高聚物主链上的溶剂分解反应是主要的,会导致主链的断裂:

$$-\overset{|}{\underset{|}{C}}-X-\overset{|}{\underset{|}{C}}-+YZ \longrightarrow -\overset{|}{\underset{|}{C}}-X-Z+Y-\overset{|}{\underset{|}{C}}-$$

其中,YZ 为溶剂分解剂,通常有水、醇、氨、肼等。当 YZ=HO—H 时,即为水解反应,如聚醚水解:

$$-\overset{|}{\underset{|}{C}}-O-\overset{|}{\underset{|}{C}}-+HO-H \longrightarrow -\overset{|}{\underset{|}{C}}-OH+HO-\overset{|}{\underset{|}{C}}-$$

高聚物的耐水性与其分子结构有密切关系。若高聚物分子中含有容易水解的化学基团,如醚键(—O—)、酯键(—COO—)、酰胺键(—CONH—)、硅氧键(—Si—O—)等,则会被水解而发生降解破坏。键的极性越大,越易被水解。水解反应在酸或碱的催

化作用下更易进行。

高聚物耐水解程度与所含基团的水解活化能有关。活化能高,耐水解性好。耐酸性介质水解能力的顺序为醚键 > 酰胺键或酰亚胺键 > 酯键 > 硅氧键;耐碱性介质水解能力为酰胺或酰亚胺键 > 酯键。

引入某种基团屏蔽上述易水解基团,使之受到空间屏蔽效应的保护,以及提高材料的结晶程度会使高聚物的耐水解能力增强。例如,氯化聚醚与环氧树脂在主链中均含有大量醚键,但氯化聚醚具有下述结构:

$$CH_2-\underset{\underset{CH_2Cl}{|}}{\overset{\overset{CH_2Cl}{|}}{C}}-CH_2-O-CH_2-\underset{\underset{CH_2Cl}{|}}{\overset{\overset{CH_2Cl}{|}}{C}}-CH_2-O-$$

由于主链两侧的氯甲基($-CH_2Cl$)基团的空间屏蔽效应,介质分子不易接近醚键,所以水解难以进行;而且氯化聚醚的结晶性好,因此,其耐腐蚀性能要比同样具有醚键的环氧树脂好得多。

2. 取代基的反应

饱和的碳链化合物的化学稳定性较高,但在加热和光照下,除被氧化外还能被氯化。聚乙烯的氯化反应如下:

$$-CH_2-CH_2-\underset{\underset{CH_2}{|}}{CH}-CH_2-\ +Cl_2\ \longrightarrow\ -\underset{\underset{Cl}{|}}{CH}-CH_2-\underset{\underset{CH_2}{|}}{CH}-\underset{\underset{Cl}{|}}{CH}-$$

在 Cl_2 及光、热作用下,聚氯乙烯也可被氯化:

$$-\underset{\underset{Cl}{|}}{CH}-CH_2-\underset{\underset{Cl}{|}}{CH}-CH_2-\ +Cl_2\ \longrightarrow\ -CH_2-\underset{\underset{Cl}{|}}{CH}-\underset{\underset{Cl}{|}}{CH}-\underset{\underset{Cl}{|}}{CH}-\ +HCl$$

随着氯含量的增加,生成物的大分子间作用力增强,结晶性改善,在溶剂中的耐溶解能力会大大提高。

含苯基的高分子材料,原则上具有芳香族化合物所有的反应特征。在硫酸、硝酸作用下能起磺化、硝化等取代反应。如聚苯乙烯的磺化;

游离的氯、溴,硝酸、浓硫酸、氯磺酸等对聚苯硫醚都有显著的腐蚀作用。原因是这些试剂能很好地使苯环发生取代反应,或使硫原子受到氧化,使 S—C 键破坏。

3. 与大气污染物的反应

许多长期在户外使用的塑料,能被大气中的污染物如 SO_2、NO_2 等侵蚀。通常饱和高聚物在没有光照的室温条件下,对 SO_2、NO_2 是相当稳定的,如聚乙烯、聚丙烯、聚氯乙烯等。而结构为 $\{(CH_2)_4O-CO-NH(CH_2)_6CO-O\}_n$ 的高聚物如尼龙 66 和聚亚胺酯却受到侵蚀,同时出现降解和交联,并以交联为主。饱和高聚物在高温时,

则可被 NO_2 等破坏。

不饱和高聚物易被 SO_2、NO_2 侵蚀。异丁橡胶主要发生主链的分解,而聚异戊二烯则以交联为主,SO_2 和 NO_2 被加成到双键:

$$\diagup C = C \diagup + NO_2 \longrightarrow -\overset{|}{\underset{|}{C}}-\overset{|}{\underset{NO_2}{C}}-$$

SO_2 吸收紫外光,使大多数反应明显加快:

$$SO_2 + h\nu \longrightarrow {}^1SO_2^* \longrightarrow {}^3SO_2^*$$

激发的三线态($^3SO_2^*$)可夺取氢:

$$^3SO_2^* + RH \xrightarrow{h\nu} R\cdot + H\overset{\cdot}{S}O_2$$

上述产生的大分子游离基 $R\cdot$ 可进行多种反应,如:

$$R\cdot + SO_2 \longrightarrow R\overset{\cdot}{S}O_2$$

有 O_2 时,则

$$R\cdot + O_2 \longrightarrow RO_2\cdot$$

进而发生自由基链式反应。

15.2.8 高分子材料的微生物腐蚀

本书第 1 篇详细介绍了金属材料的微生物腐蚀,同样对非金属材料也存在着微生物腐蚀的问题,而且二者之间的机理和表现有着明显的差别。通常微生物能够降解天然聚合物,而大多数合成高聚物却表现出较好的耐微生物侵蚀能力。

1.高分子材料微生物腐蚀的特点

微生物对高分子材料的降解作用是通过生物合成所产生的称作酶的蛋白质来完成的。酶是分解高聚物的生物实体。依靠酶的催化作用将长分子链分解为同化分子,从而实现对高聚物的腐蚀。降解的结果为微生物制造了营养物及能源,以维持其生命过程。

酶可根据其作用方式分类。如催化酯、醚或酰胺键水解的酶为水解酶;水解蛋白质的酶叫蛋白酶;水解多糖(碳水化合物)的酶称糖酶。酶具有亲水基团,通常可溶于含水体系中。

微生物腐蚀有如下特点:

(1) 专一性。

对天然高分子材料或生物高分子材料,酶具有高度的专一性,即酶/高聚物以及高聚物被侵蚀的位置都是固定的。因此,分解产物也是不变的。但对合成高分子材料来说,细菌和真菌等微生物则有所不同。一方面,对于所作用的物质即底物的降解,微生物仍具有专一性;另一方面,微生物也能适应底物,即当底物改变时,微生物在数周或数月之后,能产生新的酶以分解新的底物。目前人们相信,合成高聚物是可被许多微生物降解的。

（2）端蚀性。

酶降解生物高分子材料时，多从大分子链内部的随机位置开始。对合成高分子材料则相反，酶通常只选择其分子链端开始腐蚀，聚乙烯醇和聚 ε—己酸内脂二者例外。因大多数合成大分子端部优先敏感性，大分子的分解相当缓慢，又由于分子链端常常藏于高聚物基体内，因而大分子不能或非常缓慢地受酶攻击。必须指出，从动力学上讲，酶分解长链高分子材料是个一步过程（不是链式反应），它由众多连续的初级反应组成，每个初级反应可分解一二个基元。因此，当酶反应进行时，高分子材料试样的平均分子量和相应的物理性质减少得极其微小。但当高分子链受到随机攻击时，即酶从内部而不是端部或外部作用时，则材料物理性质的改变要大得多。"端蚀性"可解释合成高分子材料耐生物降解现象。

（3）高分子材料中添加剂的影响。

大多数添加剂如增塑剂、稳定剂和润滑剂等低分子材料，易受微生物降解，特别是组成中含有高分子天然物的增塑剂尤为敏感。许多塑料都是相当耐蚀的，聚乙烯和聚氯乙烯用甲苯萃取后其耐微生物腐蚀能力相当好。研究结果表明，低分子质量添加剂（对聚氯乙烯是豆油增塑剂）可被微生物降解，而大分子基体很少或不被侵蚀。由于微生物与增塑剂、稳定剂等相互作用，而不与大分子作用，所以在高聚物表面常有微生物生存。早期的研究表明，添加剂的种类及含量对高分子材料的生物降解影响极大。

（4）侧基、支链及链长对腐蚀的影响。

事实上，只有酯族的聚酯、聚醚、聚氨酯及聚酰胺对普通微生物非常敏感。引进侧基或用其他基团取代原有侧基，通常会使材料变成惰性。可生物降解的天然高聚物材料亦如此。纤维素的乙酰化及天然橡胶的硫化，可使这些材料对微生物的侵蚀相当稳定。生物降解性也强烈地受支链和链长的影响，这是由酶对于大分子的形状和化学结构的专一行为引起的。对碳氢化合物如链烃和聚乙烯的研究表明，线性链烃的相对分子质量不大于 450 时，出现严重的微生物降解现象。而支链和高分子相对分子质量大于 450 的烃类则不受侵蚀。

（5）易侵蚀水解基团。

由于许多微生物能产生水解酶，因此在主链上含有可水解基团的高聚物，易受微生物侵蚀，这一特性对开发可降解高聚物很有帮助。

2. 微生物腐蚀的防护

化学基团影响高分子材料耐微生物腐蚀的性能，并且酶对底物具有专一侵蚀性。因此，微生物腐蚀的防护也要从材料结构和抑制酶的活性两方面入手。

（1）化学改性。

化学改性的基本目的是通过改进聚合物的基本结构或取代基，以化学或立体化学方式而不是添加抑菌剂的方式，赋予聚合物以内在的抗微生物性能。这种内在的抵抗效能将一直保持到微生物因进化而能够合成出新型酶时为止。

（2）抑制剂或杀菌剂。

在非金属材料的制造过程中，添加杀菌剂可防止微生物腐蚀。所谓杀菌剂就是能够杀死或除掉各种微生物，对材料或零件的性能无损、对人体无毒害并在各种环境下能保持较长时间杀菌效果的化学药剂。有许多化学药剂如水杨酸、水杨酰苯胺、8－烃基喹啉铜肟和菲绕啉等都可作为杀菌剂。杀菌剂应该根据材料、霉菌种类和杀菌期限等各种条件选择使用。

（3）改善环境。

为了防止微生物腐蚀，控制工作环境是必要的。例如，降低湿度、保持材料表面的清洁、不让表面上存在某些有机残渣，都可以降低微生物对材料的腐蚀危害。

最后应指出，除微生物外，自然环境中一些较高级的生命体如昆虫、啮齿动物和海生蛀虫等对纤维素和塑料制品也都有侵蚀作用，所造成的经济损失往往是相当惊人的，因此在设备的使用中也应采取防范措施。

15.2.9　物理老化

1.概述

玻璃态高聚物多数处于非平衡态，其凝聚态结构是不稳定的。这种不稳定结构在玻璃化转变温度 T_g 以下存放过程中会逐渐趋向稳定的平衡态，从而引起高聚物材料的物理力学性能随存放或使用时间而变化，这种现象称为物理老化或"存放效应"。物理老化是玻璃态高聚物通过小区域链段的微布朗运动使其凝聚态结构从非平衡态向平衡态过渡的弛豫过程，因此与存放的温度有关。在可观察的时标内，它发生在高聚物玻璃化转变温度 T_g 和次级转变温度 T_β 之间，所以又称为 T_g 以下的退火效应。

早在 20 世纪 30 年代初，人们就发现玻璃等非晶态固体在 T_g 以下处于热力学非平衡态，其本体黏度随存放时间按指数规律增加。随后又发现非晶态高聚物从熔体冷却至 T_g 以下，同样是处于热力学非平衡态。这些材料可看作一种凝固了的过冷液体，被称为"准玻璃态"固体。准玻璃态固体的体积（V）、热焓（H）和熵（S）比其在平衡的玻璃态即"真玻璃态"要大，大于平衡态部分的 V、H 和 S 称为过剩热力学函数，它们是促使玻璃态高聚物物理老化的推动力。

如图 15－7 所示为高聚物熔体冷却过程中热力学函数随温度变化示意图。可见，液态高聚物熔体 C 在通常冷却速度下由 T_0 冷却至 T_g 时，由于链段运动被冻结，高聚物本体黏度增加 $3 \sim 4$ 个数量级，高聚物熔体的热力学函数来不及弛豫到真玻璃态 B，而是由过冷区进入准玻璃态 A 被冻结保存下来。由图可知，物理老化是高聚物准玻璃态 A 在某一温度 $T_a(T_a < T_g)$下，过剩热力学函数通过小区域的链段运动弛豫到真玻璃态 B 的过程。因此物理老化既不同于由热、光、湿气、辐射等引起的

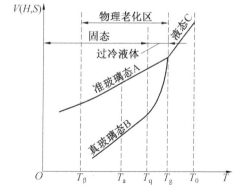

图 15－7　高聚物熔体冷却过程中热力学函数随温度变化示意图

V — 体积；H — 热焓；S — 熵；T — 温度

氧化、降解等化学老化，也不同于增塑剂、低分子添加剂迁移流失以及多相聚合物相分离而引起材料性能随时间的变化。

物理老化使高聚物材料自由体积减小，堆砌密度增加，反映在宏观物理力学性能上是模量和抗张强度增加，断裂伸长及冲击韧性下降，材料由延性转变为脆性，从而导致材料在低应力水平下失效破坏。因此，了解高聚物材料物理老化的机理及规律，对合理使用和改进高聚物材料性能，估算其使用寿命等都有重要的意义。

2. 物理老化的特点

既然物理老化是一种弛豫过程，因此它具有弛豫过程的一切特征。温度、时间等外部因素，物理、化学、结构等内部因素，对老化的影响也符合弛豫过程的一般规律。

（1）物理老化的可逆性。

与化学老化不同，物理老化是一种热力学可逆过程。由图 15－7 可知，准玻璃态的高聚物固体，在老化温度 T_g 下存放，其过剩热力学函数由 A 弛豫到真玻璃态 B，升高温度，其热力学函数将沿 BC 曲线进入液态，再降温至 T_a，将沿 CABC 可逆地循环，宏观物理力学性能也因此具有可逆性。利用物理老化可逆性的特点，可以用热处理的方法消除试样的存放历史或使试样达到所需要的状态，这对某些研究和测试是很重要的。

（2）物理老化是缓慢的自减速过程。

物理老化是通过链段运动使自由体积减小的过程，而自由体积的减小又使链段运动的活动性减低，链段活动性减低则导致老化速率降低。如此形成一负反馈的"自减速"过程，老化速率随存放时间 t_a 呈指数函数减少，越接近平衡态速率越低。这一过程使塑料制品在使用期（5 ～ 10 年）都受其影响。

（3）老化速率与温度符合 Arrhenius 方程。

研究表明，老化速率 dv/dt_a 或速率常数与温度的关系符合 Arrhenius 方程。如图 15－8 所示为非晶聚对苯二甲酸乙二醇酯（PET）在不同老化温度（T_a）下样品发生脆性转变所需时间（t_b）的 Arrhenius 图。由图 15－8 可知，ln t_b 对 $1/T_a$ 呈很好的线性关系。

（4）不同材料有相似的老化规律。

从一般意义上讲，物理老化是玻璃态材料的共性，许多试验也证实了这一点。从合成高分子到天然高分子（如虫胶、木材、干酪、沥青等），从有机物到无机玻璃，直到某些金属材料等都观察到物理老化现象。其特征和规律也很相似，不依赖于材料的化学结构，仅取决于材料所处的状态。

3. 物理老化对性能的影响

物理老化对高聚物材料的性能尤其是力学性能影响较大。20 世纪 70 年代初期，发现许多工程塑料，如聚碳酸酯、聚酯、聚苯醚、聚苯硫醚等制品（包括膜和片材），在存放过程会变硬，冲击韧性和断裂伸长大幅度降低，材料由延性转变为脆性，而在此过程中材料的化学结构、成分及结晶度等都未发生变化。此种现象引起了科学家的兴趣和重视，随之对物理老化进行了大量研究。

（1）对材料密度的影响。

物理老化是自由体积减小的过程,直接的宏观效果是材料的密度增加。一般体积(比容)变化在 $10^{-4} \sim 10^{-3}$ 的数量级。

(2)对材料强度的影响。

老化使材料强度增加,断裂伸长降低。例如,硬聚氯乙烯(PVC)的抗拉强度 σ_b 和断裂伸长 ε_b 在 65 ℃ 存放 1 000 h 后,σ_b 增加约 10%,而 ε_b 下降约 50%。

(3)对材料脆性的影响。

物理老化使材料模量和屈服应力增加,材料由延性变为脆性。

(4)对输运速率的影响。

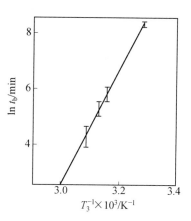

图 15-8 PET 的 $\ln t_b - 1/T_a$ 关系符合 Arrhenius 方程

低分子在高聚物中的输运行为受高聚物自由体积或链段活动性支配。老化使自由体积或活动性降低,因此使低分子气体或溶剂在高聚物中的吸附、扩散和渗透速率降低。

(5)对偶极运动的影响。

偶极运动与自由体积无关,自由体积减小必将降低其偶极的活动性,因而使极性高聚物介电极化偶极取向更加困难。

此外,研究表明,物理老化活化能与交联度无关,说明其运动单元小于交联点间的分子质量。

15.3 耐腐蚀高分子材料

15.3.1 树脂

合成树脂是由各种单体经过聚合反应(或缩聚反应)而制得的高聚物。世界上目前生产的树脂品种繁多,重要的有 50 ~ 60 种。合成树脂可用于制作塑料、黏结剂、涂料、合成纤维等。

在防腐蚀工程中应用的合成树脂,首先必须具备在化学介质中稳定的性能,同时又要有较高的耐热性和较好的物理、力学性能,并且要求施工简便,有良好的工艺性能等,但能同时满足这些要求的树脂不多。目前,在防腐蚀工程中应用的树脂品种主要有酚醛树脂、环氧树脂和呋喃树脂等。应用的形式很多,有塑料、玻璃钢、胶泥、浸渍剂和涂料等。本章主要讨论几种常用树脂:酚醛树脂、环氧树脂、呋喃树脂及其主要辅助材料。

1.酚醛树脂

酚醛树脂是以酚类和醛类化合物为原料,在催化剂作用下通过缩聚反应得到的一类树脂的统称。通常采用苯酚和甲醛为原料生产酚醛树脂。

酚醛树脂大体上可分为两类：一类是在酸性催化剂作用下，苯酚过量而生成的缩聚物，为热塑性酚醛树脂；另一类是在碱性催化剂作用下，甲醛用量增多而生成的热固性酚醛树脂。防腐蚀工程中经常应用的是热固性树脂。

酚醛树脂的固化过程，主要是树脂分子内含有的 $-CH_2OH$ 与苯环上的活性点进一步反应的过程。热固性酚醛树脂长期存放，自己亦会逐步缩合，达到完全固化。这种固化过程到最后是非常缓慢的，所以在常温下很难达到完全的固化。加热或加入一定量的催化剂(硫酸乙酯、对甲苯磺酰氯等)能使它尽快固化，达到施工的目的。

由于酚醛树脂是网状立体结构，其分子链是由 C—C 键构成，因此在各种化学介质中较为稳定，例如它在非氧化性酸中很稳定。酚醛树脂耐酸腐蚀的性能较环氧树脂、聚酯树脂好，特别是对质量分数为 50% 以下的硫酸和任何质量分数盐酸的腐蚀表现出更突出的稳定性。由于发生氧化及降解反应，因此酚醛树脂不耐浓硫酸及硝酸等氧化性酸的腐蚀。

酚醛树脂是由仅含一个碳原子的亚甲基($-CH_2-$)把刚性的苯环连接而构成的，并且含有大量的极性羟基，因此链节的旋转很困难，分子的柔顺性很差，刚性大，故酚醛树脂显得硬而脆。酚醛树脂呈体型结构，所以耐热性较好，它的马丁耐热度，即在空气中的热变形温度，约为 120 ℃。但是，热变形温度并不是其最高使用温度，酚醛树脂的最高使用温度由使用方式和腐蚀介质而定。酚醛树脂在固化过程中有挥发物和水分逸出，会影响其强度和抗渗性，增加气孔率。经验表明：随着水含量的增加，强度随之降低。当水的质量分数超过 12% 时，固化物强度降低，因此一般要求树脂中水的质量分数不超过 12%。此外，树脂中游离酚的含量过大，会影响树脂的耐腐蚀性能，游离酚含量一般控制在 7%(质量分数)以下；游离醛的存在，在树脂固化时容易逸出，造成树脂孔隙率的增加，一般要求控制在 2%(质量分数)以下。

酚醛树脂具有的特性使其广泛地应用于防腐蚀工程当中，其主要应用形式包括酚醛增强塑料、浸渍剂、胶黏剂、胶泥以及涂料等。利用酚醛树脂与合成纤维复合而成的增强塑料既可用于制作化工设备，又可用作其他材质设备的内衬材料。

酚醛增强塑料具有突出的耐酸性(除强氧化性酸)、耐溶剂性，另外具有较高的耐热性。其耐碱性较差。在 120 ℃ 以下，酚醛增强塑料适用于任何浓度的盐酸、醋酸、磷酸(至 60 ℃)、磺酸(80 ℃)、柠檬酸(60 ℃)、20%~50%(质量分数)硫酸、90%(质量分数)硫酸(室温)，氯水、蚁酸、亚硫酸、10%(质量分数)溴化氢、脂肪酸、草酸、苯甲酸、硼酸等酸液；适用于汽油、苯、甲醇、乙醇、丁醇、丙酮、甲醛、二氯乙烷、四氯化碳、甲苯、二甲苯等溶剂；适用于氯化钠、氯化钙、氯化铵、硫酸铵、镁盐、钡盐、铁盐、铝盐等。酚醛增强塑料不耐氧化性硝酸、铬酸、浓硫酸、强碱(如氢氧化钠、氢氧化钾)的腐蚀。

将酚醛树脂与石棉复合(以石棉为增强材料)可制成石棉酚醛塑料。与热塑性塑料相比，耐热性好，使用温度可达 130 ℃，能耐多种酸(除氧化性酸)、盐及溶剂的浸蚀。可用挤压、模压黏结等方法加工成管道、泵、阀门等小型化工设备，也可用于设备内衬。

酚醛树脂作为浸渍剂等用于浸渍石墨，从而使石墨中的微孔堵塞，具有不透性，可制作各种热交换设备，因其优异的耐蚀性而广泛用于化工、冶金、医药、轻工等行业。

酚醛树脂与一些粉（如石英粉、瓷粉、辉绿岩粉、硫酸钡等）混合制备胶泥用于耐蚀砖板衬里的黏合剂。酚醛胶泥的性能特征是黏结力高、耐热性好（可用于 150 ℃ 条件下）、强度高,耐蚀性与酚醛树脂相似。

酚醛树脂在涂料工业应用时,大都是半成品,常与干性油合用制涂料;也可用以改性其他合成树脂,制备各种性能的涂料,如松香改性酚醛树脂与桐油合炼,更常用甘油松香酯等制备。这种涂料种类很多,可制备各种清漆、磁漆、底漆、绝缘漆等。另外,酚醛树脂及其改性树脂可制备耐酸涂料、重防腐涂料、防锈涂料等。

2. 环氧树脂

环氧树脂是分子中含有两个或两个以上环氧基团（ —CH——CH— ）的一类有机高分子化合物。

环氧树脂的分子结构是以分子链中含有活泼的环氧基团为特征,环氧基团可以位于分子链的末端或中间。由于分子结构中含有活泼的环氧基团,它可与多种类型的固化剂发生交联反应而生成不溶、不熔的具有三维结构的体型高聚物。

环氧树脂的品种很多,但工业上产量最大的环氧树脂品种是缩水甘油醚型环氧树脂,其中以二酚基丙烷（简称双酚 A）与环氧氯丙烷缩聚而成的二酚基丙烷型环氧树脂（简称双酚 A 型环氧树脂）为主要产品。

环氧树脂本身是线型结构的热塑性聚合物,没有使用价值,使用时必须加入固化剂使线型环氧树脂交联成网状结构的大分子,使之成为不溶、不熔的固化物,才能显示出它优良的耐腐蚀性能。

环氧树脂具有很强的黏合力,这是由于在环氧树脂的结构中含有羟基、醚基和极为活泼的环氧基,而羟基和醚基又具有很强的极性,因此环氧树脂分子与相邻的界面产生了作用力,而使环氧树脂具有很强的黏结能力。它能够黏结金属、非金属等多种材料。用于铝合金的黏合时,其抗剪强度可达 25 MPa（高温固化）。

环氧树脂的分子链是由碳－碳键和醚键构成的,化学性质稳定,能耐稀酸、碱和某些溶剂。因其结构中含有的脂肪族羟基和碱不起作用,故其耐碱性能较酚醛树脂、聚酯树脂强。以胺固化的环氧树脂能耐中等强度的酸、碱,但耐氧化性酸（如浓硫酸、硝酸）的能力较差。

固化后的环氧树脂的韧性较酚醛树脂好。这是由于环氧树脂的环氧基在分子链的两端,交联键之间距离较远,有利于分子链的内旋转,故固化后的环氧树脂不像酚醛树脂那么脆,具有较高的抗弯强度。

环氧树脂的固化过程是环氧树脂和固化剂的直接加成反应,反应过程中没有副产物产生。因此收缩性小,其收缩率一般在 2% 以下。加入填料后,收缩率减少至 0.1% 左右。此外,其热膨胀系数也很小,一般为 6.0×10^{-5}/ ℃,适于制浇铸制品和玻璃钢制品。

环氧树脂的马丁耐热度在 105 ～ 130 ℃。因此,在防腐蚀工程中,一般可在 100 ℃ 以下使用。但在酸或碱的浓度较高时,其使用温度明显下降,一般只在常温下使用,在不接触强腐蚀介质,以及采用特殊固化剂的情况下,其固化物能使用到较高温度。

环氧树脂具有良好的工艺性能,易和固化剂及其他树脂混合。适当的选择配方,能得到良好的流动性,易与辅助材料混合,室温操作比较方便。

固化后的环氧树脂的性能随树脂本身及稀释剂等的不同而异。因此可以根据不同的用途,选用各种固化剂或用各种树脂改性,以满足不同的需要。

环氧树脂可广泛用于各种涂料和胶黏剂。

此外,环氧树脂及其改性树脂还广泛用于防腐蚀工程,制备环氧胶泥、砂浆、玻璃钢等。

3. 不饱和聚酯

不饱和聚酯是聚酯树脂的一类,通常用于玻璃钢的聚酯树脂就是不饱和聚酯。

(1) 不饱和聚酯的缩合反应与固化。

生产不饱和聚酯时,一般采用二元酸,如顺丁烯二酸(或酐)、反丁烯二酸(或酐),与二元醇(如乙二醇)或三元醇(如丙三醇)等通过酯化反应而形成的。其反应如下:

$$n\mathrm{HOOCR'COOH} + n\mathrm{HO-R'-OH} \longrightarrow$$
$$\mathrm{HO+OCORCOOR'O+_{n}H} + (2n-1)\mathrm{H_2O}$$

式中　R、R'——烃基或其他基团。

不饱和聚酯的性能与所用的酸和醇的结构有关。为改善不饱和聚酯的柔韧性,常采用一些饱和酸来代替部分的不饱和二元酸,使分子链中双键间的平均距离增大,而使交联的键数减少,以提高树脂的韧性。引入双酚A后制得的聚酯树脂就具有较好的耐酸、耐碱和耐温性能。

(2) 不饱和聚酯树脂的性能与应用。

不饱和聚酯树脂不耐氧化性介质,如在硝酸、浓硫酸、铬酸等氧化性介质中,树脂极易老化,特别是温度升高,老化过程会加速,因而不耐蚀。聚酯树脂的耐碱及耐溶剂性能差。这是由于聚酯树脂的分子链中存在大量的酯键,在碱或热酸的作用下,能发生水解反应:

$$-\overset{\displaystyle O}{\overset{\|}{C}}-O-CH_2- \;\underset{\longleftarrow}{\overset{NaOH}{\longrightarrow}}\; -\overset{\displaystyle O}{\overset{\|}{C}}-ONa + HO-CH_2-$$

$$-\overset{\displaystyle O}{\overset{\|}{C}}-O-CH_2- \;\underset{\longleftarrow}{\overset{酸,\Delta}{\longrightarrow}}\; -\overset{\displaystyle O}{\overset{\|}{C}}-OH + HO-CH_2-$$

聚酯树脂具有良好的成型工艺性能,大多数不同类型的聚酯树脂均可在常温条件下施工,施工比较方便。聚酯树脂在固化过程中,没有挥发物逸出,所以制品的致密性较高。

不饱和聚酯树脂的应用主要有两大领域:一个是与增强材料(如玻璃纤维)复合制备增强塑料;另一个是不用玻璃纤维或其他增强成型的不饱和树脂。不饱和聚酯制备复合增强塑料俗称玻璃钢。玻璃钢是以不饱和聚酯树脂和玻璃纤维等增强材料复合而成的复合材料,其特点是质量轻,强度高,成型性好,适用性强等。

非增强型不饱和聚酯树脂的应用主要集中在纽扣、人造石、聚酯工艺品等领域,主要的成型工艺有表面涂层和浇注树脂。不饱和聚酯涂料经固化后漆膜具有硬度高、光泽好、不易沾污、耐候、耐水、耐油、电绝缘性等优点,常用于木器金属与表面的涂装。涂料用不饱和聚酯树脂的组成与增强塑料用树脂基本相似,只是在涂料的施工中为了得到硬度高、光泽好的装饰漆膜。

聚酯涂料主要用在涂装家具、钢琴、电视机、缝纫机台面板等方面。此外,聚酯还有其他许多应用。将不饱和聚酯与一定比例的粉末填料混合,制成腻子或胶泥,固化后,具有很好黏结力,抗水,耐蚀及耐老化,可用于修补汽车、船舶等。将聚酯树脂浸渍各种线圈和电容器,可制备优良电性能制品;浸渍木制品,可使木制品坚韧。将聚酯树脂作为胶结材料,与各种骨料、粉料混合,制品具有强度好、抗渗性好、耐磨、不导电等优点,是一种高强、多功能的建筑材料。

4.呋喃树脂

分子结构中含有呋喃环的树脂称为呋喃树脂。主要有下列三种:

(1)糠醇树脂。

这类树脂是由糠醇单体自身缩聚而成的,是以酸作为催化剂,通过糠醇的羟基和另一个糠醇分子的 α 位上的活泼氢之间的反应而得到的缩聚树脂。

(2)糠醛－丙酮树脂。

这类树脂是由糠醛和丙酮在氢氧化钠作用下缩聚而成。

(3)糠醛－丙酮－甲醛树脂。

这类树脂是在碱性和酸性介质存在的条件下,分两步缩聚而成。

固化了的呋喃树脂结构基本上是由 C—C 和 C—O 键所组成,分子中又不含能与酸或碱作用的基团,因此表现出良好的耐酸、耐碱性能,可在酸、碱交替的介质中使用。但由于分子中还留有一部分双键,易被氧化剂所氧化,因此,它对强氧化性酸(如浓 H_2SO_4、HNO_3)及其他氧化性介质是不耐蚀的。

固化后的呋喃树脂由于交联度高,形成紧密的网状结构,其耐溶剂性能及耐温性能(可耐 $180 \sim 200\ ℃$)都比较好。由于交联度高而缺乏柔韧性,所以,分子链在外力作用下失去了蠕动的可能,使树脂性脆易裂。

固化后的呋喃树脂不含有极性基如 —OH、 C=O 等,因此对金属表面的黏结力差。

呋喃树脂优异的耐化学腐蚀性使其在防腐蚀领域有着广泛应用,应用形式有涂料、增强材料、胶泥等。

呋喃树脂涂料有酸固化及热固化两种。酸固型的呋喃树脂涂料不可直接涂于金属表面,只用于中间层或面漆。纯的呋喃树脂涂料成膜性不好,涂层脆性大,附着力差,单独使用少,大多是和其他树脂混合制备涂料。常用的改性树脂为环氧树脂,制备而成的环氧呋喃树脂涂料不仅具有耐酸、耐碱性,还提高了涂层的附着力,改善了涂膜的脆性,使用温度在 $130 \sim 150\ ℃$。经热处理的涂层耐热性好,不经热处理的涂层只可在常温下使用。

环氧酚醛呋喃树脂涂料用胺类固化剂固化后再经热处理,所得漆膜具有优异的耐蚀、耐溶剂性,涂层的使用温度可达 150～180 ℃。

呋喃树脂加入固化剂、耐酸填料等可配制成呋喃树脂胶泥,作为耐蚀砖板衬里用黏合剂。常用的还有糠醇树脂胶泥和糠酮树脂胶泥。除了纯呋喃胶泥外,为了提高胶泥的黏结力,减少脆性和成本,还可以向呋喃树脂加入沥青。但呋喃沥青胶泥的耐热性有所下降,使用温度 60～80 ℃;耐酸碱,但不耐溶剂、水。用于胶泥的呋喃树脂也可用酚醛树脂和环氧树脂改性,使其物理、力学性能提高。

5. 复合树脂

上述介绍的四类合成树脂,可以根据不同需要单独使用,也可以使用它们的复合树脂(或称改性树脂)。由于各种不同类型的树脂有其各自的优点和缺点,将它们混合改性后,则复合树脂的各种性能与原来树脂的性能大不相同,这样便可达到相互取长补短的目的。例如,环氧树脂与酚醛树脂相比较,它的机械强度较高,在常温下的成型工艺性能较好,并具有较好的耐碱性能,但它的耐热性能和耐酸性能均低于酚醛树脂。将它们混合改性后,所制得的复合树脂则兼有两者的优点,而两者的缺点又能得到很大的改善。环氧树脂的马丁耐热度为 105 ℃,但在侵蚀条件下,它的使用温度则大大低于马丁耐热度。加入酚醛树脂后复合树脂的马丁耐热度和使用温度均比单一环氧树脂提高 5%～16%,而它的机械强度也比单一的酚醛树脂有很大的改善。

各类复合树脂有些已有商品供应。然而,在应用时,更多的是由使用者自行配制的各种复合树脂,例如,各种不同比例的环氧－酚醛复合树脂、环氧－聚酯复合树脂和环氧－呋喃复合树脂等。

15.3.2 塑料

塑料是指以合成树脂为基础,加上其他各种添加剂,在一定条件下(如温度、压力等)塑制成的型材(如板、管、棒、薄膜)或制品(如泵、阀等)。塑料品种很多,但根据受热后的变化和性能的不同,大致可分为热塑性塑料和热固性塑料两大类。

1. 聚氯乙烯

聚氯乙烯树脂是由氯乙烯单体聚合而成。工业上可以采用悬浮聚合或乳液聚合两种方法来制备。聚氯乙烯塑料是以聚氯乙烯树脂为主要原料,加入增塑剂、稳定剂、填料、润滑剂、颜料等,再经过捏合、混炼及加工成型等过程而制得。根据加入增塑剂量的不同,把聚氯乙烯塑料分成两类:一般在 100 份(质量比)树脂中加入 30～70 份增塑剂的塑料,质地柔软,称为软聚氯乙烯塑料;不加或只加入 5 份以下增塑剂的,称为硬聚氯乙烯塑料。

由于聚氯乙烯塑料具有一定的机械强度,焊接和成型性能良好,又具有良好的耐腐蚀性能,因此它是化工、石油、制药、染料等工业中普遍使用的一种耐腐蚀材料。目前,硬聚氯乙烯塑料常用来制作塔器、贮槽、除雾器、排气筒、泵、阀门及管道等。软聚氯乙烯塑料由于其机械强度低,故常用作设备衬里材料。近年来,人们对聚氯乙烯做了许多改性研究工作。例如,玻璃纤维增强聚氯乙烯塑料(称为 FR − PVC 塑料)就是在聚氯乙烯树脂加工时,加入玻璃纤维进行改性,以提高物理、力学性能;导热聚氯乙烯即是用石墨改性,以提高聚氯乙烯的导热系数,它可以用作化工耐腐蚀换热材料,在低于80 ℃ 的情况下,还可用于质量分数不高于 90% 的硫酸、稀硝酸、任意浓度的盐酸、磷酸、氯乙酸及氯气等腐蚀性介质中。

2. 聚丙烯

聚丙烯是丙烯的高分子量聚合物,由碳、氢两元素构成。根据所用催化剂的不同,聚丙烯的分子结构也不同,用 $AlBr_3$ 的弗 − 克催化剂只能得到低分子量的无规聚合物。用 $AlR_3 + TiCl_3$(R 为烷基)的齐格勒 − 纳塔催化剂进行立体定向聚合后,可得高分子质量、高晶度的有规聚丙烯,但根据 −CH_3 在主链平面排列的不同,分为等规、间规和无规聚合物。甲基均在主链平面一侧的,称为等规聚丙烯,甲基交替出现在大分子主链平面两侧的称为间规聚丙烯,甲基杂乱地排列在大分子主链两侧的称为无规聚丙烯。

等规与间规聚丙烯均称定向聚合,定向聚合物的侧基排列得非常规整,容易结晶。无规聚合物由于杂乱排列的取代基的影响,结晶困难。不同的结晶性能,使得无规聚丙烯与定向聚丙烯在性能上有很大的差异。

由于聚丙烯具有良好的耐腐蚀性与耐热性,所以常用于化工管道、储槽、衬里等。若用各种无机填料增强,可提高其机械强度及抗蠕变性能,用于制造化工设备。若用石墨改性,可制成聚丙烯换热器。

3. 聚乙烯

聚乙烯是乙烯的高分子聚合物。根据聚合工艺条件的不同,聚乙烯可分为高压聚乙烯、中压聚乙烯和低压聚乙烯三种产品。高压聚乙烯的分子结构中含有较多的支链,结晶度较小,为 65% ～ 75%,密度为 0.92 ～ 0.93 g/cm^3,所以高压聚乙烯又称为低密度聚乙烯;低压聚乙烯中,支链很少,结晶度较大,为 85% ～ 95%,密度为 0.94 ～ 0.95 g/cm^3,所以低压聚乙烯又称为高密度聚乙烯;中压聚乙烯的分子结构与性能介于前两者之间,结晶度为 75% ～ 85%,密度为 0.93 ～ 0.94 g/cm^3,所以中压聚乙烯又称为中密度聚乙烯。

聚乙烯的分子链主要是由亚甲基(−CH_2−) 构成,化学稳定性较好。其耐腐蚀性能和硬聚氯乙烯差不多,常温下能耐一般的酸、碱、盐的腐蚀,特别是可耐 60 ℃ 以下的浓氢氟酸的腐蚀。在室温下,脂肪烃、芳香烃和卤代烃等能使之溶胀。在耐化学介质和溶剂的性能方面,高密度聚乙烯比低密度聚乙烯好一些。

使用倍半铝或二乙基氯化铝及 $TiCl_4$,使乙烯进行阴离子配位聚合,可得到平均分子质量为 100 万 ～ 150 万甚至 200 万 ～ 300 万的超高分子质量聚乙烯。

超高分子量高密度聚乙烯基本上是线型结构,其性能比一般高密度聚乙烯优异,具有较高的冲击强度和长期耐疲劳性能,低温下(−50 ℃ 以下)的使用性能也较良好,在 −40 ℃ 其抗冲击性仍良好,在 120 ℃ 仍有一定抗拉强度,具有良好的耐腐蚀性及优良的耐环境应力开裂性,并具有优异的抗摩擦性和自润滑性,是一种优良的工程塑料。

4. 氟塑料

含有氟原子的塑料总称氟塑料。由于分子结构中存在着氟原子，聚合物具有极为优良的耐腐蚀性、耐热性、电性能和自润滑性等。目前主要的品种有聚四氟乙烯（F—4）、聚三氟氯乙烯（F—3）和聚全氟乙丙烯（F—46）等。

（1）聚四氟乙烯。

聚四氟乙烯的结构为

聚四氟乙烯是无极性直链型结晶性高聚物。由于在其结构中含有稳定的 C—F 键，键能为 448 kJ/mol，因而使聚四氟乙烯具有高度的热稳定性，在 250 ℃ 时能长期使用，性能无变化。在 250 ℃ 经 100 h 老化后，其力学性能及介电性能无显著变化，但在高温使用时，抗拉强度相应降低，因为在 360 ℃ 时往往引起分子键断裂，降低分子质量，在 400 ℃ 以上迅速裂解。

聚四氟乙烯具有高度的化学惰性，这是由于氟原子体积较大，氟的电负性很强，氟原子的相互排斥力很大，整个大分子链不能呈平面锯齿形而呈螺旋形，而且比较僵硬。由于氟原子像一个紧密的保护层，将长长的碳链包裹在内，碳链受不到一般活泼分子的侵袭，因此具有高度化学惰性。完全不与王水、氢氟酸、浓盐酸、硝酸、发烟硫酸、沸腾的苛性钠溶液、氯气、过氧化氢等作用。除某些卤化胺或芳香烃使聚四氟乙烯塑料有轻微的膨胀现象外，酮类、醚类、醇类等有机溶剂对它均不起作用。对它起作用的仅是熔融态的碱金属、三氟化氯及元素氟等，但只有在高温和一定压力下作用才显著。此外，它也不受氧或紫外光的作用，耐候性极好，故有"塑料王"之称。

由于聚四氟乙烯分子间相互作用力小，表面自由能低，故具有高度的不黏附性，即与其他材质的黏附性很差。由于表面能低，不黏附性高，故其摩擦因数也低，聚四氟乙烯的静摩擦因数是塑料中最小者，F—4 与 F—4 的静摩擦因数为 0.1～0.2；F—4 与钢的为 0.2～0.3。由于聚四氟乙烯具有很好的润滑性，故被用于轴承、活塞环等摩擦部件。若在聚四氟乙烯中加入 MoS_2、SiO_2、青铜粉、玻璃粉、炭黑和石墨等填料后，则材料除保持它原来的优良性能外，在负荷下的尺寸稳定性可提高 10 倍，耐磨性可提高 500～1 000 倍，导热性可提高 3～10 倍，硬度可提高 10%。

由于聚四氟乙烯与其他材质的黏附性差，所以，必须对它进行表面处理后才能用其他黏合剂黏合。

在常温下聚四氟乙烯的力学性能与一般塑料相比无突出之处，而在高温或低温下聚四氟乙烯的力学性能比一般塑料好得多。聚四氟乙烯在外力作用下会容易发生蠕变（冷流），其蠕变量取决于载荷大小、时间长短和温度高低等因素。由于蠕变现象严重，其制品在长时间使用后会变形，不宜用来制成机械零件等。加入适当的填料可改善其抗蠕变性能。

聚四氟乙烯是无极性直链型结晶性高分子化合物,结晶度的大小常由其冷却速度来决定,一般制品的结晶度为 55% ～ 75%。聚四氟乙烯非晶区的玻璃化温度为 $-120\ \text{℃}$,在使用温度高于 $-120\ \text{℃}$ 时,聚四氟乙烯的非晶区处于高弹态,质地柔韧,故聚四氟乙烯的耐低温性能较好。

从分子结构看,聚四氟乙烯是直链状热塑性高分子化合物,但是即使加热到其熔点(327 ℃)以上的温度,亦只是形成无晶质的凝胶态。熔晶黏度极高而不能流动,因此难以用通用的热塑性塑料的加工方法进行加工,而要采用类似“粉末冶金”那种冷压与烧结相合的加工方法,即把聚四氟乙烯粉末预压成所需形状,然后再烧结成型,进行机械加工。

聚四氟乙烯在分解之前是无毒的惰性物质,但在高温下特别是在 415 ℃ 以上时,有很多剧毒的含氟烯烃分解出来,如四氟乙烯、全氟丙烯、全氟丁烯、全氟异丁烯等。

由于聚四氟乙烯具有优良的耐腐蚀性能,所以,它在化工防腐工程中逐渐得到应用。但由于聚四氟乙烯缺乏刚性,机械强度不太高,故不宜作为化工设备的结构材料。加上聚四氟乙烯的黏接和焊接性不好、加工成型工艺复杂等缺陷,其应用仍受到一定限制。目前主要把它用作衬里材料,可以采用涂层或板衬的形式。由于聚四氟乙烯涂层较薄,介质可通过渗透腐蚀基体而造成损坏,因此用聚四氟乙烯涂层作为防腐衬里不太理想。目前国外推广使用的是聚四氟乙烯薄板衬里。聚四氟乙烯除用作衬里材料外,也用于管道、配件、阀、丝扣密封用的生料带等。近年来也制成热交换器使用。

（2）聚三氟氯乙烯。

聚三氟氯乙烯的结构为

$$\left[\begin{array}{c} F\ \ F \\ | \ \ | \\ C-C \\ | \ \ | \\ F\ \ Cl \end{array}\right]_n$$

聚三氟氯乙烯具有优良的耐腐蚀性能,能耐强酸、强碱以及强氧化剂的腐蚀。但其分子结构中存在着 C—Cl 键,使之对某些化学介质不稳定,如在高温下,浓硝酸、发烟硫酸、浓盐酸、氢氟酸及强氧化剂都会使其破坏;与 140 ℃ 的氯磺酸长期作用以及熔融的苛性碱都会使之不稳定;此外液氯、溴、有机卤化物及芳香族化合物能使之溶胀。

聚三氟氯乙烯的结晶度是影响其物理力学性能的决定因素。制品缓慢冷却,其结晶度可达 85% ～ 90%,经过良好淬火,结晶度可达 35% ～ 40%。结晶度低,制品比较柔软,冲击强度大;结晶度高,制品比较硬,冲击强度降低。而结晶速度与温度有关。100 ℃ 以下结晶速度较小,高于 150 ℃ 迅速增长,195 ℃ 达最高点,其最佳结晶温度为 190 ～ 200 ℃。若将熔融状态的聚三氟氯乙烯迅速冷却至 100 ℃ 以下,则得结晶度低及晶粒直径小的透明体;若缓慢冷却,尤其是在最佳结晶温度的范围内停留较长时间,则得到晶粒大而结晶度高的浑浊体。作为化工设备防腐蚀涂层,希望降低聚三氟氯乙烯的结晶度及尽可能使结晶微粒变小。淬火是达到这一目的的有效方法。经过淬火的聚三氟氯乙烯涂层较柔软,弹性模量变小,可以补偿金属与聚三氟氯乙烯膨胀的不同,提高与金属的结合力。

由于聚三氟氯乙烯在它的熔点(208 ～ 210 ℃)以上有一定流动性,就可以按注射、挤压或模塑的方法加工成制品,如泵、阀、棒和管等。也可与有机溶剂配成悬浮液,以制备设备用的耐腐蚀涂层。聚三氟氯乙烯在高温下亦可分解出剧毒产物,故在涂层塑化时,要有良好的排风设备,并控制塑化炉温,操作人员要戴防护用具等。

(3) 聚全氟乙丙烯塑料。

聚全氟乙丙烯是四氟乙烯和六氟丙烯的共聚物,其中四氟乙烯质量比为 82％ ～ 83％,六氟丙烯质量比为 17％ ～ 12％,其分子结构式为

$$\left[\left(CF_2-CF_2\right)_x\left(CF_2-CF\right)\right]_n$$
$$\qquad\qquad\qquad\qquad |$$
$$\qquad\qquad\qquad\quad CF_3$$

聚全氟乙丙烯是一种改性的聚四氟乙烯,除耐热性稍次于聚四氟乙烯外(优于聚三氟氯乙烯,能在 200 ℃ 高温下长期使用),它具有聚四氟乙烯的优良性能,如极高的化学稳定性、低的摩擦因数、良好的力学性能等。突出的优点是熔融温度为 274 ～ 296 ℃,比聚四氟乙烯低,熔体黏度低,高温下的流动性比聚三氟氯乙烯好,易于加工成型。可以用模压、挤压和注射等成型方法制造各种板、管、零件等。也可采用其粉料或分散液制得耐腐蚀涂层,其喷涂工艺与聚三氟氯乙烯相同,但塑化温度较高,需要(360 ± 10)℃。

聚全氟乙丙烯在化工防腐蚀中的应用,除喷涂一些阀门、泵叶轮、管件等外,还可用作热交换器,主要是将它制成薄壁细管,以克服传热系数小的缺点,再与聚四氟乙烯做成管束式热交换器。

15.3.3　橡胶

橡胶具有较好的物理力学性能和耐腐蚀性能,可以作为金属设备的衬里或复合衬里中的防渗层,分为天然橡胶和合成橡胶两大类。目前用于设备衬里的橡胶多数是天然橡胶。

1. 天然橡胶

天然橡胶是从橡胶树的树汁(即胶乳)制得的。它是不饱和的异戊二烯(C_5H_8)的高分子聚合物,结构式如下:

$$\left[CH_2-C=CH-CH_2\right]_n$$
$$\qquad\quad |$$
$$\qquad\quad CH_3$$

天然橡胶是线型聚合物,力学性能较差,而且在其主链上含有较多的双键,易被氧化剂所氧化,不能满足实用上的需要。但这些缺点可以通过硫化作用得到改善。

硫化是在生胶内加入硫黄(或其他硫化剂)的处理过程。由于分子中含有双键,能与硫作用,因此大分子链交织成立体网状大分子。

硫化的结果使橡胶在弹性、强度、耐溶剂性及耐氧化性能方面得到改善。根据硫化程度的高低,即硫含量的多少可分为软橡胶($w_s = 2％ ～ 4％$)、半硬橡胶($w_s = 12％ ～$

20%)和硬橡胶(w_S＝20%～30%)。软橡胶的弹性较好,耐磨,耐冲击振动,适用于温度变化大和有冲击振动的场合,但软橡胶的耐腐蚀性能及抗渗性则比硬橡胶差些。硬橡胶由于交联度大,故耐腐蚀性能、耐热性和机械强度均较好,但耐冲击性能则较软橡胶差些。

天然橡胶的化学稳定性能较好,可耐一般非氧化性强酸、有机酸、碱溶液和盐溶液腐蚀,但在强氧化性酸和芳香族化合物中不稳定。

2. 氯化橡胶

氯化橡胶是天然橡胶经过塑炼解聚后,溶于四氯化碳中进行氯化处理而得的白色多孔固体,氯含量为60%(质量分数)以上。

氯化橡胶主要用作涂料。由于氯化橡胶树脂涂层脆,附着力不好,不耐紫外线照射,所以不能直接用来做涂料。采用其他天然或合成树脂改性,再加入增塑剂、稳定剂、颜料等附加成分,可改善涂层的性能。

氯化橡胶涂料可在70 ℃以下使用。在干燥大气中,温度在100 ℃以下时,涂层不会分解;但在潮湿的大气中,温度超过70 ℃时,涂层就会分解,并放出氯化氢。氯化橡胶涂料具有良好的耐酸碱、耐海水性能,涂层具有不燃性,但不耐溶剂及氧化性酸的腐蚀。

3. 氯丁橡胶

氯丁橡胶是由单体氯丁二烯在水介质中借松香作为乳化剂进行聚合而得到的。结构式为

$$\left[\!\!\begin{array}{c}CH_2-C\!=\!CH-CH_2\\ |\\ Cl\end{array}\!\!\right]_n$$

氯丁橡胶具有耐日光、耐臭氧、耐老化、耐摩擦、耐油、耐腐蚀等性能,可用来制造涂料,漆膜具有耐水、耐磨、耐曝晒和耐酸碱性能,耐温可达93 ℃,耐低温至－40 ℃。它对金属、塑料、木材、陶瓷、水泥、电线等都有良好的附着力,能保护在地下、水下或有腐蚀性介质与潮湿环境下的各种物件。氯丁橡胶也可制成胶板,作为衬里用。

4. 氯磺化聚乙烯橡胶

氯磺化聚乙烯橡胶是由氯气与二氧化硫处理聚乙烯溶液而制得,平均分子量为20 000,w_S＝1.3%～1.7%,w_{Cl}＝26%～29%,结构式为

$$\left[\!\!\begin{array}{c}\left(CH_2-CH_2-CH_2-CH-CH_2-CH_2-CH-CH_2\right)_m\\ |\\ Cl\end{array}\!\!\begin{array}{c}C\\ |\\ SO_2\\ |\\ Cl\end{array}\!\!\right]_n$$

式中,一般m＝12,n＝17～18。

氯磺化聚乙烯橡胶可作为涂料,也可与其他填料混炼,制成衬里用的胶板。

氯磺化聚乙烯橡胶耐磨性能、耐大气、耐臭氧性能良好,耐热可达120 ℃。氯磺化聚乙烯橡胶的耐氧化剂性能仅次于氟橡胶。在强氧化性介质中(如常温下70%(质量分数)硝酸、浓硫酸)和在碱液、过氧化物、盐溶液及很多有机介质中稳定。但氯磺化聚

乙烯橡胶不耐油类、四氯化碳、芳香族等化合物的腐蚀。

5. 丁苯橡胶

丁苯橡胶是由丁二烯和苯乙烯以 75∶25(质量比)配比聚合而成的。结构式为

$$+CH—CH = CH—CH_2—CH_2—CH+_n$$

根据硫化剂的用量不同,可制成软胶板和硬胶板。

丁苯软胶的耐酸性能与天然橡胶类似,但不耐盐酸腐蚀,因为在它的表面不能形成氯化物的保护膜。在氧化性酸中也很不稳定。丁苯硬质胶可在 80 ℃ 温度、36% 盐酸的长期作用下而不腐蚀,在 65 ℃ 以下可耐湿氯气腐蚀,在醋酸介质中稳定。

6. 丁腈橡胶

丁腈橡胶是由丁二烯和丙烯腈单体以一定比例聚合而成的,结构式如下:

$$+CH_2—CH = CH—CH_2+_m+CH_2—CH+_n$$
$$|$$
$$CN$$

丁腈橡胶具有良好的耐油性能,其耐油和耐有机溶剂性能超过丁苯橡胶,而耐腐蚀性能与丁苯橡胶相似。

15.3.4 沥青

沥青是由许多极其复杂的高分子碳氢化合物及其非金属(主要是氧、硫、氮等)的衍生物所组成的混合物。沥青是憎水性材料,几乎完全不溶于水,而且本身构造致密,与矿物材料表面有很好的黏结力,能紧密黏附于矿物材料表面,同时,它还具有一定的塑性,能适应材料或构件的变形,所以,沥青广泛用作建筑工程的防腐、防潮、防水材料以及路面材料。

1. 沥青的老化

沥青是一种高分子化合物的胶体物系,它在外界条件影响下,随时间而逐渐改变其性能的过程,称为"老化"。

研究表明,沥青的化学组分并非绝对稳定的物质,它在各种因素的影响下将发生变化。如沥青在施工过程的长时间高温加热,以及在路面中受到空气、阳光、气温和降水,以及矿料相互作用等因素影响下,由于氧化、缩合和聚合的作用,沥青的组分发生转移。在较低分子的组分中,除饱和分变化较少外,不饱和的芳香分会转化为较高分子组分的胶质。由于氧化作用或硫的加成作用结果,胶质分子又会聚合成较复杂的沥青质分子,在此过程中氢原子成为水而失去。矿料中含有铝、铁等盐类时,此种盐类如催化剂一样,使沥青中的沥青酸类产生有机酸铝盐及铁盐,加速沥青的老化。所以,沥青材料因大气因素(温度、湿度、光线和水)以及沥青与矿料的物理化学交互作用,使沥青材料中不稳定的物质转变为稳定的化合物,简单构造的物质转变为复杂构造的物质。即饱和分变化甚小;芳香分因转变为胶质而减少;由于胶质转变为沥青质的速度较芳香分转变为胶质快,故芳香分转变为胶质的数量不足以补偿胶质变为沥青质的数量,最终胶

质数量明显减少,而沥青质等固体类物质则大量增加。

由于日光氧化作用,沥青中氧化物含量增加,此类氧化物为表面活性物质,能使沥青与矿质材料黏附强度增加。对于低黏度的沥青,在沥青化学组分变化过程的初期,芳香分和胶质含量减少,增加了部分沥青质,一定程度上能使沥青热稳定性得到改善。但是,对一般沥青而言,随着老化进程的进行,饱和分的变化甚少、芳香分的减少、特别是胶质分的明显减少、高分子化合物沥青质的大量增加,则使沥青塑性逐渐消失而脆性增加,同时其他技术性能也逐渐恶化。

2. 沥青的改性

在工程中使用的沥青应具有一定的物理性质和黏附性。在低温条件下应有弹性和塑性;在高温条件下要有足够的强度和稳定性;在加工和使用条件下具有抗"老化"能力;还应与各种矿料和结构表面有较强的黏附力;以及对变形的适应性和耐疲劳性。通常,石油化工厂加工制备的沥青不一定能全面满足这些要求,为此,常用橡胶、树脂、矿物填料和外加剂等改性。

(1)橡胶改性沥青。

橡胶是沥青的重要改性材料,它和沥青有较好的混溶性,并能使沥青具有橡胶的很多优点,如高温变形性小、低温柔性好。常用的橡胶有氯丁橡胶、丁基橡胶、热塑性弹性体(SBS)和再生橡胶等。

(2)树脂改性沥青。

用树脂改性沥青,可以改进沥青的耐寒性、耐热性、黏结性和不透气性。由于石油沥青中含芳香性化合物很少,故树脂和石油沥青的相容性较差,而且可用的树脂品种也较少。常用的树脂有古马隆树脂、聚乙烯、乙烯 - 乙酸乙烯共聚物(EVA)、无规聚丙烯APP 等。

(3)矿物填充料改性沥青。

为了提高沥青的黏结能力和耐热性,降低沥青的温度敏感性,经常加入一定数量的矿物填充料。常用的矿物填充料大多是粉状的和纤维状的,主要的有滑石粉、石灰石粉、硅藻土和石棉等。

(4)外加剂。

① 改善沥青流变性的外加剂。主要是各种高分子聚合物,如油溶性的各种聚合物(如聚异丁烯、丁烯 - 苯乙烯聚合物等)、各种橡胶(如丁苯、氯丁、丁腈橡胶等)和环氧树脂等。它们不仅可以较好地改善沥青的流变性和黏附性,并且能使沥青具有较好的低温延性。此外,还有采用微粒子的无机盐类和烷基甘唑啉为外加剂,对改善沥青的感温性和流动性也有较好的效果。

② 改善沥青黏附性的外加剂(抗剥剂)。能提高沥青与酸性石料以及与湿的石料的黏附性,以及延长沥青的使用寿命。目前最常用作改善沥青黏附性的外加剂是带长烷基链的极性物和胺类、酰胺类、甘唑啉类等。另外一类为某些有机酸及其皂类(如硬脂酸、硬脂酸钠皂或钾皂)及其盐类(如铁、锌、铝盐等)。在使用此类外加剂时,应考虑石料的性质(酸性或碱性),因为外加剂所含极性物质的有效性是有选择的,如使用不当

反而会产生相反的效果。

　　③ 改善沥青抗氧化(耐老化) 性的外加剂。沥青的抗氧化剂,按其作用分为两类。一类为抗氧化的,能抑制沥青氧化的连锁反应,属这类物质的有油溶性酚类化合物,如"2,6－二叔丁基酚",烷基硫化物和有机亚磷酸酯等。另一类是减少过氧化物生成的,这类外加剂能使沥青中形成的过氧化物分解成为稳定的物质。因为过氧化物的存在,会使沥青氧化过程加速。属于这类物质的有胺类(硫化胺),噻吩嗪等,它们的掺加量为0.1% ~ 2%。

思　考　题

　　1.什么是高分子材料? 其化学结构有哪些特征? 有哪些基本性质?

　　2.什么是高分子材料的腐蚀? 有何主要表现? 具有哪些不同于金属腐蚀的特点?

　　3.高分子材料的老化应如何分类? 各含有哪些主要形式?

　　4.介质对高聚物的渗透性能受哪些因素的影响?

　　5.什么是溶胀? 溶胀层的结构如何? 高分子材料耐溶剂性可用哪些原则进行判断?

　　6.什么是高分子材料的环境应力开裂? 有哪些特点?

　　7.光氧化反应是怎样引发的?

　　8.高分子材料的高能辐射反应有哪两种? 通常何者占优?

　　9.试述高分子材料微生物腐蚀的特点。

　　10.何为高分子材料的物理老化? 其特点是什么?

　　11.常见的耐腐蚀高分子材料有哪几种? 其基本性能如何?

　　12.如何改善沥青的稠度、黏结力、变形、耐热等性质?

　　13.沥青为什么会发生老化? 如何延缓其老化?

第 16 章　木材的腐蚀

木材主要是由有机物组成。绝对干燥的木材,不论属于何种树种,其有机部分含碳49.5%、氧44.2%、氢6.3%和氮0.12%。木材还含有数量不大的(0.2%~1.7%)、依木材种类而异的无机化合物,这些化合物在燃烧时变成灰分,所得到的灰分主要是碱土金属的盐类组成的。

木材有机物的成分很复杂,并且都是高分子化合物。各种木材所含纤维素的数量不同,为46%~56%。木材中还含有19%~30%的木质素、半纤维素,23%~35%的鞣质、树脂以及其他有机化合物。

纤维素是天然的聚合物。纤维素对水、乙醇、乙醚和其他有机溶剂具有稳定性,但它能溶解于氧化铜的氨溶液、浓氯化锌溶液和热的、饱和的硫代氰酸钾溶液中。无机酸能改变纤维素的成分,苛性碱的稀溶液对纤维素不起作用。

木质素按其性质来说是几种有机化合物。木质素的稳定性比纤维素弱,容易受热碱和氧化剂的作用。半纤维素的化学组成与纤维素相近,但其化学稳定性小。

16.1　木材的种类

木材按树种可分为针叶树和阔叶树两种。

针叶材由于原木材体积较大、干缩小、纹理直、加工容易,所以多用于承重结构。阔叶材一般成材困难,原木材体积较小,纹理较乱,且硬度较大、加工费事、易变形开裂,所以多用于重要的木制连接件。

阔叶材比针叶材具有较大的吸水性。而木材的吸水性或吸收溶液的能力是会影响其耐蚀性能的。一般来说,木材吸收腐蚀的液体越少,其抵抗化学与物理作用的能力越高。结构较致密或含有较多树脂的木材,其耐蚀性较好。

16.2　木材的腐朽

16.2.1　木材的腐朽

木材是天然有机材料,易受真菌、昆虫侵害而腐朽变质。引起木材变质腐朽的真菌有三种,即霉菌、变色菌和腐朽菌。霉菌只寄生在木材表面,通常称发霉,对木材不起破坏作用。变色菌是以细胞腔内含物(如淀粉、糖类等)为养料,不破坏细胞壁,所以对木材破坏作用很小。而腐朽菌是以细胞壁为养料,它能分泌出一种酵素,把细胞壁物质分解成简单的养料,供自身生长繁殖,这就导致细胞壁完全破坏,从而使木材腐朽。

真菌在木材中的生存和繁殖,必须同时具备三个条件,即要有适当的水分、空气和温度。当木材的含水率在 $35\% \sim 50\%$,温度在 $25 \sim 30$ ℃,又木材中存在一定量空气时,最适宜腐朽菌的繁殖,因而木材最易腐朽。如果设法破坏其中一个条件,就能防止木材腐朽。如使木材含水率处于 20% 以下时,真菌就不易繁殖;将木材完全浸入水中或深埋地下,则因缺氧而不易腐朽。

木材腐朽除真菌所致外,还会遭受昆虫的蛀蚀,常见的蛀虫有囊虫、天牛、白蚁等。

16.2.2　木材的防腐

木材防腐通常采取两种形式,一种是创造条件,使木材不适于真菌寄生和繁殖;另一种是把木材变成含毒的物质,使其不能作为真菌的养料。

第一种形式的主要办法是将木材进行干燥,使其含水率在 20% 以下。在储存和使用木材时,要注意通风、排湿,对于木构件表面应刷以油漆。总之,要保证木结构经常处于干燥状态。

第二种形式是把化学防腐剂注入木材内,使木材成为对真菌有毒的物质。注入防腐剂的方法很多,通常有表面涂刷法、表面喷涂法、浸渍法、冷热槽浸透法、压力渗透法等,其中以冷热槽浸透法和压力渗透法效果最好。防腐剂也有好多种,一般分水溶性、油溶性、油类及膏浆等四类,常用品种有氟化钠、硼酚合剂、氟砷铬合剂、林丹五氯酚合剂、强化防腐油、克鲁苏油等。防止虫蛀的办法通常是采用化学药剂处理或向木材内注入防虫剂。木材防腐剂也能防止昆虫的危害。

16.2.3　木材的防火

木材属木质纤维材料,易燃烧,它是具有火灾危险性的有机可燃物。所谓木材的防火,就是将木材经过具有阻燃性的化学物质处理后,变成难燃的材料,以达到遇小火能自熄,遇大火能延缓或阻滞燃烧蔓延的目的,从而赢得扑救的时间。

常用木材防火处理方法是在木材表面涂刷或覆盖难燃材料和用防火剂浸渍木材。

浸渍用的防火剂有:以磷酸铵为主要成分的磷-氮系列;硼化物系列;卤素系列以及磷酸-氨基树脂系列等。

16.3　木材的耐蚀性能

木材能耐很多弱腐蚀性介质的作用。各种盐类溶液、大部分的有机酸和稀的碱溶液,对木材的腐蚀作用很弱。无机酸的温度和浓度越高,对木材的腐蚀作用就越强。

氧化性介质对木材的腐蚀特别严重,能很快地破坏木材。

木材受到液态腐蚀性介质作用时,其体积膨胀,质量也发生变化,而液体本身通常也要染上颜色。木材的化学稳定性根据其所吸收的液体数量和机械强度的变化情况而定。

16.3.1　水的腐蚀

对水作用最稳定的木材都具有较高的密度,因此木材的构造越致密,所含的树脂越多,则水对木材的渗透能力越小。

当水的温度升高时,木材中的某些成分(如有机酸、醇类、鞣质)被溶解而进入溶液中,表 16－1 是 100 ℃ 的水对木材的溶出影响。如提高水的压力,则很容易浸入木材内,溶出的物质就多。

表 16－1　100 ℃ 的水对木材的溶出影响

木材种类	溶出后的木材质量为原木材质量的百分比 /%	溶出的物质
桦木	96.00	有机酸、糠醛以及微量甲醇
山毛榉	96.32	有机酸、糠醛以及微量甲醇
橡木	95.17	单宁、微量的糖、糠醛
落叶松	94.10	单脂物质、微量松节油、醋酸
松木	92.30	

16.3.2　酸的腐蚀

木材对大部分有机酸(如醋酸、蚁酸、苹果酸、柠檬酸)是稳定或比较稳定的。但热的有机酸溶液会使木材发生分解。针叶类木材比阔叶类木材更耐有机酸。

无机酸对木材的作用大小,不仅取决于酸的浓度和温度,而且还决定于酸的性质。HF、H_3PO_4(甚至浓度较高的 H_3PO_4)和浓度较低的盐酸,在常温下对木材没有什么作用。

对硫酸来说,如果酸的浓度超过 5%(质量分数),就不能采用木材。当硫酸的浓度达 10%(质量分数),则木材的力学性能便显著下降。浓硫酸能使木材碳化。

硝酸不论其浓度高低,即使在低温下也能破坏木材。

SO_2 和 H_2SO_3 对木材有破坏作用。烟道气中 SO_2 含量虽然很低,但也能对木材起破坏作用。当压力和温度升高时,H_2SO_3 的稀溶液能使木材破坏。

16.3.3　碱的腐蚀

苛性碱和氨的水溶液,对木材有腐蚀作用,尤其当温度和浓度增高的时候,腐蚀将更为强烈。在浓度不高和在常温下,木材仅稍有膨胀。苛性碱与木材作用将生成一些有机酸(如蚁酸、醋酸等)。碳酸盐的碱类对木材的腐蚀和苛性碱相同,但其腐蚀速度要缓慢得多。碱土金属氧化物的溶液对木材也有腐蚀作用,石灰乳可从松木中浸析出各种物质。

各种木材在氨和苛性碱溶液中浸泡 28 d 后的强度变化见表 16－2。

表 16 － 2　　苛性钠和氨的水溶液作用于木材所引起的强度变化

木材的种类	木材的抗弯强度比值(以饱和水木材的强度为100%)					
	氨水浓度 /%			NaOH 浓度 /%		
	2	5	10	2	5	10
落叶松	—	97.0	91.9	95.8	75.4	52.4
松木	99.3	89.8	78.7	95.9	66.4	51.4
云杉	98.1	86.9	75.4	93.4	60.2	44.5
橡木	67.5	55.9	42.8	58.9	40.3	31.4
山毛榉	65.3	51.9	35.7	58.0	31.3	29.1
椴木	51.6	48.0	32.5	55.2	31.5	20.5

16.3.4　盐的腐蚀

各种盐溶液对木材的腐蚀是不相同的。某些盐类(如芒硝、KCl 和 NaCl 等)不会引起木材组成的化学变化。这些盐类在木材上略呈吸附状态,这是由于木材的胶体性以及木材的膨胀所引起的。但一些具有结晶膨胀性能的盐类(如 Na_2SO_4),在干湿交替的环境时,对木材的腐蚀则相当严重。芒硝由于结晶膨胀作用,使木材腐蚀成纤维状。木门窗在芒硝工厂使用是不成功的。一些盐类能引起木材的物理和化学性质的变化: $MgCl_2$ 在温度大于 100 ℃ 时,与木材接触后便分解为氧化镁和盐酸,而盐酸能腐蚀木材。

容易水解的 Fe、Al、Cr 和 Zn 的盐类能渗入木材中。这些盐类水解后生成游离酸,而游离酸能使木材松弛。如果往 NaCl 溶液中加入某些无机酸,则会使木材中的纤维素溶解。

$AlCl_3$ 和 $FeCl_3$ 溶液能破坏木材。

16.3.5　气体的腐蚀

氯、溴、氧化氮等气体能破坏木材。醋酸蒸汽、HF 对木材的作用比较轻微。

在干燥的环境中,常温下的空气对木材无腐蚀作用。在潮湿而且通风不良的情况下,由于细菌和真菌的作用,产生生物腐蚀,木材分解。在湿度和温度经常变化的情况下,木材的稳定性下降。

16.3.6　石油产品和溶剂的腐蚀

原油和石油产品,特别是矿物油、煤焦油、沥青等,不仅不腐蚀木材,相反在许多情况下对木材还有保护作用。氯化和硝化的碳氢化合物,一般对木材也无腐蚀作用。

乙醇对木材无腐蚀作用,但能溶解木材内的树脂和其他杂质。

16.4 浸渍木材

为了提高木材的耐蚀性,可以通过物理或化学的方法用各种浸渍材料来处理木材。这种浸渍材料被木材的细胞吸附以后形成保护层,或者和木材生成新的更稳定的高分子化合物,从而提高了木材的化学稳定性。浸渍材料可以是有机的或无机的,水溶性的或非水溶性的。浸渍木材由于浸渍深度的限制,一般是以制品浸渍,因此浸渍后不再加工。由于浸渍材料熔点不高,浸渍木材的使用温度有了下降。

16.4.1 酚醛树脂浸渍木材

酚醛树脂浸渍木材一般需在高压釜中进行。在真空状态下,木材浸入可溶性酚醛树脂或酚醛清漆中,加温并解除真空,转而加压使浸渍材料渗入木材内,然后将浸渍的木材加热固化,使树脂转变为不溶状态。木材经过这样处理后,耐蚀性得到提高,吸水性降低。

酚醛树脂浸渍木材在 100 ℃ 以下时,对 36%(质量分数)的盐酸和 70%(质量分数)的硫酸是完全耐蚀的;在 90 ℃ 时,对 75%(质量分数)的磷酸和在常温或加热时对各种有机酸也是完全耐蚀的;在 150 ℃ 以下的氯气和水蒸气的混合物,110 ℃ 以下的氯气、氯化氢和水蒸气的混合物,120 ℃ 以下的三氧化硫和水蒸气的混合物以及其他气态腐蚀性介质,均不发生腐蚀作用;但在硝酸、铬酸、氢氧化钠、碳酸盐和其他碱类等介质中是不耐蚀的。

酚醛树脂浸渍木材可用于制作木结构和建筑配件。但由于工艺较复杂且成本高,目前尚未得到推广应用。

16.4.2 石蜡浸渍木材

用石蜡处理过的木材在弱腐蚀性液态介质中(如 2%(质量分数)的硫酸、氯化铝、氯化铁和气态介质)有良好的耐蚀性。

1.浸渍工艺

(1)浸渍材料。

浸渍材料为工业品石蜡。

(2)浸渍方法。

采用冷热槽法,常压煮浸。热槽温度为 115 ~ 125 ℃,冷槽温度为 55 ~ 60 ℃。在热槽中浸渍的时间应按木材的密实程度和所要求的浸渍深度经试验后确定,一般为 1 ~ 8 h。

(3)浸渍过程。

将干燥的木制品浸没于热槽的熔融石蜡中。此时槽温骤降,排出大量气泡,应迅速加热到规定温度,开始计算浸渍时间。至预定时间后,取出木制品,立即浸入冷槽,此时槽温上升,待降至 56 ~ 58 ℃ 时,出槽即得成品。

如制品表面黏附的石蜡过厚,可用刮刀铲去过厚部分,也可将构件再放入热槽中并立即取出,使过厚的石蜡熔去。

(4) 注意事项。

① 由于是表面浸渍,渗入深度有限,所以应采用制品浸渍,浸渍后不应再进行加工。

② 木材制品必须干燥,否则在热槽中,由于制品的水分蒸发,使石蜡液产生大量气泡外溢,造成人身安全和火灾事故。

2. 用途

石蜡浸渍木材制品在有色冶金工业中应用较多,主要用于门窗制品,取得一定效果。

16.4.3 沥青浸渍木材

木材用沥青熔融液在 $0.25 \sim 0.30$ MPa压力下进行浸渍。沥青浸渍木材对低浓度和中等浓度的硫酸、盐酸的耐蚀性有所提高。

16.4.4 松香浸渍木材

木材用熔融的松香浸渍后,对 40%(质量分数)的硫酸是稳定的。

16.4.5 硫黄浸渍木材

木材用熔融硫黄在加压条件下进行浸渍。硫黄浸渍木材对稀的无机酸和 60 ℃ 以下氯化物溶液是耐蚀的。

16.5 胶合木材

为提高木材的机械性能,消除其各向异性的缺点和充分利用木材资源,胶合木材得到很大发展。用木板或小块木材通过胶接而制作成的梁式或板式构件,称为胶合木结构。由于胶合木结构构件间的连接不用金属件,因而提高了木结构的耐蚀性,可以充分利用木材耐某些介质腐蚀的特点。

1. 胶合木材的耐蚀性

胶合木材的主要部分为木材,因而其耐蚀性能与木材相当。但连接材料为胶,由于胶的失效,同样也能影响胶合木材的耐蚀性。

2. 胶合木材用胶的要求

用于胶合板的胶,可分为酚醛树脂胶、脲醛树脂胶、血胶和豆胶。用于胶合木结构的胶有酚醛树脂胶和脲醛树脂胶。酚醛树脂胶耐煮沸和耐干热;脲醛树脂胶只耐冷水或短时间的热水浸泡,不耐煮沸;血胶只耐短期冷水浸泡;豆胶则不耐水湿。因此,酚醛树脂胶的胶合木材可在室外环境下长期使用,脲醛树脂胶的胶合木材可在湿环境中使用,而血胶和豆胶的胶合木材只能在室内干燥条件下使用。在腐蚀环境中的胶合木材应采用酚醛树脂胶胶合,而不应采用其他胶种。由于酚醛树脂不耐碱,因此在碱性介质腐蚀环境中,也不宜采用这种胶合木材。

16.6　设计要点

(1) 为充分利用木材在耐蚀性上的一些特点,采用木结构时应尽量减少钢构件,其连接件可采用耐蚀材料制作。例如,连接板可采用木材或塑料,螺栓、扒钉可采用耐蚀金属制作。当有条件时,宜采用胶合木结构。连接方式宜采用板梢连接。

(2) 针叶类木材的耐蚀性较阔叶类木材好。因此在腐蚀条件下,应尽量选用针叶类木材。

(3) 浸渍木材不仅可提高木材的耐蚀性,而且某些浸渍材料还可以提高木材的力学性能和物理性质,从根本上改变了木材的一些缺点。这是在腐蚀条件下,保护木结构和木制品的最好方法。国外采用浸渍木材制作的冷却塔,效果很好。

思　　考　　题

1. 简述木材腐朽的原因有哪些?

2. 有哪些方法可用以防止木材腐朽? 并分别说明原因?

第 4 篇　　复合材料的腐蚀

　　复合材料是由基体(连续相)、增强体(分散相)及它们间的相界面构成的。复合材料的腐蚀特性,除分别受这三部分的各自影响外,还取决于这三部分之间的相互影响。一般而言,对复合材料耐蚀性起决定作用的是复合材料基体的性质。金属基复合材料的耐腐蚀性与其基体金属的耐腐蚀性基本一致,一般具有良好的耐候性,在自然环境下几乎不吸水,也不发生老化。陶瓷基体的性质,决定了陶瓷基复合材料具有优良的耐化学腐蚀性能,常用于高温氧化环境,因此需专门考查它的高温抗氧化性。聚合物基复合材料,由于作为基体的聚合物的多样性,其耐腐蚀性能差别很大,决定了它们广泛的应用范围、充分的选择余地和灵活的可设计性。聚合物基复合材料具有较其他类材料更为优异和经济的耐化学介质腐蚀的综合性能,常常作为其他材料的保护层(衬里)使用。在考查它的耐腐蚀性时,有时需要连同被保护材料综合考虑。

　　对复合材料耐腐蚀性起决定作用的是复合材料基体的性质。腐蚀的程度取决于:① 材料的自身性质;② 环境条件(温度、压力、所接触的介质的性质和状态);③ 在某种环境下所处的时间。通过综合研究复合材料表面或界面上发生的物理化学、化学和电化学反应,探索它们对复合材料组织结构损坏的普遍及特殊规律。

第 17 章　金属基复合材料的腐蚀

金属基复合材料由金属基体和非金属增强体构成,其中非金属增强体的体积分数通常不低于 20%,以连续或不连续纤维的形式存在。连续纤维复合材料中的增强体包括石墨纤维、碳化硅纤维(SiC)、硼纤维及氧化铝(Al$_2$O$_3$) 纤维。这类纤维增强金属基复合材料的制备方法有几种,如在纤维上进行化学气相沉积、液体金属渗入、扩散键合、直接铸造等。不连续纤维复合材料的增强体目前主要采用 SiC 晶须或颗粒,用粉末冶金技术制备。

17.1　铝基复合材料的腐蚀

铝基复合材料是目前应用最广的金属基复合材料,种类较多,其中增强体有碳纤维、碳化硅纤维、硼纤维、氧化铝纤维等,金属基体除了纯铝以外,工程上更多地采用各种铝合金。不同类型的增强体可导致相同铝合金基体的腐蚀速率大不相同。由于碳纤维具有导电性,其在电解质中的电位亦较正,故碳／铝复合材料有明显的电偶腐蚀倾向,耐蚀性比铝合金基体本身大大降低,而碳化硅／铝复合材料的耐蚀性与基体相比则降低不多。

1.碳／铝复合材料

当碳／铝复合材料中的碳纤维和铝基体同时暴露于腐蚀介质中时,电偶效应会导致铝基体加速腐蚀。表 17-1 列出了以 6061 铝合金为基体的几种铝基复合材料在含氧人造海水中的腐蚀电位、孔蚀电位和保护电位值。从表 17-1 可以看到,与铝基体相比,碳／铝复合材料的腐蚀电位和孔蚀电位都明显负移。单纯的电偶腐蚀效应当导致腐蚀电位正移,因此,表 17-1 的数值表明,碳／铝复合材料除了发生电偶腐蚀以外,由于碳／铝界面的存在促进了孔蚀和缝隙腐蚀,阳极溶解过程也明显加速。

表 17-1　几种铝基复合材料在含氧人造海水中的腐蚀电位、孔蚀电位和保护电位值　mV

材料	腐蚀电位平均值	孔蚀电位	保护电位
C/6061 铝合金	-840	-850～-800	-890～-870
SiC/6061 铝合金	-740	-500～-200	-850～-760
SiC/6061-T6 铝合金	-735	-350～-50	-850～-820
6061-T6 铝合金	-750	-700～0	-850～-750

如果碳纤维未暴露在外,仅表面的铝暴露于海洋环境中,则铝在海水和海洋大气中会分别以 0.025～0.035 mm/a 或 0.5～0.75 mm/a 的平均速度发生孔蚀,少数小孔的扩展速度有可能大大高于平均速度。当铝表面与其他物质构成缝隙时,也容易发生

缝隙腐蚀。小孔腐蚀或缝隙腐蚀最终会穿透铝表面层,使内部的碳纤维暴露于介质中,这时腐蚀会大大加速。腐蚀优先沿纤维与基体界面进行,形成的腐蚀产物 $Al(OH)_3$ 在复合材料中产生楔入作用,导致严重脱层腐蚀。为减轻腐蚀,对碳／铝复合材料可以采用耐蚀漆层保护。

2. 碳化硅／铝复合材料

碳化硅／铝复合材料在海水中的腐蚀比碳／铝复合材料要轻得多。试验表明,以铝－镁－硅－铜－锰和铝－镁合金为基体,用碳化硅晶须或颗粒增强的复合材料,在盐雾或海洋大气环境中暴露 42 个月后,仅发生轻微或中等程度的孔蚀。与无碳化硅的相同成分铝合金基体相比,碳化硅／铝复合材料的腐蚀速率仅稍有增高。

碳化硅／铝复合材料在海水中的腐蚀速率比在盐雾或海洋大气环境中大大提高,孔蚀速度最高可达 0.25 mm/a。在海水中,复合材料的腐蚀速率一般也比基体本身的腐蚀速率要高。碳化硅／铝复合材料的腐蚀多发生在碳化硅纤维和铝基体的界面处,其原因是界面处的缝隙容易导致孔蚀和缝隙腐蚀,并最终可能造成表面剥层。复合材料与其合金基体本身相比,孔蚀萌生的倾向相近,但孔蚀扩展速度较快。这类复合材料也可以用耐蚀涂层提高其抗腐蚀性能。

3. 硼／铝复合材料

硼／铝复合材料在氯化物溶液中会发生严重腐蚀,其耐蚀性比其铝合金基体本身要差得多。腐蚀集中发生在纤维与基体界面处,材料中的微裂纹可能是导致腐蚀加速的主要原因,因此在硼／铝复合材料的制备过程中特别应注意防止形成微裂纹等缺陷。材料制备期间,沿纤维与基体界面形成硼化铝化合物也会导致材料腐蚀性能下降。

4. 氧化铝／铝复合材料

在氧化铝／铝复合材料的铝基体中加入不同合金元素,以便在纤维和基体之间形成一层键合力较强的中间化合物,以获得良好的润湿性和黏合力。氧化铝／铝复合材料的腐蚀行为在很大程度上取决于这层中间化合物。如 $Al_2O_3/Al-2\%Li$ 复合材料中形成 $Li_2O-5Al_2O_3$ 中间层,它在 NaCl 溶液中腐蚀轻微,纤维与基体界面处也无严重局部腐蚀,这种复合材料的耐蚀性接近铝－镁－硅－铜合金。但在 $Al_2O_3/Al-2\%Mg$ 复合材料中的纤维与基体界面处则会发生孔蚀,其原因可能是材料制备过程中界面处形成 Mg_5Al_8 化合物,作为阳极优先发生腐蚀。在氧化铝／铝－镁－硅－铜合金复合材料中也可能发生界面处的优先腐蚀。

5. 应力腐蚀开裂和腐蚀疲劳

碳／铝复合材料和硼／铝复合材料在海水中会发生应力腐蚀开裂,但还需做进一步的研究。碳／铝－镁－硅－铜合金复合材料在海水和空气中的疲劳性能都优于相同基体的铝合金。不连续碳化硅纤维／铝－镁－硅－铜合金复合材料在 NaCl 环境中的疲劳性能也优于不含碳化硅的基体合金,其原因可能是在复合材料中裂纹的萌生比较困难。

17.2　铜基复合材料的腐蚀

人们曾对各种铜基合金在海洋环境中进行过试验,试验材料包括碳纤维／铜、碳化硅／铜－锡、碳化硅／铜－钛、碳化钛／铜、碳化钛／铜－铝、氮化硅／铜、碳化硼／铜、氧化铝／铜－钛等不同种类的铜基复合材料。试验表明,各种铜基复合材料的耐蚀性与相应的基体铜合金差不多。

在海水中,材料表面形成一层绿色腐蚀产物膜,其成分可能是 $Cu_2(OH)_3Cl$,在边缘或缝隙处往往有局部腐蚀。在海洋大气中,铜基复合材料表面也会形成绿色腐蚀产物膜,但厚度比海水中要小得多。

17.3　镁基复合材料的腐蚀

由于镁的活性很高,碳／镁复合材料在海水中会受到严重腐蚀,在碳纤维与镁基体同时暴露的区域,因电偶作用使腐蚀很快。随材料中碳纤维的体积分数增加,其腐蚀速率增大,含碳 10% 的复合材料的腐蚀速率可达 0.8 mm/a,这在实际应用中已不可接受。因此,如果在氯化物环境中使用碳／镁复合材料,必须避免碳纤维暴露于环境,并且设法改善基体的抗蚀能力。采用低杂质含量的镁合金基体并对碳纤维表面进行适当处理可提高耐蚀性。

为控制金属基复合材料的腐蚀,可采用不同类型的涂层、镀层加以保护。对各类铝基复合材料,在海洋环境中推荐采用阳极氧化处理(膜厚 0.025 mm)或有机涂层(膜厚 0.13 mm)方法保护,二者联合应用效果会更佳。对碳化硅／铝复合材料,在海洋环境中也可采用热喷涂铝层的防护方法,喷涂层最佳厚度为 0.13～0.20 mm,同样可以联合应用有机外涂层。对铜基和镁基复合材料进行涂层保护还研究得很少。

思　考　题

1. 铝及铝基合金主要发生哪几种形态的腐蚀?
2. 碳／铝复合材料完全暴露于腐蚀介质中时的腐蚀特点是什么?
3. 采取哪些措施可以提高碳／镁复合材料的耐海水腐蚀能力?

第18章　陶瓷基复合材料的腐蚀

陶瓷基复合材料的陶瓷基体主要有氧化铝、氮化硅、碳化硅、玻璃陶瓷(也称微晶玻璃)等,其增强体有颗粒、纤维和晶须。

如果陶瓷基复合材料的组成相之间化学上相容,那么,此材料的热稳定性由熔点、组元的分解或组元与周围环境的反应(通常是氧化反应)等来决定。对大多数复合材料,其熔点、分解温度均超过 1 500 ℃。

预测复合材料的氧化及高温腐蚀行为极其困难。通常,某一组元的氧化行为,在热力学和动力学上要受其他组元的影响。组成相与杂质的界面在许多情况下也显著影响氧化行为。因此,复合材料的腐蚀行为,通常不能从组元的性质来推得。

为了讨论方便,可把陶瓷基复合材料的组成相分成三类。

(1) 氧化物。

本身不氧化,然而,在其他氧化物或杂质与氧同时存在时,可形成低熔点的混合氧化物或玻璃。

(2)Si 的非氧化物。

特别是 SiC、Si_3N_4、$MoSi_2$,如果体系中的氧偏压不太低,那么就会在其上形成一有效的 SiO_2 保护层,从而限制氧化反应速度。

(3) 其他非氧化物。

它们的抗氧化能力相对较差,在温度低于 1 000 ℃ 时,氧化速度很快,例如用 TiC、TiN、B_4C、BN、TiB_2 等增强的陶瓷基复合材料。

SiC 和 Si_3N_4 氧化的特征是发生由钝态向活性的转变,其标志是 SiO_2 的分解和气化:

$$2SiO_2 \longrightarrow 2SiO + O_2 \uparrow$$

这种转变由温度和氧分压决定,如图 18 − 1 所示。在钝化区,当压力为 1×10^5 Pa,温度为 1 000 ~ 1 500 ℃ 时,氧化速度很低,此时,膜层的生长速度为 1×10^{-12} ~ 1×10^{-11} g/(cm² · s)。

不过,此区域的氧化反应对氧化层的性质很敏感。如果该层呈结晶态而不是非晶态,则其氧化速度要低得多。

对于非晶态情况,随某些玻璃形成物引起的黏性的降低,其氧化速度明显加

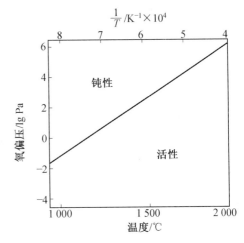

图 18 − 1　温度和氧分压对 SiC 和 Si_3N_4 氧化的活性与钝性转变的影响

快。通常,在 SiC 和 Si$_3$N$_4$ 与氧化物组成的复合材料中,SiC 和 Si$_3$N$_4$ 的抗氧化性能要降低。这是因为 SiO$_2$ 层常常与氧化物组元反应,形成玻璃或混合氧化物。即使最终的反应产物是结晶的,随氧化速度的增加,中间低黏度的玻璃相也可能会形成。当此玻璃相渗透至晶界和界面时,氧化速度会进一步加快。

这种效应可用研究较详细的 Al$_2$O$_3$/SiC 复合材料来说明。这种复合材料在空气中约 1 200 ℃ 时,氧化明显加快。先形成 SiO$_2$,随后与 Al$_2$O$_3$ 反应生成莫来石(3Al$_2$O$_3$ · 2SiO$_2$),莫来石也是一个非平衡玻璃相。在某些复合材料中,发现这个相富含 Ca。该玻璃相不仅使氧快速扩散至下面的 SiC,而且还渗透到界面和晶界,因提供氧进入材料的通道而加快氧化。因此,SiC 颗粒或晶须快速消耗并最终转变为莫来石:

$$3Al_2O_3 + 2SiC + 6O \longrightarrow 3Al_2O_3 \cdot 2SiO_2 + 2CO$$

这个过程要求氧通过反应产物表面扩散入材料内部和 CO 气扩散出材料。通过莫来石中的玻璃相和裂纹,这两个过程极易进行,并且氧化速度大约比纯 SiC 快一个数量级。最终反应产物含有莫来石,其中的 Al$_2$O$_3$ 或 SiO$_2$ 何种组分占多数取决于复合材料中 SiC 的原始质量分数。

SiC/氧化物复合材料的氧化速度并非在任何情况下都以这种方式被加快。例如,在 SiC 晶须增强的 Al$_2$O$_3$ － ZrO$_2$ 复合材料中,在 1 000 ～ 1 200 ℃ 时,SiO$_2$ 层是结晶的且该层为一有效的扩散阻挡层。

如果增强相为抗氧化性较差的非氧化物,并以孤立的颗粒或纤维形式存在,同时,此增强相氧化时所形成的氧化物与基体氧化物没有不利的反应发生,则这种复合材料可具有令人满意的抗氧化性能。在这种情况下,在自由表面上化合物的氧化一旦完成,其氧化速度就减慢。

另外,复合材料的组元间的界面氧化作用也很重要。在某些复合材料中,用氧化来改善界面强度。例如,对于聚合物－前驱体 SiC 纤维增强的复合材料,其假塑性行为取决于弱的石墨界面。在氧化过程中,此界面可迅速由高强度的氧化物界面取代而变脆。

陶瓷基复合材料由于价格昂贵,目前主要应用于其他材料所无法代替的高温、极高温工程领域,例如洲际导弹、卫星、飞船、航天飞机的烧蚀和防热材料、火箭发动机喷管、燃气轮机叶片等。这类材料的高温性能(高温强度、高温抗蠕变性能、高温抗氧化性能、烧蚀率等)是其主要指标。

思　考　题

1. 以 Al$_2$O$_3$/SiC 复合材料为例说明陶瓷基复合材料的氧化行为。
2. 简述陶瓷基复合材料中氧化物组元的物态对氧化速度的影响。

第19章 高聚物基复合材料的腐蚀

高聚物基复合材料是由树脂基体(包括热固性基体和热塑性基体)、增强相(纤维:玻璃纤维、碳纤维、芳纶纤维等;层片:云母、玻璃、金属等;粒子:氧化铝、碳化硅、石墨、金属等)和界面相组成。

高聚物基复合材料的腐蚀规律基本上和高分子材料的腐蚀相同,但高聚物基复合材料是多相组成的材料,它的腐蚀又有自己的特点。复合材料要受到所接触的大气、水、化学介质的腐蚀,这样的气体或液体环境会导致复合材料性质的重大变化。这可通过环境对单个组元即纤维、基体和界面的影响来说明。表 19-1 示出了复合材料常见的腐蚀形式。尽管表中分可逆和不可逆的变化,但事实上,任何变化都不可能是可逆的,仅有程度上的差别。其中对任何组元的破坏均会引起复合材料的腐蚀。

表 19-1 高聚物基复合材料的腐蚀形式

组元	可逆变化	不可逆变化
树脂	① 水的溶胀; ② 温度引起的柔韧化; ③ 分子局部区域的物理有序	① 水解导致的化学破坏; ② 与化学药品反应引起的化学破坏; ③ 紫外辐射导致的化学破坏; ④ 热导致的化学破坏; ⑤ 应力(与溶胀和外加应力相关的)引起的化学破坏; ⑥ 分子局部区域的物理有序; ⑦ 浸提(leaching)引起的化学成分改变; ⑧ 沉淀与溶胀引起的空位和裂缝; ⑨ 消除溶胀不均而产生的表面银纹和裂缝; ⑩ 热塑性高聚物含量对长期稳定性的化学影响
界面	柔韧界面	① 上面 ① ~ ④ 的化学破坏; ② 内应力(与收缩、溶胀和外加应力相关的)引起脱黏; ③ 界面的溶出
纤维		① 腐蚀引起的强度损失; ② 纤维的溶出; ③ 紫外辐射引起的化学破坏

高聚物基复合材料的腐蚀通常是化学或物理作用引起的,而很少是由于电化学反应引起的。化学作用导致复合材料的主化学键的断裂。电化学腐蚀仅在增强材料是碳纤维或其他导电材料并与金属接触时才会发生。

19.1　高聚物基复合材料在水环境中的腐蚀

水环境涉及雨水、淡水浸泡、海水浸泡。水向高聚物基复合材料内部的渗透和扩散,对复合材料产生溶胀、水解等物理、化学作用,从而引起其性能的可逆和不可逆变化。这些影响的程度和快慢,既取决于水向复合材料内部渗透和扩散的速度和数量,也取决于水与复合材料各组分间的相互作用。

1.复合材料吸水后所受的影响

复合材料吸水的性能将发生如下变化:① 密度增大;② 因吸湿发生体积膨胀,从而改变复合材料的内应力分布;③ 使复合材料的机械性能(如杨氏模量、强度降低,韧性增加)变化;④ 电阻降低,热导率增大,透明度降低(对于透光用的复合材料),介电性能降低;⑤ 随着时间延长,复合材料发生化学降解;⑥ 加速生物活动。

复合材料从干态到饱和吸湿,需经历液体分子向复合材料内部的渗透和扩散的过程。水分子由于热运动和复合材料内部微孔对水的吸附作用,逐渐进入复合材料而使其增重,这是一个质量传递的过程,一般可以用菲克定律来描述。

复合材料的吸水程度可用吸水率 $R(t)$、饱和吸水率 R_∞ 和相对吸水率 R 来表征。

复合材料吸水后引起体积膨胀。对于单向复合材料,它的线膨胀也是各向异性的。对于高温固化的复合材料,在常温使用时其内部因热收缩将产生残余热应力,但如果吸湿产生膨胀,它的影响将抵消一部分残余热应力,因而对复合材料的强度是有利的。然而,吸湿的过程很缓慢,而且在复合材料内部湿度分布不均匀,因此这种好处在设计中往往不能计入。

2.水对复合材料的作用机理

(1) 溶胀与增塑。

通过界面缝隙渗进复合材料的水与复合材料发生一系列的物理和化学作用。首先,水使基体发生溶胀,使纤维与基体的界面上产生沿纤维径向的拉应力;另一方面,水渗入界面相上的微裂纹,助长微裂纹扩展。溶胀使基体大分子结构间距增大,刚性基团的活动性增加,因而使基体增塑,表现为浸水后复合材料的冲击韧性增大。

(2) 使基体水解。

渗入复合材料中的水分与玻璃纤维相互作用的结果之一是形成 OH⁻ 而使水呈碱性。有的基体,如聚酯在碱催化下将发生水解反应:

$$-\overset{\overset{\textstyle O}{\|}}{C}-O-CH_2- \underset{\longleftarrow}{\overset{NaOH}{\longrightarrow}} -\overset{\overset{\textstyle O}{\|}}{C}-ONa + HO-CH_2-$$

从而使基体流失。通过检验浸泡复合材料样品的水质,可以发现其中溶有有机物质。

(3) 水对玻璃纤维的作用。

当以玻璃纤维作为复合材料的增强体时,浸入复合材料的水分将对玻璃纤维产生化学作用。玻璃纤维是以 SiO_2 为骨架的网状结构,其他金属氧化物分散于其中,它表面的碱金属或碱土金属离子与水作用生成 OH^-，OH^- 与 SiO_2 网络反应生成硅醇和 $[-SiO]^-$，SiO_2 网络骨架遭到破坏，导致玻璃纤维强度下降。$[-SiO]^-$ 还可继续与水反应生成 OH^-，使对 SiO_2 骨架的破坏也随之加重，玻璃纤维的强度也因而继续降低。可采用吸水性小的纤维增强体，对纤维进行表面化学处理改善与基体的界面结合，改进工艺方法等改善高聚物基复合材料的抗水腐蚀性能。

19.2　高聚物基复合材料在自然环境中的老化

复合材料的老化是指在自然环境中受大气等各种因素的综合作用而在外观和性能上发生变化的现象。造成复合材料老化的自然因素包括阳光、高能辐射、工业废气、盐雾、微生物等。它们与复合材料发生物理、化学、生物和机械作用，造成复合材料的性能改变。本节着重介绍其中的主要因素 —— 阳光、温度、氧（臭氧）及它们的作用。

1. 阳光的作用

太阳以电磁波形式向外辐射能量，太阳辐射通过大气层而到达地球表面，其中有可见光、红外线、紫外线。尽管到达地面的紫外线所占比例很小，但波长短、能量高，聚酯材料对紫外线最敏感。紫外线可以使高聚物分离出游离基而活化，造成对高聚物的较大破坏。紫外线是引起高聚物基复合材料老化的重要因素。紫外线还通过引发和促进氧对树脂的作用而使复合材料老化，这一效应称为光氧老化。游离基的氧作用引起高聚物进一步分解。

紫外线的老化作用主要集中于复合材料的表层（曝光面），并随时间推移而逐渐向内部发展，但由于紫外线本身的量很少，被吸收的速度快，而且高聚物吸收光量子后，将大部分能量转变为热能和波长较长的光，因而光氧老化的作用是主要的。太阳光中的可见光和红外线容易被复合材料中的高聚物吸收，并在吸收部位转变为热能使该处温度升高，它能促进氧化作用，使复合材料发生热氧老化。由于自然条件下的日出日落，复合材料接受的阳光呈规律性的周期变化，从而造成温度交变和相应的膨胀与收缩，使得复合材料在内应力下发生疲劳。

2. 热和氧的作用

热和氧对复合材料往往是联合作用，即热氧老化。复合材料的高聚物基体对氧敏感，而热能促进氧的作用。这种氧化作用是一个自催化过程。最初的氧化产物为氢的过氧化物，氢的过氧化物分解，引起游离基的链式反应，最后导致高聚物老化变质。

热引发增进了复合材料中高聚物基体的氧化过程，促进其交联或裂解。此外，热还能促进高聚物发生水解、醇解和胺解等反应。

氧在热的参与或光的引发下，或者在热与光的联合作用下与复合材料中的高聚物基体发生氧化反应，是引起复合材料老化的重要原因。大气中的氧主要是分子氧（O_2），在 $20 \sim 30$ km 高空的上层大气上，由于氧受太阳辐射的短波紫外线作用而分解为原子态氧（O），原子态氧与分子氧结合形成臭氧（O_3）。通常臭氧虽然浓度较低，但对于高空使用的复合材料构件，则应考察臭氧的作用。

臭氧的化学活泼性比氧高,在接近地层的大气中被尘埃、盐雾、水气等杂质破坏而转变成分子氧,它所生成的原子态氧的活性更高,因而破坏性比氧要大得多,而在光参与下的光臭氧老化比纯臭氧老化更为强烈。

另外,雨水可以冲刷掉材料表面的灰尘,使其接受阳光照射更为充分,从而有利于光老化和光氧老化的进行。潮湿还为微生物(霉菌、细菌)、昆虫和水生物的附着与繁殖提供了条件,从而形成生物性老化。

19.3　高聚物基复合材料在化学介质中的腐蚀

高聚物基复合材料受酸、碱、盐及有机溶剂等化学介质作用发生腐蚀而使材料性能下降,还引起其外观和状态的变化,如失去光泽、变色、起泡、裂纹、纤维裸露、浑浊等。以下分别讨论复合材料的基体和增强相的腐蚀问题。

1. 化学介质对高聚物基体的作用

(1)渗透和扩散。

化学介质对高聚物基复合材料的扩散机制和规律与水的扩散相类似,其扩散系数的数值受复合材料的种类、介质的种类、浓度、温度等因素影响。

介质向高聚物的渗透使介质与新接触的高聚物发生作用,造成溶胀、溶解、裂解(氧化、水解等反应,使高聚物的主价键破坏、裂解),同时渗透作用还引起作为保护层的高聚物下面的被保护材料发生腐蚀。

(2)溶胀与溶解。

由于化学介质的作用使高聚物基复合材料的基体发生溶胀和溶解,溶胀和溶解过程参见(第 3 篇第 15 章 15.2.2)。

(3)化学反应。

介质除向高聚物渗透,使高聚物溶胀,还与高聚物发生化学反应,这些反应包括生成盐类、水解、皂化、氧化、硝化和磺化,引起高聚物的主价键破坏、裂解等。这些化学反应构成了高聚物的腐蚀并造成其性能下降。高聚物中的某些成分(添加剂、低分子组分)也会随时间的延长而向外扩散迁移并分解,而使高聚物的性能进一步劣化。

在不同的复合材料 — 介质体系中,三种作用过程(即渗透与扩散、溶解与溶胀、化学反应)的快慢和程度各不相同。因此复合材料受化学介质腐蚀的形态也有区别。综合各种腐蚀情况,大致可以分为三种腐蚀形态。

(1)表面反应型腐蚀。

在高聚物 — 介质体系中,介质不仅使高聚物溶胀,而且发生溶解与化学反应。当溶解和化学反应的速度大于介质向高聚物的扩散速度时,高聚物将从与介质的接触面直接溶入介质,被腐蚀的表面均匀地向高聚物本体推移,腐蚀的速率取决于介质对高聚物的溶解和化学反应速度。由于这类腐蚀发生于高聚物与化学介质的接触面,因此称为表面反应型腐蚀。例如,在用酸酐固化的环氧树脂 — $NaOH$ 水溶液体系中即属于表面反应型腐蚀。以 Δd 表示高聚物与化学介质接触时间 t 后被腐蚀的厚度,Δd 与时间 t

的关系可以表示为:

$$\Delta d = K_1 t \tag{19-1}$$

式中　K_1——常数,它是表面反应型腐蚀的腐蚀速率。

(2)形成腐蚀层型腐蚀。

如果高聚物－介质体系中高聚物不发生明显的溶解,而被溶胀且与介质发生化学反应的速度与介质的扩散速度相当。在这种情况下,腐蚀不仅发生于高聚物的表面,而且发生在靠近表面的一个薄层中,在这个区域内有腐蚀发生,在这个区域以外,则是未经渗透和腐蚀的高聚物本体,二者之间有较明显的分界面,这个分界面也是介质向高聚物扩散的前沿。在分界面以外的薄层称为腐蚀层,这种腐蚀形式称为形成腐蚀层。此时,腐蚀的深度 Δd 与高聚物浸泡于化学介质的时间 t 的关系大致为

$$\Delta d = K_2 t^{0.5} \tag{19-2}$$

式中　K_2——常数。

由式(19-2)可见,随着时间延长,腐蚀深度的增长将变得越来越慢,因而这是对于防腐较为有利的腐蚀类型。间苯二甲酸系不饱和聚酯、酚醛型乙烯酯树脂和邻苯二甲酸系不饱和聚酯在碱性溶液中发生的腐蚀就属于这种类型。

(3)浸入型腐蚀。

如果介质在高聚物中的扩散速度较快,而介质对高聚物的物理与化学作用不强烈且速度较慢,则高聚物被介质渗透的部分发生不同程度的腐蚀,腐蚀部位与未被腐蚀的部位没有明显的分界,这类腐蚀情况称为浸入型腐蚀。水对大部分高聚物的作用以及环氧树脂(胺类固化剂)－硫酸溶液、不饱和聚酯(邻苯二甲酸系)－沸水体系中发生的腐蚀,可归于此类型。介质在高聚物中的浸入深度 Δd 与时间 t 的关系可以表示为

$$\Delta d = K_3 (t - t_0)^{0.5} \tag{19-3}$$

式中　K_3——常数;

　　　t_0——潜伏期。

2.化学介质对复合材料中纤维的作用

在纤维增强复合材料中,纤维被基体所包围与保护,复合材料的耐介质腐蚀性的决定因素是基体。但是,介质对基体的渗透和复合材料中的微裂纹、空隙等的毛细作用,以及由于各种原因造成的纤维裸露,介质将到达纤维与基体的界面,对界面及纤维形成腐蚀。现以常用的玻璃纤维、碳纤维和有机纤维(芳纶)为例加以介绍。

(1)介质对玻璃纤维的作用。

玻璃具有优良的耐腐蚀性,但制成纤维状后表面积增大,使其对介质的吸附力增大,耐腐蚀性因与介质的接触机会增多而远不如块状玻璃。玻璃纤维的耐腐蚀性取决于它的化学组成。在玻璃纤维中,有利于耐酸性的主要成分是 SiO_2,另外,Al_2O_3、ZrO_2、TiO_2、CuO、Fe_2O_3 也有利于提高耐酸性。石英玻璃纤维和高硅氧玻璃纤维除不耐 HF 外,对任何有机酸或无机酸甚至在高温下都很稳定,但玻璃纤维中碱性氧化物将使其耐酸性降低。在碱性氧化物中,以 K_2O 的影响最大,其次是 Na_2O。碱土金属和二价金属氧化物也会降低玻璃纤维的耐酸性,以 BeO 和 PbO 的影响最大,其次为 MgO 和

CaO。但是,由于有碱玻璃纤维中 SiO_2 的含量较无碱玻璃纤维高,因此,虽然它含有较多的碱性氧化物,其耐酸性一般仍优于无碱玻璃纤维。

（2）介质对碳纤维的作用。

碳纤维具有很高的耐介质腐蚀性,能耐浓盐酸、磷酸、硫酸、苯、丙酮等介质侵蚀。碳纤维在质量分数为 50% 的盐酸、硫酸或磷酸中,200 天后其弹性模量、强度和直径基本不变化,只在硝酸中略有溶胀,在次氯酸中直径略有减少。它的耐介质腐蚀性与金及铂相当。碳纤维耐腐蚀优异的原因是它在生产过程中经过 2 000 ～ 3 000 ℃ 下拉伸状态的高温石墨化处理,具有类似石墨晶体的微晶结构。

（3）介质对芳纶的作用。

芳纶是芳香族聚酰胺类纤维的统称。这种人工合成的新型纤维在其分子结构中存在苯环,由于环内电子的共轭作用,其化学性质稳定,因而具有很高的耐介质腐蚀性。除了强酸和强碱以外,它几乎不受有机溶剂和油类的影响,能够抵抗大多数化学药品的侵蚀。

思　考　题

1.高分子基复合材料的腐蚀机制有哪些?

2.化学介质对复合材料中的纤维会产生哪些作用? 其对复合材料的性能会造成哪些不良影响?

3.化学介质对高聚物基体有哪些作用方式? 各有何特点?

参 考 文 献

[1] 白新德. 材料腐蚀与控制[M]. 北京:清华大学出版社,2005.

[2] 朱日彰. 金属腐蚀学[M]. 北京:冶金工业出版社,1989.

[3] 何业东,齐慧滨. 材料腐蚀与防护概论[M]. 北京:机械工业出版社,2010.

[4] 张钧林,严彪,王德平,等. 材料科学基础[M]. 北京:化学工业出版社,2006.

[5] 孙秋霞. 材料腐蚀与防护[M]. 北京:冶金工业出版社,2002.

[6] 卢燕平. 金属表面防蚀处理[M]. 北京:冶金工业出版社,1995.

[7] 曹楚南. 腐蚀电化学原理[M]. 北京:化学工业出版社,2008.

[8] 吴继勋. 金属防腐蚀技术[M]. 北京:冶金工业出版社,1998.

[9] 肖纪美,曹楚南. 材料腐蚀学原理[M]. 北京:化学工业出版社,2002.

[10] 刘永辉,张佩芬. 金属腐蚀学原理[M]. 北京:航空工业出版社,1993.

[11] 陈旭俊,黄惠金,蔡亚汉. 金属腐蚀与防护基本教程[M]. 北京:机械工业出版社,1988.

[12] 魏宝明. 金属腐蚀理论及应用[M]. 北京:化学工业出版社,1984.

[13] 顾国成,吴文森. 钢铁材料的防蚀涂层[M]. 北京:科学出版社,1987.

[14] 陈正钧,杜玲仪. 耐蚀非金属材料及应用[M]. 北京:化学工业出版社,1985.

[15] NEILLE A M. Properties of concrete[M]. 3rd ed. London:Pitman publishing limited,1981.

[16] 重庆建筑工程学院,南京工学院. 混凝土学[M]. 北京:中国建筑工业出版社,1983.

[17] 刘秉京. 混凝土技术[M]. 北京:人民交通出版社,2004.

[18] 迟培云. 建筑结构材料[M]. 哈尔滨:哈尔滨工业大学出版社,2007.

[19] 曹楚南. 中国材料的自然环境腐蚀[M]. 北京:化学工业出版社,2005.

[20] 黄健中,左禹. 材料的腐蚀性和腐蚀数据[M]. 北京:化学工业出版社,2003.

[21] 梅泰. 混凝土的结构、性能与材料[M]. 祝永年,沈威,陈志源,译. 上海:同济大学出版社,1991.

[22] 张留成,瞿雄伟,丁会利. 高分子材料基础[M]. 北京:化学工业出版社,2002.

[23] 《工业建筑防腐蚀设计规范》国家标准管理组,中国工程建设标准化协会防腐蚀委员会,化学工业部建筑设计技术中心站. 建筑防腐蚀材料设计与施工手册[M]. 北京:化学工业出版社,1996.

[24] B. M. 莫斯克文,Ф. M. 伊万诺夫,C. H. 阿列克谢耶夫,等. 混凝土和钢筋混凝土的腐蚀及其防护方法[M]. 倪继森,何进源,孙昌宝,等译. 北京:化学工业出版社,1988.

[25] 蒋亚清. 混凝土外加剂应用基础[M]. 北京:化学工业出版社,2012.

[26] 严家伋. 道路建筑材料[M]. 北京:人民交通出版社,1995.

[27] 龚洛书,柳春圃. 混凝土的耐久性及其防护修补[M]. 北京:中国建筑工业出版社,1990.

[28] Mario Collepardi. 混凝土新技术[M]. 刘数华,冷发光,李丽华,译. 北京:中国建材工业出版社,2008.

[29] 中华人民共和国住房和城乡建设部,中华人民共和国国家质量监督检验检疫总局. 中华人民共和国标准《混凝土结构耐久性设计规范》(GB/T50476—2008)[S]. 北京:中国建筑工业出版社,2009.

[30] 吴壮佳,姚学昌. 浅谈沿海地区混凝土构筑物腐蚀原因及防护措施[J]. 广东公路交通,2002(3):24-26.

[31] 金伟良,赵羽习. 混凝土结构耐久性[M]. 北京:科学出版社,2002.

[32] 吴邦彦. 海水对钢筋混凝土的侵蚀机理与防护措施探讨[J]. 福建建设科技,2000(3):34-37.

[33] 黄可信,吴兴祖. 钢筋混凝土结构中钢筋的腐蚀与防护[M]. 北京:中国建筑工业出版社,1983.

[34] PAPADAKIS V G,VAYENAS C G. Experimental investigation and mathematical modeling of the concrete carbonation problem[J]. Chemical Engineering Science,1991,46:1333-1338.

[35] NISHI T. Testing of concrete[J]. Proc RILEM Symp,1962,34(5):485-489.

[36] 李翠玲. 确定氯离子在水泥基材料中扩散速度的快速试验方法[J]. 工业建筑,1998(6):11-13.

[37] 杨运泽,田俊峰. 钢筋混凝土结构物的使用耐久寿命预测及耐久性设计[J]. 中国港湾建设,2002,12(6):1-6.

[38] ANNIE PETER J,GOPALAKRISHNAN S. High Performance Concretes-An Overview Of Research and Development[J]. Metals materials and processes,2005,17(2):113-127.

[39] 迟培云,王大成,李爱武. 钢筋混凝土构筑物在海水中的腐蚀及其防护[J]. 青岛建筑工程学院学报,2004(2):6-8.

[40] 张誉,蒋利学,张伟平,等. 混凝土结构耐久性概论[M]. 上海:上海科学技术出版社,2003.

[41] SAGOE-CRENTSIL K K. Steel in concrete:part 1 a review of the electrochemical and thermodynamic aspects[J]. Magazine of Concrete Research,1989(12):205-212.

[42] SRINVASAN S,RENGASWAMY N S. Concrete corrosion and monitoring[J]. Chemical Weekly,1998,43(39):163-166.

［43］PARK C K,NOH M H,PARK T H. Rheological properties of cementitious materials containing mineral admixtures[J]. Cement and Concrete Research, 2005,35 (5):842-849.

［44］SIDERIS K K,SAVVA A E. Durability of mixtures containing calcium nitrite based corrosion inhibitor[J]. Cement ＆ concrete composites,2005, 27(2):277-287.

［45］MARK REINER,KEVIN RENS. High-volume fly ash concrete:analysis and Application[J]. Practice Periodical on Structural Design and Construction,2006, 11(1):58-64.

［46］DUNSTAN M R H. Fly-ash as the fourth constituent of concrete mix. proceeding of fourth international conference on fly-ash,Silica fume,slag and natural pozzolana in concrete,Istanbul,Turkey,1992.

［47］SIDERIS K K,SAVVA A E,PAPAYIANNI J. Sulfate resistance and carbonation of plain and blended cements[J]. Cement ＆ concrete composites,2006,28(1):47-56.

［48］MOHAMMED T,HAMADA H,YAMAJI T. Concrete After 30 Years of Exposure-Part Ⅱ:Chloride Ingress and Corrosion of Steel Bars[J]. ACI Materials Journal,2004,101(1):13-18.

［49］FENG X,GUO X Y,LENG F G,et al. A Development of the research on high performance concrete incorporated with high volume fly ash[J]. Key Engineering Materials,2006,302:26-34.

［50］SENGUL O,TASDEMIR C,TASDEMIR M A. Mechanical Properties and Rapid Chloride Permeability of Concretes with Ground Fly Ash[J]. ACI Materials Journal,2005,102(6):414-421.

［51］施惠生,王琼. 海工高性能混凝土用复合胶凝材料的试验研究[J]. 水泥, 2003(9):1-9.

［52］亢景福.混凝土硫酸盐侵蚀研究中的几个基本问题[J].混凝土,1995(3):9-18.